复杂地区地震勘探实践

王西文　高建虎　刘伟方　胡自多　苏　勤　刘文卿　等著

石油工业出版社

内 容 提 要

本书所研究的地震技术展示了其在寻找复杂油气藏的过程中良好的应用前景，为寻找大场面油气藏奠定了坚实的基础。全书共分6章，第1章为吐哈盆地山前带复杂构造地震成像方法研究及应用；第2章介绍了四川盆地高陡构造地震资料处理技术；第3章为塔里木盆地深度域成像攻关研究；第4章为塔里木盆地碳酸盐岩洞缝储层叠前成像与叠前预测技术研究；第5章为苏里格天环地区叠前成像研究；第6章为鄂尔多斯盆地苏里格气藏地震技术应用。

本书可供从事石油勘探的科技人员参考。

图书在版编目（CIP）数据

复杂地区地震勘探实践/王西文等著.
北京：石油工业出版社，2010.9
ISBN 978-7-5021-7922-9

Ⅰ.复…
Ⅱ.王…
Ⅲ.复杂地层－地震勘探
Ⅳ.P631.4

中国版本图书馆CIP数据核字（2010）第145916号

出版发行：石油工业出版社
（北京安定门外安华里2区1号　100011）
网　址：www.petropub.com.cn
发行部：（010）64523620
经　销：全国新华书店
印　刷：高等教育出版社印刷厂

2010年9月第1版　2010年9月第1次印刷
787×1092毫米　开本：1/16　印张：15.5
字数：400千字

定价：98.00元
（如出现印装质量问题，我社发行部负责调换）

前　言

随着油田勘探开发的需要，简单的、容易找到的油气藏已所剩无几。在此形势下，要保持储量、产量的持续稳定，只有向复杂构造地区发展，寻找新的油气藏，这是无法避免的事实。从勘探的思路上，地震勘探已经从构造勘探全面向岩性勘探转变，勘探目标从构造圈闭转向岩性圈闭。而在复杂地区，由于地表及地下地震地质条件非常复杂，地表类型多样，低降速带差异很大，地震反射信噪比低，分辨率低，反射同相轴连续性差，地震成像差，地震反射杂乱，断点不清晰，给地震采集和处理带来了较大难度。同时地下断层发育，也影响了地震资料品质，造成地震资料品质较差、处理难度大，主要在静校正、叠前去噪、速度分析及偏移成像等方面，处理成果不能满足圈闭描述和勘探目标选择与评价的需要。地下地层构造条件和储盖组合多样化，层位及地质解释存在推测和多解性，增加了勘探风险。因此，地震成像问题是制约复杂地区地震勘探的一个瓶颈。本书所研究的复杂地区地震成像方法对于落实复杂地区地质结构、提高地质认识具有非常重要的现实意义。

目前，制约复杂地区地震成像的难点主要表现在静校正问题严重、信噪比较低和地下地质体准确落实困难三个方面。从理论来讲，传统地震资料处理技术存在一系列缺陷，具体表现在这些技术所依据的假设条件与复杂区域的实际情况相距甚远，导致精度大幅度下降，甚至得出错误的结果和虚假的构造。每一种技术方法，在理论推导阶段，都需要一些假设条件，在此假设条件之下，该理论才能适用。地震资料处理技术也不例外，在技术设计之初，为了技术的可操作性，均有其相应的假设条件。当实际情况与这些假设条件相差不远时，这些技术方法的应用就可达到要求的精度。反之，其误差就相当大。因此单一的地震勘探方法不能解决全区的地质问题。地表高差大，低降速带纵向厚度、速度变化无常，表层模型结构复杂，野外低速带调查资料（微测井、小折射、岩性取样、地质露头）很难反映实际低降速带模型。目前成熟的地震勘探方法大多基于地表一致性假设，而复杂山地，近地表射线传播路径不满足垂直传播的假设，即使模型准确，常规的时移静校正也解决不了近地表对反射波的畸变问题；高速层速度横向变化大，起伏剧烈，基准面和替换速度的准确选取十分困难，会产生长波长剩余静校正问题，而基于反射波的自动统计剩余静校正方法不能解决长波长剩余静校正问题。针对以上难点和分析以往采用技术的缺点，本书从多方法、多域及叠前成像处理出发，进行技术创新，取得了成像精度的突破。关键的针对性处理技术主要包括：综合静校正技术、叠前多域逐级噪声压制技术和浮动面叠前深度偏移方法等。而在具体实现过程中，为了建立起准确的偏移速度模型，本书坚持贯彻处理、解释一体化的研究思路。

随着勘探力度的加大，需要在复杂地区开展叠前成像处理攻关研究，以提高地震资料处理质量，落实构造。从对复杂地区叠前深度偏移攻关的结果来看，叠前深度偏移是解决复杂构造成像和恢复地下真实构造形态的有效技术。本书经过精细速度模型建立、速度精度论证、偏移方法和偏移参数的攻关研究，其地震资料的品质得到了改善，构造高点落实，对复杂地区构造成像有很大的推动作用；叠前深度偏移处理后的目的层位波组特征清楚，构造成像合理。叠前深度偏移剖面比叠后时间偏移剖面、叠前时间偏移剖面在成像和构造归位等方面有很大的提高。通过精细的速度模型建立，叠前深度偏移剖面可以准确落实构造形态、刻画构造细节。叠前深度偏移由于考虑了地震波传播过程中的折射项，并且在较好模型基础上进行反射波归位，消除了上覆地层速度异常对下伏地层的影响，得到了地下准确的构造形态。所以在理论上叠前深度偏移的效果要好于时间偏移。从本书研究内容中的实际处理情况来看，深度偏移在复杂构造成像和落实构造方面有很大的优势。

随着复杂油气藏的勘探开发日益成为研究的重点，复杂油气藏成为增储上产的重要领域。但是复杂油气藏的有效勘探开发技术依然滞后，特别是物探技术，严重制约这些油气藏的勘探开发。针对复杂地区的储层目标，本书开展了叠前储层预测研究工作，以机理的研究带动新技术和新方法的优选、集成和配套，通过岩石物理基础和物理模拟研究，明确复杂储层的地球物理响应特征，并在此基础上系统开展复杂储层的地震资料处理、解释和油藏描述方法研究。叠后地震技术对碳酸盐岩洞缝储层很难精细刻画，应用叠前地震技术可以提高预测有效储层分布及流体性质识别的精度。因此，针对复杂碳酸盐岩洞缝油气藏，本书以保真成像处理为基础，形成叠前地震资料的精细描述配套技术体系，为油气藏预探、评价井位优选提供技术依据。另外，常规叠后地震技术显然不能完全解决研究区的储层预测和流体检测的要求。而利用叠前地震信息（AVO分析和叠前地震反演、叠前地震属性等），不但能降低预测多解性，而且还可以得到直接反映地下岩层信息的资料，除了纵波阻抗外，还有横波阻抗，纵横波速度和密度等，由此可以计算所有弹性参数，为岩性和流体识别与预测提供了广阔的空间，是开展复杂储层描述的最有潜力的工具。

本书针对各种复杂地区不同地震资料特点与储层预测的要求，研究应用了不同的地震技术。叠前偏移技术的推广与应用，为复杂构造成像及特殊地质体的落实提供了技术保障。本书所涉及的应用过程突出精细，强化振幅保真度，确保目的层的信噪比、分辨率和准确成像。采用高保真、高信噪比、高分辨率和准确成像的“三高一准”处理，强化地表一致性全三维处理技术，注意保护低频，提高资料的信噪比，提高目的层段 CMP 道集和 CRP 道集的信噪比。在岩性油气藏勘探中，为了能有效识别岩性油气藏，通常要求对地震资料做提高分辨率处理，但过分强调高分辨率和高信噪比会使处理结果的保真度变差。因此，在地震技术的应用过程中，本书强调以保真为主，适当提高分辨率及信噪比。针对有利勘探区块，在地质目标和地质构造指导下进行目标精细处理。每一步关键处理环节，结合地质、钻井、测井资料，利用合成地震记录，对井旁地震道进行层位标定和对比，确保处理时振幅、频率、相位、波形的相对保持，严格控制处理质量，使地震资料的分辨率、信噪比逐步提高。本书在成果数据体上进行精细储层预测和资料解释，利用解释成果检测和评价地震资料的处理质量，对有利含油区和有利储层，根据需要重新进行目标精细处理，包括处理模块、关键参数的合理性进行定量分析，优化处理流程，提供符合地质特征的高保真地震资料，为高精度储层预测奠定良好基础。

多年来的勘探开发研究证实，技术的进步，再次证明了复杂地区的油气勘探大有可为。本书所研究的地震技术展示了其在寻找复杂油气藏的过程中良好的应用前景，为寻找大场面油气藏奠定了坚实的基础。全书共分 6 章，第 1 章为吐哈盆地山前带复杂构造地震成像方法研究及应用；第 2 章介绍了四川盆地高陡构造地震资料处理技术；第 3 章为塔里木盆地深度域成像攻关研究；第 4 章为塔里木盆地碳酸盐岩洞缝储层叠前成像与叠前预测技术研究；第 5 章为苏里格天环地区叠前成像研究；第 6 章为鄂尔多斯盆地苏里格气藏地震技术应用。

本书前言由王西文、马龙执笔；第 1 章由苏勤、吕彬、黄云峰、王宇超、王西文执笔；第 2 章由胡自多、王西文、邵喜春执笔；第 3 章由刘文卿、王小卫、袁刚执笔；第 4 章由王西文、刘伟方、王小卫、田彦灿、吕磊、蒋春玲、刘卫华执笔；第 5 章由王西文、刘文卿、王宇超、张喜梅、刘秋良、张小美执笔；第 6 章由高建虎、王西文、董雪华、赵玉莲、陈启艳执笔。本书由王西文负责修改和统稿。

本书内容涉及的研究项目，得到了中国石油勘探与生产分公司、长庆油田分公司、塔里木油田分公司、西南油气田分公司、吐哈油田分公司的支持。在本书的编写过程中，得到了中国石油勘探开发研究院西北分院杨杰院长的支持与帮助。笔者在此一并表示衷心的感谢。

由于笔者水平所限，书中疏忽之处在所难免，敬请读者批评指正。

Preface

Along with the great progress of petroleum exploration and development, there aren't many simply and easily discovered reservoirs left. Under this situation, it is inevitable to find new reservoirs in the area with complicated structures for the purpose of reserve maintenance and production stabilization. In terms of exploration thinking, the seismic exploration has shifted from the structural exploration to the lithological exploration, and the exploration targets have changed from structural trap to lithological trap. However, in the complicated area, due to complex surface and underground seismic and geologic conditions, diverse surface types, great difference of low deceleration zone, low S/N ratio of seismic reflection, low resolution, poor continuity of reflection event, poor seismic imaging, chaotic seismic reflection, unclear fault point, the work of seismic data acquisition and processing are very difficult; meanwhile, the underground fault development also affects the seismic data quality, leading to poor data quality and difficult and data processing, mainly in terms of static correction, pre-stack de-noising, velocity analysis and migration imaging etc. , and the processing results can't meet the demand of trap description and exploration target selection and evaluation. The diversity of underground structural conditions and reservoir-seal assemblage, as well as the speculation and ambiguity of horizontal and geologic interpretation, increases the exploration risk. Therefore, the seismic imaging is a bottleneck restricting seismic exploration in complex area. The seismic imaging method applied in the complex area in this book plays a practical significance to determine the geologic configuration and improve the geologic understanding in the complex area.

At present, the seismic imaging in the complex area is difficult because of serious static correction, low S/N ratio and difficult geologic body determination. Theoretically, there is a series of defects of traditional seismic data processing, which is because the hypothesis conditions of the technology are far away from the real conditions of complex area, resulting in great decline of precision and even wrong results and fictitious structures. In the theoretical induction phase, each technical method needs some hypothetical conditions under which the theory can be applied. There is no exception in terms of seismic data processing technology; during the initially technical design phase, for the sake of technical operability, there are corresponding hypothetical conditions. When the actual situation is close to the hypothetical conditions, the application of the technologies can meet the demand of precision. Otherwise, the error is substantial. Therefore, the single seismic exploration method can't tackle the geologic problems in the whole area. Due to great surface elevation difference, constantly changing of vertical thickness and velocity in the low deceleration zone and complex surface model configuration, the field low velocity zone data (microlog, short refraction, lithological sampling and geologic outcrop) is difficult to reflect the real deceleration zone model. At present, the mature seismic exploration methods are mostly based on the surface consistency hypothesis, yet in the complex mountain area, the travel path of near – surface ray can't meet the hypothesis of vertical propagation; even if the model is correct, the conventional time shift static correction can't tackle the reflection wave distortion caused by near surface either; in the high velocity zone, due to great change of the lateral velocity and sharp fluctuation, the accurate selection of datum and alternative velocity is difficult, leading to the residual static correction of long wavelength problem, but the residual static correction on the basis of wave automatic statistics cannot figure out the problem of residual static correction of long wavelength problem. Aiming at the above difficulties and the previous technical shortcomings, the book begins from the multi – method, multi – domain and pre – stack imaging processing, carries out technical innovation and gets breakthrough of imaging precision. The key processing technologies include: composite static correction technique, pre – stack multi – domain gradual noise suppression technique and floating plane pre – stack depth migration method. However, in the actual realization process, in order to establish accurate migration velocity model, the book insists on research thought of integrated processing and interpretation.

With the enhancement of exploration, it is required to carry out technical breakthrough research into the pre – stack imaging processing in the complex area in order to improve the seismic data processing quality and confirm the structure. In view of the research results of the pre – stack depth migration in the complex area, the pre – stack depth migration is an effective technology to realize the complex structure imaging and restore the real underground structural pattern. Through fine velocity model establishment, velocity precision demonstration, making breakthrough in migration method and migration parameter research, the seismic data quality is improved, and the structural high is confirmed, which has greatly improved the structure imaging in the complex area; after the pre – stack depth migration, the wave characteristics of target formation are clear, and the structure imaging is rational. The pre – stack depth migration profile can get better imaging and structure homing than post – stack time migration profile and pre – stack time migration profile. With the assistant of fine velocity model, the pre – stack depth migration profile can accurately confirm the structural pattern and depict the structure detail. As the pre – stack depth migration considers the refraction during the seismic wave transmission and carries out reflection wave homing on the basis of good model, the influence of velocity anomaly of overlying formation on the underlying formation is removed, thus acquiring the accurate underground structural pattern. Therefore, the effect of pre – stack depth migration is theoretically better than time migration. In view of the real processing in the book, the depth migration has great advantages in terms of complex structure imaging and structural confirmation.

As the exploration and development of complex reservoirs has increasingly become the research emphasis, the complex reservoirs turn into the important domain for increasing reserve and production. However, the effective exploration and development technologies of complex reservoir still lag behind, especially the geophysical technologies, which seriously restrict the exploration and development of these reservoirs. Aiming at the reservoir targets in the complex area, the book describes the pre – stack reservoir prediction in which the mechanism research drives the new technology and new method selection, integration and matching, makes the geophysical response characteristics of complex reservoirs clear on the basis of rock physics and physical simulation, and then conducts seismic data processing, interpretation and reservoir description method research of complex reservoirs. The post – stack seismic technologies are difficult to depict the carbonate fracture – cavern reservoir, but the pre – stack seismic technologies can improve the precision of predicting effective reservoir distribution and fluid property identification. Therefore, with regard to the complex carbonate fracture – cavern reservoir, the book is based on the fidelity imaging processing, forming the precise description matching technology system of pre – stack seismic data, which provides technical basis for reservoir prospect and evaluation of well location selection. Furthermore, the conventional post – stack seismic technology is apparently unable to meet the demand of reservoir prediction and fluid detection in the research area. However, the pre – stack seismic information (AVO analysis and pre – stack seismic inversion, pre – stack seismic attributes etc.) can not only reduce the prediction ambiguity but also can get the data directly reflecting the underground formation information, which includes P – wave impedance, S – wave impedance, P – wave and S – wave velocity and density, which can be used to calculate all the elastic parameters and provide wide space for rock and fluid identification and prediction; therefore, it is the most potential tool for complex reservoir description.

The book mainly aims at the different seismic data characteristics and demand of reservoir prediction in all kinds of complex areas and applies different seismic technologies. The introduction and application of pre – stack migration technology provides technical guarantee for the complex structure imaging and special geologic body confirmation. The involved application highlights precision, strengthens amplitude fidelity, ensures the S/N ratio and resolution of target formation, and gets accurate imaging. The " three highs and one accurate" processing, namely high fidelity, high S/N ratio, high resolution and accurate imaging, intensifies surface consistent full 3D processing technology, pays attention to low frequency protection, S/N ratio improvement of full data, and S/N ratio improvement of CMP gather and CRP gather in the target formations. In the lithological reservoir exploration, in order to effectively identify the lithological reservoir, it is usually required to conduct resolution improvement processing on the seismic data, but overemphasis on the high resolution and high S/N ratio will lead to poor fidelity of processing results. Therefore, during the application of seismic technology, the book mainly highlights the fidelity and properly improves the resolution and S/N ratio. In the favorable block, the precise target processing is carried out under the direction of geologic target and geologic structure. Each key processing link combines with the geologic, drilling and log data and uses the synthetic seismic record to conduct the horizontal calibration and correlation on the near – well seismic trace, thus ensuring the relative holding of amplitude, frequency, phase and waveform; strictly control the processing quality to gradually improve the seismic data resolution and S/N ratio. This book research carries out fine reservoir prediction and data interpretation on the resulting data volume, uses the interpretation achievements to detect and evaluate the seismic data processing quality; as to the favorable oil - bearing area and favorable reservoir, the target processing is refined as required, including quantitative analysis on the rationality of processing module and key parameter, and the optimization of processing flow provides the high fidelity seismic data suitable for geologic characteristics, which lays a good foundation for high precision reservoir prediction.

The exploration and development research for many years proves that the technical advancement is very important to the petroleum exploration in the complex areas. The seismic technologies studies in this book show the bright future of application in the complex reservoir exploration, which lays a sound foundation to discover large - scale reservoirs. The book includes six chapters, chapter 1 tells the seismic imaging method research and application of complex structures in the mountain front of Tuha Basin; chapter 2 introduces seismic data processing technology in the high - steep structure of Sichuan Basin; chapter 3 introduces the imaging research breakthrough in the depth domain in Tarim basin; chapter 4 introduces technical research of the pre - stack imaging and pre - stack prediction of carbonate fracture - cavern reservoir in the Tarim Basin; chapter 5 introduces the pre - stack imaging research in Tianhuan area, Sulige; chapter 6 introduces the seismic technology application of Sulige gas reservoirs in Ordos Basin.

The preface of the book is written by Wang Xi - wen and Ma Long; chapter 1 is written by Su Qin, Lv Bin, Huang Yun - feng, Wang Yu - chao and Wang Xi - wen; chapter 2 is written by Hu Zi - duo, Wang Xi - wen and Shao Xi - chun; chapter 3 is written by Liu Wen - qing, Wang Xiao - wei and Yuan Gang; chapter 4 is written by Wang Xi - wen, Liu Wei - fang, Wang Xiao - wei, Tian Yan - can, Lv Lei, Jiang Chun - ling and Liu Wei - hua; chapter 5 is written by Wang Xi - wen, Liu Wen - qing, Wang Yu - chao, Zhang Xi - mei, Liu Qiu - liang and Zhang Xiao - mei; chapter 6 is written by Gao Jian - hu, Wang Xi - wen, Dong Xue - hua, zhao Yu - lian and Chen Qi - yan. Wang Xi - wen is in charge of the revision and compilation of the whole book.

The research projects involved in the book are supported from PetroChina E & P Company, Changqing Oilfield Company, Tarim Oilfield Company, Southwest Oil & Gas Field Company and Tuha Oilfield Company. The compilation of the book also receives the support and help from Yang Jie, director of PetroChina Exploration&Development Research Institute (Northwest) . The author hereby expresses sincere appreciation to all.

Due to limited level, there must be some inevitable negligence in the book, please give praise and correction when reading.

目　录

Contents

1 吐哈盆地山前带复杂构造地震成像方法研究及应用

1.1 概述

1.1.1 吐哈盆地北部山前带勘探概况

吐哈盆地北部山前带地区位于吐哈盆地台北凹陷北部博格达山前，西起卡拉图，东至车轱泉，呈东西向展布，面积约6450km²。由西向东依次发育卡拉图、七泉湖、恰勒坎、核桃沟、鄯勒、红旗坎、金北、大步、车轱泉9个构造带（如图1.1.1所示）。该区紧临生烃洼陷，油源条件较好，成藏条件优越，存在亿吨级资源潜力；并且山前带勘探层系多，发育多套储盖组合，可以形成多套含油气组合，该带主要目的层古近系—中下侏罗统、二叠系、三叠系为北物源控制的扇三角洲及冲积扇沉积，储层发育，目前钻井已证实至少发育5套储盖组合，并在Esh、J_2q-J_2s、J_2x、J_1发现了油气藏，前侏罗系也发现油气显示，证实了该带是一个重要的复式油气聚集带，剩余圈闭较多，多期圈闭叠置发育；同时山前带存在多期构造运动，处于多期古构造的相对高部位，是油气运移、调整的优势指向区[1]。该区目前已成为吐哈油田增储上产的重要战场[1]。

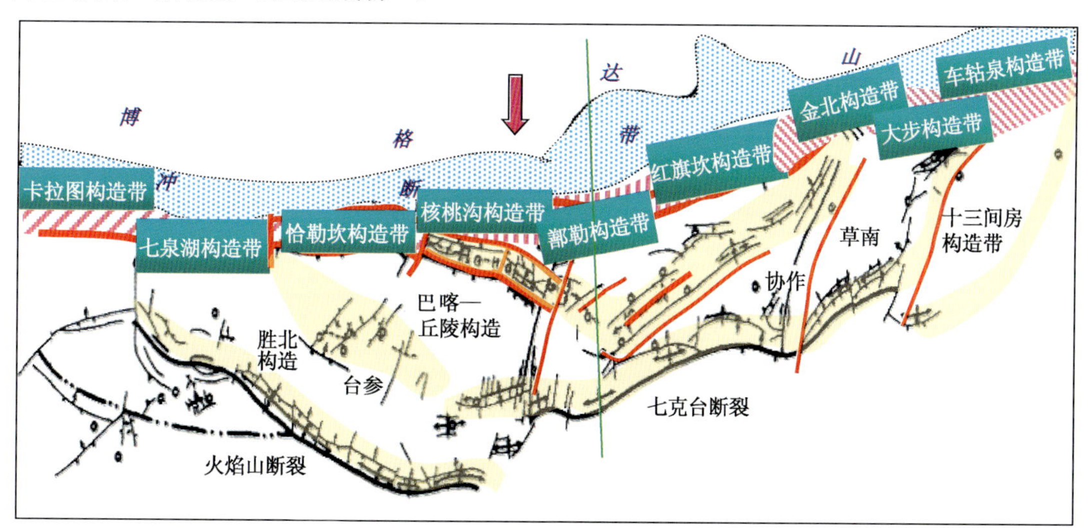

图1.1.1 吐哈盆地北部山前带构造分布特征示意图

但该地区地表及地下地震地质条件非常复杂，给地震采集和处理带来了较大难度。除鄯勒地区地震资料品质较好、基本能满足构造解释以外，其他地区资料地震反射信噪比低，分辨率低，反射同相轴连续性差。尤其是红旗坎、金北、阿克塔什、玉果局部区域地震成像差、地震反射杂乱、断点不清晰，不能满足精细落实地质结构、构造面貌和储层预测的需要。因此，地震成像问题是制约吐哈盆地北部山前带地震勘探的一个瓶颈，开展山前带复杂构造地震成像方法研究对于该区落实地质结构、提高地质认识具有非常重要的现实意义[2]。

1.1.2 地震成像难点分析

目前制约吐哈盆地北部山前带地震成像的难点主要集中在以下三个方面：

（1）由于北部山前带地区地表类型多样，山体起伏剧烈，断裂发育，地层接触关系复杂，山前砾石巨厚疏松，导致激发接收条件差。同时，受逆掩断层的屏蔽，逆掩下伏地层信噪比极低，并且北部山体区起伏剧烈，主要为石炭系老地层出露，老山区获得有效反射信息的难度更大。从图 1.1.2 中可以看到，该工区原始单炮记录噪声严重，有强面波、线性干扰、高频噪声、50Hz 工业电干扰等。噪声类型多，速度变化范围广，速度频率范围宽是本工区资料噪声的特点，因此北部山前带地区叠前噪声压制非常困难。

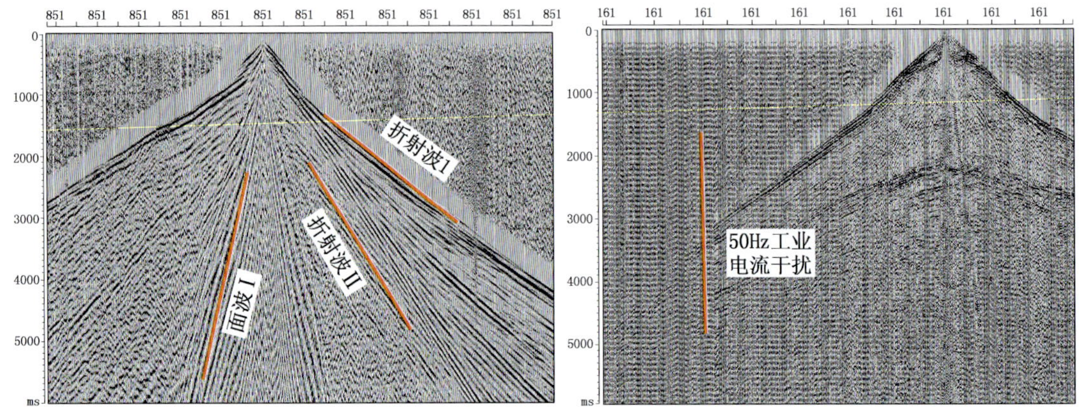

图 1.1.2　山前带原始记录单炮噪声分析

（2）该区地表起伏变化非常剧烈，从戈壁、山前带到老地层出露的山体，这种地表条件的变化使得低降速带在区域上速度、厚度的变化都十分剧烈，特别是山前带冲沟内巨厚的不同时期、不同岩性的松散堆积物，给野外表层结构调查带来巨大的困难，从而使得该区静校正问题非常突出。同样从原始单炮的初至和双曲线分析来看（见图 1.1.3），在北部山地地区，初至起伏较大，有效信号双曲线特征不明显，因此，北部山体的静校正问题严重。

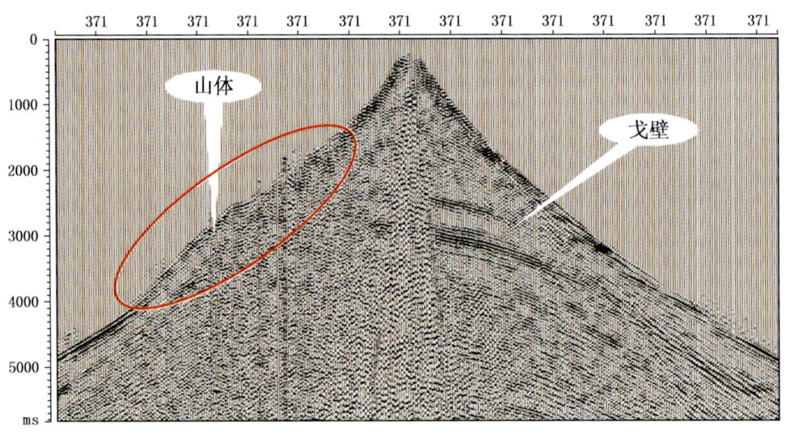

图 1.1.3　山前带原始单炮分析

（3）由于山体区老地层出露，地层岩性纵横向变化快，造成速度变化快。在山体部位由于老地层覆盖于新地层之上，纵向上速度反转较大。加上资料信噪比低，山前带存在复杂的地下逆掩推覆构造，断裂非常发育。从而导致难以准确寻找速度变化规律，准确落实地下构造非常困难。如图 1.1.4 所示，由于北部山前带结构复杂，逆掩推覆作用强，其下盘构造复杂多样，老测线在山前的资料成像又差，对于准确划分这种构造模式难度非常大。

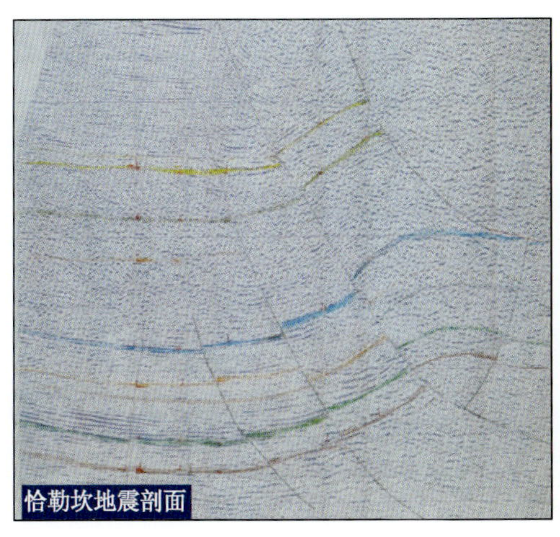

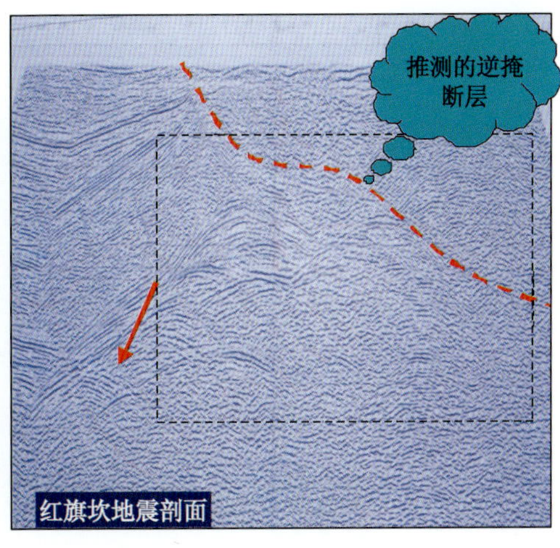

图 1.1.4　山前带老资料分析

1.2　地震成像关键技术

1.2.1　吐哈山前带地震成像研究思路

过去，该区地震资料的成像仅仅处于常规方法研究，大部分资料只采用了野外静校正等单一的静校正方法及叠后时间偏移等，方法单一、技术滞后，得到的成果资料信噪比及构造归位都无法满足勘探的需求。

目前，制约吐哈盆地北部山前带地震成像的难点主要表现在静校正问题严重、信噪比较低以及地下构造准确落实困难等三个方面。针对以上难点和分析以往采用技术的缺点，本次研究主要从多方法、多域及叠前成像处理出发，进行技术创新，取得成像精度的突破[3]。关键的针对性处理技术主要包括：综合静校正技术、叠前多域逐级噪声压制技术以及浮动面叠前深度偏移方法等。而在具体实现过程中，为了建立起准确的偏移速度模型，要坚持贯彻处理、解释一体化的研究思路。

1.2.2　山前带综合静校正技术

吐哈盆地北部山前带地区地表类型多样，北部有部分博格达山体区，从地形图中看，横穿博格达山南的众多冲积扇，构成了高低起伏的戈壁砾石区，低、降速带厚度变化较大，由冲积扇中部到扇缘，低、降速带厚度相差在几十米以上，从图 1.2.1 南北方向一条宽线的层析反演的表层情况来看，其表层速度与厚度变化剧烈，高速层厚度较大，追踪 3000m/s 的表层，厚度可达 280m，厚度变化与冲积扇的分布规律基本一致。由于冲积扇横向交叉纵向重叠的特点，近地表变化剧烈，从而造成了该区静校正问题突出。

目前在山前带复杂构造区已经形成共识：依靠单一方法无法彻底解决山前带的静校正问题，必须采取各种静校正方法综合应用的思路[4]，结合每种方法的各自优势来比较彻底地解决山前带静校正问题。在实际研究过程中，首先要进行表层建模静校正方法的试验，进行低降速带研究和静校正量计算，消除长波长对构造形态的影响，做好动、静校正数据及速度的合理拾取，保证构造形态真实可靠。然后对比多套处理系统的静校正处理方案，结合各套静校正处理系统的各自优势，形成综合基础静校正；然后再综合应用初至波剩余静校正技术、模拟退火剩余静校正技术、反射波剩余静校正技术等解决剩余静校正问题。

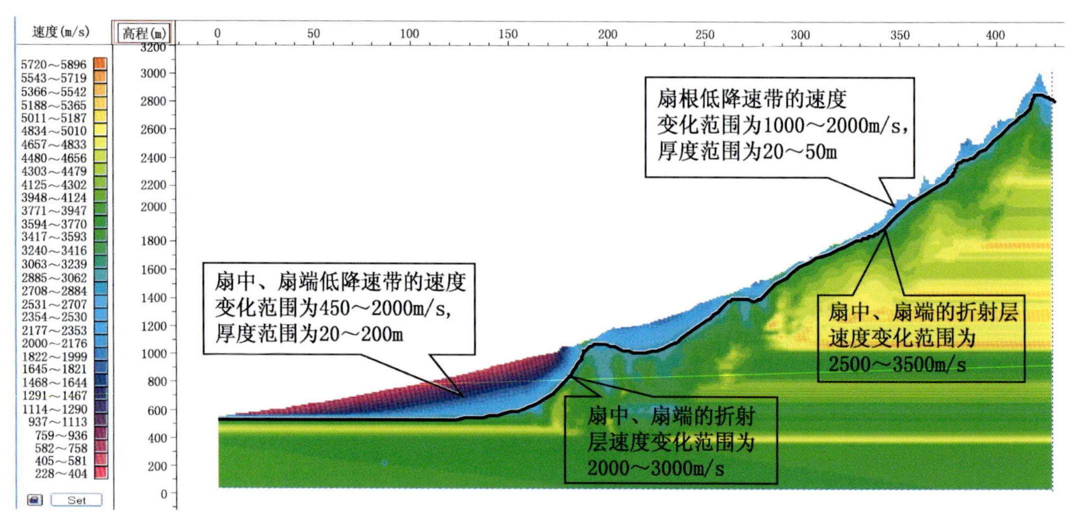

图 1.2.1 南北向测线层析反演模型

1.2.2.1 山前带基础静校正解决方法

目前的基础静校正方法主要有野外（模型）、高程、折射及层析等方法，下面首先介绍每种静校正方法的实现原理及其适用条件。

1.2.2.1.1 野外（模型）静校正

野外（模型）静校正是应用野外微测井、小折射测量的结果，利用表层调查资料以及科学合理的计算解释方法，得到符合实际情况的表层地质模型。如果野外调查非常详细，并且解释比较正确，那么野外静校正足以消除近地表的变化影响。但是在微测井、小折射资料缺乏的地区，只能通过插值方法得到近地表模型信息，并且微测井、小折射的采集与地震信息的采集可能存在时间上或位置上的差异，因此这种区域所建立的近地表模型的精度就会降低，甚至会得到错误的模型，从而导致不正确的静校正量。

利用野外（模型）静校正方法能够取得良好成像效果的资料基本上集中在野外布点能基本控制表层变化情况、高速顶的高程和速度的变化不十分剧烈的地区。

1.2.2.1.2 高程静校正

高程静校正是将野外原始数据从地表校正到某一基准面的方法。该方法不考虑低降速带的影响，仅仅解决地表起伏所引起的那部分静校正量。这样计算出来的静校正量只是一部分，不能够完全解决静校正问题，但是，这种方法计算简单，可以作为一种参考，来验证野外静校正和折射静校正的合理性。高程静校正是最传统的直接静校正方法，它是在地表一致性的基础上，不需要求出地表层的速度模型，而直接利用数理统计的方法分别计算出炮点和检波点的静校正量，然后进行静校正。基准面可以是水平面，也可以是比较平缓的浮动基准面。在地表条件比较简单的情况下高程静校正能够取得相对较好的应用效果。

高程静校正方法在任何时候都可以适用，但该方法没有考虑低降速带的影响，所以是比较粗糙的静校正方法，在复杂构造区难以取得良好的应用效果。

1.2.2.1.3 折射静校正

基于初至波的折射静校正方法是目前应用较为广泛的一种静校正方法，它是从折射波信息出发，利用不同的折射静校正方法（如二维的 EGRM 法、延迟时法、对比分析法，三维折射静校正技术等）来反演近地表模型，从而计算静校正量[5,6]，一般要求有相对稳定的折射面，并且存在风化层[7]。下面介绍一下在山前带地区应用比较广泛的 EGRM 方法：

EGRM 方法是在 Palmer 提出的 GRM 方法的基础上扩展的，目的是适用于野外各种不规则的观测系统采集的数据，例如弯线排列接收、炮点偏离排列位置等。它的具体作法是：根据初至波的拾取时间，确定测线上每一个观测点的时间深度值 T_G，然后用扫描法或人工给定法，选择风化层速度 v_0 值，用五点差值法估算出折射界面速度 v_1 值。这样，就可以把每一个观测点的时间深度换算成折射界面的深度，从而建立地表折射界面模型，进而可以计算出各点的静校正量。该方法综合折射旅行时来计算延迟时，计算延迟时时不需要折射层的速度。EGRM 方法最终要输出初至折射地表模型。在分析地表折射模型的基础上，作好基准面校正参数的选择，包括是否增加辅助基准面。在该方法中，风化层速度 v_0 通过扫描确定，但扫描工作量大，精度也受限制，因此最好结合野外微测井和小折射资料确定 v_0 值的选择。

折射静校正方法应用效果好的资料大都集中在有明显的低、降速带，折射界面相对稳定，折射波初至明显存在的地区。而应用效果差的资料基本都集中在剥蚀地段，这些地区低、降速带速度、厚度以及岩性变化相对较大。

1.2.2.1.4　层析静校正

层析静校正方法主要包括两个步骤：（1）用回转波（或折射波）射线层析成像法估算近地表速度；（2）是利用得到速度模型进行静校正[8]。

首先用回转波（或折射波）射线层析成像法估算近地表速度。把要成像的介质离散成小矩形单元或格子状的网格，每个单元有一个单一速度。解法是使观察（拾取的）和预测的（根据初始模型进行射线追踪得到的）折射波旅行时之差为最小。其过程是一个迭代过程。层析速度反演与其他处理方法的根本区别在于层析成像法可根据地震记录旅行时直接反演出速度，而其他方法不能直接得到速度。层析反演一般采用矩形网格和三角形网格，整个区域的速度分布函数由网格结点处的速度确定，一般采用约束反演或约束优化方法。初至时间的精度对最终结果起决定性的控制作用，因此该方法对拾取初至的准确性有很高的要求[9]。层析成像静校正计算工作量巨大，迭代和收敛的过程较为缓慢。

表层模型层析反演技术是一种非线性的反演技术，它是利用地震初至波射线的走时和传播路径反演介质的速度结构，因此不受地表及近地表结构纵、横向变化的约束。初至波包括直达波、回折波、折射波以及几种波组合后首先到达地表的波。初至波包括了以下三个方面的特性：直达波主要表现为均匀介质模型特性；回折波主要表现为连续介质模型特性；折射波主要表现为层状介质模型特性。因此，通过三者的组合以及层析反演法对介质各向异性的适应性，经反复迭代，根据正演初至时间的误差，修正速度模型，最终达到要求的误差精度。求取静校正时采用射线追踪法计算炮点和检波点的旅行时，从而得到基准面校正量。显然，初至波层析反演静校正是正、反演结合的过程[8,9]。

与其他静校正方法相比，层析静校正往往是在地表条件非常复杂的山体或者老地层出露区能够取得较好的应用效果，这些地区往往地表速度横向变化剧烈，难以追踪到稳定的折射界面，因此折射静校正方法效果较差。但是为了提高反演精度和减少迭代次数，可以将初至波折射静校正方法求得的最好的速度模型作为层析反演静校正的初始速度模型[9]。

1.2.2.1.5　综合静校正

上面分析了目前几种主要的基础静校正方法的实现过程及其适用条件，但是吐哈盆地北部山前带地区地表条件复杂多变，同一条测线上往往存在几种不同的地表地质条件，依靠单一的静校正方法是难以很好地解决山前带的基础静校正问题，因此必须采用综合基础静校正技术[4]，就是在不同的地表条件下，用不同的静校正方法，合理地建立符合该地表条件的近地表模型，再利用小折射、微测井资料进行模型精度的控制，综合比较模型，组合、拼接出合理的表层结构模型。根据这一模型的特征，选择不同的填充速度和剥离速度及基准面，最终获取更精确的基准面静校正量。图 1.2.2 中给出了吐哈盆地北部山前带恰勒坎构造带地震测线的综合基础静校正应用实例，该区地表类型主要包括戈壁砾石区、山前过渡带以及老地层出露的山体区，在戈壁区，野外微测井、小折射测量信息相对比较丰富，利用野外（模型）静校正方法就能够得到符合实际情况的表层地质模型以及良好的应用效果，通过图中戈壁区不同静校正方法成像效果的对比也可以看出，野外静校正方法与其他两种静校正方法相比成像效果具有一定优势。而在山前过渡带地区由于存在相对比较稳定的折射层，所以折射静校正与其他方法相比成像效果改进比较明显。而在老地层出露的山体区，地表条件非常复杂，缺少微测井、小折射等测量信息，同时这种地区难以追踪到稳定的折射层，所以野外和折射方法都难以取得理想的成像效果，而层析静校正方法在这种地区的优势比较明显。

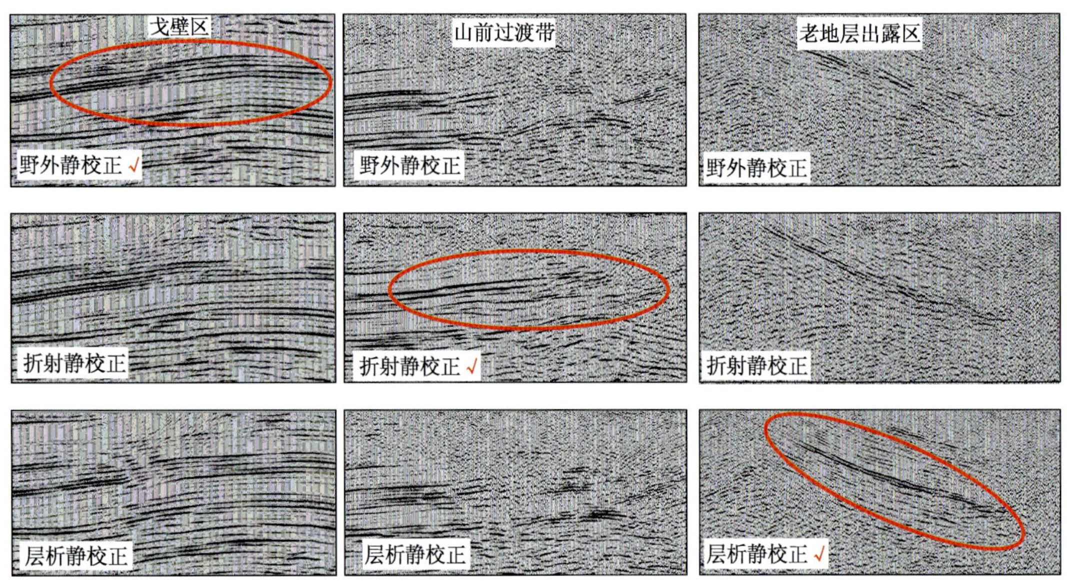

图 1.2.2　吐哈山前带综合基础静校正应用实例

1.2.2.2　山前带剩余静校正解决方法

由于吐哈盆地北部山前带地表条件的复杂性，单纯地依靠基础静校正难以完全消除近地表的影响，仍然会残留有一定的剩余静校正量。因此需要开展剩余静校正来消除基准面静校正的剩余误差，进一步调整共中心点道集的叠加相位，达到同相叠加的目的。

通过分析山前带地区地震资料的实际特点，需要利用传统反射波剩余静校正方法与综合全局寻优静校正技术的循环迭代来比较彻底地解决剩余静校正问题。下面分别给出两种方法的简要介绍：

反射波剩余静校正方法[10]是假设炮点和检波点的剩余时差只与地表结构有关，而与波的传播路径无关。在这一假设之下经过一般静校正和动校正以后的地震道的剩余时差 t_{ijh}，可以表示成五个分量的和（图 1.2.3）。

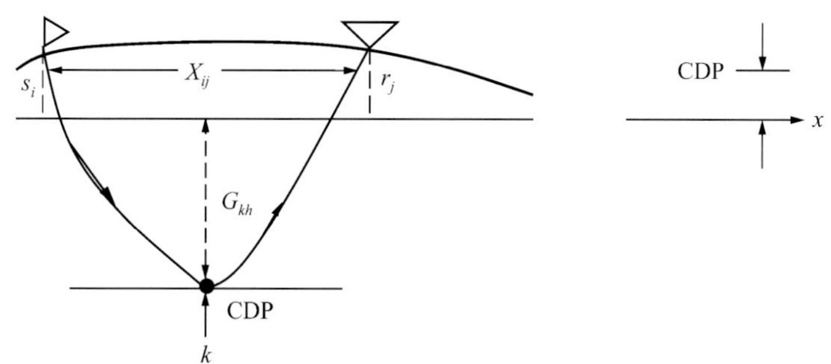

图 1.2.3 剩余时差的五个分量

$$t_{ijh} = s_i + r_j + G_{kh} + M_{kh}X_{ij}^2 + D_{kh}Y_{ij} \tag{1.2.1}$$

式中，i 为炮点号；j 为检波点号；h 为反射层号；k 为 CMP 号。s_i 和 r_j 分别表示第 i 号炮点和第 j 号检波点的剩余静校正量，它只与地面的位置有关。G_{kh} 称为构造项，它表示反射 h 层上，第 k 个 CMP 点相对于第一个 CMP 点由地层的起伏而产生的双程垂直旅行时差。M_{kh} 称为剩余动校正量算子，$M_{kh}X_{ij}^2$ 表示相应的剩余动校正量项。D_{kh} 为横向倾角算子，Y_{ij} 表示 CMP 点横向偏离测线的距离，$D_{kh}Y_{ij}$ 表示由于第 k 个 CMP 点位置横向偏离测线所产生的时差。显而易见，这五个分量中，第一个和第二个分量对于一个地震道来说，不随反射时间的变化而变化，是要求的炮点和检波点剩余静校正量；其他三个分量，一般情况下是随时间的变化而变化。

由上所述，该方法的第一步是拾取地震道的剩余时差 t_{ijh}；第二步是对剩余时差 t_{ijh} 进行分解，求出 s_i 和 r_j 两个分量；然后把这两个分量应用到相应的道上。

对于上述五个分量，最终使用时一般都只采用炮点剩余静校正量 s_i 和检波点剩余静校正量 r_j。把这两个值应用到相应的地震道上，就实现了剩余静校正。对于其他三个分量，在每次迭代输出以及最终输出时，均应做一些合理的限定和平滑。例如剩余动校正项，它是在所选时窗内不同的反射时间、不同的速度误差所产生的剩余动校正值的平均值，由于横向上速度是缓慢变化的，因此剩余动校正量也应该是缓慢变化的。当每次迭代输出剩余动校正量项的值剧烈变化时，应该在一定的范围内进行平滑，然后再提供给下一次迭代。同时剩余动校正值是可以预先估计一个范围的，当超过这个范围时，有可能是多次波所致，或其他因素造成。因此，对于每一次迭代输出，对剩余动校正量项还应进行最大值的限定。类似的道理，对于构造项，对每次迭代输出也要在一定范围内进行平滑处理，然后再进行下一次迭代。

而综合全局寻优静校正技术[11]是将最大能量法、模拟退火、遗传算法相结合，利用模拟退火根据概率指导进行双向搜索的技术，它利用遗传算法的全局收敛能力和最大能量法的局部收敛能力强的特点，构成综合全局快速寻优求取静校正方法。

吐哈盆地北部山前带地区剩余静校正的具体实现过程为：

（1）在基础静校正解决较好的基础上采用反射波剩余静校正方法，得到第一次剩余静校正成像结果，通过剖面成像效果分析静校正解决的是否彻底；

（2）在反射波剩余静校正的基础上应用全局寻优方法，再次对剖面效果等进行分析，来确定是否需要继续进行剩余静校正的迭代工作；

（3）通过两种不同剩余静校正方法的组合迭代完成剩余静校正处理工作。

图 1.2.4 中给出了在吐哈盆地北部山前带地区利用上述剩余静校正组合迭代方法的应用

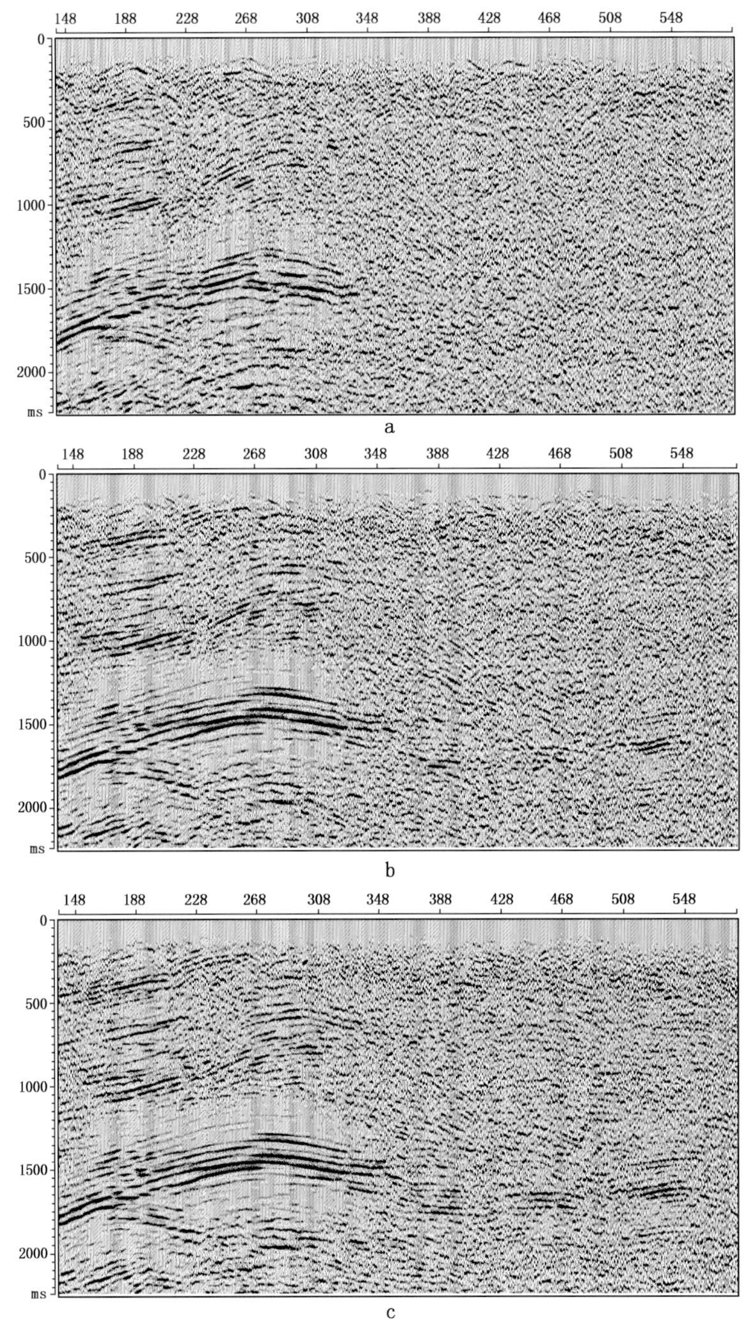

图 1.2.4 吐哈山前带剩余静校正应用实例

a—剩余静校正前；b—反射波剩余静校正后；c—反射波剩余静校正与全局寻优静校正技术组合迭代后

实例，可以看出单纯地依靠传统的反射波剩余方法难以得到理想的成像效果，而通过反射波剩余静校正与综合全局寻优静校正技术的组合迭代应用之后，地震成像效果尤其是山体区的成像有了明显改善。

无论是基础静校正还是剩余静校正，每种方法都有其自身特点、适用条件及制约因素，因此，在山前带地震资料静校正研究过程中，要根据工区不同的地表条件及地震资料的实际特点优选静校正方法。

1.2.3 山前带叠前噪声压制方法

由于吐哈盆地北部山前带地区地表类型的多样性和复杂性，造成了工区内激发、接收条件差，包括面波、异常振幅、随机干扰和各种类型的线性干扰均非常发育，部分地区信噪比极低。在山前带叠前噪声压制过程中，首先要遵循叠前噪声压制的一些基本原则[3]：能量先强后弱，频率先低后高，先去规则干扰，再去随机干扰等；同时针对山前带地区噪声类型多样、信噪比极低的特点，在研究过程中要充分贯彻逐步噪声压制和多域噪声压制两种主要研究思路[12]。

1.2.3.1 逐步噪声压制

目前地震噪声常规的分类方法主要有三种：（1）按噪声在地震剖面上出现的特征，将噪声分为规则噪声（常常等同于相干噪声）和不规则噪声（常常等同于随机噪声）；（2）按噪声的传播机理，将噪声分为面波（地滚波）、折射波、声波、侧面波、多次波、管波等；（3）按噪声的频谱特征，将噪声分为低频噪声、高频噪声和50Hz工业干扰等。每种噪声各有其自身特点，没有哪一种软件或方法能够适用于以上所有类型噪声的压制，因此，在叠前噪声的压制过程中应该优选各自合适的噪声压制方法及软件，也就是需要遵循逐步压制叠前噪声的思路。

通过分析得知在吐哈盆地北部山前带地区发育有各种不同类型的噪声，但最主要的包括以下三类：（1）面波及异常振幅；（2）各种类型的线性干扰；（3）随机噪声。下面分别介绍吐哈山前带地区针对以上三种类型噪声的压制方法。

1.2.3.1.1 面波及异常振幅压制

吐哈山前带地区戈壁及沙漠区地表疏松，使得单炮记录上产生大量的低频面波，同时由于地表接收条件的差异性，地震记录中常常会出现各种异常振幅的干扰，强能量的声波、簇状噪声和高能干扰都给叠前多道处理带来了极其不良的影响，异常干扰的主要特征是强振幅，在能量特征曲线上表现明显，消除此类噪声较好的方法是能量统计分析去噪，是以地震波的传播规律和吸收特性为基础，采用“利用多道信息识别地震信号与噪声，在单道地震数据上压制噪声”的技术思路。

而对于面波压制通过试验发现主要有两种有效方法：区域滤波法和自适应噪声衰减法：（1）区域滤波法压制面波，根据面波的最大、最小速度来定义时窗，输入面波主频（8Hz），定义一个高通滤波器，滤波器只在定义的时窗范围内起作用，去掉了面波分布区域的低频成分，保留了中、高频有效信息，对面波区域外的资料不做任何处理。这样既压制了面波，又减少低频有效波的损失。（2）自适应噪声衰减法，根据地震资料和提取的初始噪声模型，计算噪声的滤波因子，使得滤波因子和初始噪声模型的褶积接近地震记录中的实际噪声，通过迭代，不断修改滤波因子，使褶积的结果逐步逼近实际噪声，然后从地震记录中减掉求取的噪声。自适应噪声去除的两个假设条件是：①噪声和信号不相关；②噪声模型和一个缓慢变化的滤波因子的褶积与实际噪声具有相关性。因此自适应噪声衰减时，需提供一个比较合理的初始噪声模型，这里输入的模型是区域滤波滤除掉的噪声。在实际应用过程中联合使用两种方法效果明显，首先用区域滤波法得到面波噪声，然后将其作为自适应噪声衰减法的输入模型进行面波压制。

图1.2.5中给出了吐哈山前带地区原始单炮利用上述方法压制面波及异常振幅的过程，压制前后的单炮对比及压制掉的噪声分析都表明了以上方法在吐哈山前带地区的有效性。

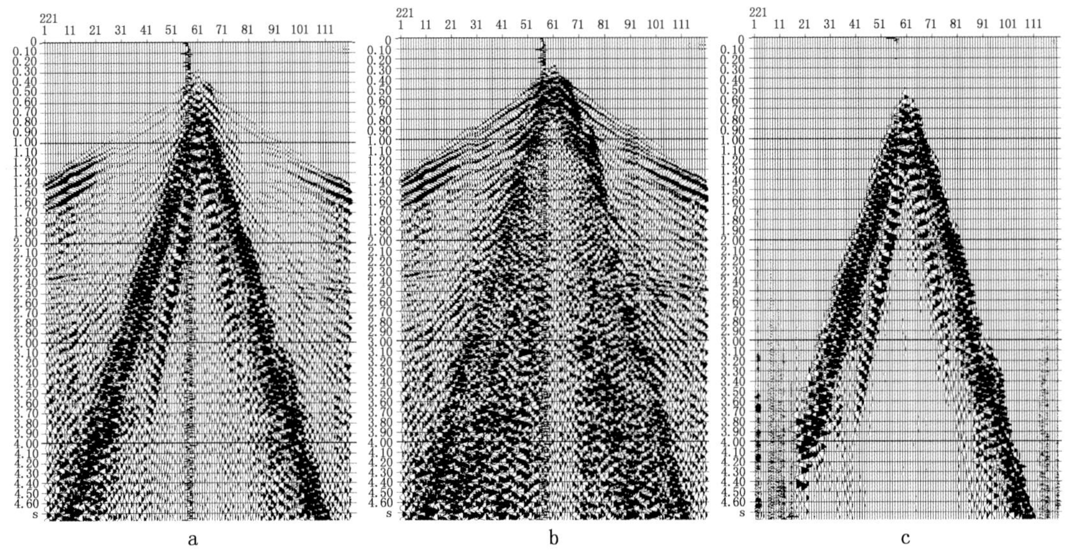

图 1.2.5 异常振幅及面波压制前后的单炮对比

a—原始单炮；b—压制后单炮；c—压制的噪声

1.2.3.1.2 线性干扰压制

线性干扰是另外一种影响吐哈北部山前带地区地震资料信噪比的重要噪声，线性干扰往往与有效反射交织在一起，并且频率范围变化较大，低频和高频都有可能出现，并呈多组分布。这类去噪方法很多，包括时间域的预测滤波、中值加权、减去法，数学变换域的 $f-k$ 变换、拉东变换、小波变换等，一般是根据噪声特征和对有效信号的伤害程度来选择处理模块和参数。通过针对吐哈山前带地区线性干扰的压制试验，将 $f-x$ 域预测去噪技术和 $\omega-x$ 域算子外推去噪技术结合起来进行线性干扰压制是目前比较有效的方法。下面简单介绍一下两种方法：

$f-x$ 域预测去噪技术由 Canales（1984）提出，旨在压制二维地震记录中的随机噪声，它以理论上的严密性和实际效果上的显著性得到广泛应用，成为二维地震资料处理中的一个常用模块。方法假设反射波同相轴具有线性或局部线性的特性，在 $f-x$ 域中对每一个频率成分应用复数最小平方原理，可求得预测算子，进而对噪声进行压制。另外，为了克服 $f-x$ 域预测去噪方法假设条件的限制，康治等（2003）提出了一种 $f-x$ 域拟线性变换方法，先将地震数据进行拟线性变换，滤波处理后再进行拟线性反变换。这种基于非线性空间变换的 $f-x$ 域预测去噪方法具有较强的去噪能力，特别体现在构造比较复杂、地震信号同相轴在空间具有非线性分布的情形。

由于 $f-x$ 域预测去噪技术自身具有一定的局限性，因此在此基础上，相继提出了叠前 $\omega-x$ 域算子外推去噪技术和 $f-x$ 域算子外推去噪技术。算子外推技术充分利用了预测算子中频率与道间时差的对偶关系，根据地震记录中优势频带的频率成分外推求取高、低频带的预测算子。这样一方面可避免频率较低、能量较强的面波或线性干扰波对低频带预测算子求取的影响，很好地压制随机噪声，而且还能有效地衰减面波和线性（或近似线性）干扰波，同时还可以减少计算量，节省机时，提高效率；另一方面也可避免高频信号能量弱、不连续、信噪比低等缺点对高频带预测算子求取的影响，可以保护和加强有效波的高频成分，为后续高分辨率处理打下了良好基础。算子外推技术不仅可以提高叠前或叠后地震数据集的信噪比，还能避免衰减面波时损失有效波的低频成分，压制线性干扰时出现蚯蚓化现象。因此，它为叠前地震数据的AVO分析、叠前深度偏移处理、叠后提高地震数据的分辨率和储层预测处理准备了良好的条件。

根据吐哈北部山前带地区线性干扰的实际特点，需要遵循逐步去噪的思路：即首先根据 $f-x$ 域去噪的特点对地震资料的中低速噪声进行压制，然后采用 $\omega-x$ 域算子外推法去噪方法将剩余的高速线性干扰再次去除，从而得到比较理想的噪声压制效果。图1.2.6中给出了利用上述方法进行线性干扰逐步压制的实现过程。

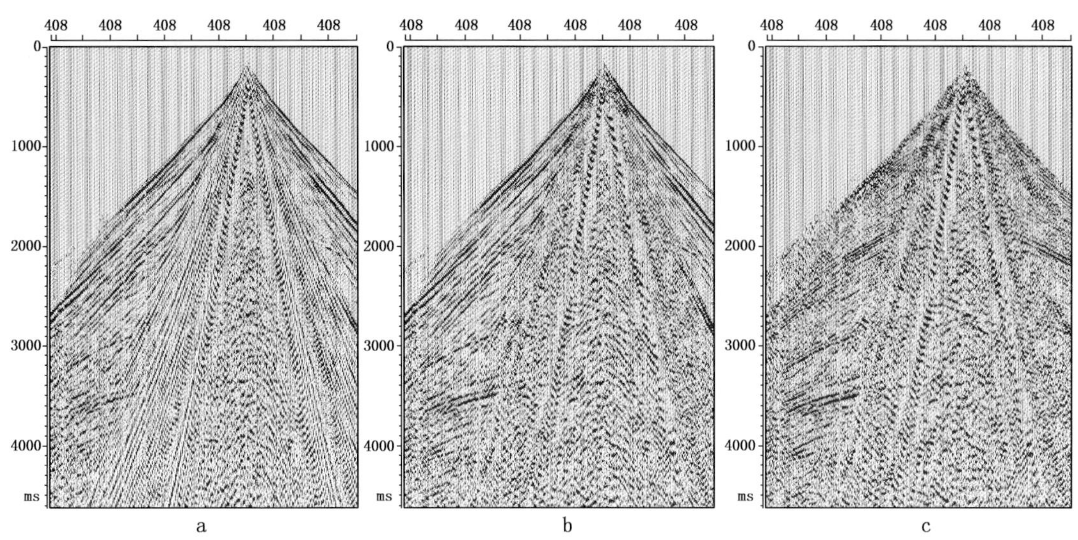

图1.2.6 山前带线性干扰压制过程

a—原始单炮；b—中、低速干扰压制后；c—高速干扰压制后

1.2.3.1.3 随机噪声压制

随机噪声也是影响吐哈北部山前带资料信噪比的一个重要因素。随机噪声一般没有规律，有些情况下，随机干扰并不随机，它也具有相同的斜率，因此也具有相干性。通过对比不同方法发现在吐哈山前带地区最为有效的是叠前随机噪声衰减技术，它是采用复数域的向前、向后预测，利用信号的相干性和可预测性来压制随机干扰。在单炮或共检波点道集内使用这种去噪方法时，应首先将道集进行动校正，这样可以减少增加信号的可预测性，从而减少因去噪而造成的对有效信息的伤害。从图1.2.7中给出的随机噪声压制前后的对比可以看出，利用上述方法可以比较有效地提高信噪比。

1.2.3.2 多域噪声压制

在山前带叠前噪声压制过程中往往需要在多个不同的域中进行，比如共炮点域、共检波点域、共炮检距域、共中心点域等，这是由于噪声在不同的域中表现出来的特征是不同的，如图1.2.8所示对原始炮集在炮域进行线性噪声压制后，在炮集结果上噪声并没有表现出线性规律，但是在叠加剖面上发现仍然残留有很多线性噪声，然后将炮集转换到检波域之后，线性噪声的规律就能够表现出来，再次对这些线性噪声进行压制就能够取得较好的成像效果。因此，在山前复杂构造带地区需要加强多域分析和多域叠前噪声压制的试验工作。

1.2.4 浮动面叠前深度偏移方法

由于吐哈盆地北部山前带地表条件及地下构造的复杂性，单纯地依靠时间域的地震成像

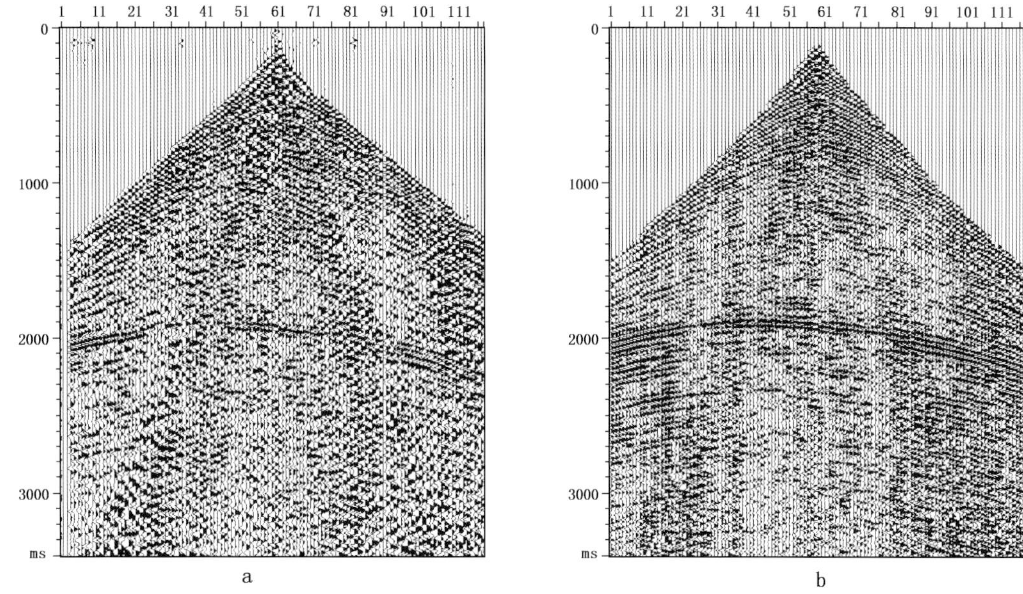

图 1.2.7　叠前随机噪声压制前后单炮对比

a—随机噪声压制前；b—随机噪声压制后

方法难以解决山前带问题，而叠前深度偏移方法是解决复杂构造成像问题的最有力工具之一。因此，要特别重视吐哈盆地北部山前带叠前深度偏移方法的研究工作，针对该地区的地质及地震资料的实际特点，需要重点针对以下三个方面开展研究：偏移速度模型建立方法、浮动基准面选取方法和深度偏移算法。

1.2.4.1　山前带偏移速度模型建立方法

建立准确的层速度—深度模型是实现叠前深度偏移的关键因素[3]。考虑到吐哈北部山前带地区低信噪比以及地下构造非常复杂的实际特点，单纯地依靠某一种建模方法难以建立起准确合理的速度模型，必须要利用多种方法综合建模的思路。吐哈山前带叠前偏移速度建模整体思路主要包括两个方面：以传统地球物理定量建模方法为基础，同时坚决贯彻处理、解释一体化建模思路。

在吐哈北部山前带戈壁区等信噪比相对较高的地区还是要以地球物理定量建模方法作为基础和主要手段，这其中主要包括[13]：相干反演法建立初始速度模型（图 1.2.9）、拾取水平延迟进行层析成像[14]来对速度模型进行迭代优化（图 1.2.10），以及垂向延迟和 CRP 道集来判断速度模型的准确性（图 1.2.11）等。

而针对吐哈北部山前带地区地震资料具体的建模实现方法如下：

（1）时间域构造模型建立：由于山前带地区叠加剖面上回转波、绕射波、断面波等纵横交错，很难拾取时间层位，因此，需要先做叠前时间偏移处理，然后在叠前时间偏移剖面上解释时间层位，最后将其反偏到叠加剖面上，就得到时间层位模型，从而保证时间模型的准确性[15]。

（2）初始层速度—深度模型建立：层速度是叠前深度偏移处理的关键参数，求取一个准确的层速度—深度模型是提高成像效果的关键所在。目前求取层速度的方法主要包括相干反演法、叠加速度反演法以及均方根速度转换等几种方法，这几种方法都是借助于时间界面，利用 CMP 道集、叠加速度、均方根速度综合完成的。在水平层状或平缓地层的情况下，常

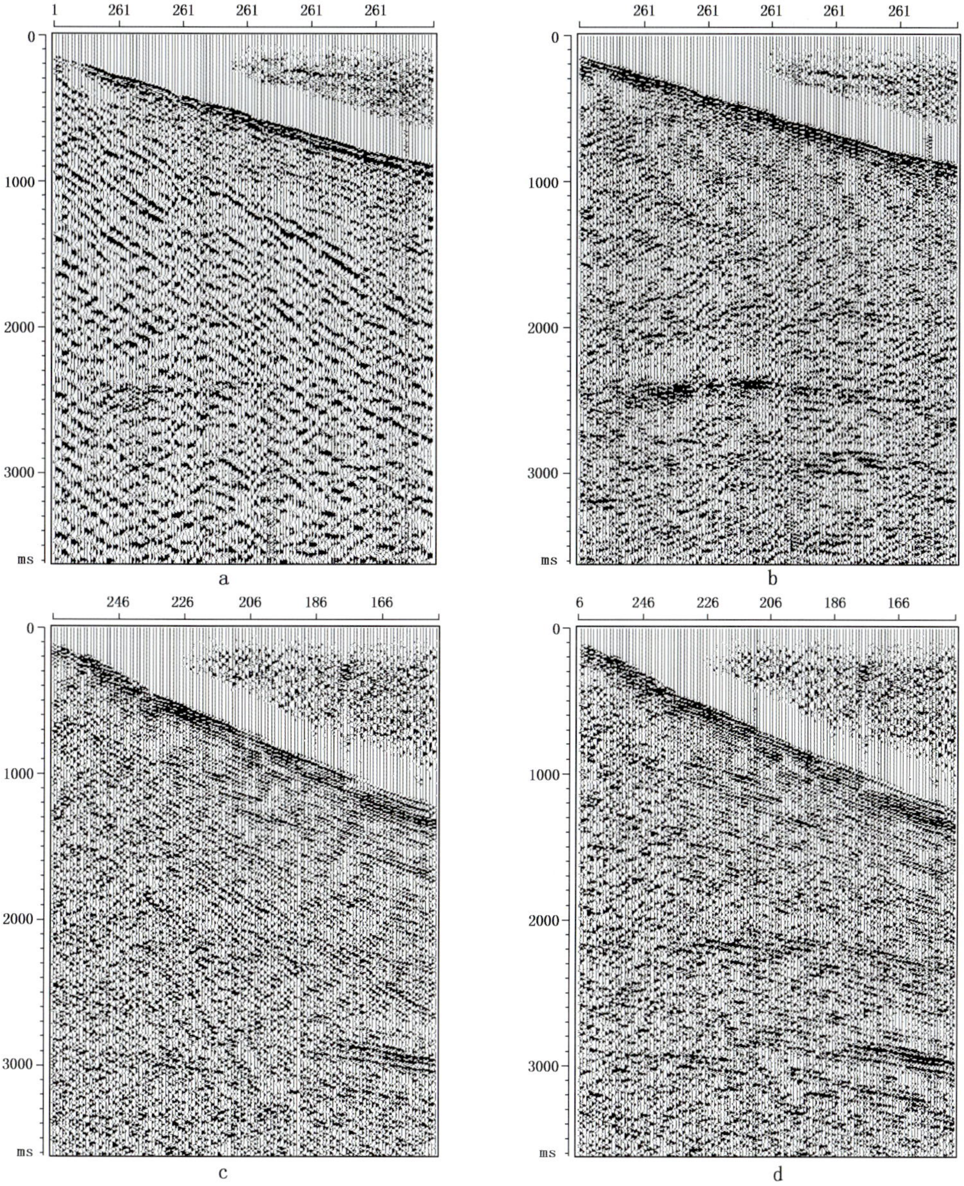

图 1.2.8 叠前多域噪声压制过程

a—原始炮集；b—炮域噪声压制后；c—共检波点道集；d—检波域噪声压制后

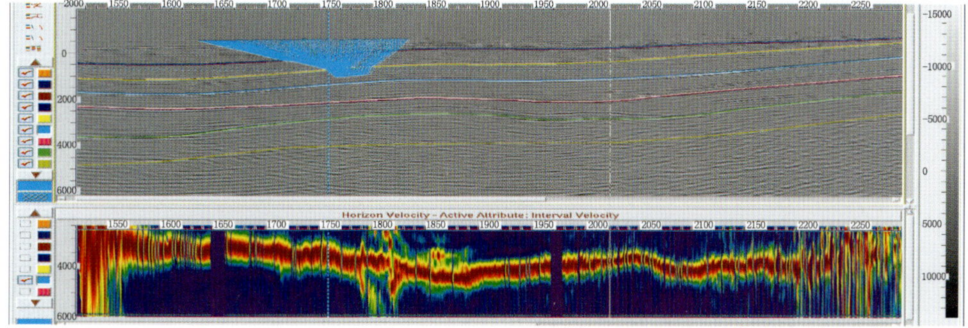

图 1.2.9 相干反演方法建立初始速度模型

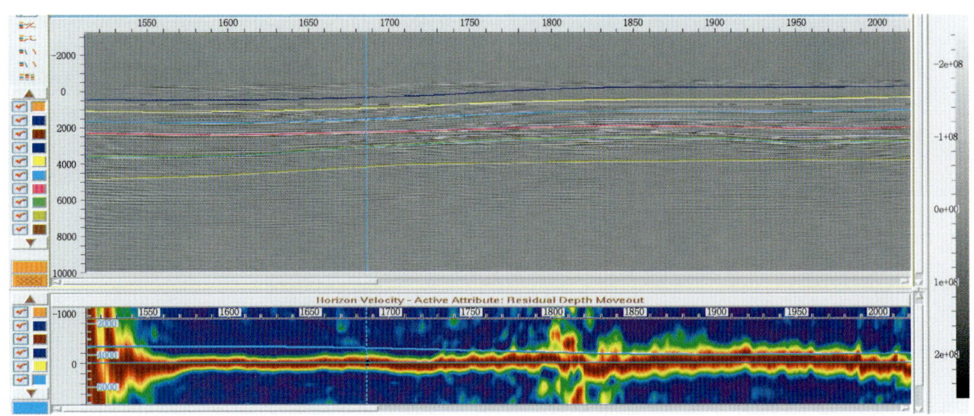

图 1.2.10 利用水平延迟进行层析成像

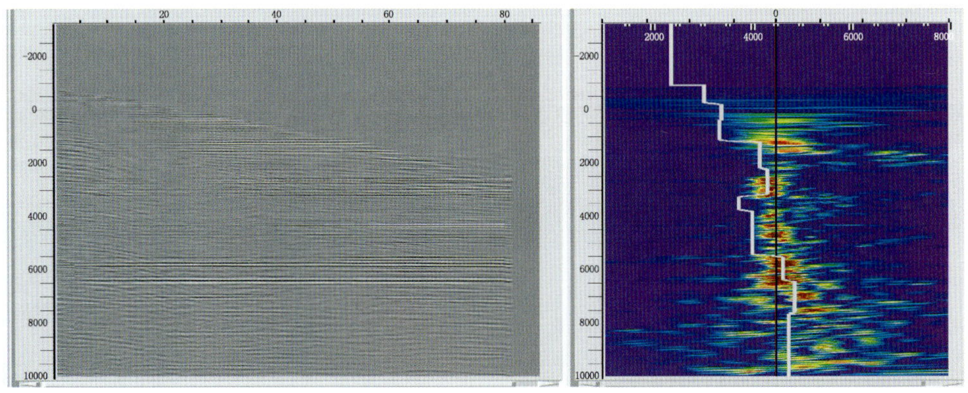

图 1.2.11 利用垂向延迟和 CRP 道集判断速度模型

用均方根速度转换层速度，当工区信噪比低时，叠加速度反演是一个比较好的选择，而相干反演法不受地层倾角的限制，有比较高的精度。对信噪比低的地震资料常常三种方法结合求取层速度。

模型正反演相结合求取速度的原理和方法与常规地震资料处理中所用的通过双曲线动校获得 CMP 道集的最大叠加能量来求取速度的方法（速度谱法）有本质的不同。速度谱法的基础是：在一个道集长度内，地下为水平层状或单倾的均匀介质，对其进行描述的时距曲线方程都是建立在这一基础之上的。显然，这些时距曲线方程对在一个道集长度内地层倾角变化较大、单层速度不均一的地下实际情况，不能合理地描述，故采用此速度谱方法求出的速度，只是一个大致近似值。而模型正反演相结合速度估算法从根本上解决了这个问题。相干层速度反演方法的具体做法是对每条测线每个层位选定一个 CMP 位置，给一个层速度范围，再给定偏移距范围，计算相干值，最大相干值对应的层速度就是所求层速度，层速度分析由浅到深逐层完成。

（3）叠前深度偏移运算：通过试验确定射线的路径和分布范围（孔径），并以此范围为控制边界计算射线分布范围内各射线的偏移方向和偏移量，在此基础上进行叠前深度偏移运算。

（4）速度模型的迭代优化：利用以上相干反演等方法建立起了初始的层速度—深度模型，偏移速度模型的建立过程是一个逐步迭代、收敛的过程，但是初始速度模型的建立对于后续的速度模型的迭代优化具有非常重要的影响，如果初始速度模型与正确的速度模型偏差太大，即使再进行多次迭代，速度模型也难以收敛。因此，在层速度—深度模型的建立过程中，要特别重视初始速度模型的建立。

而模型优化主要包括时间模型和速度模型优化两个方面，对于时间模型的优化而言，判断标准就是通过反复迭代，使得时间模型基本符合地下地质情况。而对于速度模型的优化来说，主要是利用剩余速度分析、层析成像对层速度—深度模型修改优化。

但是，以上方法是基于层位来求取、修改层速度的，对于山前带地区，速度横向变化大，某一层上的速度很难完全反映层间的速度。为此，应用纵向延迟分析来求得速度在层间的误差值，并把它补回到层速度—深度模型中。在此基础上，再在叠前深度偏移剖面上拾取可以追踪的同相轴做网格层析成像，进一步优化速度模型，保证其在层间的速度也是正确的。简单地说，先用沿层层析成像优化修改速度，用网格层析成像来调整层间速度变化，得到新的速度—深度模型。利用多种方法得到的速度—深度模型。对每一条测线进行反复迭代、试验，取其延迟量最小、CRP 道集拉平、成像效果达到较好的速度—深度模型做叠前深度偏移。

同时，要充分考虑到山前带地区速度的复杂性以及低信噪比等影响因素，在建模过程中充分采用处理、解释一体化的研究思路，如图 1. 2. 12 所示为吐哈北部山前带恰勒坎构造带的一条测线，对于该测线右侧的逆掩上覆构造区的速度而言，在解释人员介入之前，对该区的速度规律认识不清，建立起的速度模型与真实速度差异过大（图 1. 2. 12a），通过反复迭

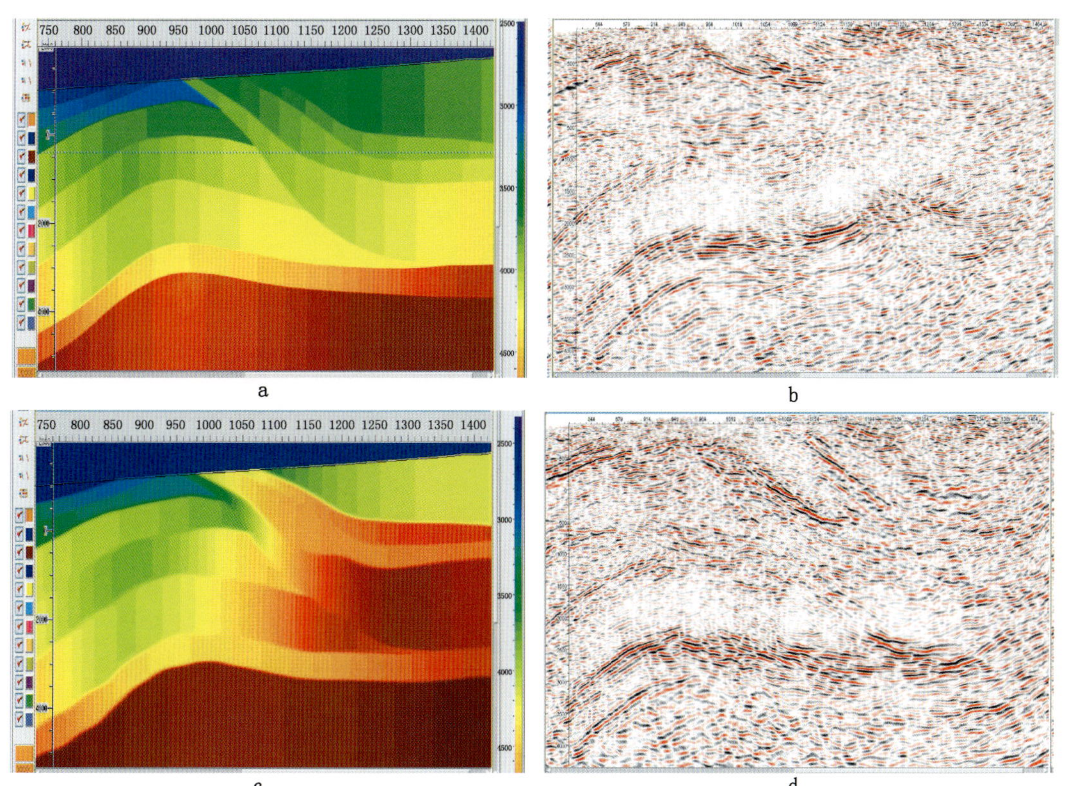

图 1. 2. 12　山前带处理、解释一体化建模实例

a—处理、解释一体化前的速度模型；b—处理、解释一体化前的偏移剖面；
c—处理、解释一体化后的速度模型；d—处理、解释一体化后的偏移剖面

代之后仍无法收敛，得到的偏移剖面成像效果也比较差（图 1. 2. 12b），而在充分利用处理、解释一体化思路之后，建立起了比较合理的速度模型（图 1. 2. 12c），最终也得到了比较理想的成像结果。

1. 2. 4. 2　浮动基准面的选取

目前在复杂构造区叠前深度偏移中对于偏移基准面而言主要有两种：

一种是先对地震数据进行低频静校正，即垂直时移校正，然后再从固定面开始进行叠前偏移运算，这种简单时移方法的一个基础就是地表一致性假设，它的具体含义是静态时移只跟震源和接收点的地表位置有关，而跟波传播射线路径无关，这个假设对所有的射线（不考虑炮检距）在近地表是垂直的情况下有效。在地表起伏不大、低速带横向速度变化缓慢的地区，地下浅、中、深层的反射经过低速带时，几乎遵循同一路径近乎垂直入射至地表，这时它们的静校正量基本相等，用简单的垂直时移进行校正，其处理精度是足够的。在地表起伏剧烈且横向速度变化大的山地等地区，地表一致性假设将不满足，地震波经地下地层的反射再到达地表时的射线将不再垂直地表，因此这种简单的时移不能消除地形的影响和适当地调整同相轴的位置，因而在偏移成像时就不能准确地反映地下地质构造，尤其是斜层和陡倾角的反射层，将造成过偏移或欠偏移的现象，如图 1. 2. 13a 为山前带某测线固定面叠前深度偏移结果，成像效果较差。

另外一种是直接从浮动面开始进行偏移，这种方法可以有效地解决上述固定面偏移垂直时移对偏移结果造成的不利影响，那么浮动基准面究竟应该怎么选取呢？我们这里所采用的浮动基准面并不是真正意义上的真地表面，地球物理界关于真地表叠前深度偏移开展了很多的研究工作，但主要还是以理论研究和模型试验工作为主，在实际资料处理中有很多难以克服的影响因素（如真地表速度模型建立等），因此取得良好应用效果的实例比较少。这里我们选取从近地表浮动面也就是目前的地震资料处理系统中经常提到的 CMP 面开始进行偏移运算。如图 1. 2. 13b 为山前带某测线浮动基准面叠前深度偏移结果，相对前者在成像、断点方面较为理想。下面简单介绍一下近地表浮动面的具体选取方法。

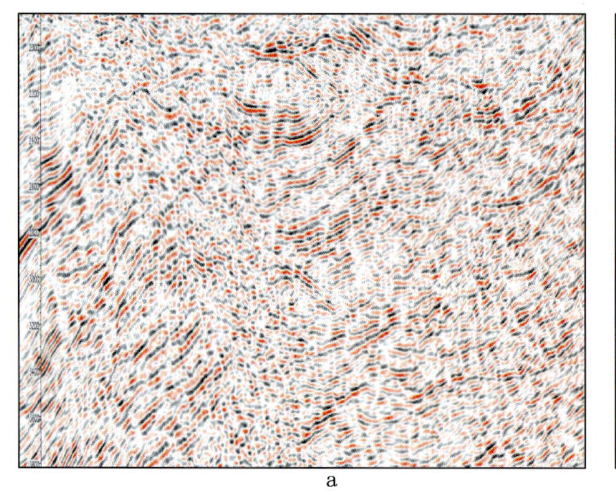
a

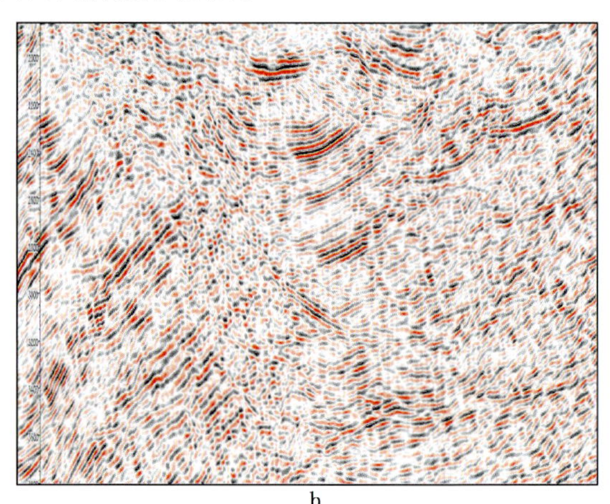
b

图 1. 2. 13　某测线浮动面与固定面叠前深度偏移效果对比

a—固定面叠前深度偏移；b—浮动基准面叠前深度偏移

为减小静校正对反射波时距曲线的畸变及对速度分析和偏移归位的影响，我们采用了基于 CMP 面的静校正高低频分离技术：在静校正量的计算过程中采用固定基准面，之后在每个 CMP 道集内对参与叠加的各道的静校正量进行平均，作为 CMP 校正量（低频），得到

CMP 基准面。这样做基本上不改变反射波的 t_0 时间和双曲线性质，叠加后再应用 CMP 校正量校正到固定基准面上。其中，叠加的零线是静校正基准面，速度谱的零线是 CMP 基准面。这样做使速度谱上的反射时间 t_0 和速度 v 不随静校正低频分量的改变而改变，它是地下实际速度模型的真实反映。在 CMP 面上获得的速度是地震波传播的真速度，不受静校正时填充速度的影响，但有一些方面需要注意：由于采用了静校正量的高低频分离，速度分析中只应用了具有相对关系的高频成分。另一方面，CMP 基准面是时间域的面，它需要通过用替换速度进行深度域的转换后才近似于近地表平滑面，事实上它与用地表高程平滑得到的近地表平滑面是有一定区别的。

1.2.4.3 保幅傅里叶有限差分叠前深度偏移方法

在过去的十几年间，Kirchhoff 积分法叠前深度偏移在地震成像中发挥了巨大作用，并且在将来还会继续发挥作用[15]。这主要取决于 Kirchhoff 积分法的高效率、易于实现、适应性强和能满足大多数条件下地质构造地震成像要求的特点和优势。但是，该类方法本身存在明显的缺陷。例如射线追踪前需要对速度场进行平滑，在速度分布过于复杂的区域，会出现焦散或阴影区，这时计算出来的旅行时场也就不准确。后来，为提高旅行时场的精度，发展起了有限差分法直接求解程函方程的 Kirchhoff 积分偏移方法，这对旅行时精度的提高带来了一定帮助，但是也只是解决了部分问题，积分法偏移的固有缺陷仍然存在。近年来，Hill 提出的高斯束偏移以及 Bevc 等人提出的一种解决多路径方法都对解决 Kirchhoff 积分法的缺陷提供了帮助。

而近年来发展起来的波动方程叠前深度偏移方法[16,17]可以有效解决存在剧烈横向变速的复杂构造区成像问题，尤其是基于单程波方程的傅里叶有限差分方法[18]，该方法基于速度场分裂的思想，把整个速度场视为常速背景和变速扰动的叠加，它是一种双域延拓算法：第一步是在频率—波数域针对背景慢度的相移处理；第二步是在频率—空间域针对变速扰动的时移处理；最后是针对二阶以上速度扰动进行有限差分补偿项的计算。该方法兼有相移法和有限差分方法的优点，对地下横向剧烈变速具有很强的适应能力。

岩性分析对偏移结果的保幅性提出了很高的要求[19]，但是传统傅里叶有限差分叠前深度偏移方法主要以构造成像为目标，不能提供准确的振幅信息，无法满足岩性分析的要求，而且传统傅里叶有限差分方法不满足球面扩散原理，无法有效补偿地震波传播过程中的能量损失，也不利于复杂区的构造成像，因此需要在传统偏移方法的基础上通过增加振幅恢复项以及改变成像条件来实现保幅偏移[20]。下面分别介绍保幅傅里叶有限差分叠前深度偏移的延拓算子及其成像条件。

下面介绍傅里叶有限差分保幅延拓算子的具体实现过程。

常密度介质中压缩波传播的二维标量波动方程为

$$\left(\frac{\partial^2}{\partial x^2}+\frac{\partial^2}{\partial z^2}-\frac{1}{v^2}\frac{\partial^2}{\partial t^2}\right)\widetilde{P}(x,z,t)=0 \tag{1.2.2}$$

为了满足球面扩散原理，通过下式将单程波场转化为声压波场，即

$$\vec{P}(x,z,\omega)=\Lambda^{-1}\widetilde{P}(x,z,\omega) \tag{1.2.3}$$

其中

$$\Lambda=\frac{\mathrm{i}\omega}{v}\sqrt{1+\frac{v^2}{\omega^2}\frac{\partial^2}{\partial x^2}} \tag{1.2.4}$$

式中，x 为水平空间轴；z 为深度轴；t 为时间；ω 为圆频率；$\widetilde{P}$（x，z，t）为单程波场；

$\vec{P}$（x，z，ω）为声压波场；v 为地下介质的速度。将单程波场转化为声压波场后，傅里叶有限差分保幅延拓算子分以下三步完成，这里以下行压力波场 $\vec{P}_{\mathrm{D}}$（x，z，ω）为例进行说明：

（1）针对背景速度的相移及振幅恢复项。

针对背景速度的相移项为

$$\vec{P}_{\mathrm{D}}(k_x,z+\Delta z,\omega)=\vec{P}_{\mathrm{D}}(k_x,z,\omega)\mathrm{e}^{\mathrm{i}k_z\Delta z} \tag{1.2.5}$$

式中，k_x，k_z 分别为水平方向和垂直方向的波数。

而振幅恢复项为

$$\vec{P}_{\mathrm{D}}(k_x,z+\Delta z,\omega)=\sqrt{\frac{c(z+\Delta z)\sqrt{1-\dfrac{c^2(z)}{\omega^2}k_x^2}}{c(z)\sqrt{1-\dfrac{c^2(z+\Delta z)}{\omega^2}k_x^2}}}\vec{P}_{\mathrm{D}}(k_x,z,\omega) \tag{1.2.6}$$

式中，c 为地下背景速度，通过方程（1.2.5）和方程（1.2.6）就得到了针对地下背景速度延拓的真实走时信息和振幅信息。

（2）针对变速扰动的时移及振幅恢复项。

针对变速扰动的时移项为

$$\vec{P}_{\mathrm{D}}(x,z+\Delta z,\omega)=\mathrm{e}^{\mathrm{i}\omega\left[\frac{1}{v(x,z)}-\frac{1}{c(z)}\right]\Delta z}\vec{P}_{\mathrm{D}}(x,z,\omega) \tag{1.2.7}$$

而针对变速扰动的振幅恢复项为

$$\vec{P}_{\mathrm{D}}(x,z+\Delta z,\omega)=\sqrt{\frac{c(z)v(x,z+\Delta z)}{c(z+\Delta z)v(x,z)}}\vec{P}_{\mathrm{D}}(x,z,\omega) \tag{1.2.8}$$

（3）频率—空间域有限差分补偿项处理及振幅恢复项。

传统有限差分补偿项为

$$[I-(\alpha+\beta_{1x}-i\beta_{2x})T_x]\vec{P}_{\mathrm{D}i}^{m+1}=[I-(\alpha+\beta_{1x}+\mathrm{i}\beta_{2x})T_x]\vec{P}_{\mathrm{D}i}^{m} \tag{1.2.9}$$

其中算子

$$I=(0,1,0),\alpha=\frac{1}{6},\quad T_x=(-1,2,-1)$$

并且有

$$\beta_{1x}=\frac{bv^2}{a\omega^2\Delta x^2},\quad \beta_{2x}=\frac{\left(1-\dfrac{c}{v}\right)v\Delta z}{2a\omega\Delta x^2}$$

其中

$$a=2.0,\quad b=0.5(\zeta^2+\zeta+1),\quad \zeta=c/v$$

而有限差分补偿的振幅恢复项的隐式格式为

$$\left[1+\frac{c^2(z)+v^2(x,z+\Delta z)}{4\omega^2}\frac{\partial^2}{\partial x^2}\right]\vec{P}_{\mathrm{D}}(x,z+\Delta z,\omega)=\left[1+\frac{c^2(z+\Delta z)+v^2(x,z)}{4\omega^2}\frac{\partial^2}{\partial x^2}\right]\vec{P}_{\mathrm{D}}(x,z,\omega) \tag{1.2.10}$$

在空间方向上利用上式进行有限差分离散即可实现振幅恢复。

以上就是傅里叶有限差分保幅延拓算子的具体实现过程，但延拓算子只是叠前偏移的一部分，边界条件和成像条件同样非常重要。

在保幅偏移成像的边界条件[20]中，上行压力分量的边界条件与传统方法一致，即

$$\vec{P}_{\mathrm{U}}(x,z=0,\omega)=Q(x,\omega) \tag{1.2.11}$$

式中 Q（x，ω）为地面接收到的共炮数据，而下行压力分量的边界条件需要修改为

$$\vec{P}_{\mathrm{D}}(x, z=0, \omega)=\frac{1}{2} \Lambda^{-1} \delta\left(x-x_{s}\right) \tag{1.2.12}$$

其中 x_s 为炮点位置。

在传统动力学成像条件的基础上进行修改得到的保幅偏移成像条件为

$$R(x, z)=\frac{1}{2 \pi} \int \frac{\vec{P}_{\mathrm{U}}(x, z, \omega)}{\vec{P}_{\mathrm{D}}(x, z, \omega)} \mathrm{d} \omega \tag{1.2.13}$$

以上给出了保幅傅里叶有限差分叠前深度偏移方法的具体延拓算子及其保幅成像条件和边界条件，利用该方法有利于逆掩复杂构造区的构造和岩性成像。从图 1.2.14 中针对吐哈山前带地区模型数据的试验结果可以看出保幅傅里叶有限差分叠前深度偏移结果与传统 Kirchhoff 积分法的结果相比，对逆掩下伏构造成像的改善非常明显。而在图 1.2.15 中实际地震资料处理结果的对比中也可以看出逆掩下伏构造断点和断裂更加清晰。

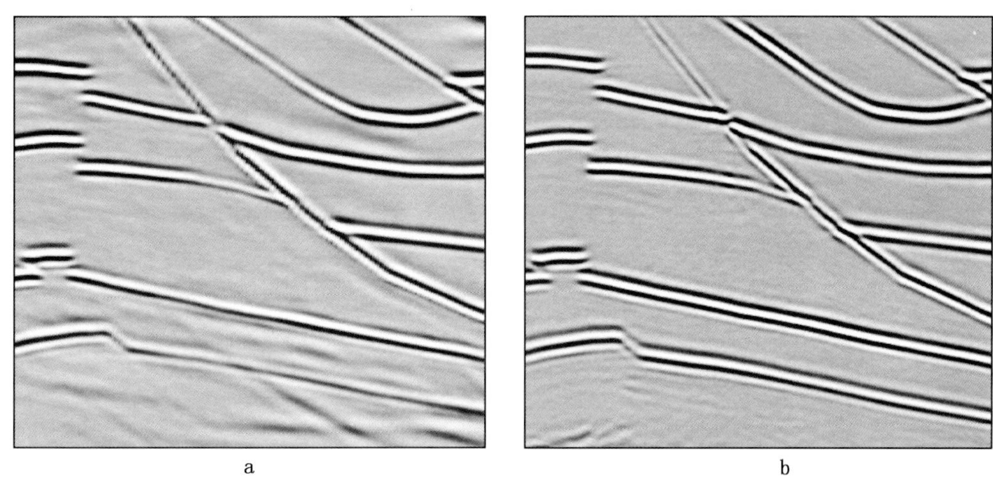

a　　　　b

图 1.2.14　山前带模型数据偏移方法试验结果

a—Kirchhoff 积分法；b—保幅傅里叶有限差分法

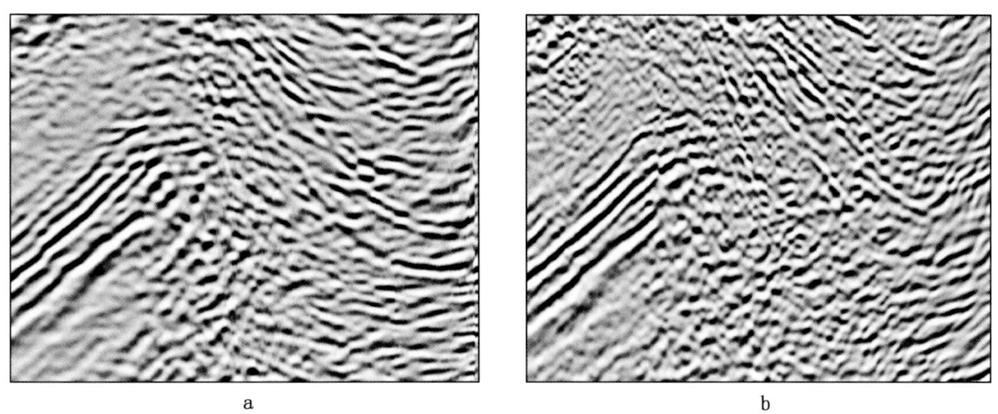

a　　　　b

图 1.2.15　山前带实际地震资料偏移方法试验结果

a—Kirchhoff 积分法；b—保幅傅里叶有限差分法

1.2.4.4　正演模拟技术

叠前深度偏移在解决复杂构造地震成像方面具有其明显优势，但是，在山前带地区，由于构造极其复杂，同时部分地区信噪比极低，因此就面临着得到的地下构造是否真实可靠的难题，尤其是在逆掩带地区，由于逆掩带高速层的影响，构造高点与埋深难以准确描述，其圈闭的落实程度不高。需要寻找有效的技术手段来解决这个制约难题。

目前，比较现实的方法是对现有构造进行建模，对构造模型进行正演模拟，通过正演，对目前所认识的地质结构进行模拟地震，从地震布线、放炮以及采集处理一体化的地震模拟，获得与目前掌握资料相应的时间偏移、叠前深度偏移剖面。结合获得的模拟地震资料与建立的地质模型进行叠合对比，对山前带地震资料中认识的断层、逆掩带下伏构造特征的成像度、真实性进行评价，以分析结果为主要依据，认识山前带地质结构，指导下一步勘探生产。

众所周知，地震数值模拟为地球物理的正问题，是在已知地下介质结构和相关参数的情况下，利用数值计算方法来研究地震波在地下介质中的传播规律，从而获得理论上的地震记录。地震数值模拟也是地震偏移成像的基础，并贯穿于地震数据采集、处理和资料解释的各个环节。因此在复杂勘探条件下，应用高精度、高效率的地震数值模拟技术变得越来越重要。地震勘探中常采用的数值模拟方法可归纳为波动方程数值解法、积分方程法和射线追踪法三大类。由于波动方程对复杂介质中地震波传播现象描述的广泛适应性和有效性，波动方程数值解法正成为现今勘探实践和数值模拟研究的主流方向。波动方程数值解法又可分为有限差分法和频率—波数域法两类。有限差分法是偏微分方程的主要数值解法之一。为了提高分析逆掩带下构造特征的准确性，正演取得的效果与建立的地质模型的合理性是分不开的，因而，在建立模型的过程中，尽量选择使用真实地质参数是提高正演效果的关键。为了建立适合于山前带的地质模型，正演从选择山前带钻井入手，特别是较深井、钻遇层位比较多的井。通过钻井资料，获得从浅层到深层，各套构造层的地震速度、密度资料，以此为基础，联合山前带地震资料速度分析的结果，建立介质模型。如图 1. 2. 16 所示为根据恰勒坎构造

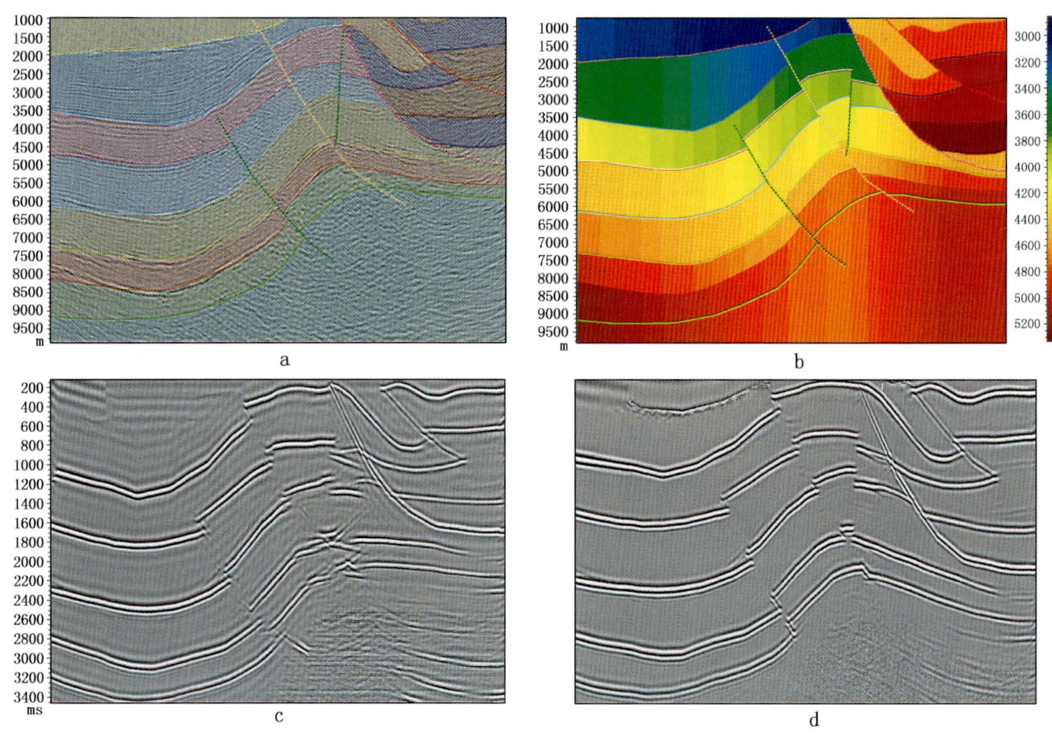

图 1. 2. 16　山前带正演模拟研究实例

a—构造解释；b—速度模型；c—叠前时间偏移结果；d—叠前深度偏移结果

带地震测线做的正演模拟结果，该测线北部是逆掩带，逆掩带地层主要是二叠系—石炭系老地层，速度高，内部反射杂乱，逆掩带下伏地层的速度中等，测线中部为山前大断层，断层与逆掩带之间是山前褶皱带，大断层南部是盆地内部正常地层，此区域地震速度较褶皱带偏低，根据构造解释结果（图 1. 2. 16a）及多种资料的分析结果建立起了符合该区地质情况的正演速度模拟（图 1. 2. 16b）。

利用该正演模拟数据分别得到了时间域（图 1. 2. 16c）和深度域（图 1. 2. 16d）成像结果，通过两者的对比可以发现：首先，叠前时间偏移由于其自身算法的局限性，在山前带复杂构造区缺乏对横向变速的适应能力。因此，从地下层位和断裂的成像效果来看，叠前深度偏移方法具有明显优势；其次，对于比较关心的逆掩下伏构造的真实性而言，由于时间域成像结果受到逆掩带上覆高速地层的影响，使得逆掩下伏构造产生了高速上拉的假象，因此难以准确落实地下构造，而叠前深度偏移可以有效克服这种假象，从深度偏移结果与速度模型的对比中也可以看出两者是非常吻合的。这也表明了叠前深度偏移方法在落实山前带复杂构造方面的优势。

1. 3 应用效果分析

1. 3. 1 地震成像效果分析

利用上述地震成像技术系列，通过对吐哈盆地北部山前带地区测线的重新处理，得到的地震成像结果与老剖面相比成像方面有较大提高。首先是信噪比有了明显提高，并且波组关系及成像质量都有了很大的改善；另外，叠前深度偏移结果的构造细节及断点和断裂位置与老剖面相比更加清晰，尤其是对逆掩下伏构造的成像改进更加明显，从而提升了对山前带构造的整体认识，有利于落实地下构造。下面是在吐哈北部山前带地区各个构造带上选取的具有代表性的新、老剖面的对比结果，按照从西往东的顺序依次是：七泉湖构造带（图 1. 3. 1 和图 1. 3. 2）、恰勒坎构造带（图 1. 3. 3）、核桃沟构造带（图 1. 3. 4）、红旗坎构造带（图 1. 3. 5 和图 1. 3. 6）。

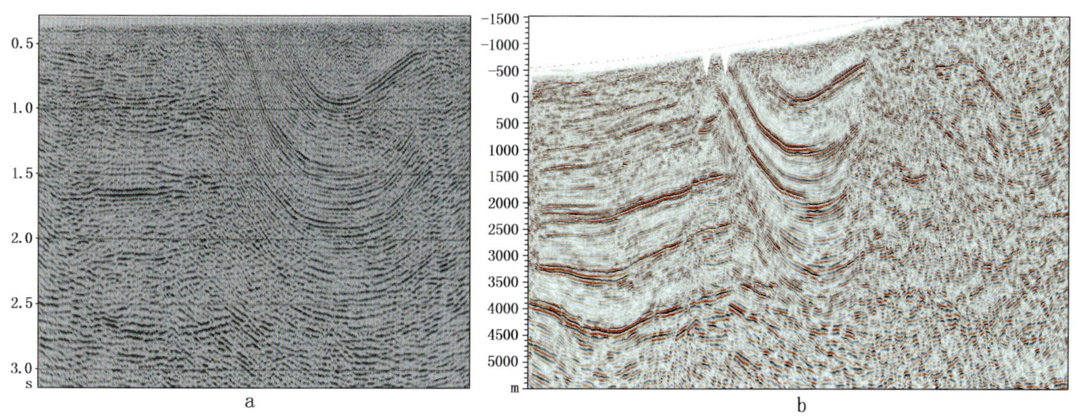

图 1. 3. 1 七泉湖构造带 A 测线新、老偏移结果对比

a—老资料偏移结果（局部）；b—新处理叠前深度偏移结果

1. 3. 2 地质认识及圈闭识别

利用上述地震成像技术系列，对吐哈盆地北部山前带地区的测线进行重新处理，地震资

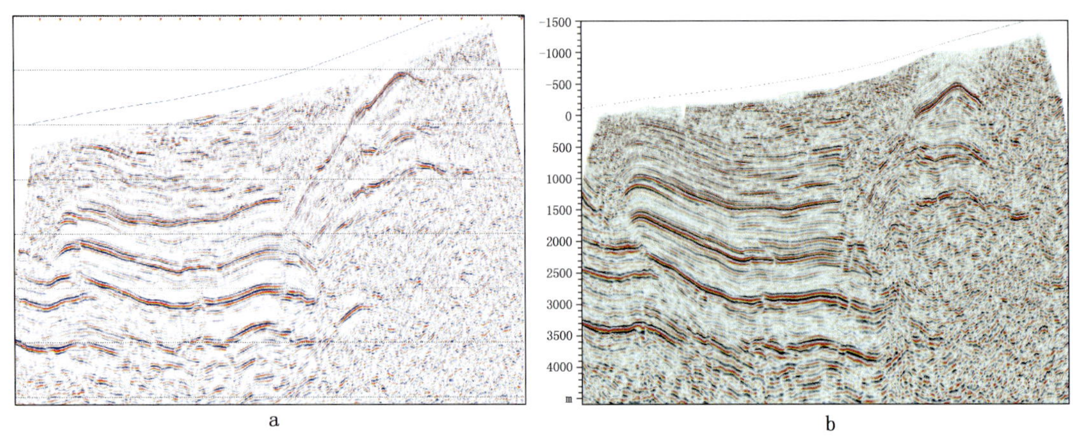

图 1.3.2 七泉湖构造带 B 测线新、老偏移结果对比

a—老偏移结果；b—新处理叠前深度偏移结果

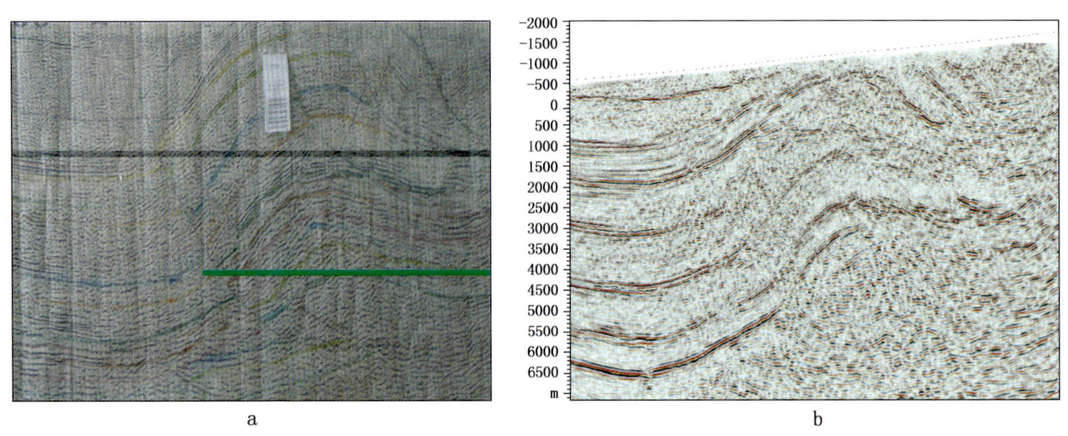

图 1.3.3 恰勒坎构造带 C 测线新、老偏移结果对比

a—老偏移结果；b—新处理叠前深度偏移结果

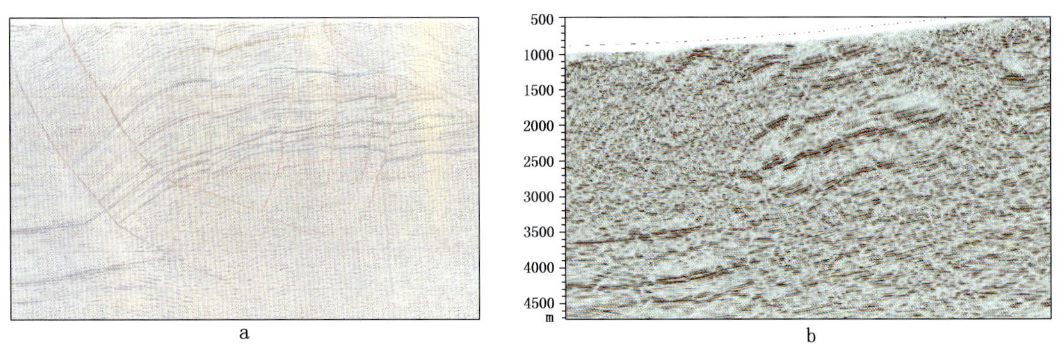

图 1.3.4 核桃沟构造带 D 测线新、老偏移结果对比

a—老偏移结果；b—新处理叠前深度偏移结果

料品质大幅度提高，通过对所得成果的构造建模，按照断层相关褶皱理论，结合地面地质露头，钻、录、测井资料，在精细层位标定的前提下，建立了适合本区的解释方法和模式，指导三维地震区和二维地震区层序地层界面、主要油层组精细解释，落实构造格局和构造演化

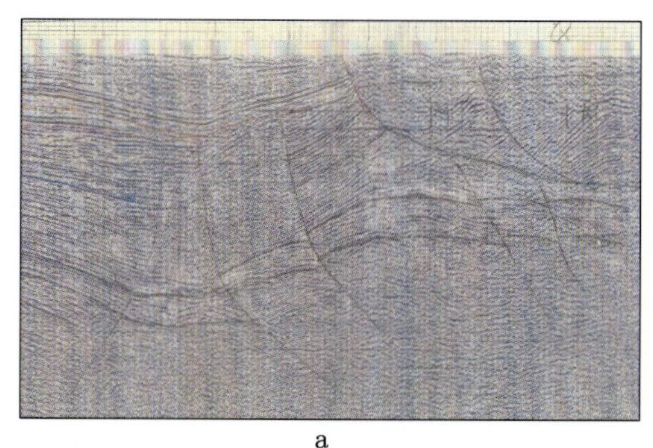
a

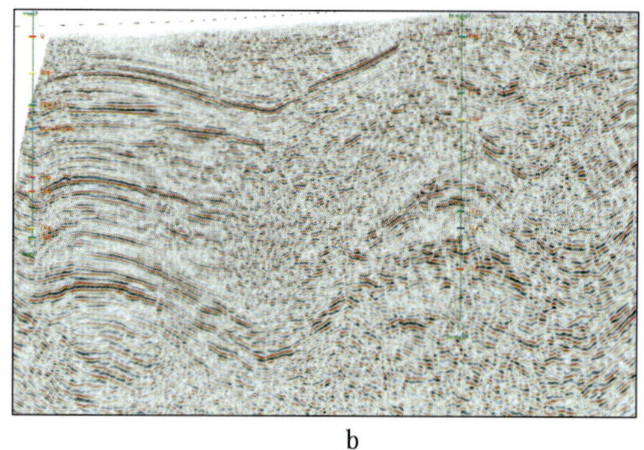
b

图 1.3.5 红旗坎构造带 E 测线新、老偏移结果对比
a—老偏移结果；b—新处理叠前深度偏移结果

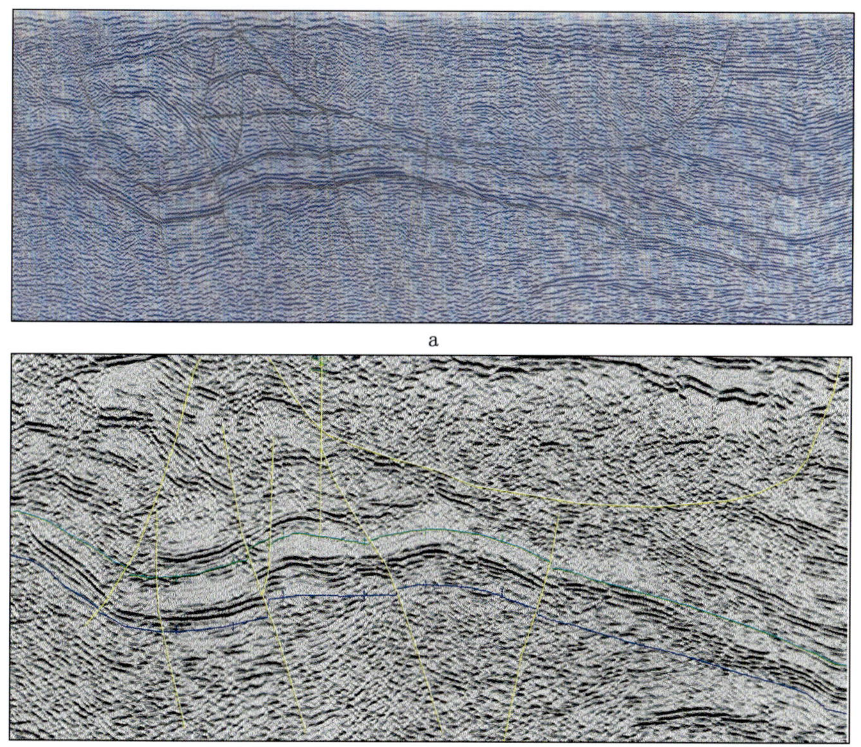
a

b

图 1.3.6 红旗坎构造带 F 测线新、老偏移结果对比
a—老偏移结果；b—新处理叠前深度偏移结果

特点。此次研究对该区域的构造、油气关系、钻井结果进行了详细分析，为优选有利圈闭、增储上钻提供有力依据。

此次研究发现和落实圈闭共计 36 个，圈闭面积共计 614.72km²，主要在七泉湖、恰勒坎、柯柯亚、鄯勒、照南、红旗坎、金北、大步等构造带。在综合评价基础上优选上钻井位 8 口，均获得突破，其中有 4 口获得工业油气流。

通过二维攻关地震处理测线完成山前带构造建模，依据断层相关褶皱理论建立了三种主要的构造模式（图 1.3.7），用于指导三维地震解释（图 1.3.8），其中生长断层转折褶皱主

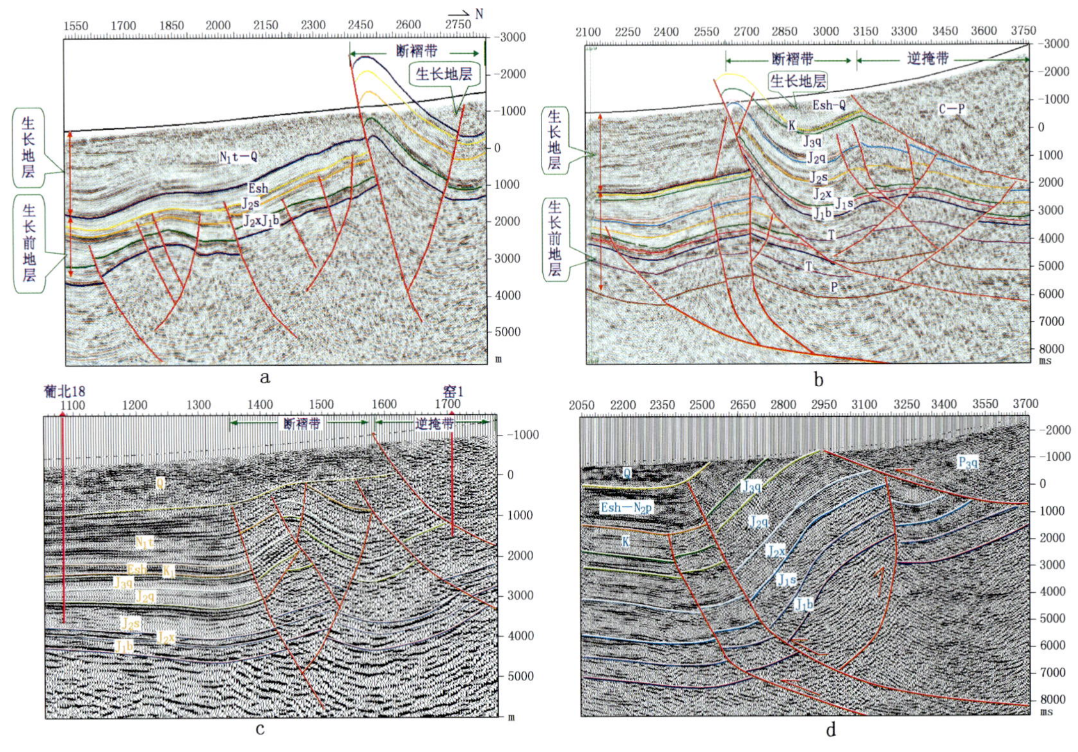

图 1.3.7　攻关测线构造模式

a，b—生长断层转折褶皱；c—冲起构造（POP UP）；d—花状构造

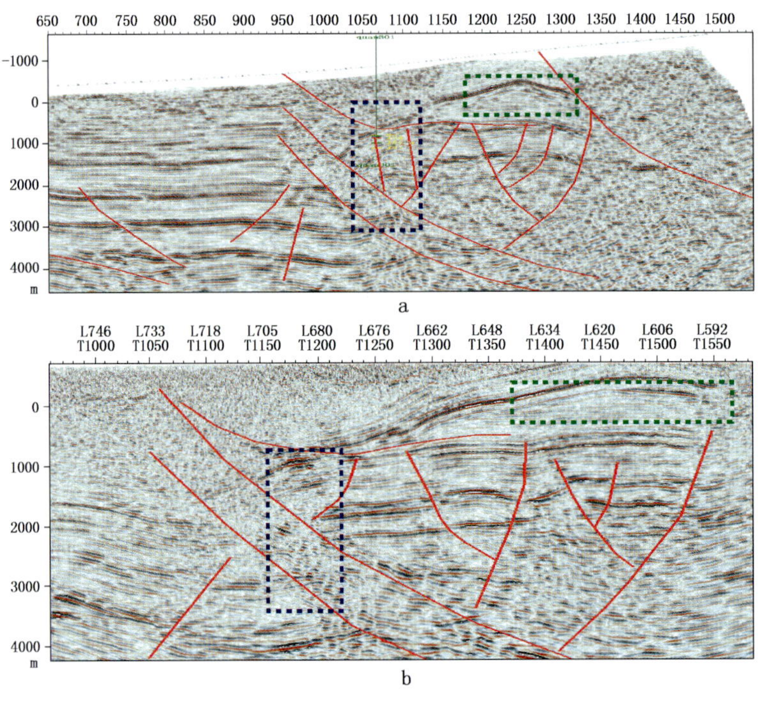

图 1.3.8　二维、三维地质解释模型示意图

a—二维测线解释模式；b—与二维对应的三维测线解释模式

要发育在塔尔朗、七泉湖、果北地区，冲起构造主要发育在恰勒坎构造带，花状构造主要分布在核桃沟构造带。为了验证构造模式的合理性，在研究过程中利用平衡剖面技术对所建立的各种模型进行了演化分析（图 1.3.9），对山盆关系、断层发育时期作出进一步的阐述。

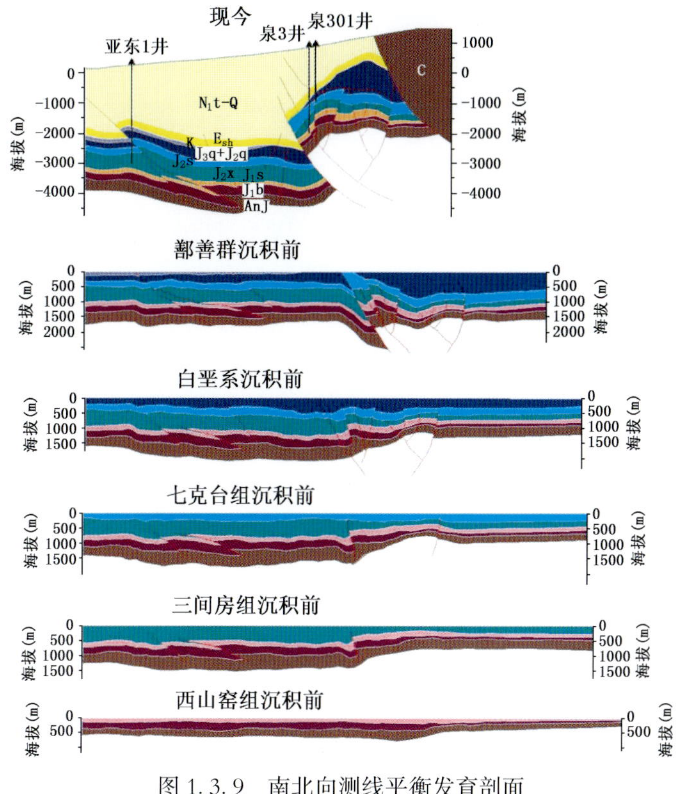

图 1.3.9　南北向测线平衡发育剖面

1.3.2.1　七泉湖构造带

（1）七泉湖断裂带发育两条断层，七泉湖断裂最大垂直断距 1000m，最大水平断距 1500m，断距东小西大，走向为北西走向，倾向为北北东向，断开层位古近系—侏罗系底。

（2）发育两种构造样式，侏罗系构造层发育反“y”形断层组合，最大垂直断距 100m，最大水平断距 50m，断开层位为侏罗系地层。山前大断裂、七泉湖断裂带、火焰山断裂带为逆冲推覆构造体系。最北部发育喜马拉雅期逆冲推覆断层，断层上盘发育石炭系、三叠系地层，断层下盘存在逆掩带，发育侏罗系及其以下地层，另外，内部发育一条从古近—新近系内部沿齐古组顶部滑脱的断层，其成因与古构造有关，整个喜马拉雅期逆冲推覆体系南北方向上被喜马拉雅期断层划分为：逆冲掩覆带、断褶带。

（3）侏罗系末期古构造的高点在七泉湖断裂带，而喜马拉雅期新构造高点从山前鄯善群（Esh）背斜上，由于博格达山推覆体系挤压、抬升作用影响，七泉湖构造带构造脊线从古到今发生了向北偏移。图 1.3.8 中蓝色虚线框所指应该是古构造高点位置，现今构造高点转移到绿色虚线框所指位置。工区内白垩系及上侏罗统遭到剥蚀，冲断褶皱带中比较明显的是以鄯善群（Esh）为底的背冲式背斜，该背斜在侏罗系内部被燕山期多个断层分为两个主要的断背斜。通过前述构造解释，在解释成果的基础上，在原来老的构造图上（图 1.3.10）针对解释层位在攻关测线覆盖区域重新进行了构造成图（图 1.3.11），可以看到新的构造图已经在部分地方有了大的变化，构造高点及圈闭又有了新的认识。

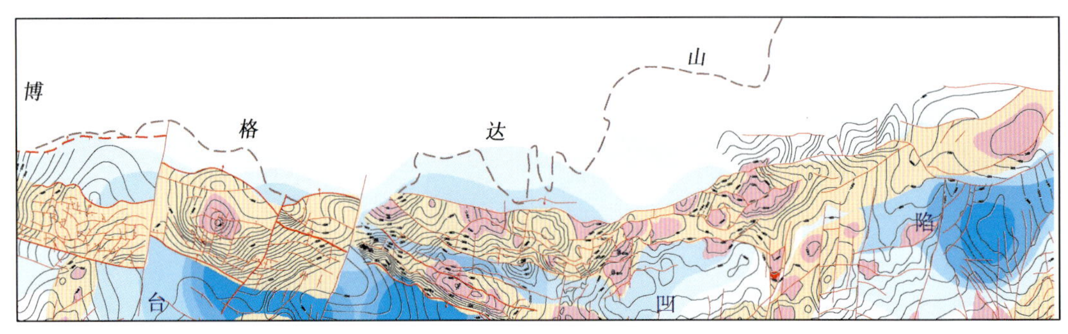

图 1.3.10　北部山前带西山窑组底界构造图（老）

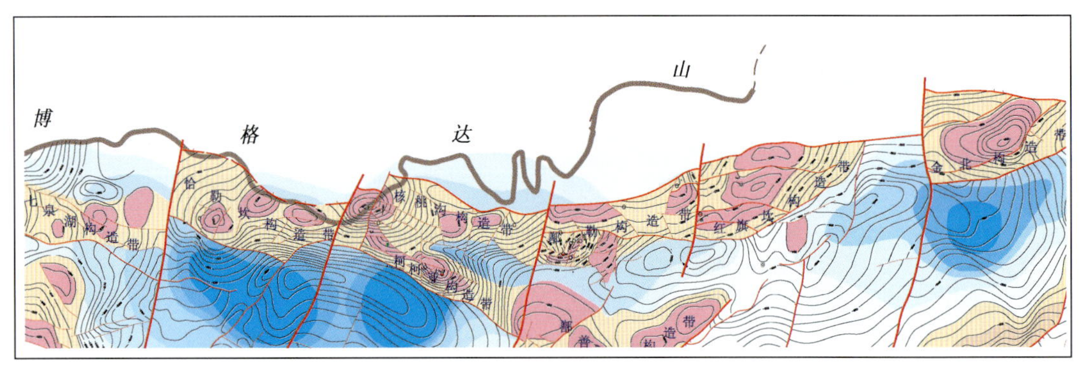

图 1.3.11　北部山前带西山窑组底界构造图（新）

1.3.2.2　核桃沟构造带

山前带中段普遍发育大型致密砂岩油气藏，特别是柯柯亚构造带 2 口井在水西沟群八道湾组获得突破后，更加坚定山前带中段油气勘探新领域。本次研究主要通过构造建模，采用模型正演，利用了攻关处理测线叠前深度偏移资料，对山前带核桃沟以及柯北等具备油气成藏特征的构造部位的造特征进行了重新认识。核桃沟 4 号位于核桃沟高陡断裂附近，目的层由于受到断层反射干扰以及偏移成像的影响，核桃沟 4 号圈闭的真实性只能通过深度域地震资料进行描述，研究中利用二维叠前深度偏移资料以及三维深度偏移成果对核桃沟—阿克塔什八道湾组底界构造图进行了编制，同时对核 4 号钻探目标提出了重新认识。

1.3.2.3　红旗坎构造带

从区域上看，落实的构造条件是山前带成藏的最关键控制要素，而伸向洼陷的鼻隆脊线是油气运移的快速通道，位于脊线上的构造是最有利的油气富集区。红旗坎背斜位于萨 1 井向北鼻隆的脊线部位，是山前东段油气富集的最有利地区之一。从油气成藏的层系来看，主要与燕山、喜马拉雅两期构造活动的强弱有关。山前中段的柯柯亚、鄯勒位于应力转换区，两期活动适中，深、浅油气均富集；以此为界，西段喜马拉雅期活动强烈，各层系油气显示活跃，但只有 J_2s 成藏；东段的红旗坎—照南地区燕山活动强，喜马拉雅活动弱，油气显示、成藏主要在深层，红旗坎地区处于古、今构造高部位，为多期油气富集的有利场所，是山前勘探突破的首选领域。从构造样式上看，柯柯亚、鄯勒为典型的对冲背斜，喜马拉雅期深部断层都再次刺穿古近—新近系地层，深、浅油气运聚作用明显。红旗坎—照南为叠瓦状冲断背斜构造样式，由南向北主要发育三个断阶带，照 4 块位于低断阶，红旗坎 1 号位于中断阶。二维剖面上看，Z4 井处在红旗坎大型背斜的极低部位，只是一个凹内局部高点；三维看，H1 井至少比 Z4 井高 400m 以上，因此红旗坎的构造条件远远好于 Z4 井。因此，H1 号圈闭的钻探使得下侏罗和前侏罗系有望获得突破，扩大山前带油气勘探前景。

红旗坎地区是山前带伸向洼陷的鼻隆脊线是油气运移的快速通道，位于脊线上的构造是最有利的油气富集区，也是山前带中—东段近期油气勘探的突破点。对北部逆掩带构造成像加以改善，能够提高对逆掩带下覆构造的刻画。如图 1.3.12 和图 1.3.13 为利用上述技术新获得的二维深度偏移资料，断点清楚、成像效果理想。通过新的深度域资料在红旗坎地区西山窑组共落实 7 个圈闭，该圈闭群由南北方向的一系列断层分割为多个由西向东多个断背斜。

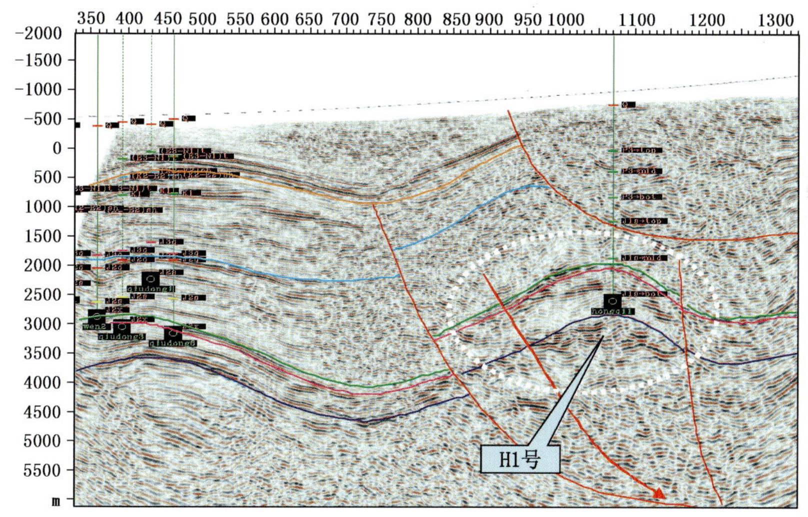

图 1.3.12　新成果南北向地质解释剖面

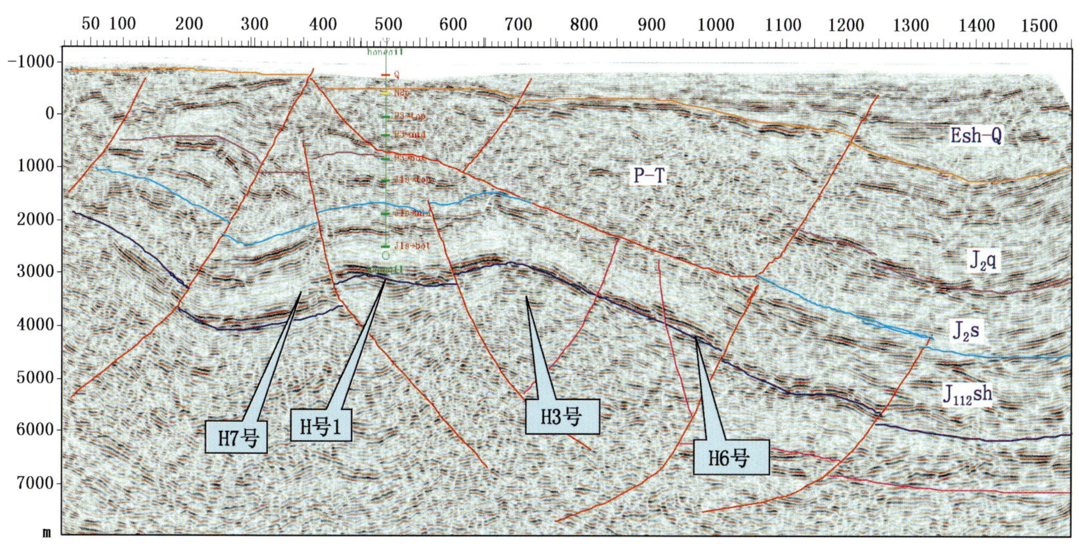

图 1.3.13　新成果东西向地质解释剖面

总体上看，红旗坎二维和三维地震一体化攻关研究对山前带下一步勘探具有里程碑式作用，能够带动山前带新的勘探篇章。

1.4 结论

吐哈盆地北部山前带地区具备较大的勘探潜力，但由于地表条件和地下构造都非常复杂，从而严重制约了该区的地震勘探进程，针对该区静校正问题突出、信噪比低以及构造难以准确落实等地震成像难题，通过多年攻关研究形成了针对吐哈北部山前带的叠前成像的技术系列，其中的关键技术主要包括：综合静校正技术；逐步、多域叠前噪声压制技术；浮动面叠前深度偏移方法；多方法偏移速度建模技术以及正演模拟技术等。

利用上述地震成像技术系列得到的新的处理成果资料品质整体明显提高、层间地质信息丰富，更清晰地刻画了断裂带及中、小断层，揭示了山前逆掩带更丰富的构造细节，提高了对逆掩带构造的整体认识，为下一步寻找有利圈闭提供了依据。此次研究发现和落实圈闭共计 36 个，圈闭面积共计 614.72km^2，在综合评价基础上优选上钻井位 8 口，均获得突破，其中有 4 口获得工业油气流。

吐哈盆地北部山前带复杂构造地震成像是一个长期的过程，虽然通过近几年的研究取得了一定的进展，但是仍然存在很多难以完全解决的制约因素，如山前带叠前偏移速度模型建立等，下一步需要开展进一步的攻关研究解决山前带的地震成像问题。

参考文献

[1] 袁明生，梁世君等．吐哈盆地油气地质与勘探实践．北京：石油工业出版社，2002

[2] 袁明生，牛仁杰，焦立新等．吐哈盆地前陆冲断带地质特征及勘探成果．新疆石油地质，2002，23（5）：376～379

[3] 熊翥．复杂地区地震数据处理思路．北京：石油工业出版社，2002

[4] 王西文．地震数据连片处理中静校正建模方法的研究及应用．石油地球物理勘探，2006，41（4）：375～382

[5] Musgrave A W. Seismic Refraction Prospecting. New York：Soc. Expl. Geophys.，1967

[6] Taner M T，Wagner D E，Baysal E，et al. A unified method for 2D and 3D refraction statics. Geophysics，1998，63，260～274

[7] 王彦春，余钦，段云卿．三维折射波静校正．石油地球物理勘探，2000，35（1）：13～19

[8] Zhu X，Sixm D P，Angstman B G. Turning ray tomography + static correction. The Leading Edge，1992，11：15～23

[9] 林伯香，孙晶梅，徐颖等．复杂地表条件静校正中的3D表层速度层析反演研究．石油物探，2005，44（5）：454～456

[10] Mike Cox 著，李培明等译．反射地震勘探静校正技术．北京：石油工业出版社，2004

[11] 林依华，张中杰，尹成等．复杂地形条件下静校正的综合寻优．地球物理学报，2003，46（1）：102～106

[12] 李庆忠．走向精确勘探的道路．北京：石油工业出版社，1996

[13] Liu Z，Bleistain N. Migration velocity analysis：Theory and an iterative algorithm. Geophysics，1995，60（1）：142～153

[14] Stork C，Clayton R W. An implementation of tomographic velocity analysis. Geophysics，1991，56（4）：483～495

[15] Öz Yilmaz. Seismic Data Analysis (Volume II) . Tulsa：SEG，2001
[16] Clearbout J F. Imaging of earth's interior. Blackwell Scientific Publications，Inc. 1985
[17] 马在田．地震偏移成像技术．北京：石油工业出版社，1989
[18] Ristow D and Ruth T. Fourier finite－difference migration. Geophysics，1994，59 (12)：1882～1893
[19] 王西文，刘全新，吕焕通等．相对保幅的地震资料连片处理方法研究．石油物探，2006，45 (2)
[20] Zhang Y，Zhang G，Bleistein N. Theory of true amplitude one－way wave equations and true amplitude common shot migration. Geophysics，2005，70 (3)：E1～10

2 四川盆地高陡构造地震资料处理技术

2.1 概述

2.1.1 区域地质概况

四川盆地地层全、厚度大、生储盖组合多、烃源岩发育、演化程度高，碳酸盐和碎屑岩储层并存。多年的勘探和研究表明，四川盆地川东、川东北以及川西盆周地区，具有丰富的油气资源和成藏条件，成藏的主控因素是构造。

枫顺场构造位于川西龙门山断褶带北段，通过雁门坝与马角坝断裂带与龙门山山前带连接。川西前陆盆地具有极大的天然气勘探潜力，具备形成大中型气田的成藏条件，龙门山推覆体前缘断褶构造带目前已成为四川油气勘探的主要接替领域，区带内具有丰富的烃源、多套储盖组合以及圈闭形成与生烃高峰期的良好配置，目前证实该区是有利的天然气富集带。龙门山断褶带被几条巨大的“L”形逆断层分割为几个大的巨型推覆体，这些断层走向北东、断面倾向北西。自西北向东南它们依次是青川大断裂、北川—映秀大断裂、马角坝大断裂。在青川大断裂上盘西部为松潘推覆构造带，东部为摩天岭滑脱—推覆构造带。北川—映秀大断裂又称龙门山中央断裂，它分隔了两套不同岩相、建造、变质程度及构造样式的地质体，成为前、后龙门山及两个二级构造单元的分界断裂。该断层上盘为后龙门山滑脱—推覆构造带，断层下盘为龙门山推覆—冲断构造带。马角坝断裂由一系列大致平行排列的分支断层组成的断裂带，断层主要发育于三叠系内，该断层下盘为龙门山前陆盆地。按所处位置可分为：龙门山山前带、前山带和后山带（图 2.1.1）。

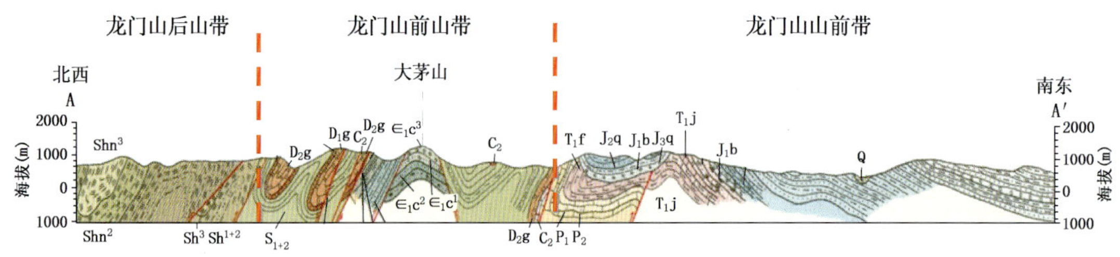

图 2.1.1 龙门山断褶构造带地质剖面

川东高陡构造经历长期构造应力作用，褶皱强烈，形成构造的垂向变异及褶皱变形，是四川盆地断裂最发育的地区之一。川东地区地形和地质条件复杂，构造褶皱强烈，出露地层老，油气勘探较晚。川东九峰寺构造属于川东南中隆高陡构造区华蓥山构造群的第二排构造带，西接华蓥山构造带，东邻明月峡构造带，是川东 7 个地面高陡构造区之一。九峰寺构造为对称高梳状背斜，背斜轴部和两侧陡翼老地层出露，主要是三叠系石灰岩和石英砂岩，地层倾角多在 70°～80°。过渡到向斜部位，地势比较平缓，地表岩性为侏罗系砂、泥岩。明月峡构造带现今为高陡构造，中部为主体断垒，东西两翼均有潜高。喜马拉雅期现今背斜的位置与海西期古背斜的位置有 70%左右大体一致（图 2.1.2），构造具有相当的继承性。石炭

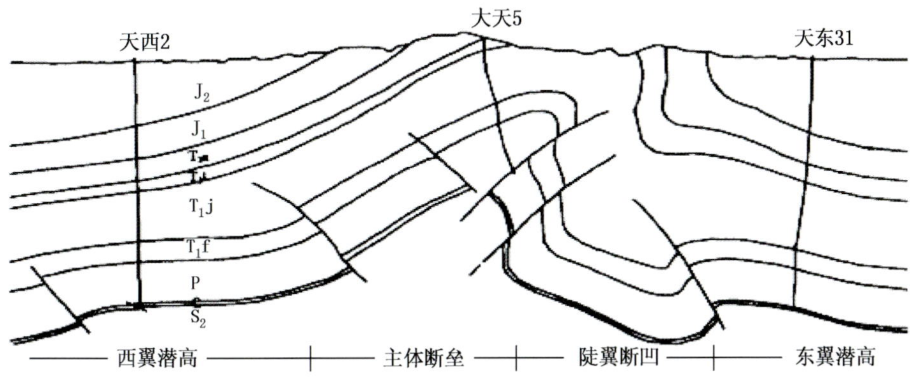

图 2.1.2 明月峡构造带构造模型（据徐仁芬，2000）

系是四川盆地克拉通上部层系最主要的含气层系，也是四川盆地探明程度最高的层系[1]。

2.1.2 地震地质条件

枫顺场地区属高山地貌，群山起伏，切割深，沟系发育，悬崖陡壁多。区内最高海拔达3045m，最低海拔为620m，相对高差一般为1000多米（图2.1.3）。工区内植被茂密，树木以松树、青岗树、杂树为主。植被覆盖率达85%以上。70%的施工区域为封山育林无人区。地表岩层破碎，垮塌堆积物较多，岩层倾角变化大，多在30°～90°之间，甚至倒转，激发、接收条件差（图2.1.4）。另外老地层大量出露地表，区内主要出露泥盆系、志留系、寒武系、震旦系地层。泥盆系地层主要出露在工区东南部，出露岩性以石英砂岩、泥质灰岩为主。志留系地层主要出露在工区中部及西北部，出露岩性以千枚岩为主。寒武系地层主要出露在工区中部，出露岩性以变质岩屑砂岩、炭硅质板岩为主。震旦系地层主要出露在工区西北部，出露岩性以结晶白云岩、薄层变质岩与绢云质千枚岩互层为主。工区区域构造位于龙门山推覆体褶皱带内，由于受多期次构造运动影响，地腹构造十分复杂，断裂发育。

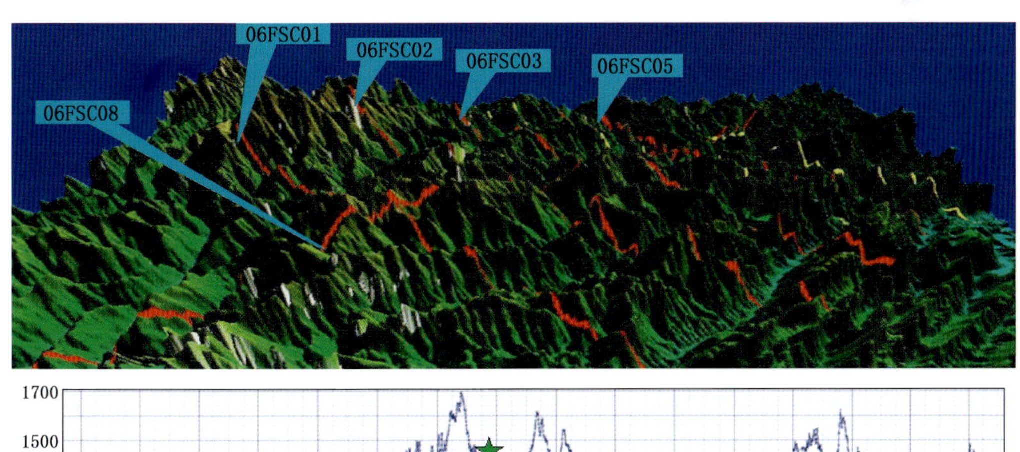

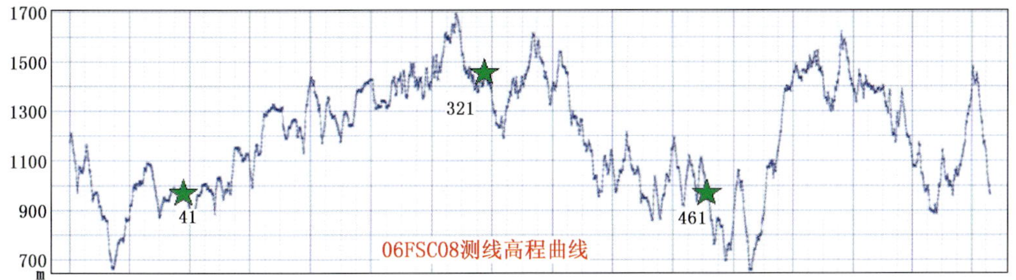

图 2.1.3 枫顺场地区地表高程

图 2.1.4 枫顺场地表出露的老地层

九峰寺—明月峡地区构造主体部位山高沟深，起伏较大，海拔高程在 200～1200m 之间，相对高差一般在 100～600m 以内，属丘陵和山区地形，部分地形切割较厉害，地表高差悬殊，表层岩性变化剧烈（图 2.1.5）。明月峡地区构造顶部出露二叠系、三叠系石灰岩和须家河组石英砂岩，地貌属丘陵和山地地形，激发、接收条件差，获取资料困难；两翼出露的侏罗系砂岩、泥岩含水性好，激发、接收条件好。地腹构造褶皱强烈，断裂发育，地层倾角大，直立甚至倒转，不利于地震波的激发和接收[2]。明月峡构造分为浅、中、深层。浅层断层不发育，构造主体形态较为完整，但其陡翼潜伏构造为资料空白区，两翼完整，形态单一。九峰寺构造在垂向上也可分为三个构造层：浅层构造、中层构造、深层构造。中层构造由于受强烈的挤压作用，褶皱强烈，形态复杂，断层增多，断垒、断阶、断高及断凹发育[3]。

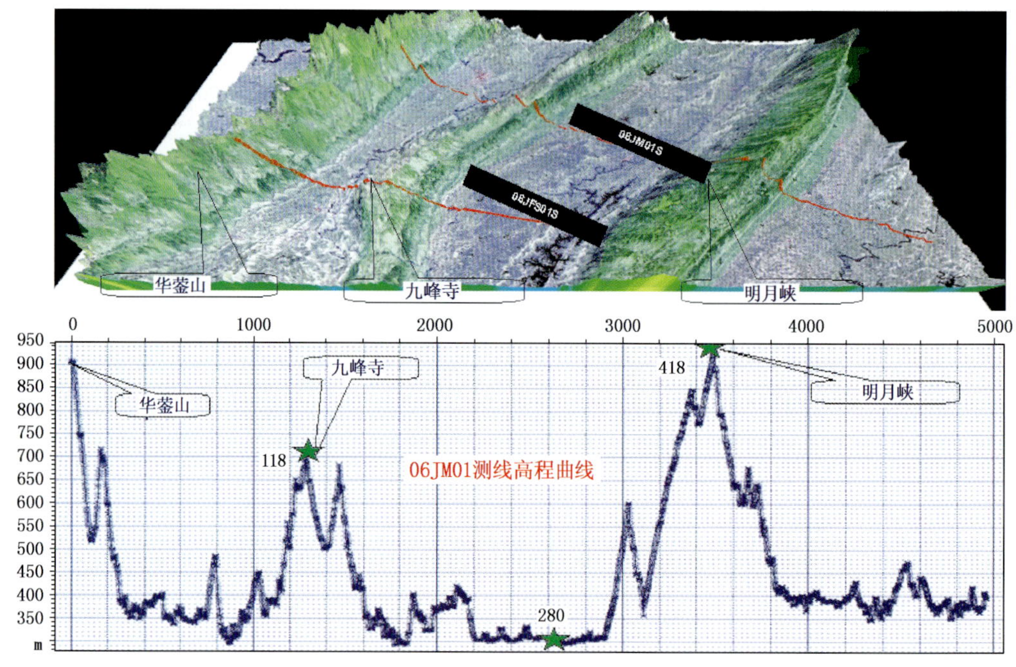

图 2.1.5 九峰寺—明月峡地区地表高程

2.1.3 复杂地区地震资料处理难点

（1）地表起伏剧烈，相对高差大，表层结构变化剧烈，尤其是山体主构造部位，老地层出露，地震反射信号能量很弱，信噪比低，初至能量较弱，初至波乱跳不易追踪。由于起伏巨变的地表及剧烈变化的表层结构，静校正问题严重。

（2）地表高低悬殊，老地层出露地表，岩层破碎，倾角变化大，地表非均质性强，激发接收条件差，地震记录干扰波发育，地震资料信噪比较低，尤其是枫顺场地区信噪比极低。

（3）同一测线上由于激发、接收点的岩性变化造成资料信噪比、频率、能量、波形差异较大，地震记录子波一致性差。

（4）受高陡构造的影响，在陡产状地层上倾方向放炮下倾方向接收时质量较差，采用大排列偏移距接收时，有些偏移距上信噪比低，甚至根本接收不到有效信号。另外，高陡构造和构造破碎带地震波的传播路径复杂，各种波相互混杂干涉，地震反射显得杂乱无章。地表的非均质性和地层产状的复杂多变，使得多种干扰波发育，造成原始记录信噪比低。

（5）受多期次构造运动影响，地层高陡；受逆掩推覆体、断裂破碎带和断层的影响，地震波传播路径复杂，速度场变化剧烈，构造主体部位地震资料品质较差，成像困难。逆掩断层及断层控制的冲断构造发育，断层面对下覆地层有能量屏蔽作用，对地震波传播射线有畸变作用。异常波的发育给偏移成像带来影响[4]。

（6）目的地层埋藏较深，地层吸收严重，反射能量弱、频率较低。为了获得深层反射信息，野外观测系统普遍采用大偏移距排列，普通 NMO 存在动校正过量问题，动校正拉伸畸变严重。

2.2 复杂地表高陡构造地震资料处理关键技术

2.2.1 复杂地表静校正技术

在复杂地区地震资料处理中，静校正是一项关键技术，这已经是众所周知的。在某些地区，静校正工作一方面已经成为衡量资料处理技术水平高低的重要标准，另一方面又成为提高资料处理质量的瓶颈[5,6]。

复杂地区，地表类型多样，低降速带模型差异很大，目前的任何一种静校正方法都是基于一定的模型假设，因此单一的静校正方法不能解决全区的静校正问题，而不同的静校正方法存在模型的闭合问题；地表高差大，低降速带纵横向厚度、速度变化无常，表层模型结构复杂，野外低速带调查资料（微测井、小折射、岩性取样、地质露头）很难反映实际低降速带模型，野外模型静校正一般得不到理想效果；目前成熟的静校正方法大多基于地表一致性假设，而复杂山地，近地表射线传播路径不满足垂直传播的假设，即使模型准确，常规的时移静校正解决不了近地表对反射波的畸变问题；高速层速度横向变化大，起伏剧烈，基准面和替换速度的准确选取十分困难，会产生长波长剩余静校正问题，而基于反射波的自动统计剩余静校正方法不能解决长波长剩余静校正问题[7,8]。

静校正类型大致可分为一次静校正和剩余静校正两大类。一次静校正方法很多，生产中应用范围较广、效果较好的主要有折射法和层析反演法。折射静校正的算法主要有扩展广义互换法（EGRM）和延迟时分解法。剩余静校正主要有初至波剩余静校正、反射波地表一致性剩余静校正和反射波非地表一致性剩余静校正。不同的静校正方法基于不同的模型假设，适用条件和应用范围不同。在实际资料处理中，必须搞清不同静校正技术的方法原理、假设条件和适用范围，才能根据地表地质情况有针对性地选择静校正方法。

2.2.1.1　初至折射静校正

折射静校正假设近地表模型由几个局部水平层构成，并且存在稳定的折射层，表层速度和厚度纵横向变化不太剧烈。折射静校正认为初至旅行时为沿着折射界面传播的首波旅行时，将初至时间分解为炮、检点的延迟时和以折射层速度从炮点到检波点的直线距离传播的时间。

简单的两层模型，首波的旅行时间可表示为式（2.2.1）。利用首波在折射界面上的入射角是临界角的特性，由延迟时可计算出风化层层厚度［式（2.2.2）］。

$$t=\tau_s+\tau_d+\frac{X_{sd}}{v_1} \tag{2.2.1}$$

$$\begin{aligned}\tau_s&=\frac{h_s}{v_0}\cos\alpha=\frac{h_s\sqrt{v_1^2-v_0^2}}{v_0 v_1}\\ \tau_d&=\frac{h_d}{v_0}\cos\alpha=\frac{h_d\sqrt{v_1^2-v_0^2}}{v_0 v_1}\end{aligned} \tag{2.2.2}$$

式中，t 为初至折射旅行时间；X_{sd} 为炮检距；τ_s 为炮点延迟时间；τ_d 为检波点延迟时间；h_s 为炮点风化层厚度；h_d 为检波点风化层厚度。

当折射层水平（地表可以起伏）时，式（2.2.1）才能成立。如果折射层是一个倾角为 θ 的倾斜界面，折射波传播路径如图 2.2.1 所示，折射波旅行时公式为（2.2.3）。其中，h_A、h_B 是 A、B 点的风化层垂直厚度，h'_A、h'_B 是风化层法线厚度，H_A、H_B 是地表高程。

$$\begin{aligned}t_{A,B}&=\frac{2h'_A\cos\alpha}{v_0}+\frac{H_B-H_A}{v_1}\cos(\alpha-\theta)+\frac{X_{AB}\sin(\alpha+\theta)}{v_0}=\\ &\frac{2h'_B\cos\alpha}{v_0}+\frac{H_A-H_B}{v_1}\cos(\alpha-\theta)+\frac{X_{AB}\sin(\alpha-\theta)}{v_0}\\ &h'_A=h_A\cos\theta\quad h'_B=h_B\cos\theta\end{aligned} \tag{2.2.3}$$

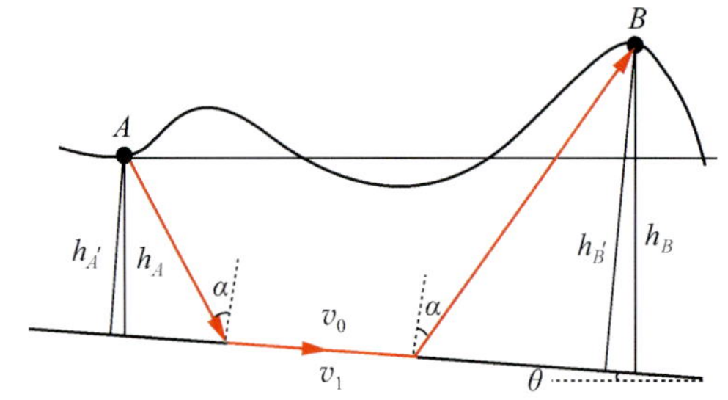

图 2.2.1　起伏地表、折射层倾斜时折射波路径示意图

目前大部分处理软件是基于折射层水平的假设，而在复杂地表高陡构造地区，折射层可能横向起伏比较剧烈，折射静校正方法将得不到理想效果。另外，在山地地区，地表高低悬殊，表层速度较高，如果存在折射界面，高速层的速度和表层速度差别较小，折射临界角较大。当炮检高差相差较大时，可能接收不到折射波；当高速层顶界面起伏较大时，也可能接收不到折射波（图 2.2.2），折射静校正方法失效。

折射静校正基于水平层状模型假设，在地表起伏不大、表层速度横向比较稳定、有明显的折射面且折射面比较平缓的地区，一般可以取得理想的效果，稳定性好，计算效率高。但是由于该方法采用了简单的模型假设，因此在地表起伏剧烈、高速层出露的地区，由于地表高低悬殊、速度倒转、风化层速度纵横向变化剧烈，折射静校正方法一般得不到理想效果。

折射静校正方法需要提供风化层速度，而在复杂地区往往是未知的。风化层速度的误差会带来静校正的误差；另外，折射静校正由于算法的限制，反演的风化层厚度、高速层速度和经过改造的风化层速度（由于高速层顶界面的平滑，对输入的风化层速度进行适应性修正）一般和实际的表层模型相差较大，存在同相轴的时移，同时会产生长波长静校正问题。

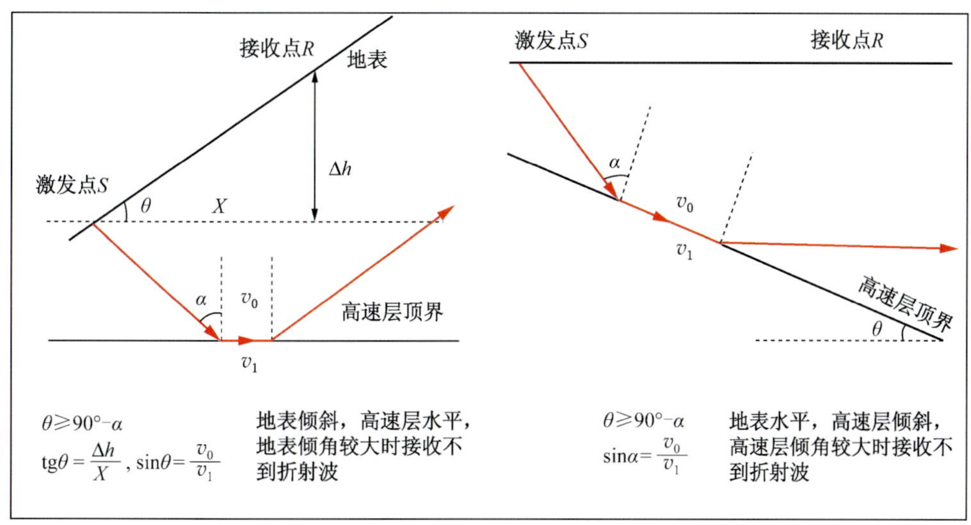

图 2.2.2 地表倾斜或折射界面倾斜时折射波传播路径示意图

2.2.1.2 走时层析反演

在老地层出露的复杂山地，地表起伏剧烈，表层速度纵横向变化大，表层模型不符合层状假设，折射静校正效果不佳，而层析成像静校正利用了初至波的全部信息，包括直达波（均匀介质）、折射波（层状介质）、回折波（连续介质），不需分清初至波的类型，它对地表高程变化和地下速度分布无任何假设和限制，适应各种复杂的地表条件，符合低速层速度并非严格成层的实际情况，理论上可以可靠地反演近地表速度—深度模型，解决复杂山地的静校正问题[9,10]。

实际资料处理效果证明，层析静校正相对折射静校正，反演的近地表模型更加可靠，能够解决由低速带横向变化引起的长波长静校正问题。在折射静校正不能适应的复杂山地和高陡构造地区，层析静校正的静校正量更加准确，成像质量更高。

尽管层析静校正目前存在一些缺点，但是随着基于 Fermat 原理的多种射线追踪技术和波前追踪技术的提出和应用，弯曲射线层析成像成为解决复杂地区静校正的发展方向。

2.2.1.2.1 层析静校正方法原理

地震波的走时是对介质慢度函数沿射线路径的走时积分，数学表达为式（2.2.4），$S(x,z)$为地下介质的慢度函数，dl 为射线路径的微分，t 为地震波从震源点 S 到接收点 R 的旅行时。射线路径与介质的慢度函数 $S(x,z)$ 和波的类型有关。

$$t=\int_s^r \frac{1}{v(x,z)}\mathrm{d}l=\int_s^r S(x,z)\mathrm{d}l \tag{2.2.4}$$

式（2.2.4）离散后，可写成代数方程组的矩阵形式 $\boldsymbol{T}=\boldsymbol{AS}$，是一个大型稀疏矩阵方程组。$\boldsymbol{T}$ 为所有激发点到接收点的走时矩阵，$\boldsymbol{S}$ 为介质的慢度矩阵，$\boldsymbol{A}$ 为与射线路径有关的距离矩阵。由于距离矩阵 $\boldsymbol{A}$ 是慢度矩阵 $\boldsymbol{S}$ 的非线性函数，确定了慢度就可以确定地震波的传播路径和传播距离，因此层析反演是一个非线性方程的求解问题。层析成像主要包括三个步骤：正演、反演和迭代。

正演目的在于计算从震源到接收点的地震波传播路径及走时。已知慢度函数 $S(x,z)$，可以利用多种方法进行射线路径追踪和旅行时计算，求出走时矩阵和距离矩阵，这是层析成像最关键和最耗时的一个环节。

利用正演求得射线路径 $\boldsymbol{A}$ 和走时 $\boldsymbol{T}$，通过比较实际走时和正演走时，得到走时时差矩阵 $\Delta\boldsymbol{T}$。慢度矩阵 $\boldsymbol{S}$ 的修正量为矩阵 $\Delta\boldsymbol{S}$，这样就把非线性问题转换为一个线性方程，即

$$\Delta\boldsymbol{T}=\boldsymbol{A}\Delta\boldsymbol{S} \tag{2.2.5}$$

已知 $\Delta\boldsymbol{T}$ 和 $\boldsymbol{A}$，可以通过多种反演算法求取 $\Delta\boldsymbol{S}$，就是层析成像的反演问题。用 $\Delta\boldsymbol{S}$ 对原 $\boldsymbol{S}$ 进行修正，得到新的 $\boldsymbol{S}$，完成一次迭代。

按照以上的思路和过程，循环迭代，直到 $\Delta\boldsymbol{T}$ 达到精度要求为止。根据慢度函数 $\boldsymbol{S}(x, z)$（表层速度—厚度模型）求取炮、检点的静校正量。

2.2.1.2.2 层析成像算法

不同的正演和反演算法，形成初至波层析成像的不同方法。目前主要的射线追踪正演方法有：最短路径法；有限差分解程函方程方法；旅行时插值射线追踪方法等。反演方法有：SIRT（联合迭代重建算法 Simultaneous Iterative Reconstruction techniques）；LSQR（最小平方 QR 迭代分解算法）；DLSQR（带阻尼的最小平方 QR 迭代分解算法）；CG 法（共轭梯度法 Conjugate Gradient）等。本文正演采用最短路径法射线追踪，反演采用 SIRT 算法。

最短路径法射线追踪包括模型单元的网格化和射线路径追踪两个主要环节。联合迭代重建算法（SIRT）是通过迭代来求解 $\Delta\boldsymbol{T}=\boldsymbol{A}\Delta\boldsymbol{S}$，SIRT 算法考虑了通过同一单元的多条射线的平均效应，在某次迭代中，第 j 个基本单元的慢度修正量为

$$\Delta S_j=\sum_{i=1}^{n}(a_{ij}\Delta S_{ij})/\sum_{i=1}^{n}a_{ij} \tag{2.2.6}$$

式（2.2.6）中，j 是第 j 个模型网格单元；i 是网格单元 j 的第 i 条射线；n 是网格单元 j 的射线总数；a_{ij} 是网格单元 j 的第 i 条射线长度；ΔS_{ij} 是网格单元 j 的第 i 条射线慢度修正量。

从数学上考虑，SIRT 算法使方程的残差量随着迭代次数的增加呈递减趋势；从效果上来看，SIRT 算法利用网格单元中所有射线的平均慢度修正量，可以消除某些干扰和随机测量误差，反演结果比较稳定可靠。但是 SIRT 算法要求地下网格单元要有足够的射线密度，射线密度较低时，反演的结果不稳定；另外，和别的层析静校正算法一样，SIRT 算法对初至波的质量依赖程度高，对旅行时的变化比较敏感。

2.2.1.2.3 层析静校正存在的问题

层析静校正在理论上比较完美，可以解决复杂近地表的静校正问题，并且具有较高的灵活性，但是，层析静校正在解决实际问题时，存在以下缺陷：由于介质被网格化为一系列网格单元，引入了大量的未知量，层析问题常常是欠定的，需要间接的正则化约束，反演难度大，存在多解性和稳定性问题；在每次迭代时对速度模型进行平滑，短波长静校正解决得不够彻底；确定高速层的界面有一定的难度；对初始模型具有一定的依赖性，对初至拾取误差更加敏感。因此在地表相对简单的地区，折射静校正反而比层析静校正效果好。

尤其值得注意的是，层析反演对反映浅层信息的小炮检距初至要求较高，缺失小炮检距，可能得不到理想的效果。图 2.2.3 是炮检距范围分别选取 15～3000m（上），1000～4000m（中），2000～4500m（下）进行层析反演。可以看出，最小炮检距越小，浅层射线密度越高，浅层速度越小；最小炮检距越大，深层射线密度越高，浅层速度越大。显然，炮检距为 15～3000m 时，层析反演的模型更可靠。由于走时层析反演对反映浅层的小炮检距要求高，而往往小炮检距受地面的干扰而信噪比较低，加上走时层析反演对初始模型有一定的依赖性，初始模型的精度影响到最终模型的精度。因此针对复杂地表，需要微测井、小折射等资料的约束。走时层析反演虽然可以得到比较精确的近地表模型，但确定模型的底界比

较困难，可以采用如下处理办法：等高速度圆滑界面；光滑界面（曲线和曲面）；折射静校正反演的模型底界。

走时层析反演法计算静校正量的方法依然是基于传统的地表一致性假设，这在复杂地表区存在一定问题（静校不静），复杂地表区应该探索层析反演基础上的波动方程基准面校正（延拓）技术。

2.2.1.2.4 层析静校正的适应条件

走时层析反演理论上比较完美，目前主要受到正反演算法的限制，存在多解性，也存在稳定性的问题。但通过大量实际资料的处理效果分析对比，走时层析反演的模型相对比较准确可靠，尤其是在复杂山地，见到了比较理想的效果，走时层析反演可能是复杂地表静校正技术的发展方向。层析反演技术的发展方向是不断改进算法，增强稳定性，提高速度模型的精度。

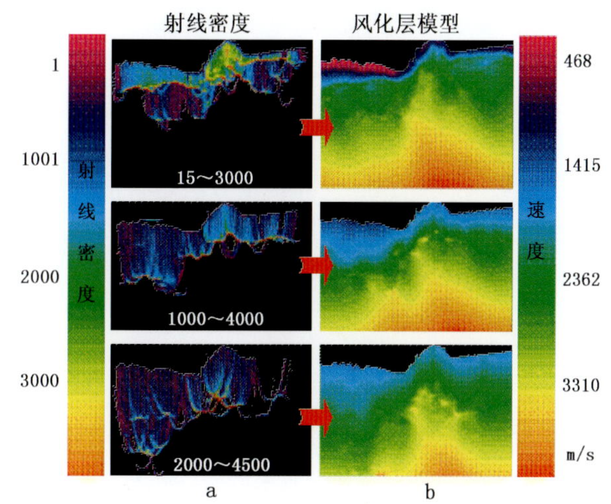

图 2.2.3 不同炮检距层析反演，射线密度分布（a）和风化层模型（b）

走时层析静校正适合近地表极其复杂、速度变化剧烈、老地层出露的地区。而在地表相对简单的地区，简单的折射法反而可以取得好效果。

2.2.1.3 剩余静校正

2.2.1.3.1 初至波的多域统计剩余静校正

初至波的多域统计剩余静校正是基于地震数据应用比较准确的一次静校正量后，来自同一折射层的共炮点域、共检波点域、共中心点域和共偏移距域的初至折射波的时距曲线比较平滑，不平滑则意味着存在剩余静校正量。多域统计剩余静校正方法的实现过程为：首先在共偏移距道集上计算各地震道与某种拟合曲线的时间差，然后分别在炮点、接收点和共中心点道集中统计出具有地表一致性特点的静校正量。利用多域统计剩余静校正方法可以求出大于1/2周期的剩余校正量，因此可有效地解决由测量和表层速度误差产生的大剩余校正量问题。使用这种剩余静校正量时要特别注意，由于拟合参数选择不合理，计算出的校正量中含有明显的长波长成分，应该将其滤除。而后续的反射波剩余静校正可以解决小于1/2周期的剩余静校正量。在剩余静校正量大且反射波能量比初至波能量弱时，宜采用初至波剩余静校正方法。

2.2.1.3.2 反射波剩余静校正

反射波剩余静校正方法主要有相关法剩余静校正和模型迭代剩余静校正（MISER）。相关法求取剩余静校正量不需要列方程组进行求解，而是利用多次覆盖观测的特点，在相关曲线上直接拾取剩余静校正量。属于这一类型的方法很多，使用较多的主要有两相邻叠加道相关（CC法）、原始单道与叠加模型道相关（CS法）、先求和后相关法（SATAN方法）三种方法。模型迭代剩余静校正（MISER）方法假设炮点和检波点的剩余时差只与地表结构有关，而与波的传播路径无关。在这一假设之下经过一般静校正和动校正以后的地震道的剩余时差，可以表示成五个分量的和，即

$$t_{ijh} = S_i + r_j + G_{kh} + M_{kh} X_{ij}^2 + D_{kh} Y_{ij} \qquad (2.2.7)$$

利用反射波的剩余静校正，可以解决小于1/2周期的剩余静校正量。

2.2.1.4　综合静校正方法

从以上分析可知，目前的静校正技术都有其适用条件，并且存在一定的误差，实际资料处理时，单一的静校正技术很难解决整个工区、整条测线的静校正问题。综合静校正技术可以扬长避短、优势互补。根据地表地质地震条件，最大限度地利用多种静校正技术解决复杂地区的静校正问题。综合静校正方法是目前解决复杂地表静校正问题的有效手段。

折射静校正需要提供风化层速度，可以从野外微测井、小折射、井口时间等资料中估算近地表的风化层平均速度。也可以从层析静校正反演的速度模型计算风化层平均速度，进行层析和折射的联合处理。

层析反演对初始速度模型依赖程度高，可以利用野外低测资料，进行浅层速度模型的有效约束。另外，如前所述，层析反演中确定高速层的界面有一定的难度，可以根据折射法求取的折射界面来确定高速层界面。

很多实际地震资料处理效果表明，相对折射延迟时方法，层析反演方法得到的近地表模型更加可靠，因此全工区静校正的低频分量采用层析静校正的低频分量；高频分量根据处理效果选择不同地段的高频分量；为了实现不同静校正方法高频分量的无缝拼接，需要进行边界插值处理。

2.2.1.5　基准面的选择

在山地地震勘探中，剧烈起伏的地表和复杂的上覆地层的影响使得射线路径畸变，叠前道集上反射波同相轴的非双曲线性使叠加剖面的质量变差。基准面选择的目的就是要消除射线轨迹的弯曲，使层替换后的道集记录中反射波同相轴更加双曲线化，从而改进速度分析的质量，以便得到高质量的零炮检距剖面。因此，基准面的选择不仅仅是单纯的静校正问题，而是动态校正问题，它随空间和时间的变化而变化，只有输入正确的实际浅层速度模型，才能消除深层反射双曲线的畸变，使构造位置真实、形态合理。在山地地震资料的处理中，基准面的选择方法很多，归纳起来可分为固定海拔平面的水平基准面和圆滑地表的浮动基准面。基准面的选取会直接影响到长波长静校正量、叠加速度及成像精度。

直接采用固定基准面进行校正会造成速度分析精度降低，影响叠加和偏移成像的效果；直接采用起伏较大的浮动基准面进行叠加及偏移成像，又会产生长波长静校正问题及偏移难以合理归位。为减小静校正对反射波时距曲线的畸变及对速度分析和偏移归位的影响，我们采用了基于 CMP 面的静校正高低频分离技术：在静校正量的计算过程中采用水平基准面，之后在每个 CMP 道集内对参与叠加的各道的静校正量进行平均，作为 CMP 校正量（低频），得到 CMP 基准面，应用原静校正量与 CMP 校正量的差做静校正（高频）。在速度分析和叠前、叠后偏移时采用 CMP 浮动基准面，然后把成果数据校正到最终基准面上。

2.2.1.6　静校正效果对比

2.2.1.6.1　枫顺场地区

枫顺场地区通过对比高程静校正、折射静校正和层析静校正，结论都是一致的，即层析静校正效果最佳，下面以 06FSC05（主测线）和 06FSC08（联络测线）两条测线为例，对比不同静校正处理效果。

从图 2.2.4 可以看出，折射静校正和层析静校正的效果明显优于高程静校正，证明该区表层低降速带纵横向变化剧烈，对资料处理影响较大。从图 2.2.5 可以看出，层析静校正的效果优于折射静校正。在层析静校正的基础上，利用初至折射波，进行多域剩余静校正，即在共炮点域、共检波点域、共偏移距域内拟合迭代，对静校正量进行优化。经过多域静校正，剖面质量有所改善（图 2.2.6）。最后进行反射波的剩余静校正，效果比较明显，图 2.2.7 是 06FSC05 测线反射波剩余静校正（3 次迭代）前后的叠加剖面对比。

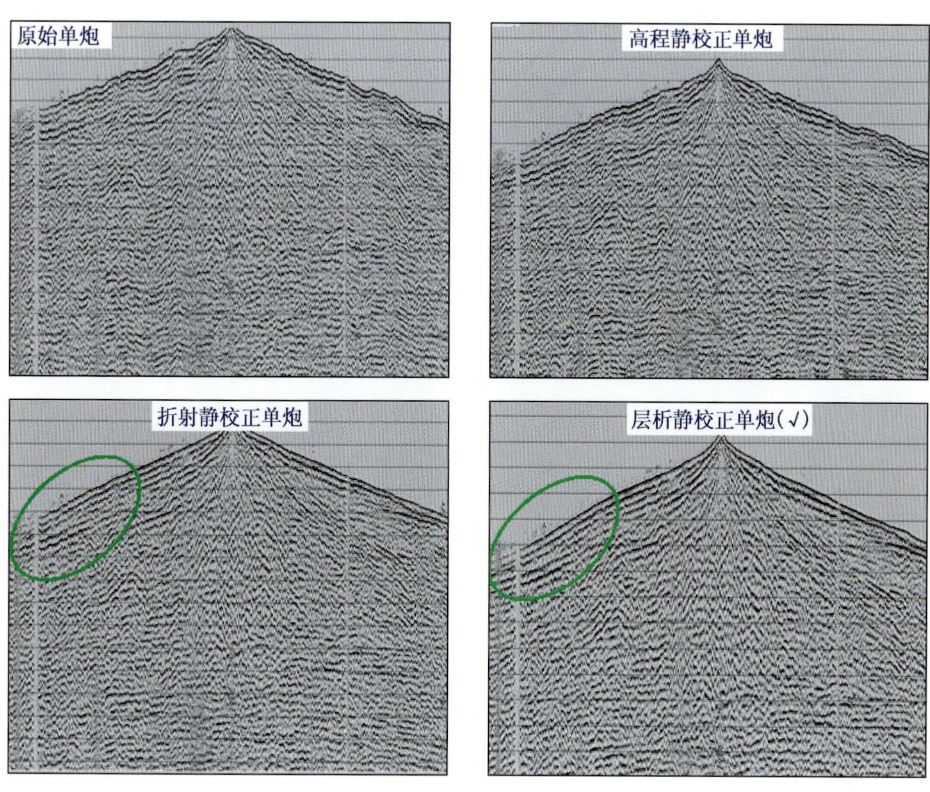

图 2.2.4 06FSC08 测线不同静校正单炮对比

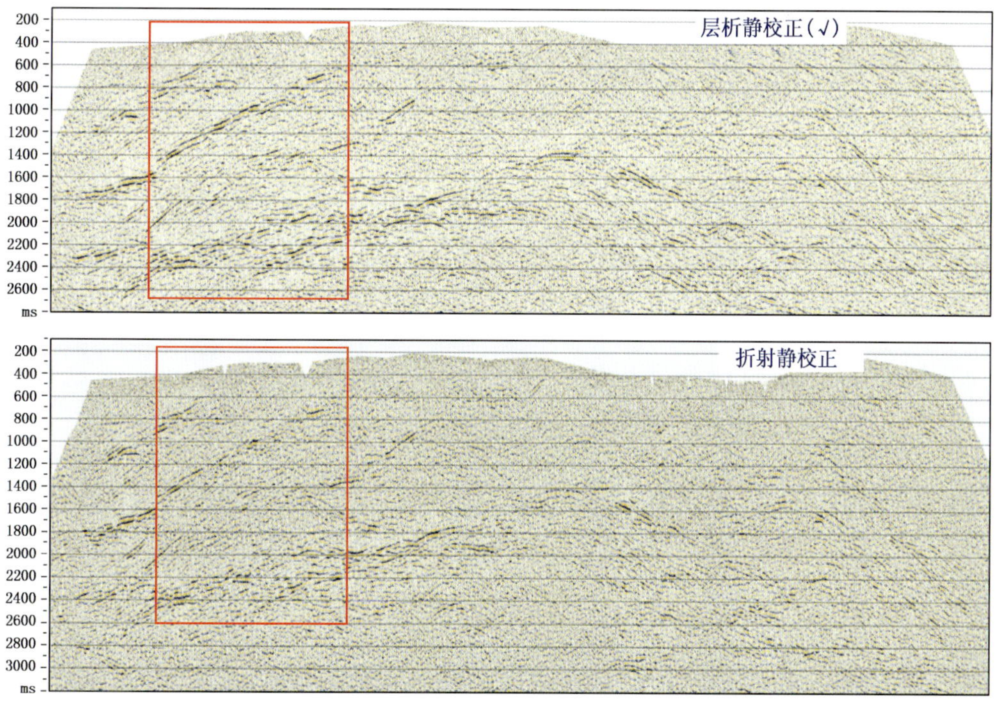

图 2.2.5 06FSC08 测线折射和层析静校正叠加剖面对比

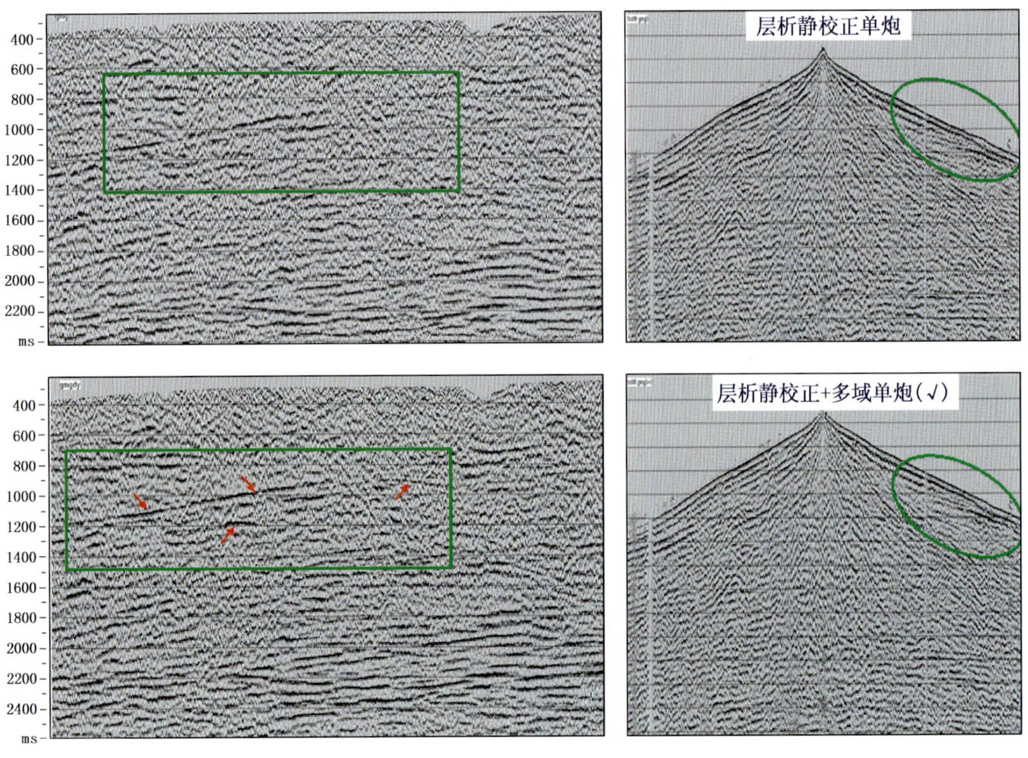

图 2.2.6　06FSC08 测线层析和层析 + 多域静校正叠加剖面对比

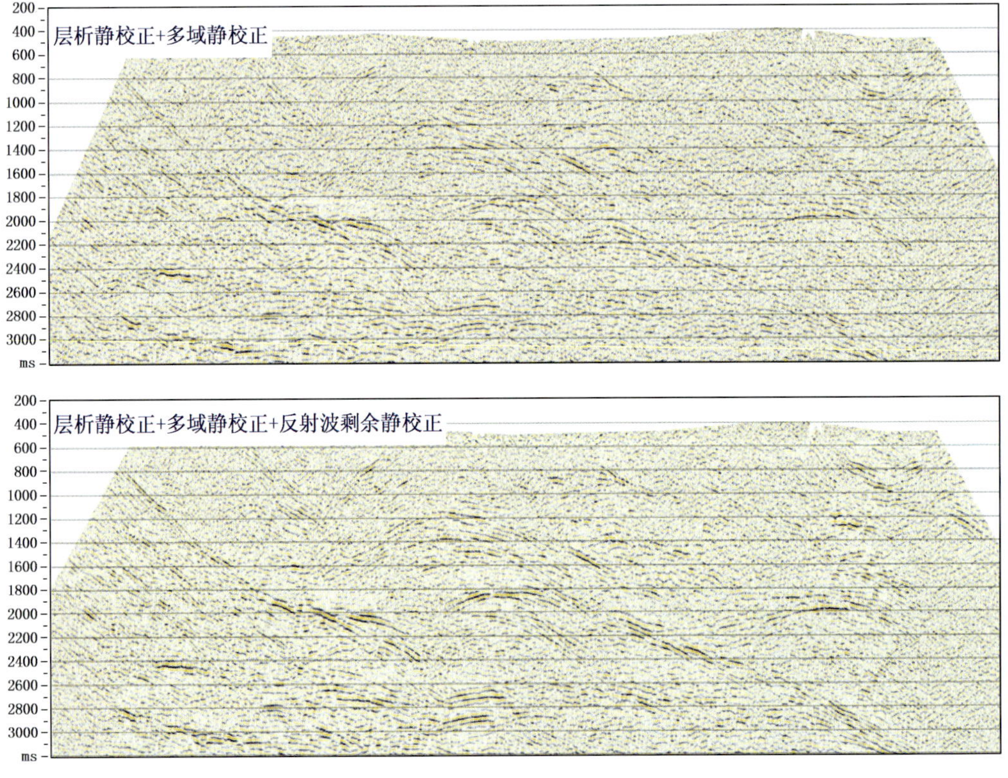

图 2.2.7　06FSC05 测线反射波剩余静校正前后叠加剖面对比

2.2.1.6.2 九峰寺—明月峡地区

在经过九峰寺构造的06JFS01S宽线上进行方法研究和效果对比。该测线野外采集采用小道距（30m）的宽线观测技术（3炮4线），并且沿着测线布设了86口微测井，经过对微测井资料的解释，得到初始地表速度—深度模型，作为层析静校正的初始模型，对初始模型经过12次层析反演迭代，得到最终速度模型（图2.2.8），然后求取层析静校正量。根据低速带和降速带的速度求取平均值，作为折射静校正的 v_0。

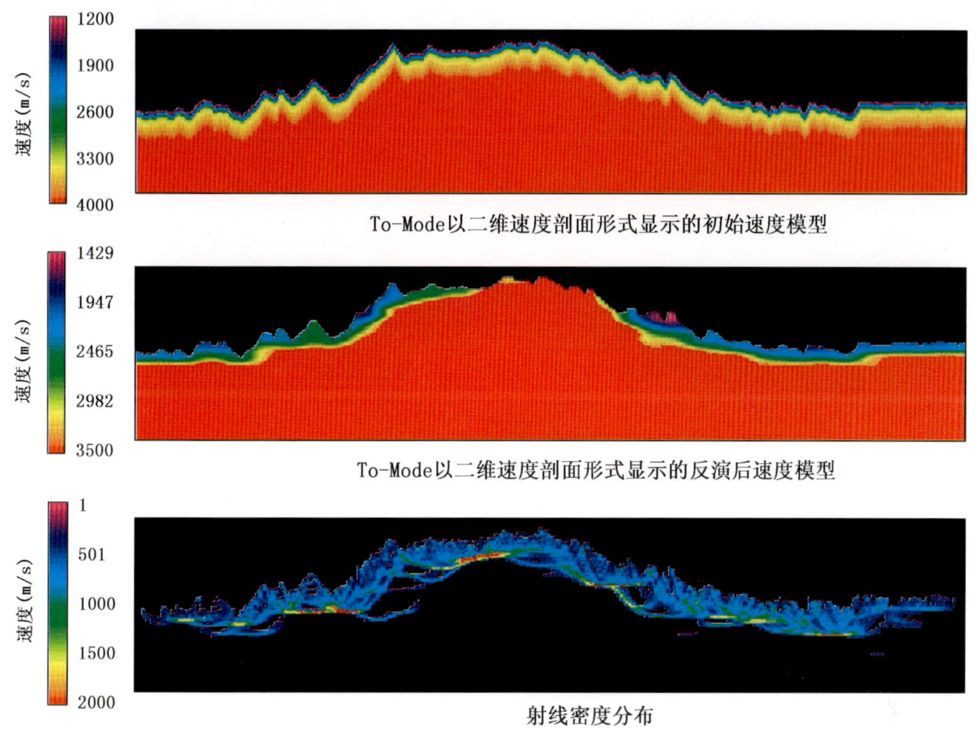

图2.2.8 层析静校正速度模型的求取

对比06JFS01S测线的高程静校正、微测井约束的折射静校正、微测井约束的层析静校正（图2.2.9至图2.2.11），可以看出，在九峰寺构造的两翼，折射静校正明显优于高程静校正和层析静校正，而在构造主体部位（九峰寺构造主背斜）层析静校正效果最好，高程静

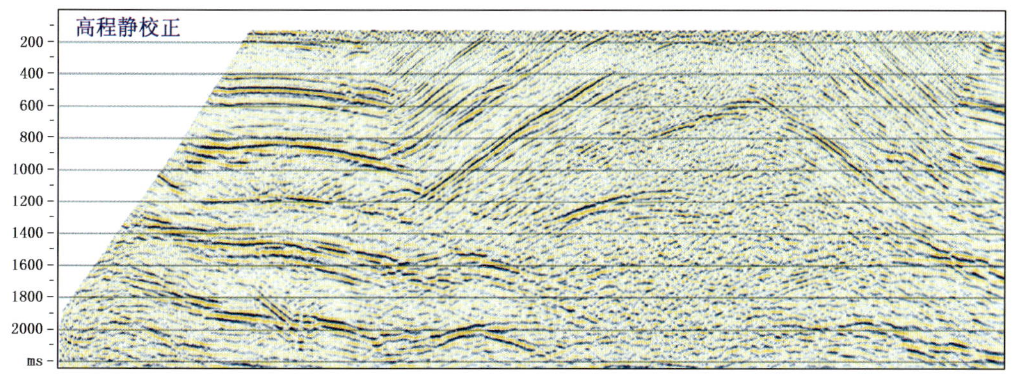

图2.2.9 高程静校正方法叠加

校正次之，折射静校正效果最差，分析其原因，主要是因为地表出露二叠系、三叠系的石灰岩和石英砂岩，速度横向变化剧烈，没有稳定的折射层。在剖面的西段（左段），由于层析静校正的计算过程中，地下网格射线数量太少，效果不佳。最后采用组合静校正，即不同静校正的拼接处理。拼接处理时，只做不同静校正的高频优选和拼接处理，然后统一用层析静校正的低频分量（图 2. 2. 12）。

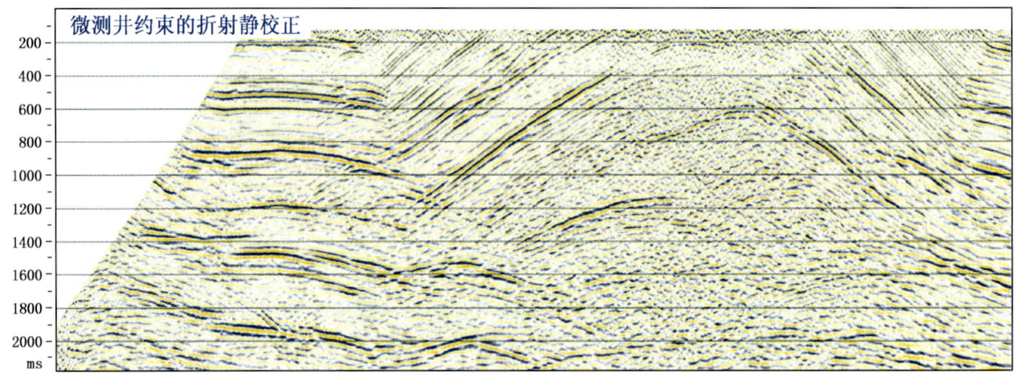

图 2. 2. 10　折射静校正方法叠加

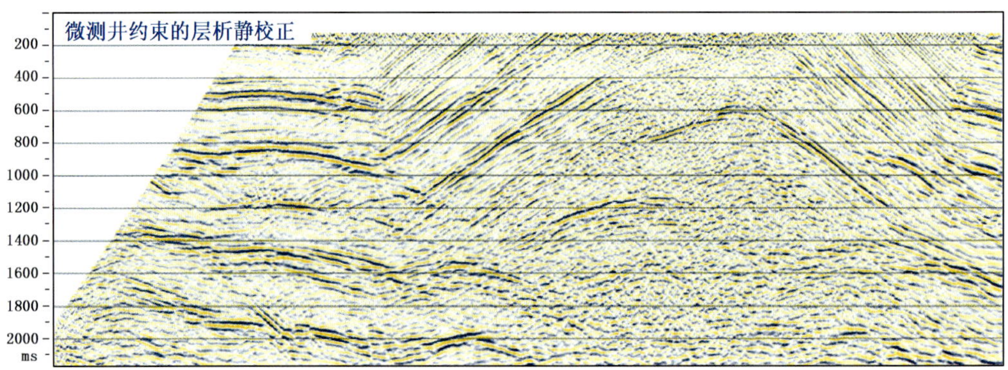

图 2. 2. 11　层析静校正方法叠加

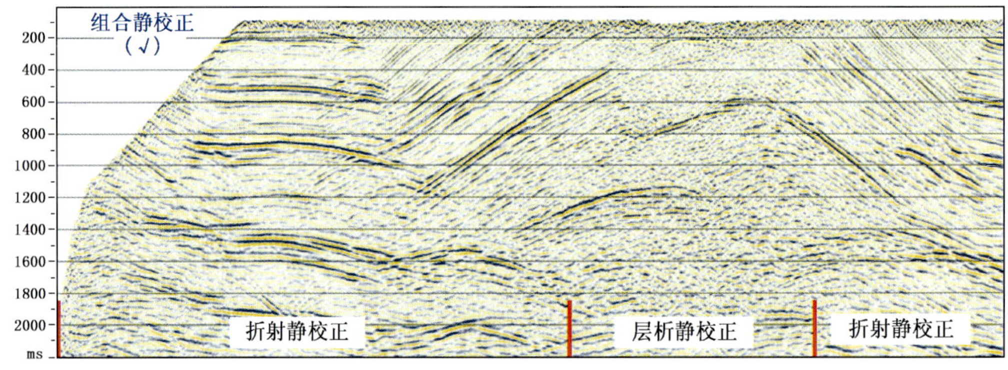

图 2. 2. 12　组合静校正方法叠加

通过大量的对比和试验，折射静校正解决静校正的高频分量效果较好，即叠加剖面的有效反射同相轴连续性好，信噪比较高，但由于采用扩展广义互换（EGRM）算法，必须人为

提供 v_0，造成低频分量的误差较大（图 2. 2. 13），而层析静校正对地下的网格单元进行速度和厚度反演，相对而言，其低频分量准确，可以解决构造问题，因此拼接不同静校正的高频，采用层析静校正的低频分量，可以同时解决成像问题和构造问题。采用组合静校正以后，再进行初至波和反射波的剩余静校正，效果比较显著（图 2. 2. 14）。

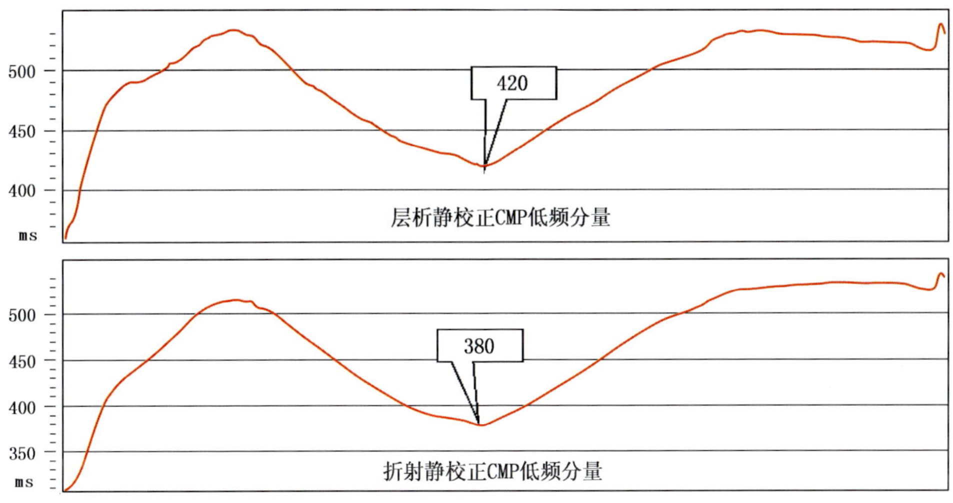

图 2. 2. 13　不同静校正低频分量对比

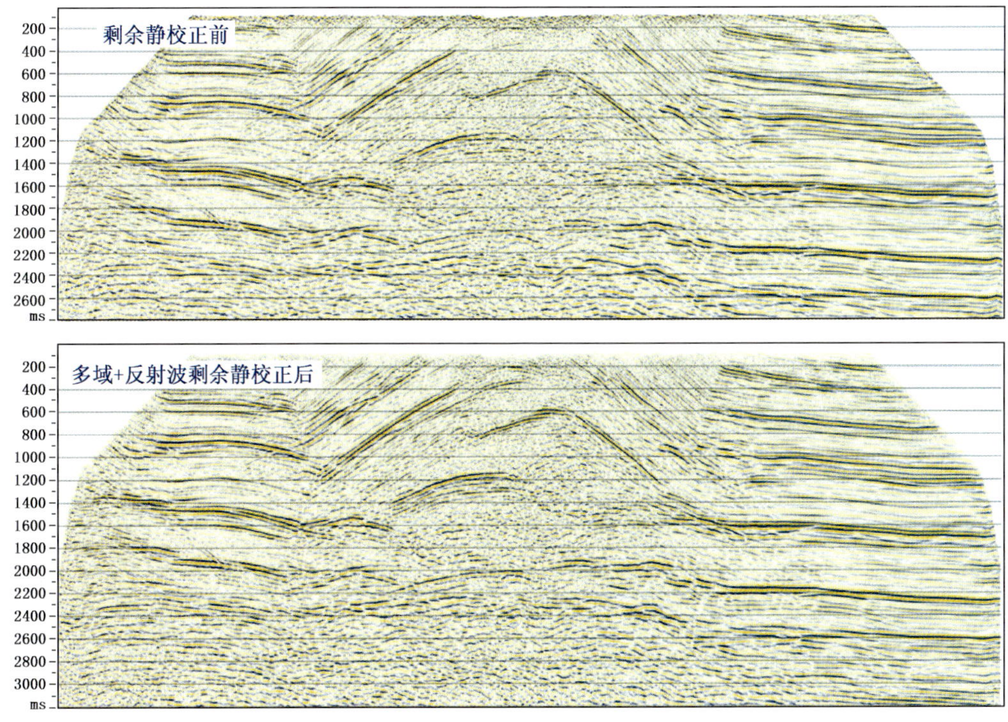

图 2. 2. 14　多域 + 反射波剩余静校正前后对比

2. 2. 2　提高信噪比处理技术

2. 2. 2. 1　叠前多域噪声压制

在复杂地表高陡构造地区，由于表层模型速度纵横向变化剧烈、非均质性强，造成地震资料中各种类型的噪声非常发育。不同噪声在不同的处理域（如共炮域、共检域、CMP 域、共炮检距域；时间域、频率域、时频域、频率—波数域、$\tau-p$ 域等）其规律和特征不同，多域噪声压制技术就是根据噪声在不同域中的规律和特征，选用针对性的压噪技术，进行叠前多域去噪，能较好地压制各种噪声，保护有效信号，保持相对振幅关系，最终提高资料的信噪比[11]。

2.2.2.1.1　噪声类型

噪声与激发、接收条件、地表地震地质条件有关。根据噪声的出现规律，噪声可以分为规则噪声和随机噪声两大类。规则噪声指的是有一定的主频和一定视速度的噪声，包括面波、交流电干扰、声波、浅层折射、多次折射和多次波等噪声，通常表现为线性干扰。单炮记录上直达波、面波、折射波等规则噪声十分发育。随机噪声频谱很宽，无一定的视速度，因而很难利用频谱或传播方向的差异对其进行压制。

各种噪声产生的原因和噪声的种类都具有非常复杂和多样化的特点，因此在压制噪声时必须首先分析地震数据中的各种噪声，分析其出现的规律和特征，采用相应方法进行压制。同时，做到保幅保真的前提下有针对性地去除噪声，尽量保证有效反射信号不受损害，更好地提高地震资料的信噪比。

2.2.2.1.2　噪声分析与认识

（1）原始数据的多域显示。

由于各种噪声在不同域的数据集上表现出的规律不同，同一噪声在不同的数据集上出现的方式也不一样，有时在炮点域噪声不明显，而在检波点域会有很强的噪声，这就需要对原始数据进行多域显示，如共炮集、共检波点和共 CMP 道集显示等，多方位认识噪声的分布特征。

（2）能量特征分析。

起伏的地表和表层速度、厚度的变化使信号和噪声的能量横向分布很不均匀。能量分析主要包括振幅随炮检距的变化、振幅随时间的变化、振幅沿测线方向变化等（图 2.2.15），通过能量特征分析，可以根据噪声的能量分布特征选用合适方法来压制噪声。

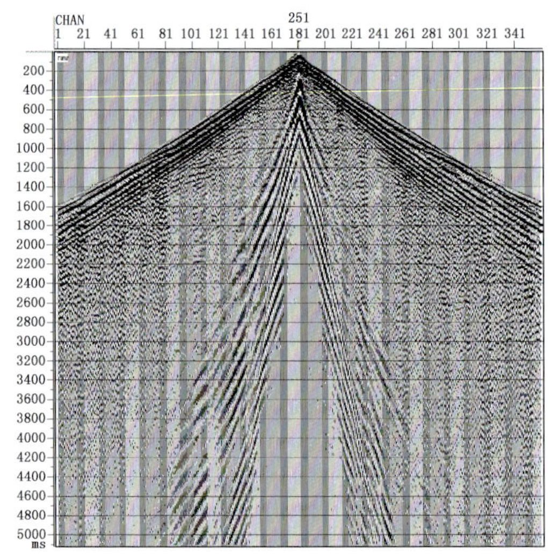

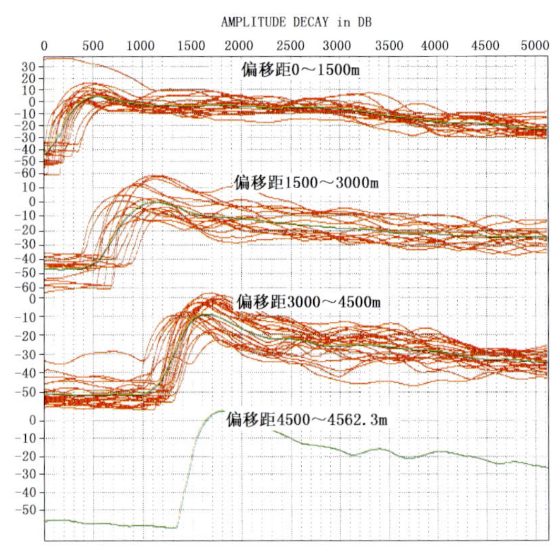

图 2.2.15　原始资料能量分析

（3）频率特征分析。

常用的频率分析方法有分频扫描、频谱分析等，除此之外，还可以对原始数据进行二维的频率特征分析，如 $f-k$ 谱分析，调查噪声的视速度范围，使用 $f-x$ 谱分析可以了解噪声频率的横向变化情况，以便选择合理的参数分频压制噪声。

（4）自相关特征分析。

地震数据自相关参数统计法是一种对数据进行分析、对处理质量实施监控的有效工具。它利用数理统计原理，提取数据的自相关特征函数，并将统计结果应用到实际数据的分析和处理中。自相关函数的特征在一定程度上可以反映数据的能量与频率特征。由于振幅相同而相位谱不同的信号有相同的自相关函数，这样对一特定的数据集而言，可以不必考虑反射波道间的动、静时差，而在某一时窗内求取该数据集的统计自相关函数。在实际应用时主要通过对特征参数的分析来确定时窗内数据的能量、频率和波形特点。如沿测线方向提取某一参数，可得到一条曲线，可以反映所分析数据在横向上能量、频率和波形的特征，揭示数据在横向上的变化规律。

2.2.2.1.3 叠前去噪的方法和效果

原始资料主要的干扰波是面波、多次折射干扰、异常振幅和随机噪声。针对原始资料的干扰波类型，选择合适的去噪方法，逐步压制噪声，提高资料信噪比，改善叠前道集质量。主要的去噪方法有：

（1）区域异常振幅衰减（ZAP）。

ZAP 是个保幅处理模块，主要消除野值干扰和部分面波。ZAP 根据地震记录能量符合地表一致性假设，把地震记录能量在共炮集、共检波点集、共偏移距集、共 CDP 集进行 4 域分解、计算、应用，用来剔除野值，衰减面波（图 2.2.16）。

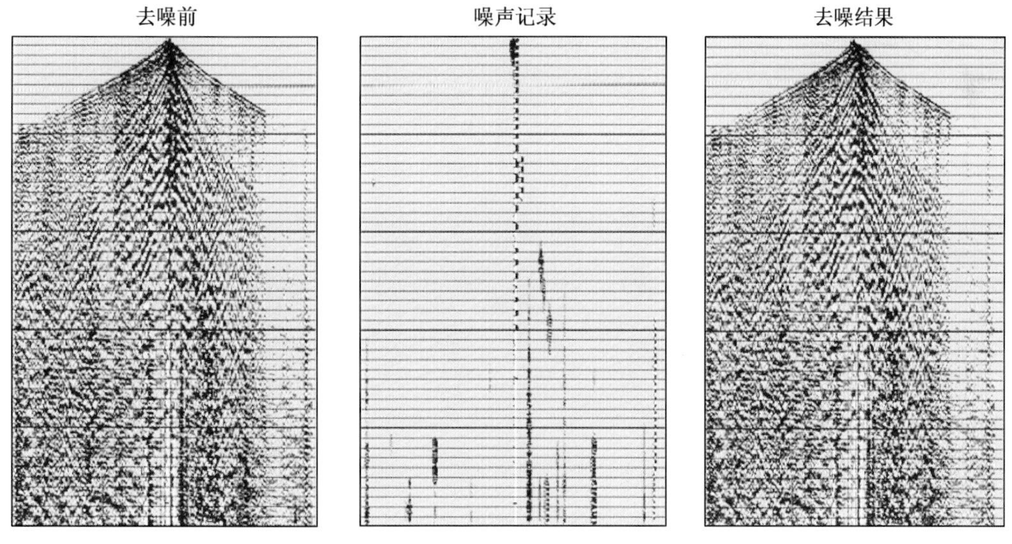

图 2.2.16 ZAP 去噪前后单炮对比

（2）叠前地震资料压噪。

采用子波统计方法，利用同一炮集的地震子波在传播过程中，随距离和深度的变化，其吸收和衰减符合一定规律的特点，识别并压制异常干扰值，主要压制面波、声波、强能量干扰、野值、高频噪声（图 2.2.17）。

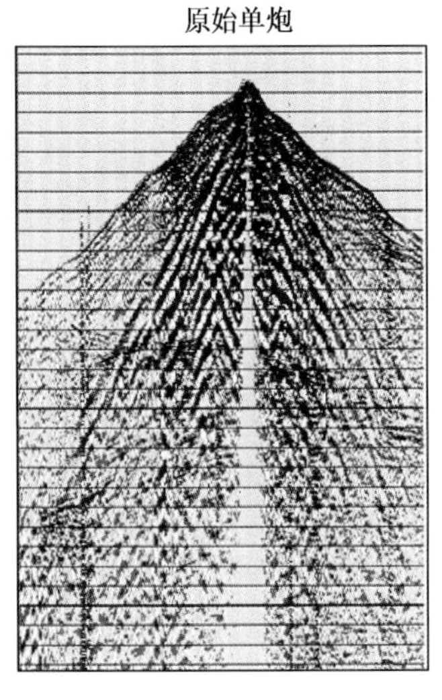

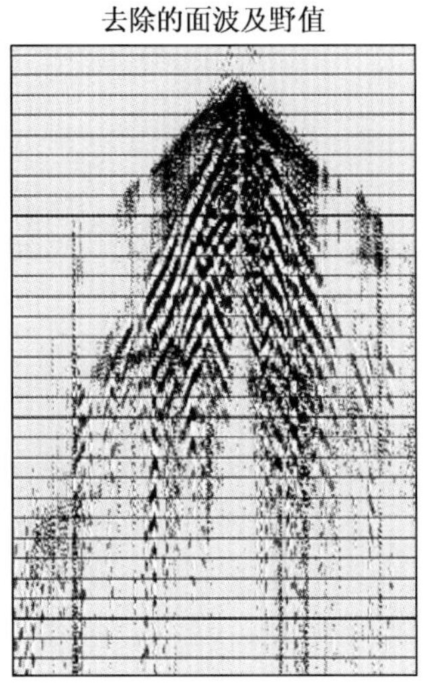

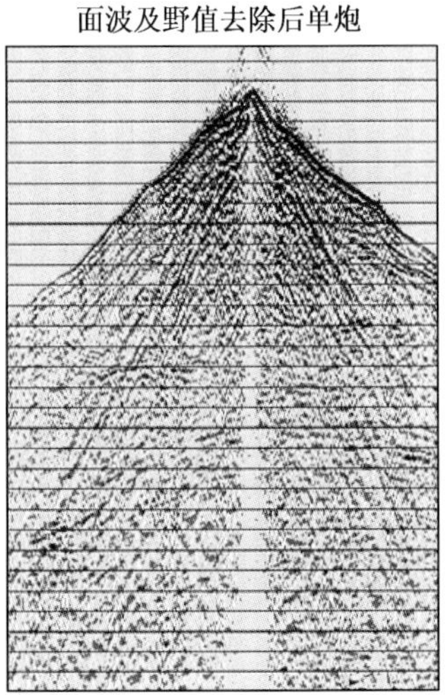

图 2.2.17　叠前地震资料压噪前后单炮对比

（3）$t-x$ 域线性干扰压制技术。

单炮或剖面上常含有许多线性相干噪声，如次生干扰、多次波、虚反射等，这些规则干扰波常常和真实反射波相互干涉在一起，给处理解释带来陷阱。目前压制这种规则干扰的方法有 $f-x$ 域滤波（倾角滤波）、$t-x$ 域线性干扰压制以及其他一些线性干扰压制方法。

$t-x$ 域线性干扰压制采用时间—空间域的去噪方法，特别是采用减法去噪，可以增强有效信号的连续性，衰减规则噪声和随机干扰，可避免混波、相干加强等方法导致的同相轴模糊、变形和“蚯蚓化”现象，同时可以有效监控去噪的效果。

叠前线性干扰滤波是针对叠前相干噪声采用倾斜叠加的去噪方法，其基本思想是：在 $t-x$ 域内把相干干扰自动地识别出来并减去它们，被减去的噪声成分主要集中在干扰波覆盖的区域，地震资料其他成分基本不受影响，整体滤波产生的效应是局部的。其基本方法原理是基于以下两个基本假设条件：一是干扰波具有线性同相轴；二是干扰波视速度与有效波视速度有一定的差别。从实现过程来讲可分为分频、干扰波识别、干扰波滤除三个部分。

①分频。

为了提取干扰波特征和得到较好的滤波效果，有必要对地震记录进行分频处理，形成几个不同频段的剖面，然后对它们分别进行处理。分频处理的好处是可以利用干扰波的优势频段提取噪声的特征，在非优势频段利用已提取的特征作为约束条件，来识别干扰波。另外，分频可以在保持有效信号的前提下，最大限度地压制干扰。

②干扰波与有效波的识别。

在炮集上沿时间轴按不同斜率的直线取各道振幅值进行倾斜叠加，得到不同斜率的一组扫描叠加能量，其中能量最大者对应的同相轴就是线性干扰同相轴，必须沿着该倾斜方向做去噪处理。

③预测误差滤波器。

沿干扰波同相轴作向前、向后线性预测，其预测误差即为有效波成分。沿具有某一斜率 p 的直线 L（p，t）对剖面各道采样，得到一维信号 $X_n^{(p,t)}$，即

$X_n^{(p,t)}=g_n^{(p,t)}+S_n^{(p,t)}$，其中：$S_n^{(p,t)}$ 为信号，$g_n^{(p,t)}$ 为干扰。

向前预测误差为

$$e_{if}^{(p,t)} = X_i^{(p,t)} + \sum_{k=1}^{M} a_k X_{i-k}^{(p,t)} \tag{2.2.8}$$

向后预测误差为

$$e_{ib}^{(p,t)} = X_i^{(p,t)} + \sum_{k=1}^{M} b_k X_{i-k}^{(p,t)} \tag{2.2.9}$$

式中，a_k 和 b_k 为预测误差滤波器算子。将向前、向后预测误差作为滤波器的输出，即为有效信号部分 $S_n^{(p,t)}$。

$t-x$ 域线性干扰压制由于采用 $t-x$ 域的减去法，线性干扰去除的干净，可以多次利用该模块滤除不同速度的线性干扰，同 $f-k$ 滤波相比，不会产生炕席现象，剖面背景好。所以在资料处理时先用 $t-x$ 域线性干扰压制方法，去除线性干扰。为了进一步压制面波干扰和去除多次折射线性干扰，提供速度为 500～1500m/s 和 1800～2500m/s 两组速度。线性干扰压制后全区资料信噪比有一定提高。

在九峰寺—明月峡地区，构造两翼激发的单炮，线性干扰线形关系好，比较符合 $t-x$ 域线性干扰压制的前提条件，压制效果好（图 2.2.18），但在构造主体部位线性干扰不明显，线性关系差，噪声压制效果不好，需要进一步进行倾角滤波去噪（图 2.2.19，图 2.2.20）。枫顺场地区的资料也存在这个问题。

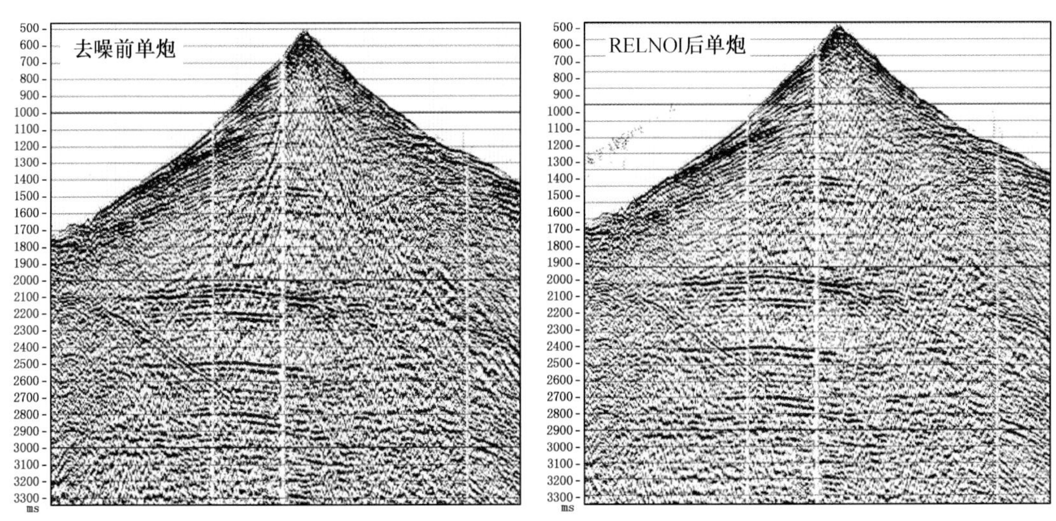

图 2.2.18　RELNOI 前后单炮对比（高信噪比区）

（4）倾角滤波。

在九峰寺—明月峡地区构造主体部位的单炮在 $t-x$ 域线性干扰压制的基础上进一步作倾角滤波处理，压制噪声，效果明显。枫顺场地区的资料倾角滤波效果也较好（图 2.2.21、图 2.2.22）。

（5）叠前随机噪声衰减。

叠前随机噪声衰减和叠后随机噪声衰减相比，在提高叠加剖面的信噪比方面，没有多大优势，并且效率较低，但是在叠前 CMP 道集上进行 RNA，可以大大提高叠前道集的信噪比（图 2.2.23），为叠前时间偏移提供高质量的 CMP 道集数据。

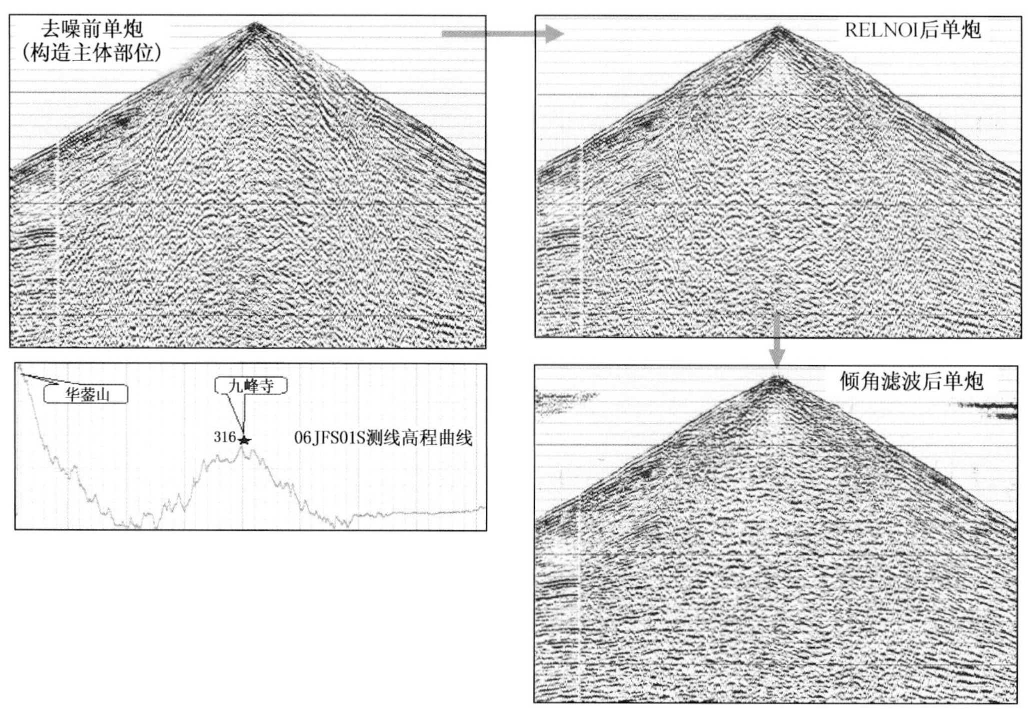

图 2.2.19　组合去噪单炮对比（低信噪比区）

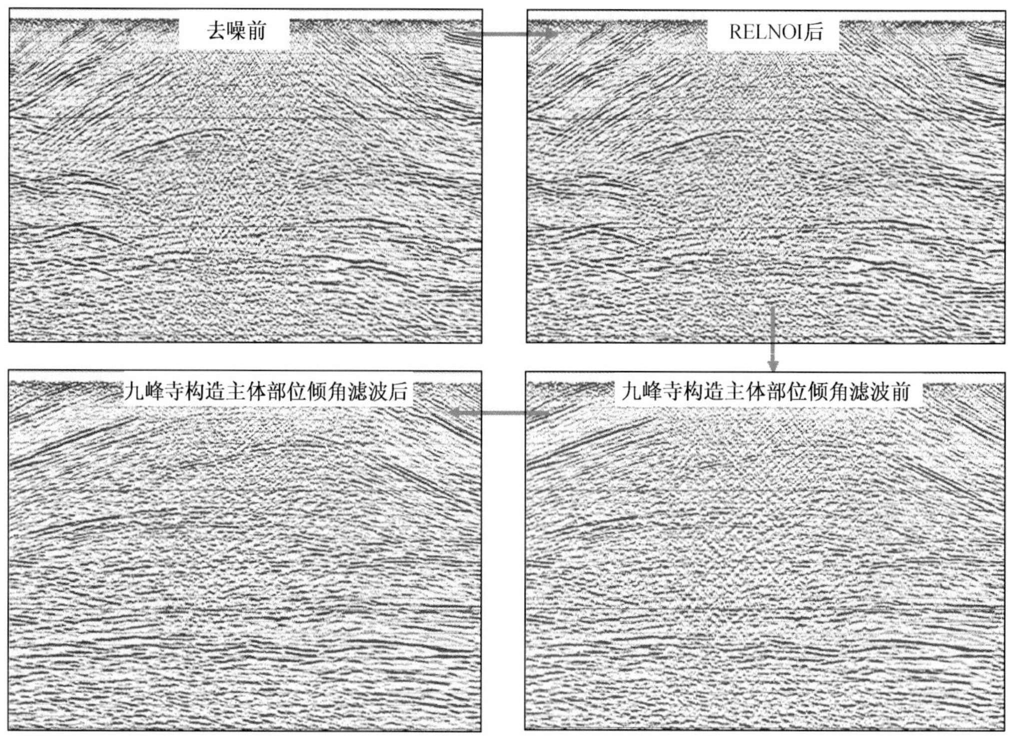

图 2.2.20　组合去噪叠加对比（低信噪比区）

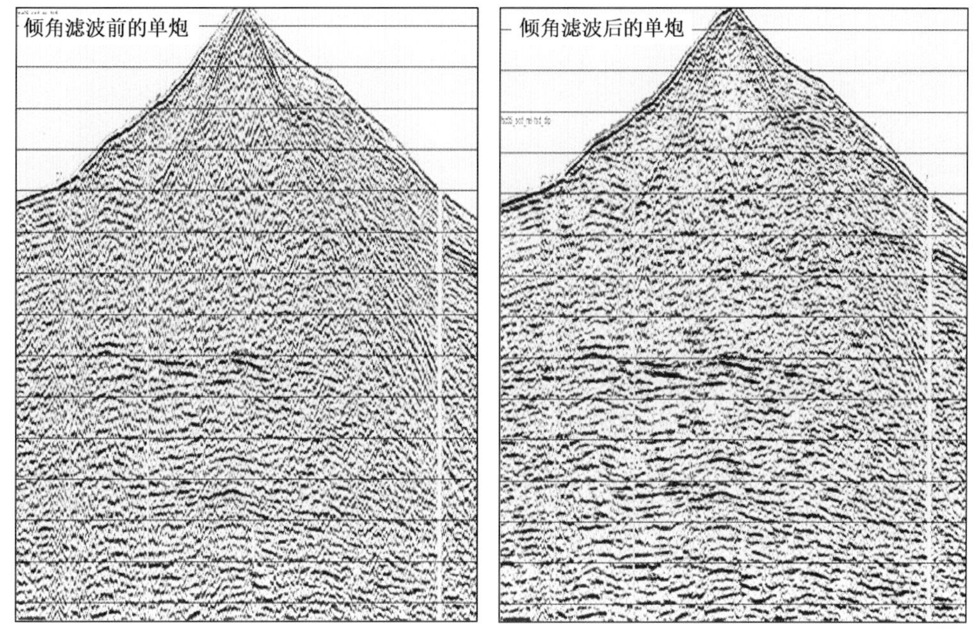

图 2. 2. 21 倾角滤波前后单炮对比

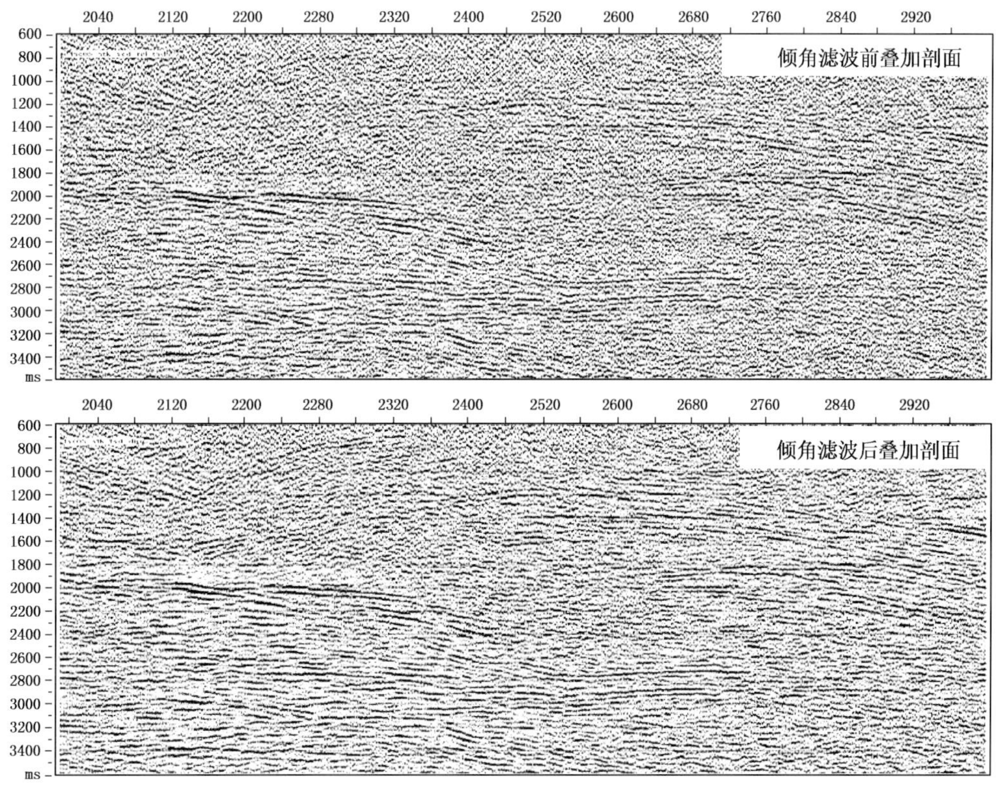

图 2. 2. 22 倾角滤波前后叠加对比

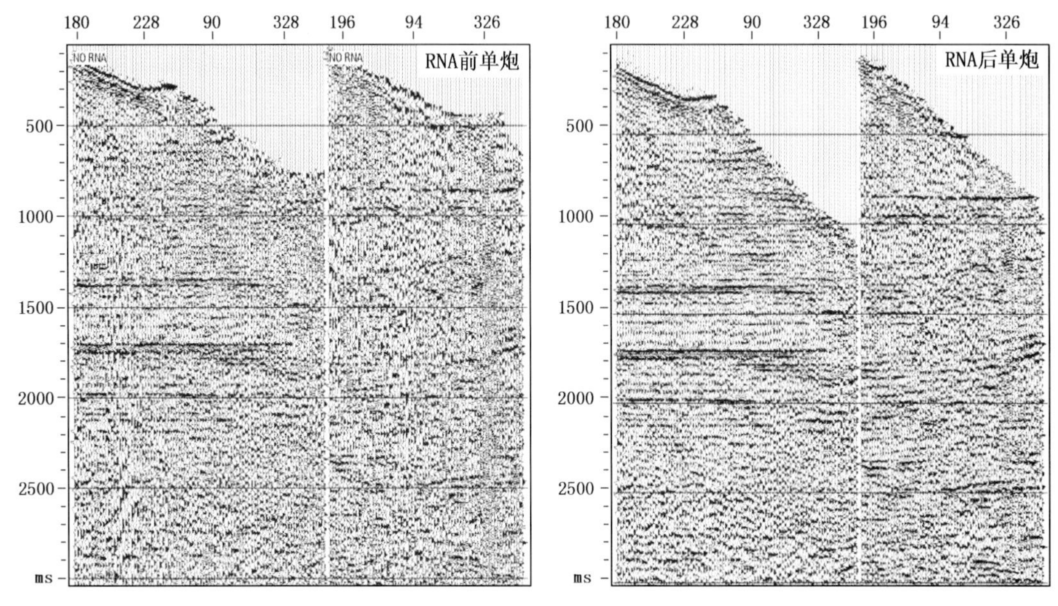

图 2.2.23 叠前 RNA 前后对比

2.2.2.2 部分叠加和加权叠加

2.2.2.2.1 部分叠加

在山地资料处理中进行常规水平叠加时，除了做好静校正、叠前去噪、反褶积、速度与剩余静校正的反复迭代等工作之外，合适的切除参数以及对偏移距进行有选择的叠加是提高资料信噪比的重要手段。对于叠加方式可以根据地质任务的要求而采用不同的方法，如保幅叠加、相干叠加、部分叠加等。目前山地野外采集的排列长度较大，并且采用高覆盖次数，实际情况中并不是所有偏移距范围都对地质目标的精确成像有效果，因此，在资料处理中对不同构造部位要通过对比试验来选择最佳的偏移距范围进行叠加，可以有效地改善剖面的成像效果。

在 CMP 或者 CRP 道集上，对不同偏移距的地震道进行信噪比分析，把信噪比较低的偏移距上的地震道甩掉，不参与叠加（部分叠加），提高叠加剖或叠前偏移的信噪比。

九峰寺—明月峡地区野外采集时，主要针对构造主体部位进行采集攻关和参数设计，偏移距较大，见到明显效果。对于两翼，由于构造比较平缓，大偏移距的资料信噪比，参与叠加会降低地震资料的信噪比和分辨率。06JM01 测线设计的最大偏移距为 6000m，在地下构造平缓的地方甩掉信噪比较低的大偏移距的道，叠加效果较好（图 2.2.24、图 2.2.25）。

2.2.2.2.2 加权叠加

在 CMP 道集上进行不同地震道信噪比分析，叠加时信噪比高的地震道权系数较大，信噪比低的权系数较小，信噪比极低的权系数为零，不参与叠加，从而提高信噪比。

实现原理：把动校正后的 CMP 道集叠加，作为模型道，和 CMP 道集的地震道做互相关，求取相关系数，相关系数高的权系数大，相关系数低的权系数小，低于门槛值的权系数为零（图 2.2.26）。加权叠加在大巴山测线的处理中见到一定的效果（图 2.2.27）。

2.2.3 宽线处理方法

2.2.3.1 06JFS01 宽线采集参数

4 线 3 炮，接收道数 1440（4×360），道距 30m，最大炮检距 5385m，覆盖次数 1080

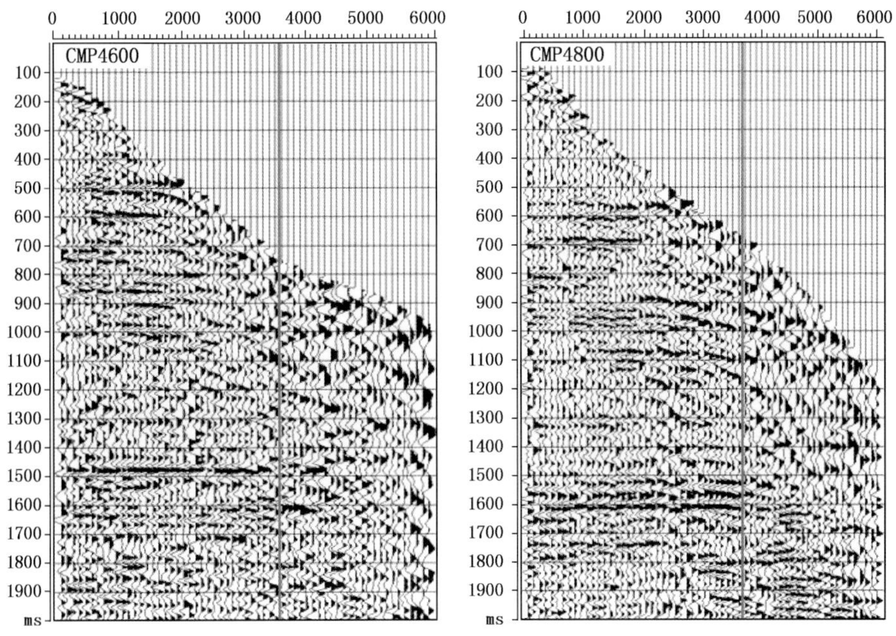

图 2.2.24 CMP 道集

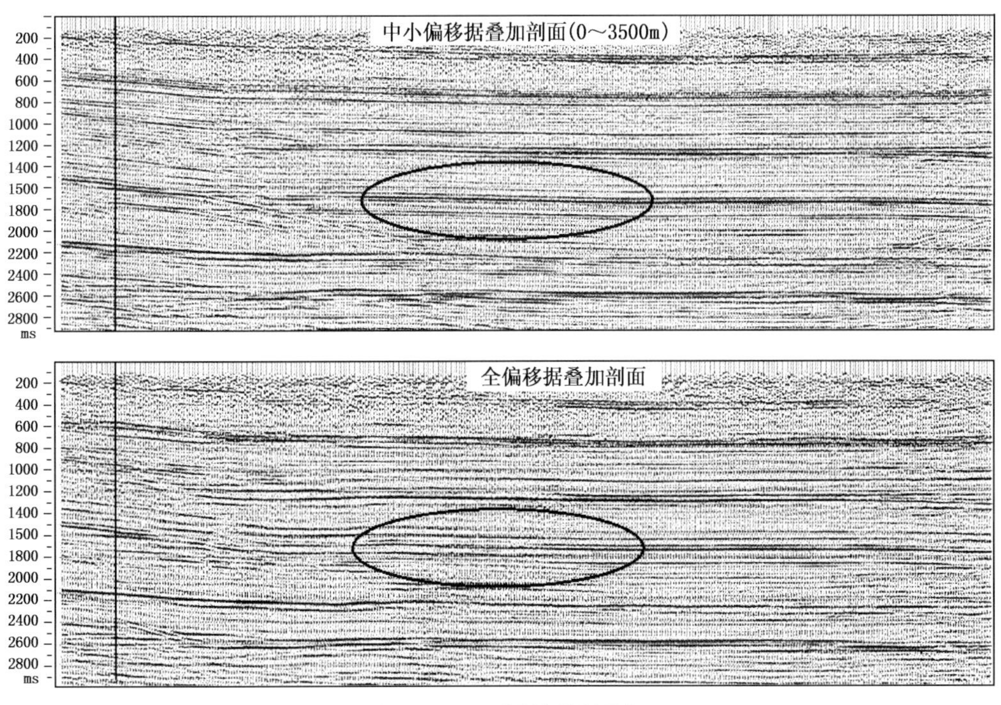

图 2.2.25 不同偏移距叠加

(3×4×90)，接收线距 60m。

按照三维面元的定义方式，如果面元大小为 15m×30m，有 8 条反射线（编号为 2、3、4、5、6、7、8、9），单线最高覆盖次数 270 次，如果在横向上把 2 条反射线叠加在一起，相当于面元为 15m×60m，同样的 3 条叠加面元为 15m×90m，以此类推，8 条反射线叠加面元为 15m×240m（图 2.2.28）。

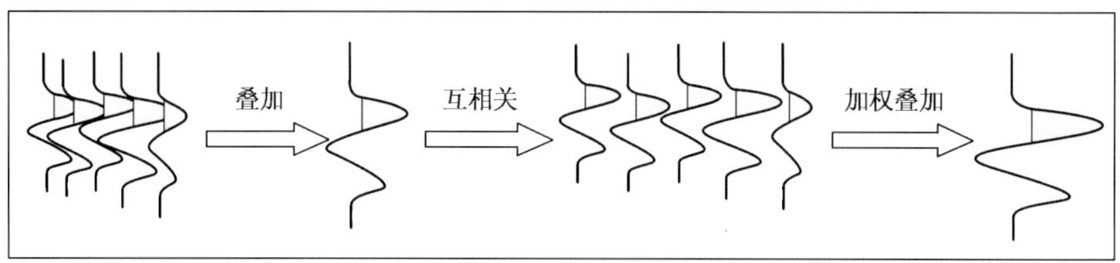

图 2.2.26　加权叠加实现原理图

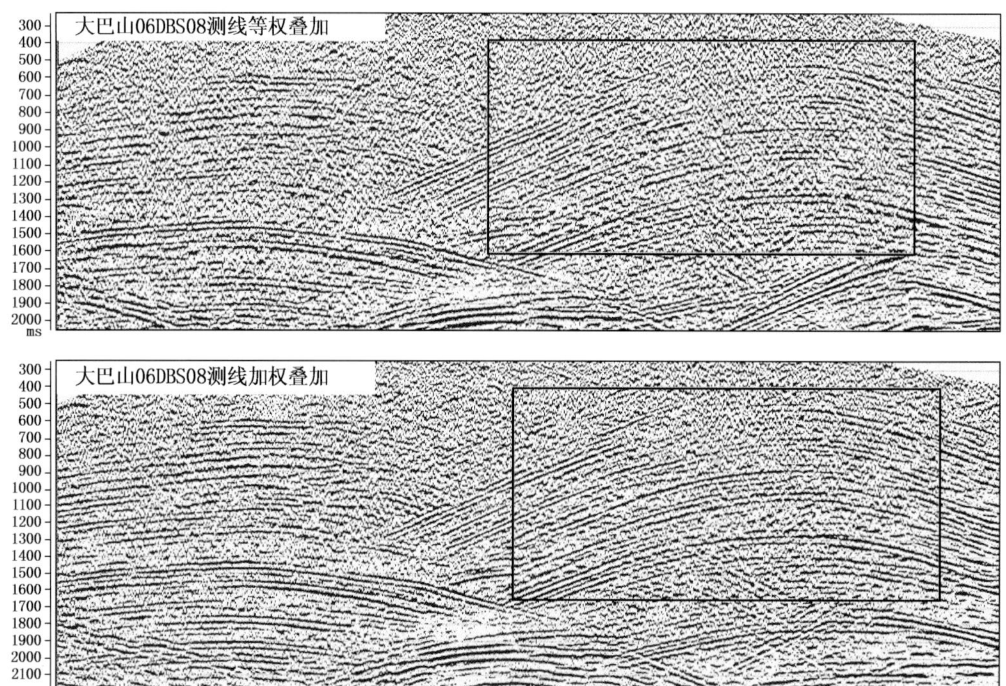

图 2.2.27　等权叠加和加权叠加对比

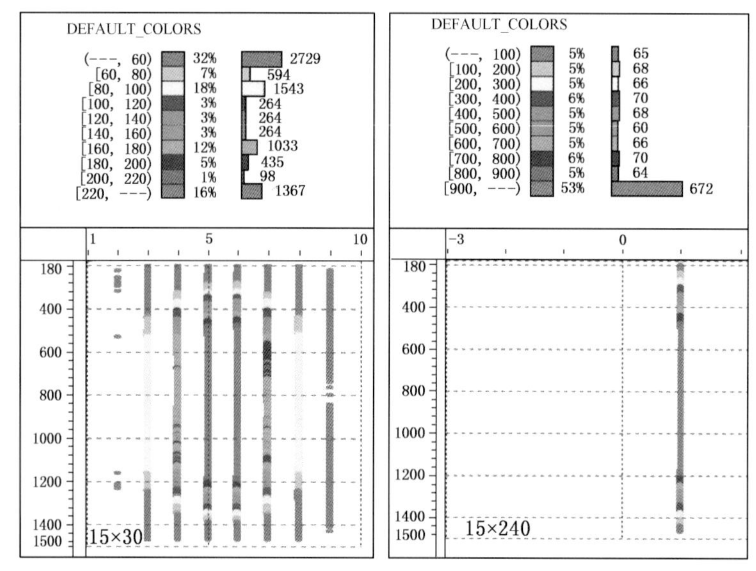

图 2.2.28　宽线不同面元对应的反射面元覆盖次数属性

2.2.3.2 宽线和单线叠加效果对比

为了对比不同面元大小叠加的效果，首先按照三种方式选取：15m×30m，抽取中间的一条反射线（第6反射线），最高覆盖次数270；15m×240m，所有的道全部参加，最高覆盖次数1080；只抽取S2R3叠加，对应第6条反射线，最高覆盖次数90（图2.2.29）。三种叠加方式对应的叠加结果为图2.2.30至图2.2.32。对比其叠加结果，可以很明确的看到，大面元的叠加效果明显优于小面元，小面元优于二维采集。在高陡复杂构造区，宽线采集时，覆盖次数高，反射面元较大，叠加剖面信噪比明显高于二维单线采集的叠加剖面。

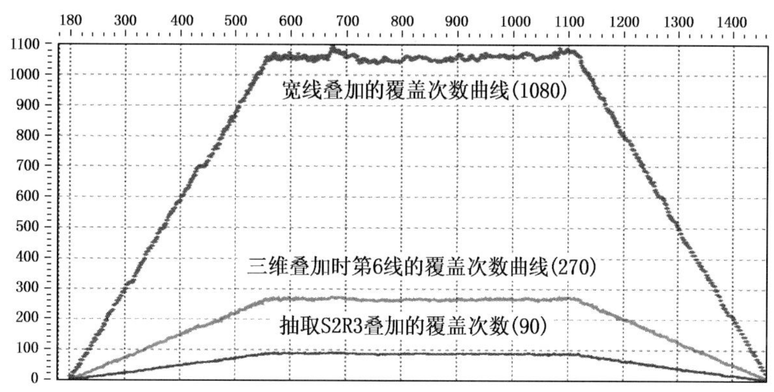

图2.2.29 宽线三种叠加方式对应的反射面元覆盖次数曲线

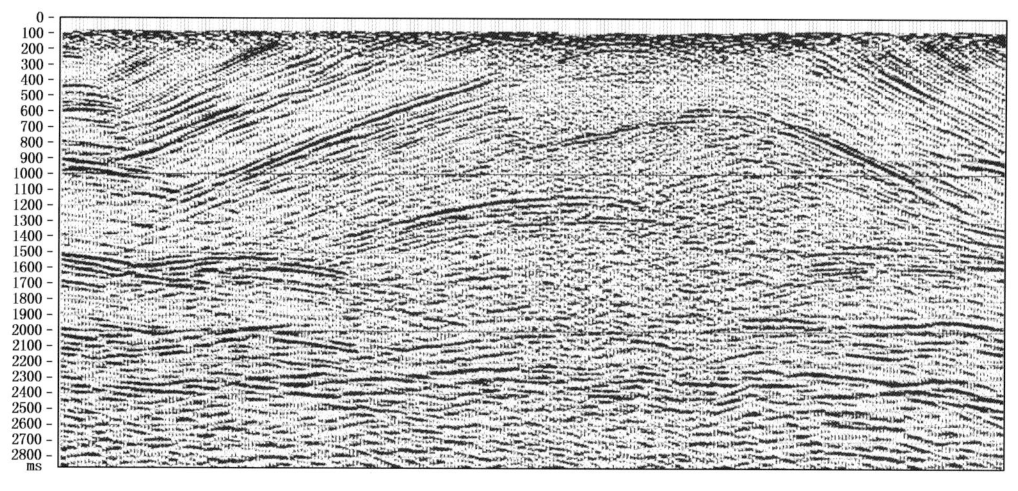

图2.2.30 15m×240m反射面元的叠加

2.2.3.3 宽线叠加横向距离优选

再来对比横向面元大小对叠加效果的影响，分别选第6条反射线（1条反射线，15m×30m，图2.2.33），第5～6条（2条反射线，15m×60m，图2.2.34），第4～7条（4条，15m×120m，图2.2.35），第3～8条（6条，15m×180m，图2.2.36），第2～9条（8条，15m×240m，图2.2.37），对比这5种叠加，可以看到，第5～6条叠加明显比第6条线叠加要好，改善明显，第4～7条比第5～6条略好，第3～8条和第2～9条基本没有大的提高，但资料也没有变差，所以横向叠加的最佳距离是120～150m。

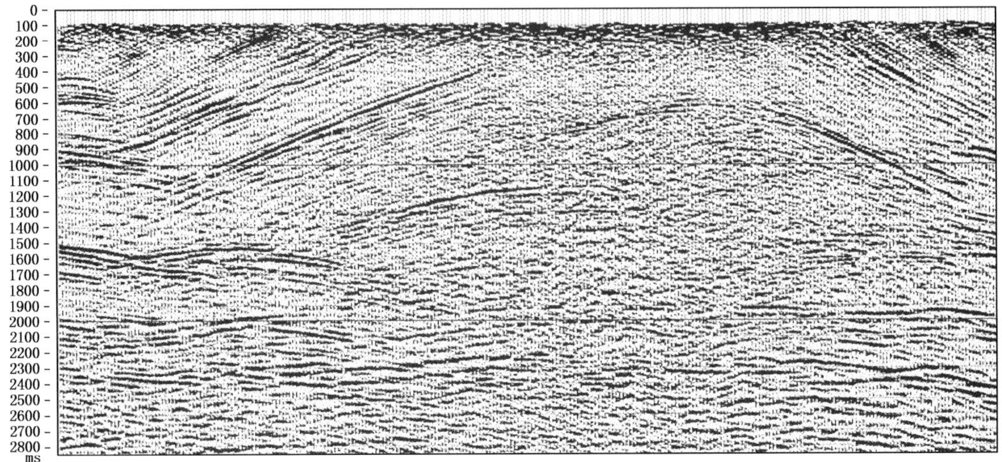

图 2. 2. 31　15m×30m 反射面元的叠加

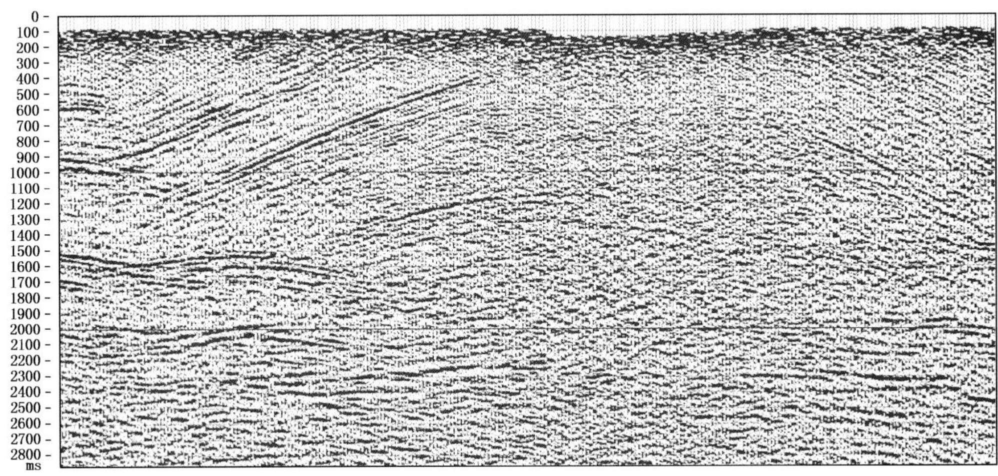

图 2. 2. 32　S2R3 叠加

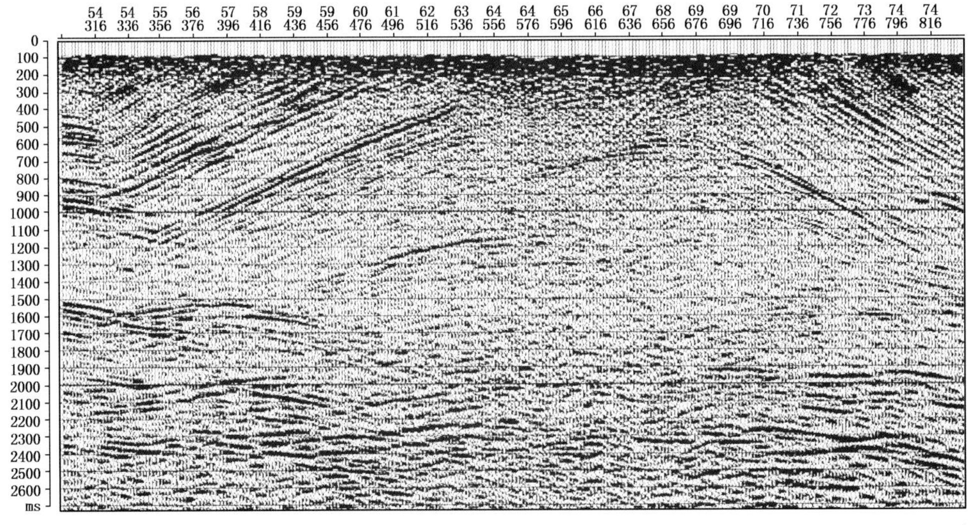

图 2. 2. 33　1 条反射线叠加（15m×30m）

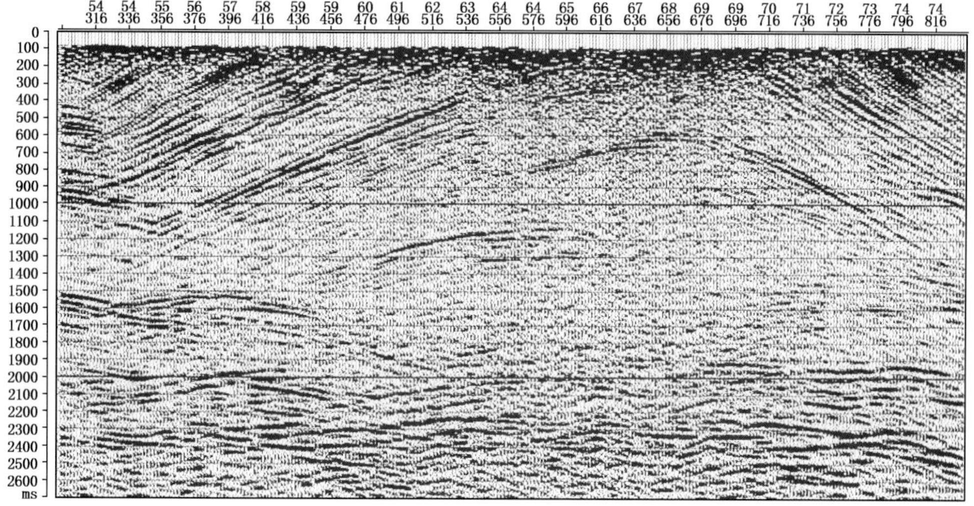

图 2.2.34 2 条反射线叠加（15m×60m）

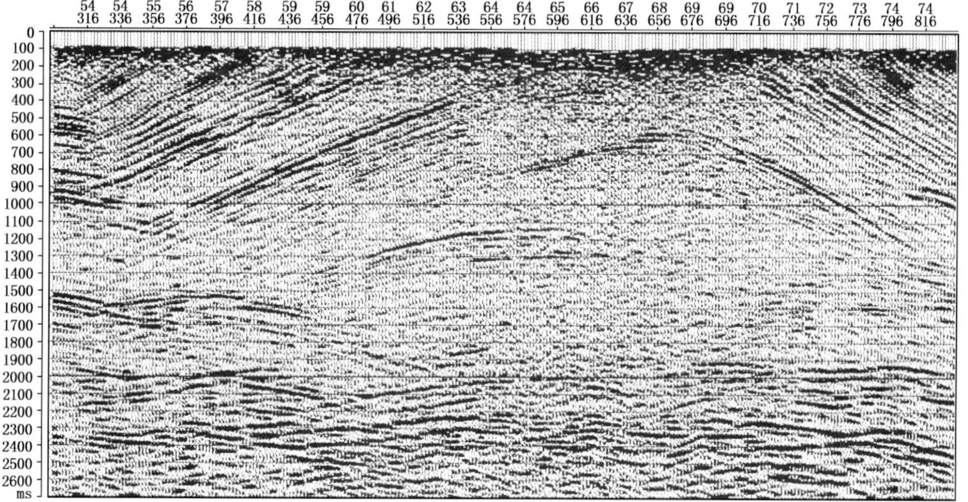

图 2.2.35 4 条反射线叠加（15m×120m）

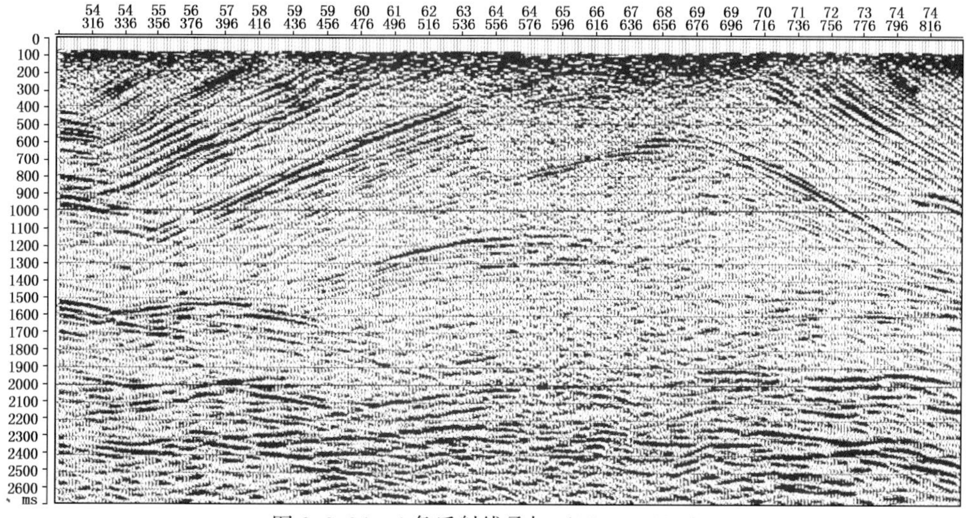

图 2.2.36 6 条反射线叠加（15m×180m）

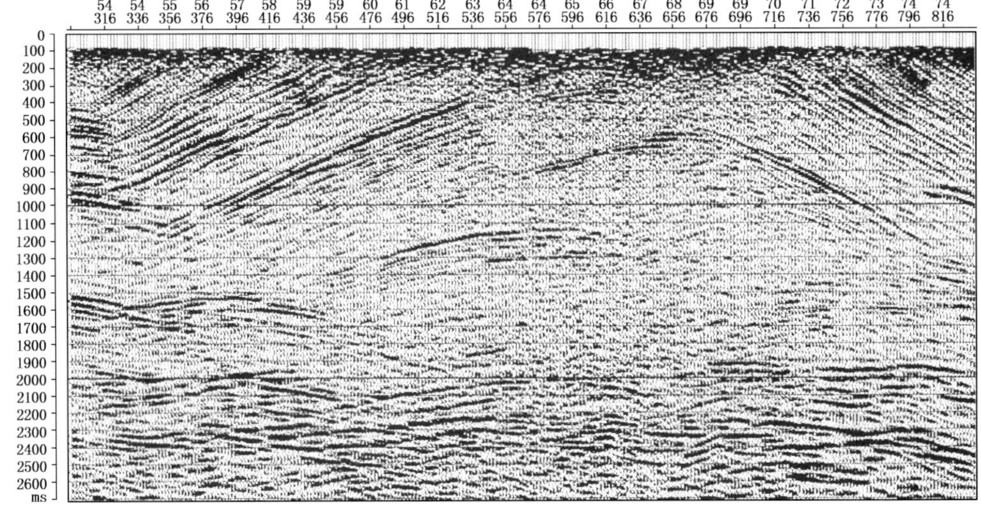

图 2.2.37　8 条反射线叠加（15m×240m）

2.2.4　浮动基准面叠前偏移

2.2.4.1　叠前时间偏移

2.2.4.1.1　均方根速度模型的建立

求取均方根速度是叠前时间偏移处理的关键环节。叠前时间偏移对速度的敏感度要比叠后偏移大得多。我们以叠加速度为基础求取初始的均方根速度。用叠前 CRP 成像道集的同相轴是否拉平来判断偏移速度的正确性。从 CRP 道集可以看到，部分 CRP 道集未平直，存在“上翘或下弯”现象，说明用于偏移的速度较小或较大。这就要对偏移速度进行调整与优化。根据本地区的资料特点，通过试验处理，采用纵向偏移速度迭代分析方法修改偏移速度，直到 CRP 道集基本平直、偏移剖面正确成像为止。具体做法是：用偏移的均方根速度对 CRP 道集进行反动校，再在反动校道集上分析拾取能将此道集校平的速度。CRP 同相轴拉平意味着用此速度偏移，所得到的成像效果最佳。经过三到四次这样的迭代分析，直到 CRP 道集基本平直，而得到最终的偏移速度剖面[12,13]。

2.2.4.1.2　叠前时间偏移运算

有了偏移速度剖面，选用适当的偏移方法和相关参数就可以进行叠前时间偏移运算，得到最终的 CRP 道集和叠前时间偏移剖面。

叠前时间偏移使用克希霍夫积分法。假设介质是均匀的、各向同性和完全弹性的，纵波波动方程为

$$\frac{\partial^2 P}{\partial^2 x}+\frac{\partial^2 P}{\partial^2 y}+\frac{\partial^2 P}{\partial^2 z}-\frac{1}{v^2}\frac{\partial^2 P}{\partial^2 t}=0 \tag{2.2.10}$$

式中，v 为波的传播速度（m/s）；P 为波场函数，它是观测点的空间坐标 x，y，z 和波的传播时间 t 的函数。

选择闭合曲面 S_0，S_0 是由 A_0 和 A 两部分组成，其中 A_0 是地面观测平面，A 为一个部分球面，球面半径趋于无穷大。由于部分球面 A 的曲面积分对点的波场函数所作的贡献为零，那么公式（2.2.10）的纵波齐次方程解可以表示为[14]

$$P(x,y,z,t)=\frac{1}{4\pi}\int \mathrm{d}t_0\int \mathrm{d}S_0\left[G\frac{\partial}{\partial n}P(x_0,y_0,z_0,t_0)-P(x_0,y_0,t_0)\frac{\partial}{\partial n}G\right] \tag{2.2.11}$$

式中，$P(x, y, z, t)$ 为闭合曲面 S_0 上某个观测点 $R(x, y, z)$ 处的波场函数值；$P(x_0, y_0, z_0, t_0)$ 为闭合曲面 S_0 上某个观测点 $R_0(x_0, y_0, z_0)$ 处的波场函数值；n 为闭合曲面的外法线方向；G 为格林函数。

由式（2. 2. 11）可以推导出克希霍夫积分公式，即

$$P(x,y,z,t) = \frac{1}{2\pi}\int \mathrm{d}t_0 \int \mathrm{d}A_0 \left[P(x_0, y_0, z_0, t_0) \frac{\partial}{\partial z_0} \frac{\delta(t - t_0 - r/v)}{r} \right] \tag{2.2.12}$$

式中

$$r = \sqrt{(x - x_0)^2 + (y - y_0)^2 + (z - z_0)^2}$$

因此得到

$$P(x,y,z,t) = \frac{1}{2\pi}\frac{\partial}{\partial z}\int \mathrm{d}A_0 \left[\frac{P(x_0, y_0, 0, t + r/v)}{r} \right] \tag{2.2.13}$$

根据成像原理，即对所有地下点（$z>0$）取 $t=0$ 时的波场函数值，即可实现偏移归位。这时，就有

$$P(x,y,z,0) = \frac{1}{2\pi}\frac{\partial}{\partial z}\iint \mathrm{d}x_0 \mathrm{d}y_0 \left[\frac{P(x_0, y_0, 0, r/v)}{r} \right] \tag{2.2.14}$$

将式（2. 2. 14）用离散函数表示为

$$P(m\Delta x, n\Delta y, l\Delta z, 0) = \frac{1}{2\pi}\frac{\Delta}{\Delta z}\sum_{\eta=-N}^{N}\sum_{\xi=-M}^{M}\frac{P\left(\xi\Delta x, \eta\Delta y, 0, \sqrt{(m-\xi)^2\Delta x^2 + (n-\eta)^2\Delta y^2 + l^2\Delta z^2/v}\right)}{\sqrt{(m-\xi)^2\Delta x^2 + (n-\eta)^2\Delta y^2 + l^2\Delta z^2}}\Delta x\Delta y \tag{2.2.15}$$

式中，Δx，Δy，Δz 为沿 x，y，z 的抽样间隔；m，n，l 为地下点沿 x，y，z 的抽样序号，$m=0$，± 1，± 2，$\cdots \pm M$，$n=0$，± 1，± 2，$\cdots$，$\pm N$，$l=0$，± 1，± 2，$\cdots$，$\pm L$；ξ，η 为地面点沿 x 和 y 的抽样序号；$\Delta/\Delta z$ 为沿 z 坐标的一阶差分。

利用式（2. 2. 15），通过对地震数据的运算，便可实现地震数据的叠前时间偏移成像。

叠前时间偏移将共中心点道集转换成共反射点道集，考虑了复杂陡倾界面的 CMP 道集反射点离散问题，射线可以弯曲，能部分适应速度在纵向和横向的变化（要完全适应速度的剧烈变化必须进行叠前深度偏移）。

在偏移方法上我们选用目前最新的弯曲射线叠前时间偏移方法，这是因为它考虑了成像射线的弯曲，因而更准确，同时克希霍夫积分法偏移对倾角没有限制，成像角度可以达到 90°。

2. 2. 4. 2 叠前深度偏移

叠前深度偏移的思路是以地震资料为基础，通过地震资料处理与解释相结合建立时间模型。使用 CMP 道集相干反演法求取层速度，建立层速度—深度模型。再利用层析成像等技术修改和优化模型，通过多次迭代手段得到最终的层速度—深度模型，在此基础上采用克希霍夫叠前深度偏移、波动方程叠前深度偏移等不同的偏移方法进行最终深度域偏移成像。具体由以下几步来实现[15]。

2. 2. 4. 2. 1 建立时间模型

为了求取层速度，首先要解释时间层位来构成一个时间宏观模型。时间层位解释是否正确将直接影响层速度求取的精度。时间偏移剖面上绕射波、回转波、断面波等已归位，地层关系和构造关系清楚合理，易于解释和追踪拾取。为了保证所拾取速度层位的合理性，在叠

前时间偏移剖面上进行时间层位解释，然后将所拾取层位反偏移到叠加剖面上，建立时间模型，以保证时间模型的合理性。对于多条测线来说，还要考虑相交测线的闭合问题。在建立时间模型时，根据成像要求和建模经验，小断层可以不予考虑，这样有利于成像。这是与地震资料层位解释所不同的地方。

2.2.4.2.2　层速度模型与深度模型的建立

层速度求取和估计是借助于时间界面，CMP 道集、叠加速度、均方根速度综合完成的。它们分为层速度相干反演法、叠加速度反演法、均方根速度替换等三种。在水平层状或平缓地层的情况下，常用均方根速度转换层速度，当工区信噪比低时，叠加速度反演是一个比较好的选择，而相干反演法不受地层倾角的限制，有比较高的精度。对信噪比低的地震资料常常几种方法结合求取层速度[16]。由于本区资料的复杂性，因此，通过多次试验，形成综合速度建模方法，如图 2.2.38 是相干反演原理图。

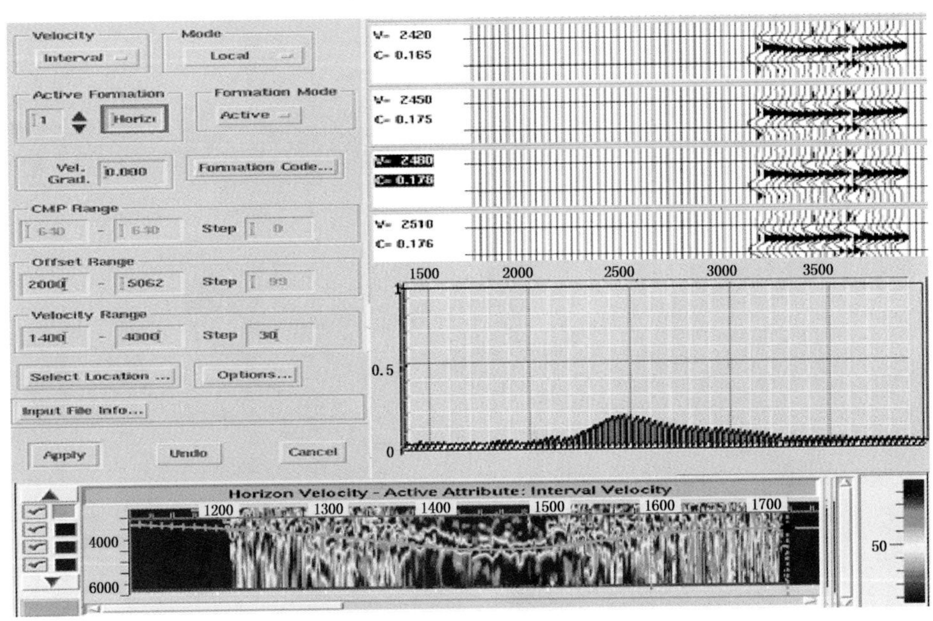

图 2.2.38　相干反演层速度谱及层速度曲线

层速度分析是由上到下逐层进行的，上层速度的正确与否直接影响下覆层位的速度的分析精度。对每个 CMP 道集按上述方法逐一求取速度则可得到时间层的横向变化的速度谱及速度曲线。

用分析得到的层速度对时间模型进行射线偏移，就可得到每一层位的深度模型，深度模型和层速度模型就是我们常说的地质模型，该模型可用来作为全区叠前深度偏移的初始模型。

2.2.4.2.3　模型优化与迭代

叠前深度偏移技术是基于模型而进行的，因此模型的准确与否，直接影响偏移结果的成像精度。可通过层析成像迭代方法对初始地质模型进行优化、改进，使其尽可能地与地下地质情况相吻合，使处理效果达到最佳。以初始地质模型作为输入模型，对目标线进行叠前深度偏移，得到每条目标线的 CRP 道集，检查 CRP 道集上同相轴拉平与否来判断初始模型的准确程度。若 CRP 道集没有拉平，我们应该在某一固定的偏移距上进行剩余延迟时分析，把分析得到的延迟时用层析成像方法分解到深度模型和速度模型，然后用修改后的地质模型对目标线进行叠前深度偏移。上述过程重复多次，直到 CRP 道集上所有同相轴完全拉平为止。

当存在 CRP 道集同相轴不平时，分析拾取剩余速度延迟谱得到延迟曲线，再利用层析成像技术不断修改层速度，通过模型优化与迭代处理，直到 CRP 道集拉平，就得到最终的层速度—深度模型。经过 4～6 次迭代处理后，基本使 CRP 道集拉平。图 2. 2. 39 可以看出，经过多次的速度迭代，在比较准确的速度场进行叠前深度偏移，得到的 CRP 道集质量逐渐提高（a 是初始速度对应的 CRP，b 是 4 次速度迭代对应的 CRP）。

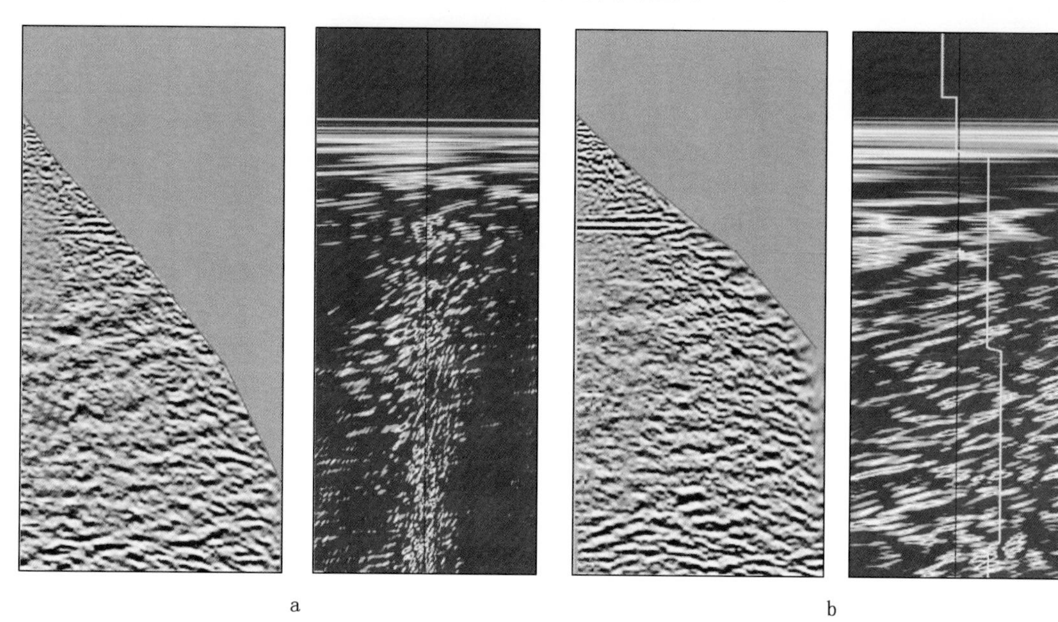

a　　　　　　　　b

图 2. 2. 39　初始速度和 4 次迭代的速度 CRP 道集

2. 2. 4. 2. 4　Kirchhoff 叠前深度偏移

克希霍夫积分法，它的优点是计算效率高，野外观测无任何限制，也就是对野外适应能力强，且能较好的适应大倾角偏移，具有抗假频能力，同时，该方法也存在诸多的缺点：在复杂介质下，旅行时的计算会遇到很多问题，如射线路径交叉、波场阴影区、散焦等现象，旅行时计算的精度受到非常严重的影响，而且难以处理绕射及振幅问题，这使积分法偏移的精度受到了限制。由于 Kirchhoff 积分法叠前深度偏移中旅行时场和振幅因子的计算需要应用射线理论，使得积分法叠前深度偏移在应用中要求成像速度场是缓变的。因此，成像速度场中正确含有介质速度中的低波数速度成分是保证 Kirchhoff 积分叠前深度偏移成像取得好的成像效果的关键，高波数成分的速度存在反而会使得成像质量下降。所以，在 Kirchhoff 积分法叠前深度偏移实践中，通常会对成像速度场做平滑，以消除成像速度中的高波数速度成分。

2. 2. 4. 3　叠前偏移效果

九峰寺—明月峡地区叠前时间偏移效果较好，绕射波收敛的干净，断层比较清楚，复杂的断垒、断阶可以较好地成像，尤其是陡翼断层下盘的阳顶—阳底成像质量明显提高（图 2. 2. 40 至图 2. 2. 42）；叠前深度偏移剖面深层成像质量更高，在构造陡倾界面的成像效果明显好于叠前时间偏移（图 2. 2. 43）。

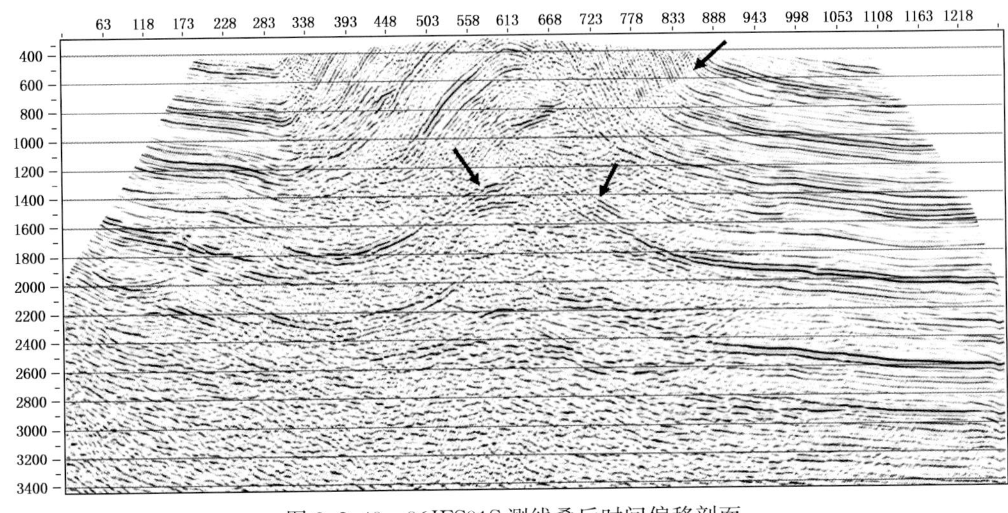

图 2.2.40　06JFS01S 测线叠后时间偏移剖面

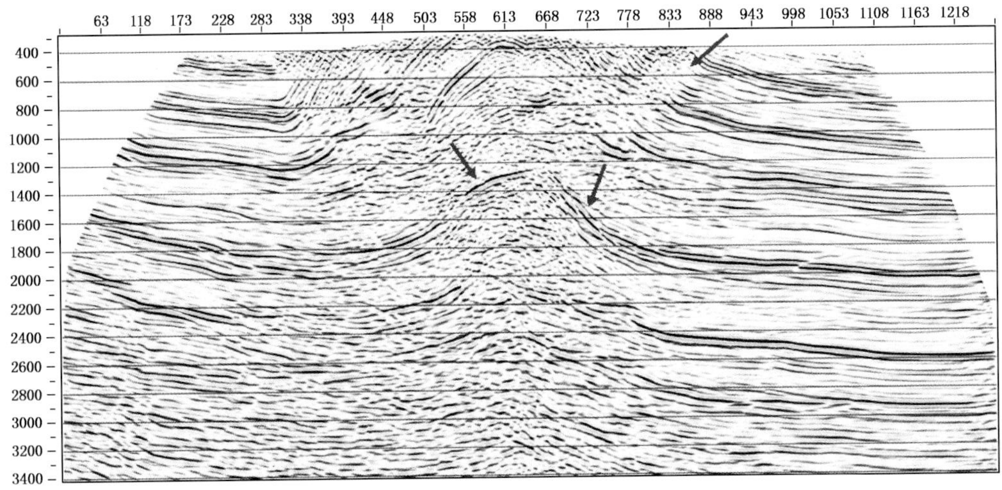

图 2.2.41　06JFS01S 测线叠前时间偏移剖面

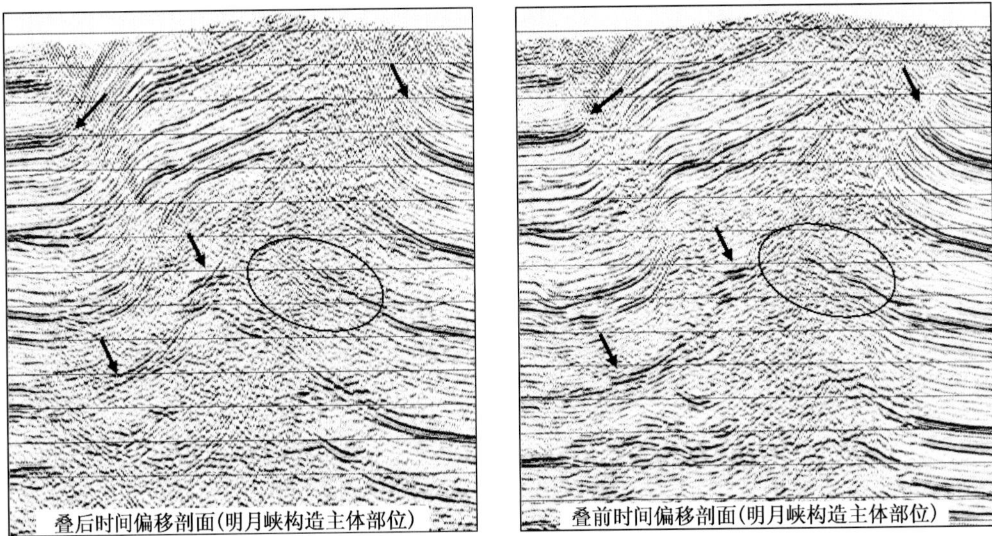

图 2.2.42　06JM01S 测线叠后和叠前时间偏移对比

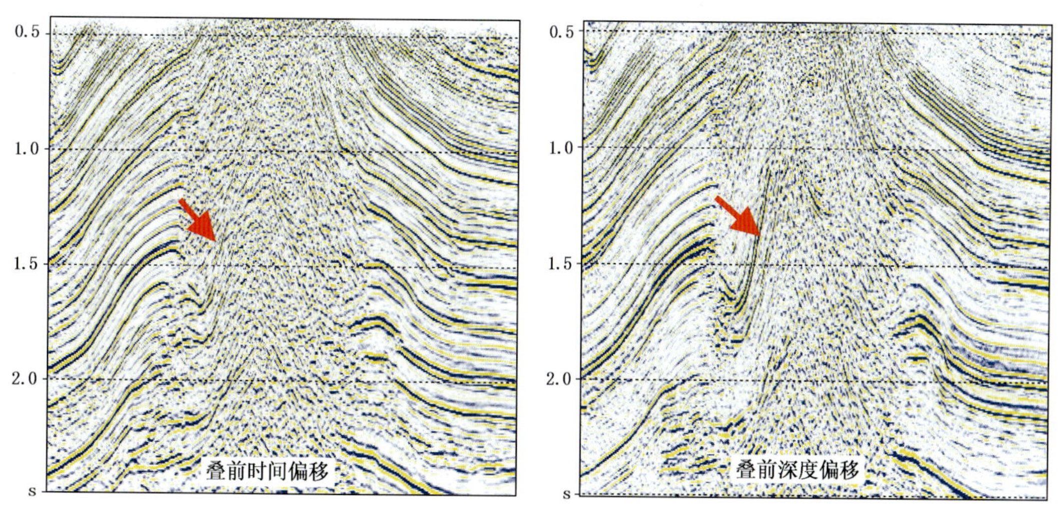

图 2.2.43 06JM01S 测线叠前时间和叠前深度偏移对比（九峰寺构造）

2.3 应用效果分析

枫顺场地区经过高陡构造地震资料处理方法攻关，4 条测线信噪比都有一定程度的提高，06FSC05 的叠加剖面（图 2.3.1），波组特征清晰、标志反射层可以追踪，地腹地层中的枫顺场构造形态清楚；06FSC05 的偏移剖面（图 2.3.2），枫顺场构造形态清楚，证实枫顺场背斜在北部存在；马角坝断裂系统下盘的枫顺场构造为由多个断块组成的大型穹隆状背斜，断层清晰；地腹地层中的原地构造存在中生界地层，上二叠统地层比较清晰，可以追踪对比；古生界地层寒武内部、寒武底也能追踪。

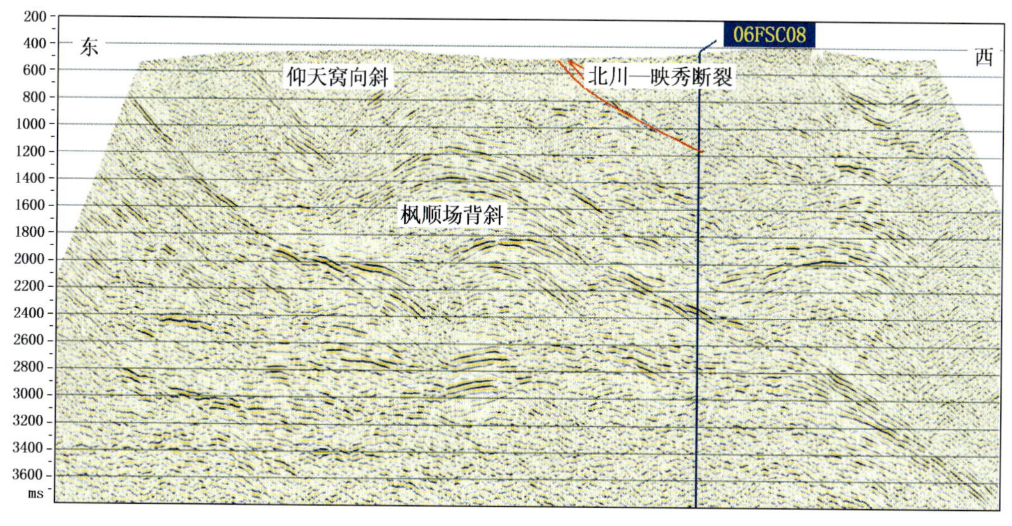

图 2.3.1 06FSC05 测线最终叠加剖面

通过推广应用，落实了枫顺场构造延伸方向、圈闭规模、构造高点及断层展布情况（图 2.3.3）。

九峰寺—明月峡地区通过小道距（30m）高覆盖（1080）的宽线（4 线 3 炮）采集攻关

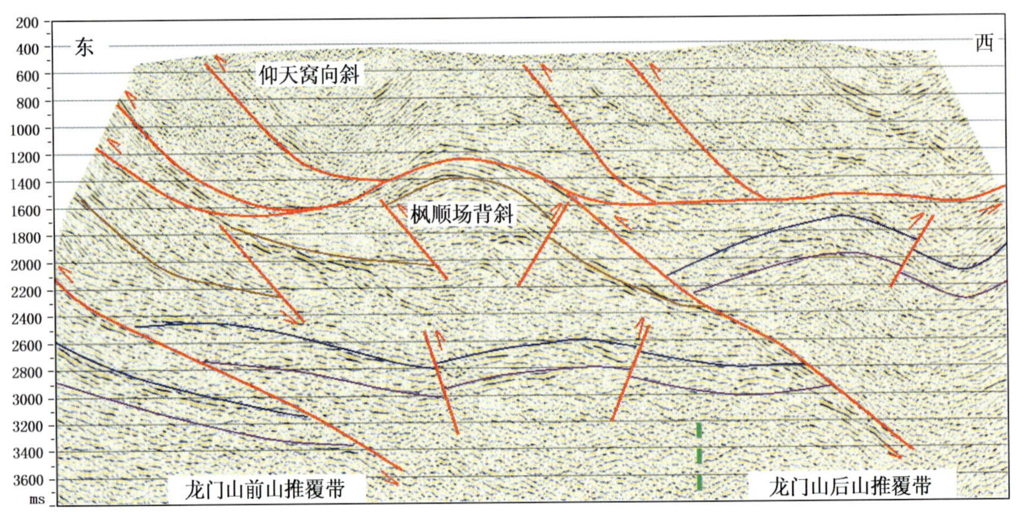

图 2.3.2　06FSC05 测线叠后偏移剖面构造解释

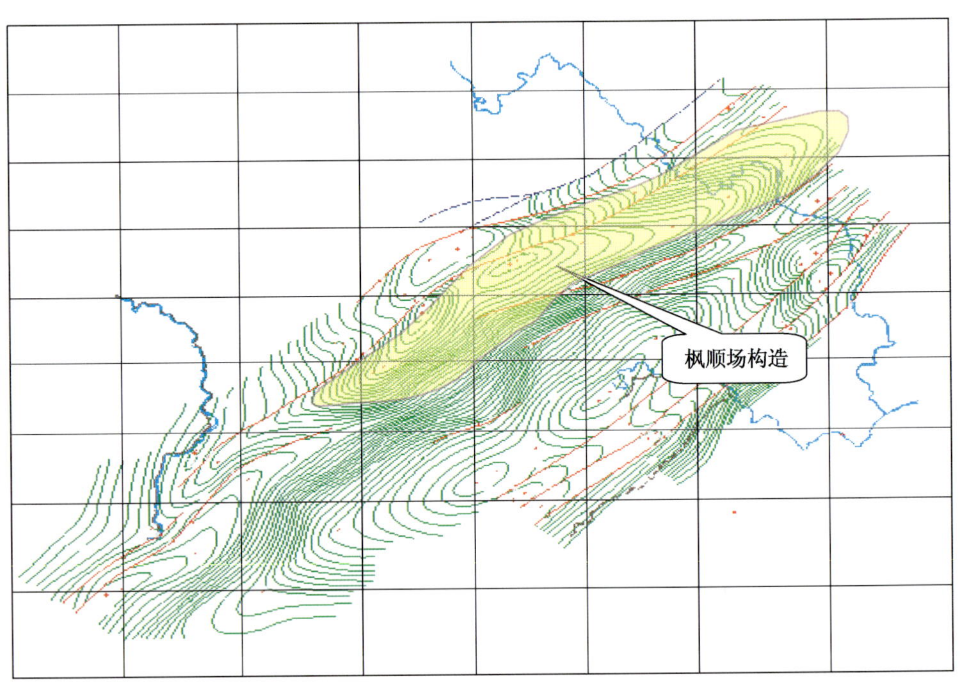

图 2.3.3　川西龙门山断褶带枫顺场构造二叠系上统底界地震反射构造图

和精细处理，地震剖面成像质量明显提高，构造主体空白区第一次获得了有效地震反射（图 2.3.4）。从上到下，地震反射清楚，构造主体部位和陡翼的潜伏构造都可以清晰地看到反射，九峰寺构造的三层结构特征明显。对比 1996 年采集处理的成果，可以看出构造主体的叠加成像效果，较老资料有显著的提高。叠前深度偏移剖面深层成像质量更高，在构造陡倾界面的成像效果明显好于叠前时间偏移。通过对处理成果剖面进行解释，重新落实月东潜伏高带：高点位置西移（西移 1.5～2km），面积扩大，高点变浅（上升约 400m），成藏更有利（图 2.3.5）。

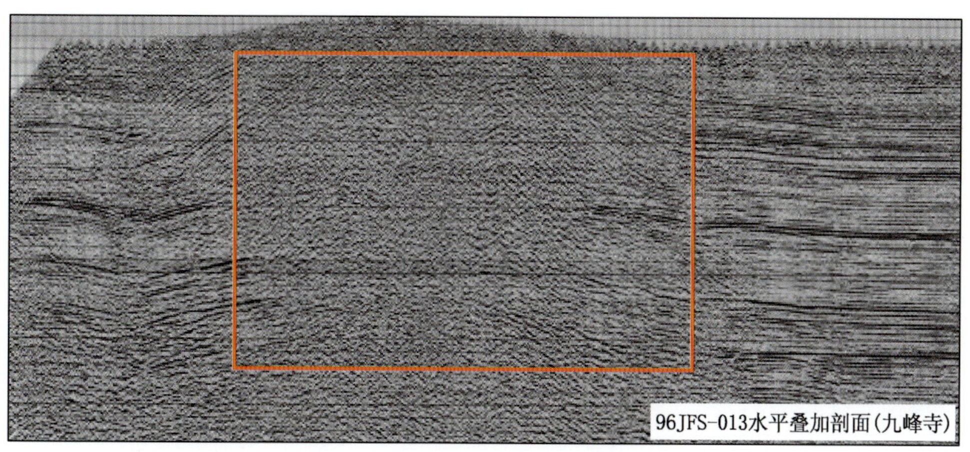

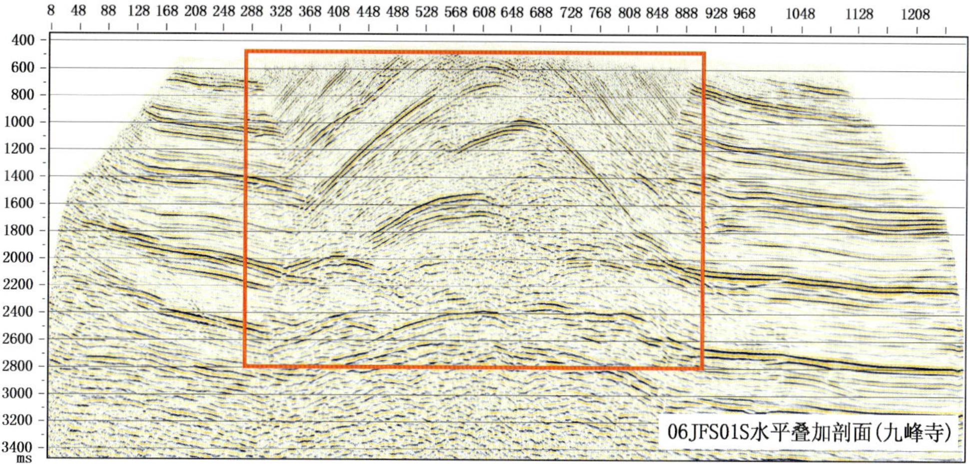

图 2.3.4 叠加对比（九峰寺构造）

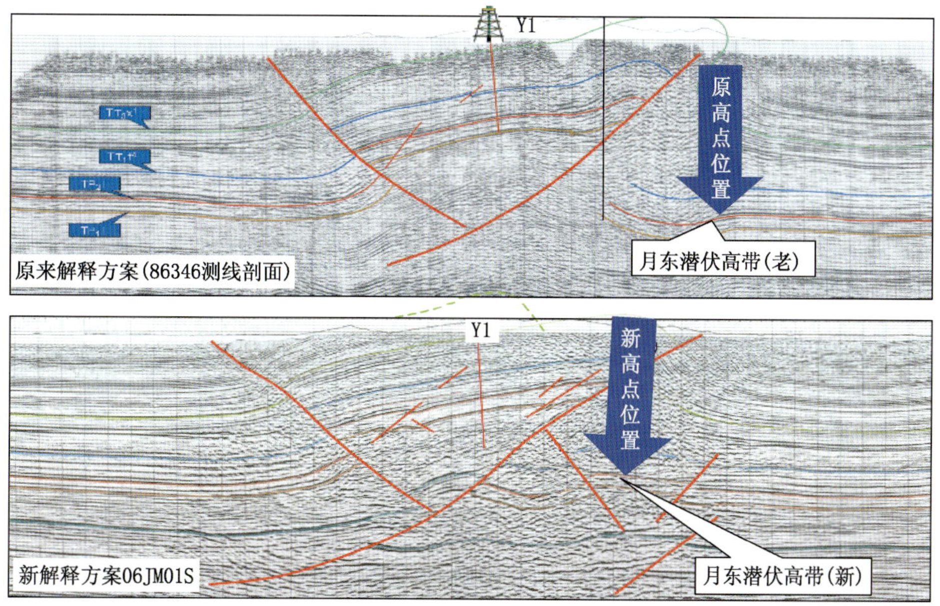

图 2.3.5 叠前时间偏移成果重新解释

参考文献

[1] 孔金祥．明月峡构造带石炭系储集层研究．天然气勘探与开发，2001，24（3），1～11

[2] 张孟，李亚林．川东高陡构造石灰岩出露区的地震采集技术及其应用效果．天然气工业，2007，27（增 A）：82～85

[3] 刘丽华等．川东高陡构造带构造模式分类．天然气工业，1999，19（5）：88～90

[4] 吴世祥等．川西前陆盆地勘探思路分析．石油与天然气地质，2001，22（3）：210～216

[5] Öz Yilmaz. Seismic Data Analysis（Volume II）. Tulsa：SEG，2001

[6] 熊翥．复杂地区地震数据处理思路．北京：石油工业出版社，2002

[7] 王西文等．地震数据连片处理中静校正建模方法的研究及应用．石油地球物理勘探，2006，41（4）：375～382

[8] 王西文，刘全新，吕焕通等．相对保幅的地震资料连片处理方法研究．石油物探，2006，45（2）：105～120

[9] 陈世军．初至波射线层析成像在复杂区静校正中的应用．石油物探，2006，45（1）

[10] 冯泽元．利用层析反演解决山地复杂区静校正问题．石油物探，2005，44（3）

[11] 张国珍，杜金虎，王西文等．低渗透砂岩气藏地震勘探关键技术及应用．北京：石油工业出版社，2009

[12] 邱健．地震资料目标处理解释技术在川东高陡构造地区应用中的典型实例．天然气勘探与开发，2003，25（3）：43～56

[13] 梁顺军．地面地质横剖面在川东高陡构造地震资料处理解释中的应用．石油地球物理勘探，1996，31（增 1）

[14] 贺振华等．反射地震资料偏移处理与反演方法．重庆：重庆大学出版社，1989

[15] 陈爱萍，李亚林．起伏地表波动方程叠前深度偏移方法在川东高陡构造的应用．天然气工业，2007，27（增 A）：231～234

[16] 王西文等．多井约束下的速度建模方法和应用．石油地球物理勘探，2003，38（3）：263～267

3 塔里木盆地深度域成像攻关研究

3.1 概述

塔里木油田勘探技术的发展和进步，一直受到油田公司的高度重视。地震资料品质及复杂构造成像技术是制约油气勘探的瓶颈。提高地震资料质量，特别是提高复杂构造区精确成像技术是物探专业技术人员关注的重点。塔里木盆地大部分区块，特别是库车地区，地表复杂、地下断裂发育、导致地震波场十分复杂，速度横向变化剧烈，精确成像和落实构造十分困难，严重影响了地震勘探的效果，阻碍了油田的勘探进程。

库车前陆盆地逆冲带地表地质条件复杂，有山地、戈壁、砾石层、松软第四系快速堆积物等，由于山高坡陡，给地震采集带来很大困难，同时也影响了地震资料品质，造成地震资料品质较差、处理难度大，主要在静校正、叠前去噪、速度分析及偏移成像等方面，处理成果不能满足圈闭描述和勘探目标选择与评价的需要。由于山前地应力及地层中盐膏、软泥层和煤层发育，高陡构造十分普遍，断层发育，地下地层构造条件和储盖组合多样化。层位及构造解释存在推测和多解性，增加了勘探风险。

2006 年以来，随着勘探力度的加大，在塔里木地区开展了叠前成像处理攻关研究，以提高塔里木盆地的资料处理质量，落实构造。重点区块主要为库车山地成像攻关处理，吉南地区、沙南地区成像攻关处理，大北地区、玉东地区叠前成像攻关处理等[1,2]。

3.1.1 应用叠前深度偏移技术的可行性

3.1.1.1 面临的任务

随着油田勘探开发的需要，简单的、容易找到的油气藏已所剩无几。在此形势下，要保持储量、产量的持续稳定，只有向复杂构造地区发展，寻找新的油气藏，这是无法避免的事实。大北构造的落实和发现，为库车地区复杂构造深度成像提供了信心。在库车的部分地区构造特别复杂，如图 3.1.1 所示，断层发育又同时存在膏岩使构造在时间域发生畸变，为了落实构造高点恢复地下真实的构造形态，我们决定在塔里木盆地开展叠前偏移攻关处理。

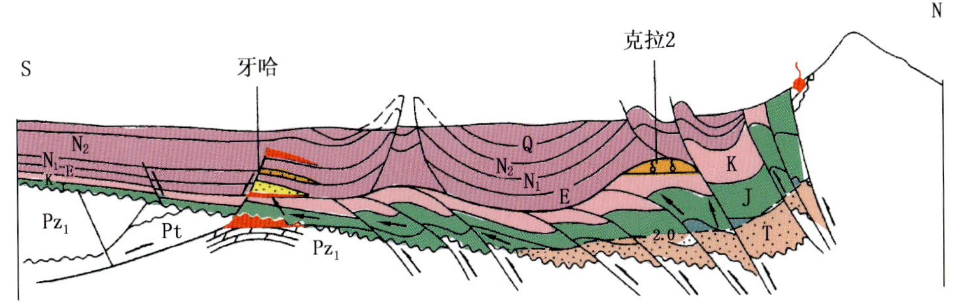

图 3.1.1 库车地区地质结构剖面图（引自塔里木油田）

同时，从理论来讲，传统地震资料处理技术存在一系列缺陷。具体表现在这些技术所依据的假设条件与复杂区域的实际情况相距甚远，导致精度大幅度下降，甚至得出错误的结果和虚假的构造。

每一种技术方法，在理论推导阶段，都需要一些假设条件，在此假设条件之下，该理论才能适用。地震资料处理技术也不例外，在技术设计之初，为了技术的可操作性，均有其相应的假设条件。当实际情况与这些假设条件相差不远时，这些技术方法的应用就可达到要求的精度。反之，其误差就相当大。

3.1.1.2　不利因素——对复杂地区不适应的假设条件

我们经常应用的地震资料处理技术中，比较重要的几个假设条件是：均匀介质假设、水平层状介质假设、平缓地表假设及各向同性假设。

叠后偏移技术在其推导时并没有水平层状介质的假设条件，但由于其在水平叠加之后应用，其输入数据已经受到水平层状介质假设条件的限制，因此在叠加后应用偏移也将受到水平层状介质假设的限制。这就是应用叠前时间、深度偏移技术的必要性。

3.1.1.3　叠前偏移技术在复杂地区应用的必要性

叠前深度偏移技术不要求均匀介质假设及水平层状介质假设，四个假设条件中有三项对其没有约束，因此是当前可行技术中假设条件最少的技术。因此，也是适用于复杂地区的误差最小的有效成像技术。需要指出的是：叠前深度偏移虽然不受这三项不利假设的约束，但其仅是一种偏移成像技术，是地震资料处理技术的一个重要环节，只能解决成像问题。但精确聚焦以精确速度模型为基础。而精确模型又以高信噪比的叠前数据为依据，因此叠前深度偏移不能替代去噪处理。另外静校正、噪声干扰以及覆盖次数等对叠前偏移影响很大。这些问题在叠前偏移之前必须考虑。

3.1.2　叠前偏移技术在该地区应用的难点

3.1.2.1　静校正

在地形起伏地区，静校正是十分重要的技术。由于假设条件的限制，目前的静校正存在一定的误差。这个误差被隐藏在速度函数内，对以速度为灵魂的深度偏移是非常致命的。因此，我们说，为叠前深度偏移做准备的静校正更难！静校正量通常包括三个方面：即地形静校正量，近地表速度变化静校正量，以及激发、接收延迟和测量误差所产生的随机性静校正量。在地形起伏较大的前陆盆地，激发、接收延迟和测量误差所产生的随机静校正量是影响静校正效果的主要因素。通常解决静校正问题的思路是：（1）先求取近地表速度变化，由地表计算近地表速度变化静校正量，校正至地下速度稳定区，再以此稳定速度向上填充至地表以上的一个水平基准面，从而克服地形变化的影响；（2）在此基准面上应用水平叠加理论为基础的地表一致性剩余静校正技术，以达到静校正的目的。这一思路的水平叠加是以平缓地表及地下水平层状介质为假设条件，因此，引入一个平缓的基准面可以解决静校正问题。但当地形起伏较大时，地震波走时关系复杂化，较大地影响动校正及叠加速度的求取。动校正曲线的严重扭曲将无法建立可靠的叠加标准道，使得剩余静校正量的计算失去依据。实践表明，经过数次迭代后的结果是发散的。目前的方法是在浮动基准面上求取CMP小平面以减小这个误差。但在地形起伏剧烈地区，仍然存在不可忽略的误差。同时，这个误差加在速度函数里，往往隐藏在良好叠加的表象内，不容易发现，一旦应用这个速度进行偏移，其危害是不小的。这可能是历来山地处理不能获得满意效果的重要原因。尤其是对以速度模型为灵魂的叠前时间、深度偏移，其危害是致命的。

3.1.2.2　速度模型的建立

时间偏移或深度偏移都以速度模型为基础，速度深度模型与地下地质情况有关，当地质模型不清时、速度不确定时，如何建立速度模型？叠前深度偏移技术自身就是建模的工具。

有两个依据：(1) 叠前深度偏移后的道集是否拉平是判断速度是否正确的有效依据；(2) 叠前时间，深度偏移后的构造形态与模型界面是否吻合是又一有效的判别标准。

3.1.2.3 复杂构造地区的叠前偏移

上面谈到：速度模型是叠前偏移技术应用成败的关键，同时也指出速度的确定是从叠前道集内提取速度信息的。由于叠前深度偏移的精确聚焦作用，有提高信噪比的功能，但精确聚焦以精确速度模型为基础。对于西部构造复杂地区，由于构造和速度都不确定也就是说无法确定准确的地质模型。因此，复杂构造的叠前深度偏移处理是有一定难度的。

3.1.2.4 复杂构造地区能量不均匀对偏移的影响

目前叠前深度偏移大都是绕射求和的过程。因此，对于复杂构造在能量不均匀（振幅、覆盖次数等）时导致偏移画弧，严重影响偏移效果。该工区构造模式及地震波场复杂，在构造部位和工区边上能量和覆盖次数差别很大，如图 3.1.2 所示。因此在偏移过程中在保持振幅的情况下能量均一与覆盖次数均一是难点。

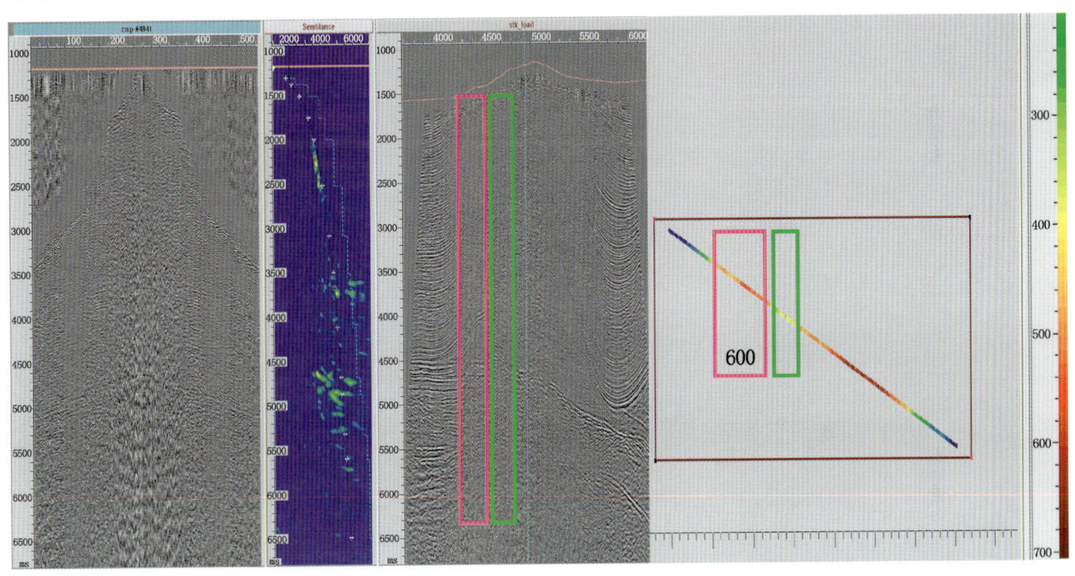

图 3.1.2 道集与覆盖次数对应图

无论是哪一种叠前时间偏移方法都无法完全适应速度的纵横向变化，针对这种情况我们在库车地区、沙南等地区开展了叠前深度偏移方法研究和对比。为了做好叠前深度偏移，需首先对地震资料做常规资料目标处理。在常规处理部分着重采用以下处理技术：地表一致性振幅处理，叠前去噪处理，地表一致性反褶积，剩余静校正等。

首先消除各测线交点处的闭合差（常规处理中已基本解决），并确保在深度域处理中不产生新的闭合差。为此，我们经过反复试验和对比处理，最终决定对二维测线采取连片处理的思路和方法进行处理，较好地解决了测线交点处的闭合问题，取得了较好的处理效果。叠前深度偏移处理技术具有对复杂构造精确成像的能力。针对地震资料的现状（以库车地区、沙南地区为例），我们采用的叠前深度偏移的思路是以二维地震资料为基础，以钻井资料为依据，通过处理解释相结合，建立二维连片时间模型。利用射线追踪相干反演法建立层速度—深度模型。有了初始速度模型，我们就可以较准确地确定射线的路径和分布范围，并以此范围为控制边界，计算射线分布范围内各射线的偏移方向和偏移量，在此基础上选用克希霍夫积分求和法对目标线进行叠前深度偏移，并生成共反射点道集。再利用剩余延迟分析、层析成像等技术修改和优化层速度—深度模型，最后用优化后的模型对二维数据体进行叠前深度偏移，从而得到最终的叠前深度偏移数据体。

3.2 地震速度建模对比研究

3.2.1 时间模型建立

偏移时间剖面上绕射波、回转波、断面波等已归位，地层关系和构造关系清楚合理，易于解释和追踪拾取。时间模型是通过在时间剖面上追踪拾取速度界面来建立的，针对该地区地质构造复杂这一特点，为了准确建立时间模型，我们以叠前时间偏移剖面为基础，参考合成记录、结合钻井、测井资料对过井测线进行严格标定，在过井测线和资料较好的测线上拾取反射连续性好和能量强的界面，作为时间偏移模型（如图 3.2.1 至图 3.2.4 所示）。从浅到深共拾取了十一层，每层拾取都做了交点处闭合。

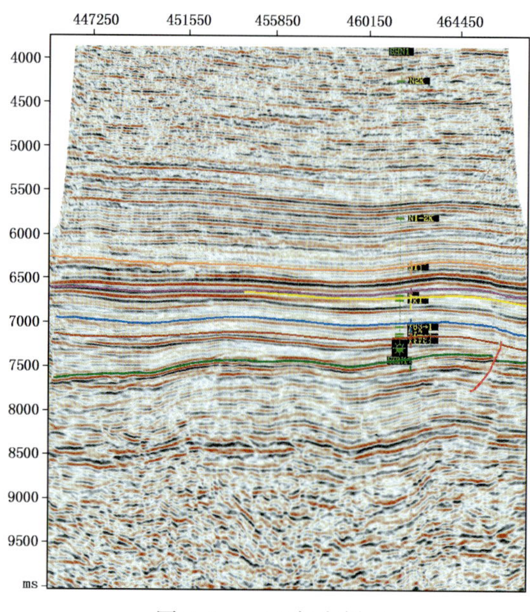

图 3.2.1　L2 标定剖面

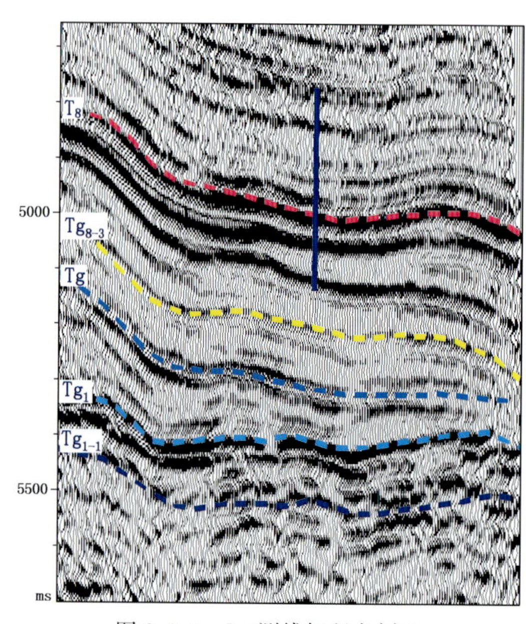

图 3.2.2　L2 测线解释老剖面

3.2.2 层速度反演与速度模型建立

3.2.2.1 概述

时间偏移和深度偏移间最大的实际差异是怎样利用速度。按照 NMO 和叠加的惯例，时间偏移采用的是成像速度场，即在每个输出位置使偏移成像最佳聚焦的那个速度场。该速度场在各位置间是不变的，所以从本质上说，时间偏移在每个成像点实施的是常速偏移。将地面记录的反射数据偏移到地下位置时，这种潜在的速度场的非一致性处理使得时间偏移结果有时令人失望。然而，只要我们不过分信赖将波至偏移到正确位置的能力或者不过分信赖速度场，我们仍可将时间偏移看成一种有效的偏移处理。用于时间偏移的成像速度场根本不要求与真实的地质速度场有什么联系。事实上，假定成像速度为均方根速度，当用 Dix 公式（Dix，1995）将它们转换为层速度时，常出现在物理上不可能成立的速度值，但这种不一致

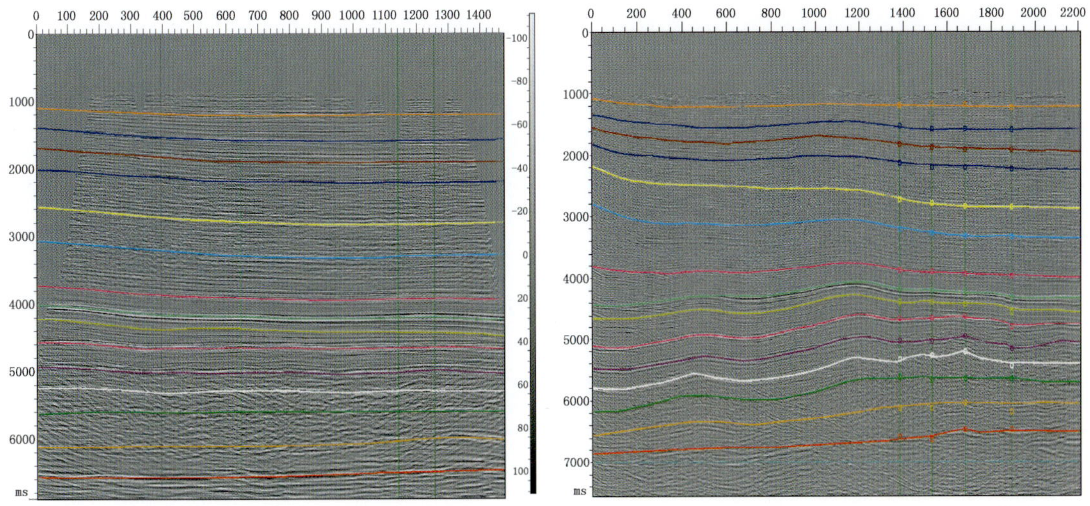

图 3.2.3　L2 测线时间模型　　　　图 3.2.4　90XW 测线时间模型

性对我们没有太大影响。因为时间偏移的目的是产生成像而不是产生地质上有效的速度场[3]。

深度偏移采用的是层速度场，即为地下地质模型。所用的层速度是实际地层速度的平均，平均运算一般是对一些特征距离，如波长等进行运算。这就使得深度偏移能比时间偏移更精确地模拟地下的地震波特性。特别是我们可将深度偏移，尤其是叠前深度偏移用作为一种速度估算工具。

常用的速度建模方法是针对扰动的速度场直到得到一个在“地质上看起来合理的”模型并产生理想的偏移成像，即叠前偏移共成像点道集的同相轴要尽量水平。速度修改可采用简单的速度谱扫描、较复杂的层析成像速度分析方法、用手工基于地质模型编辑或常常是以所有这些方法某种组合来进行。

利用深度偏移估算速度已成为地球物理学家面临的最大难题之一，这也是为什么有如此多的地球物理学家偏爱时间偏移的一个原因。几年前，人们期望叠前深度偏移能提高速度估算的精度和可靠性，使得层速度误差能控制在5%以内。目前这个目标在一般情况下仍很难达到。若速度正确的话，深度偏移应该能够产生精确定位的构造成像。实际过程中没有预测出目标层段的准确位置通常并不代表方法本身存在固有的缺陷，相反却说明了我们估算速度的能力不足。即便给定的速度场不太完美，深度偏移内在的物理基础仍能保证它的成像在构造上比时间偏移的成像更正确些，同时层速度也能被深度偏移进行质量检查，而时间偏移则没有此能力。由于深度偏移具有成像和速度估算两个目标，它天生就比时间偏移难度要大，而时间偏移通常能很快速地产生可接受的成像结果。然而深度偏移是一种更强有力的解释性处理工具，在查清地质构造和速度场建立方面，其偏移结果比时间偏移结果更能使我们满意。为了建立精确的速度模型，我们采用多种速度反演方法相互验证的办法确定速度模型。在浅层和中层我们采用 CMP 相干反演层速度与叠加速度反演层速度相互结合的办法建立速度模型。对于深层能量发散时我们采用 RMS 速度转换及循环法建立速度场[4]。

3.2.2.2　相干反演法反演层速度建立速度场

在层速度反演时将建立的时间模型和均一化后的 CMP 道集作为输入，沿时间模型逐点估算层速度，其原理如下：对于要求层速度的层位而言，我们首先给出描述该层层速度分布范围的参数：最小层速度和最大层速度，同时给出层速度扫描步长；这样相当于给出一系列的层速度值。

对于任何一个速度值，我们用此速度借助于射线偏移将该道集所对应的时间界面转换成深度界面并使其偏移归位，形成一系列速度—深度模型。对这些模型进行射线追踪，正演计算出共中心点道集的一系列时距曲线，每条时距曲线与一个层速度相对应（如图 3.2.5 所示）。

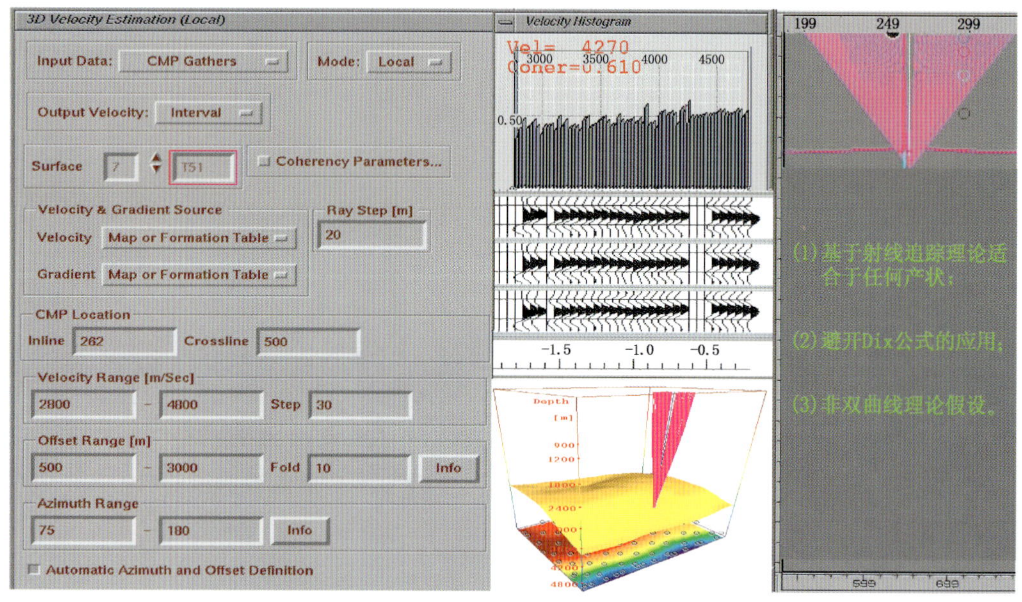

图 3.2.5 相干反演法反演层速度原理图

相干函数反演是沿着这些时距曲线计算出与层速度相对应的相干函数值。

$$Coh(v_i)=\frac{\sum_{k=1}^{W}\left\{\sum_{i=1}^{N}data[J,k+t(k,v_i)]\right\}^2}{N\sum_{k=1}^{W}\sum_{i=1}^{N}data^2[J,k+t(k,v_i)]}$$

式中，W 为时窗长度；N 为共中心点道集的覆盖次数；$t(k, v_i)$ 为层速度 v_i 相对应的时距曲线；$Coh(v_i)$ 表示与层速度 v_i 相对应的相干函数值。

对于每一扫描速度都按上述方法计算每一条时距曲线，然后将每一扫描速度所计算的理论时距曲线和实际道集对应的时距曲线相比较，相干函数最大时的层速度作为其估计值。对每个 CMP 道集按上述方法逐一求取速度得到时间层的横向变化的速度谱及速度曲线（如图 3.2.6 所示）。

（1）Offset Range。

炮检距范围，为获得高质量的速度分析结果，一般要求炮检距与深度比例为 2∶1，最好不小于 1.5∶1。

（2）CMP Range and Step。

选择小步长时，可获得高精度的层速度分布，但耗时过多，当速度横向变化较大时，一般用小步长进行速度分析。

（3）Velocity Range and Step。

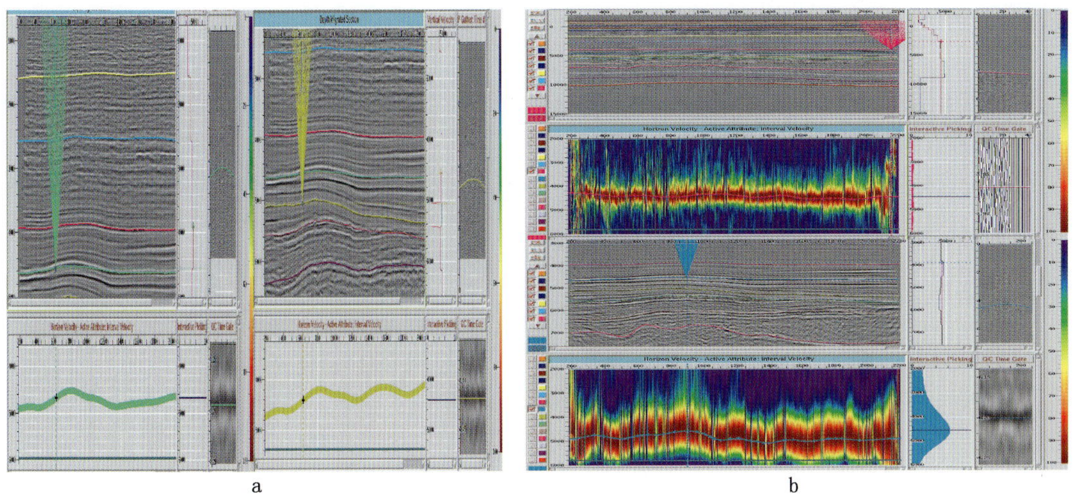

图 3. 2. 6 L2 沿层反演层速度（a）及沿层反演出的层速度谱（b）

层速度分布范围和步长，一般情况下，对浅层选择较小的步长如 50m/s，对于深层而言，使用较大的步长，但不能太大（如图 3. 2. 7 所示）。

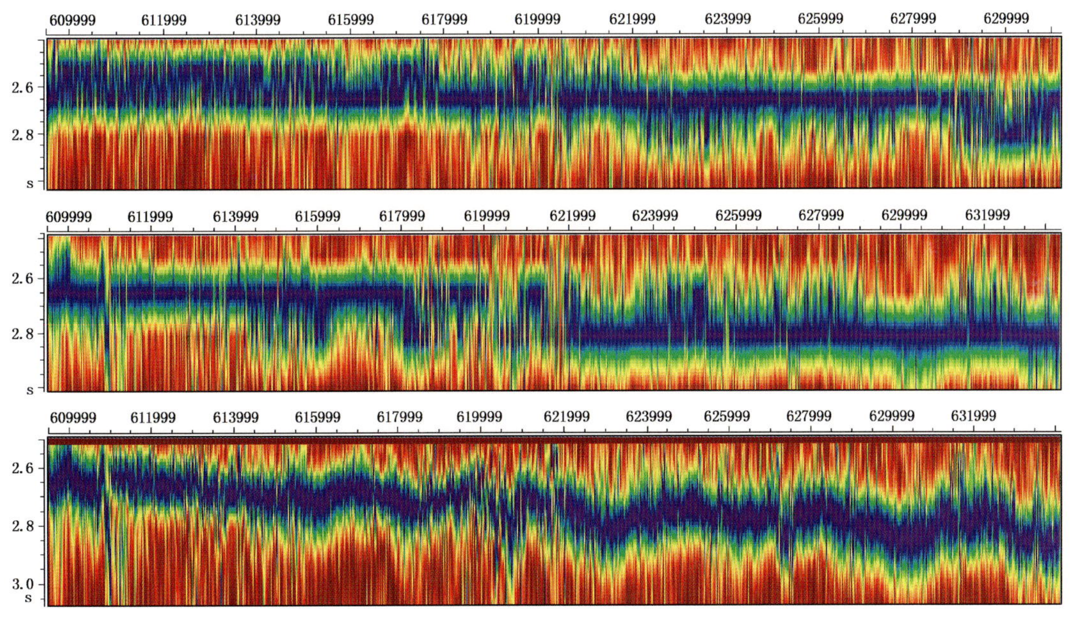

图 3. 2. 7 速度步长为 100m/s、50m/s、10m/s 反演的层速度谱

（4）Gathers。

速度反演时，相干时窗的长度应大于波长度，最好为 1. 5 倍的子波长度。一般情况下，浅层用较小的时窗，深层用较大的时窗，时窗太大时会降低速度分析的精度。

3. 2. 2. 3 叠加速度反演层速度建立速度场

叠加速度反演法是叠后层速度分析的最好方法，对于构造比较复杂的局部，采用两种速度反演方法相互验证确定速度模型。根据该 CMP 道集处的自激自收时间 t_0 和叠加速度来计算层速度，对某目的层每一个点给定一个层速度，通过射线追踪计算实际的时距曲线。比较由射线追踪预测的时距曲线与叠加速度对应的时距曲线的匹配程度，匹配最好的时距曲线对应的层速度就是由叠加速度所反演的最好层速度（如图 3.2.8、图 3.2.9 所示）。

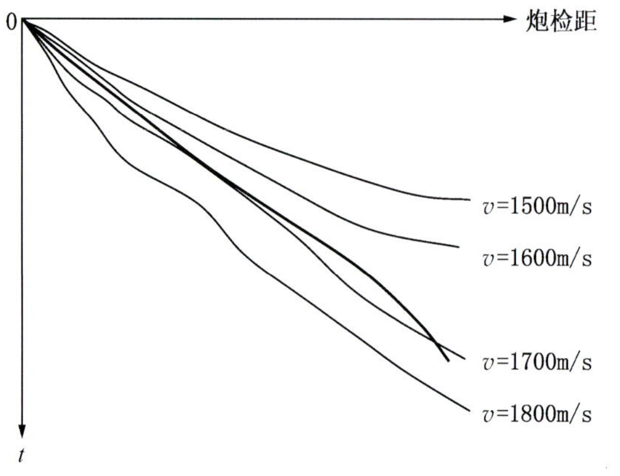

图 3.2.8　叠加速度反演层速度原理图

用空间射线追踪相干反演法代替 Dix 公式，由叠前 CMP 道集或叠加速度反演层速度，避免了地层产状复杂时 Dix 转换速度产生的误差，有以下几个主要特点：

（1）基于射线追踪理论；

（2）避开 Dix 公式的应用；

（3）非双曲线理论假设。

另外，整个射线追踪反演过程在二维空间进行，反演出的层速度在二维空间归位，解决了二维工区中速度不能在二维空间归位的问题。因此，与 Dix 转换相比，这种方法反演出的层速度精度更高。但是，这种方法也存在两个缺点：

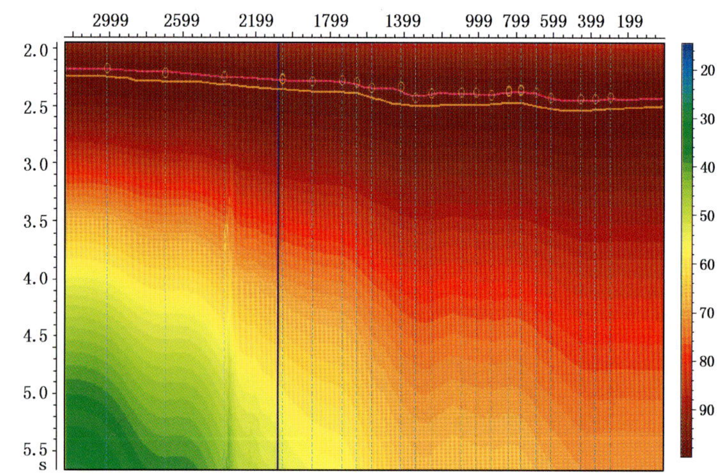

图 3.2.9　叠加速度反演出的层速度谱及层速度曲线（橘黄色）

（1）假设一个叠前 CMP 道集（扇形射线区）内的局部速度是常数，当速度横向变化大时，不利于反映这种变化，并导致反演结果不稳定，出现反演误差，我们可以通过加密速度反演点位，减小速度步长，使反演结果尽可能地反映速度横向变化。

（2）反演累积误差逐层传递放大，使深层层速度发散，误差很大，如图 3.2.10 所示。从图中可以看出对于第一层而言累计误差很小，但对于第二层由于上层速度误差传递，岩层厚度以及各向异性的影响，第二层速度起伏很大（如图 3.2.11a 和图 3.2.12a 所示）。为了解决这个问题，我们采用单层层速度反演，从图 3.2.11b 和图 3.2.12b 中可以看出，单层反演使误差传递以及由于各种影响造成的速度纵向起伏得到很好的解决。

3.2.2.4　RMS 速度转换及循环法建立速度场

叠前深度域层速度模型的建立是以时间域偏移速度为初始模型，通过 RMS 转层速度得到初始层速度。用初始层速度模型对地震数据进行叠前深度偏移，输出深度域速度控制点处

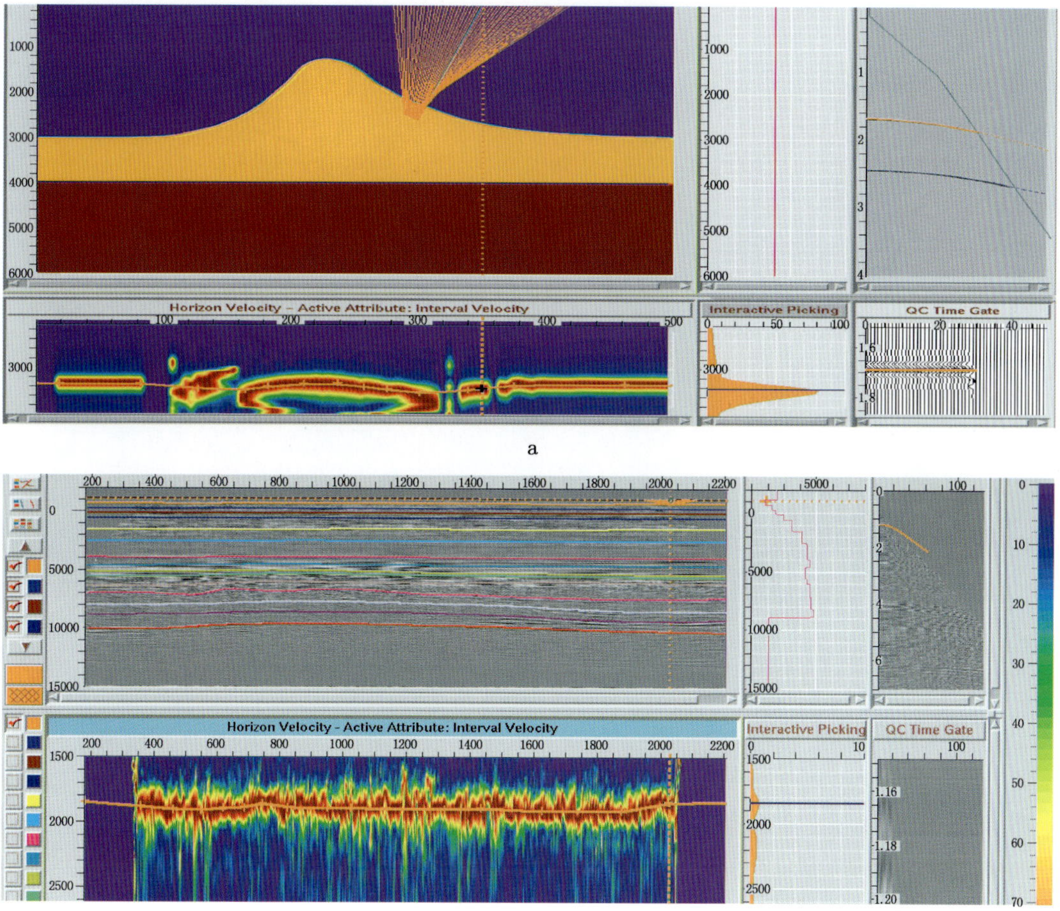

a

b

图 3.2.10　第一层层速度反演（各向同性假设）(a) 和第一层层速度反演 (b)

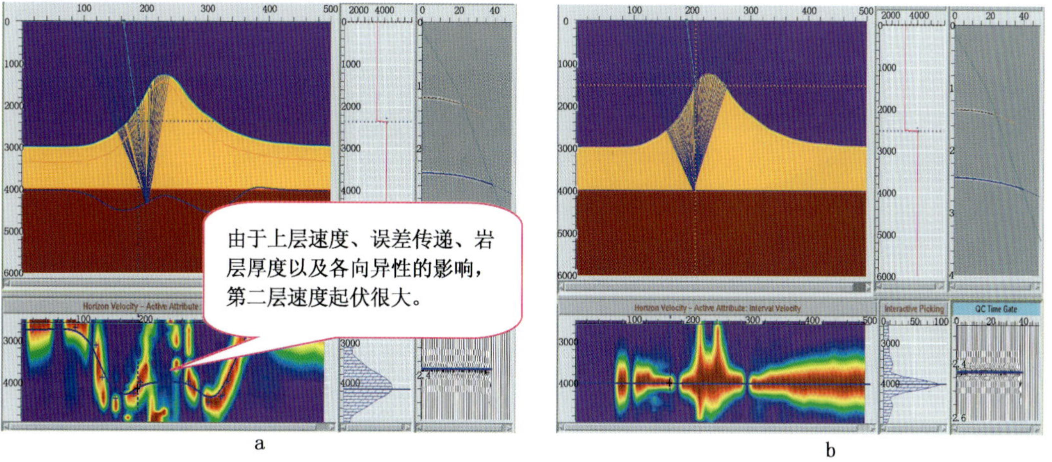

a　　b

图 3.2.11　第二层逐层层速度反演（各向同性假设）(a) 和第二层单层层速度反演（各向同性假设）(b)

的 CRP 道集。此时的深度域速度控制点道集上的地震反射同相轴因初始速度的不合适，并不一定拉平。把初始速度 CRP 道集通过时深转换到时间域，在时间域，与初始层速度对应的 RMS 速度进行剩余 RMS 速度调整，得到修改后的 RMS 速度。把新的 RMS 速度再转换

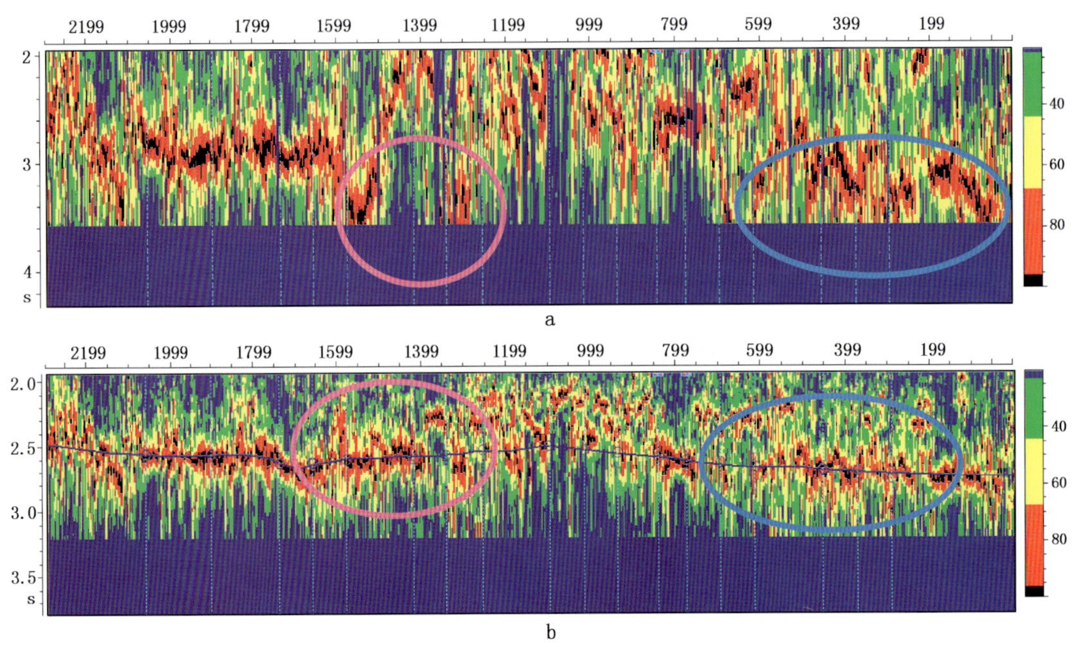

图 3.2.12 第二层逐层层速度反演（a）和第二层单层层速度反演（b）

到深度域，得到新的层速度模型。把新的层速度模型进行偏移运算，得到新一轮速度控制点道集。经过若干次层速度迭代使最终的 CRP 道集同相轴拉平，得到满意的层速度模型。层速度分析流程如图 3.2.13 所示。

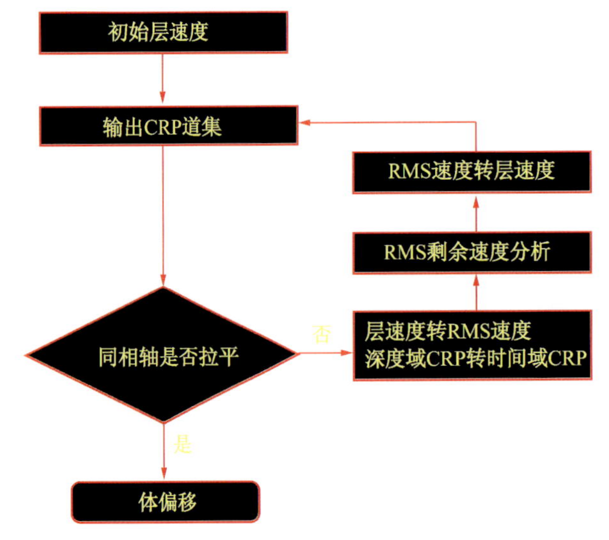

图 3.2.13 叠前深度偏移速度分析流程图

3.2.2.5 速度模型优化及速度场建立

对于复杂构造地区，速度不确定时，我们通常采用以上几种方法相互结合建立速度模型。尽管如此，我们还需要通过模型优化技术进一步提高速度的可靠性。模型优化与迭代是获得准确的速度模型和深度域精确成像的主要手段。为了保证从浅层到中、深层都能获得准确的层速度，应采取速度模型优化迭代处理技术，用偏移后的 CRP 成像道集的延迟时借助层析成像方法优化速度模型。

3.2.2.5.1 层析成像原理

考虑一个二维地下界面模型，它是由反射界面隔开的若干地层组成的。我们检验来自第 N_L 个界面的反射同相轴的射线路径。沿射线的旅行时由下面的积分给出，即

$$t=\int_{\text{ray}} S_L \mathrm{d}l$$

式中，$S_L(x, y)$ 是介质慢度。其次考虑小的慢度扰动和射线与相应界面相交点的纵坐标

的变化。旅行时间变化由式（3. 2. 1）给出（Madriage 和 Farra，1988），即

$$\delta t = \int_{\text{ray}} \delta S_L \mathrm{d}l + \sum_{i=1}^{2N_L-1} \Delta P_z^i \delta z i \tag{3. 2. 1}$$

式中，ΔP_z^i 和是第 i 层紧靠界面之上和之下的点之间的射线垂直慢度的变化。

方程（3. 2. 1）右侧第一项也出现在基于常规部分的层析成像。第二项更精细，它表示界面调整引起的旅行时的变化，因为调整界面改变了每一层旅行路径长度的变化。方程（3. 2. 1）在 3 个重要应用问题中要用到：偏移深度误差到沿 CRP 射线的时间误差；一个快速叠前深度偏移在以反射层为中心的窗口产生输出；层析成像矩阵的计算。

3. 2. 2. 5. 2　深度误差到旅行时变化的转换

偏移 CRP 道集上的深度误差如何转换到沿 CRP 路径上的时间误差。如图 3. 2. 14 和图 3. 2. 15 所示。在 A 点一对射线服从斯奈尔定律。在 A 点处用一个量 δz 表示垂向变化，δz 引起旅行时变化用式（3. 2. 1）做近似计算，即

$$\delta t = \Delta P_z \delta z \tag{3. 2. 2}$$

式中

$$\Delta P_z = (\cos\theta_1 + \cos\theta_2)/C \tag{3. 2. 3}$$

C 是界面以上的速度；θ_i，$i=1$，2 是入射和出射射线对于垂线的夹角。

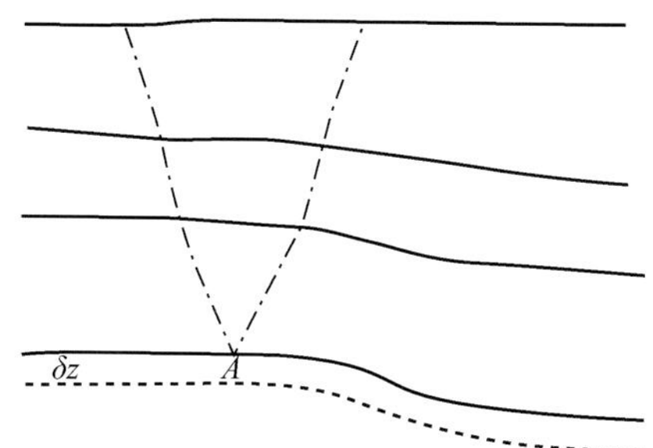

图 3. 2. 14　深度误差到时间误差的转换

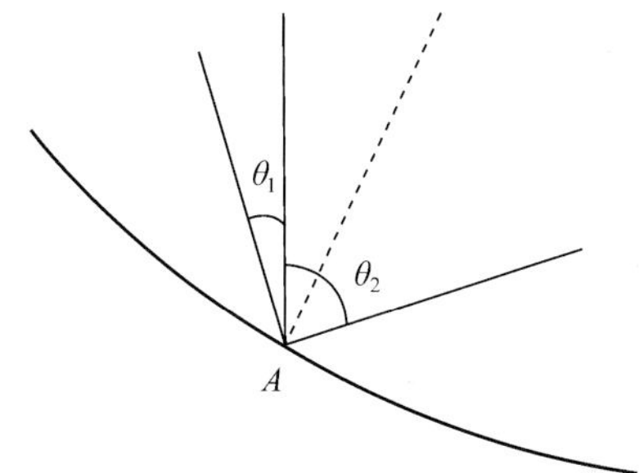

图 3. 2. 15　反射点处的垂直慢度角

如果深度变化 δz 比例到时间 δz，计算公式为

$$\delta z = C \frac{\delta\tau}{2} \tag{3. 2. 4}$$

那么

$$\delta t = \frac{\cos\theta_1 + \cos\theta_2}{2} \delta\tau$$

用一个拉伸因子表示了 δt 与 $\delta\tau$ 的关系。它用于把在叠前偏移道集的深度误差转换到由反射层发射的一对 CRP 射线的时间误差。这个转换使在深度偏移道集上能够利用并建立的时间层析成像[4]，输入变成在所有 CRP 道集、层和偏移距上的 δt，代替 δz。

当速度模型不准确时，CRP 道集同相轴不平直，存在剩余弯曲度（图 3. 2. 16a）。通过分析沿层剩余速度，利用层析成像技术修改层速度模型来达到优化速度模型的目的，直到目的层 CRP 道集拉平、剩余延迟趋于零为止（图 3. 2. 16b）。

通过模型优化与迭代使剩余延迟最小（如图 3. 2. 17）。无论是从垂向剩余延迟上与横向延迟谱上还是 CRP 道集上，都可以看出层析成像模型优化后速度比较准确。这样在该层的层速度确定后，再分析求取下一层的层速度与深度模型。依据上述方法对每一层进行了至少

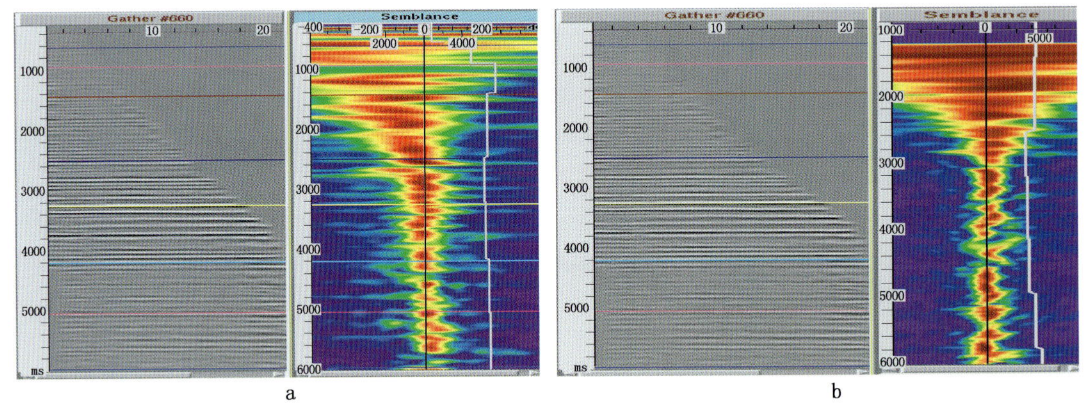

图 3.2.16　模型优化前的 CRP 道集（a）和模型优化后的 CRP 道集（b）

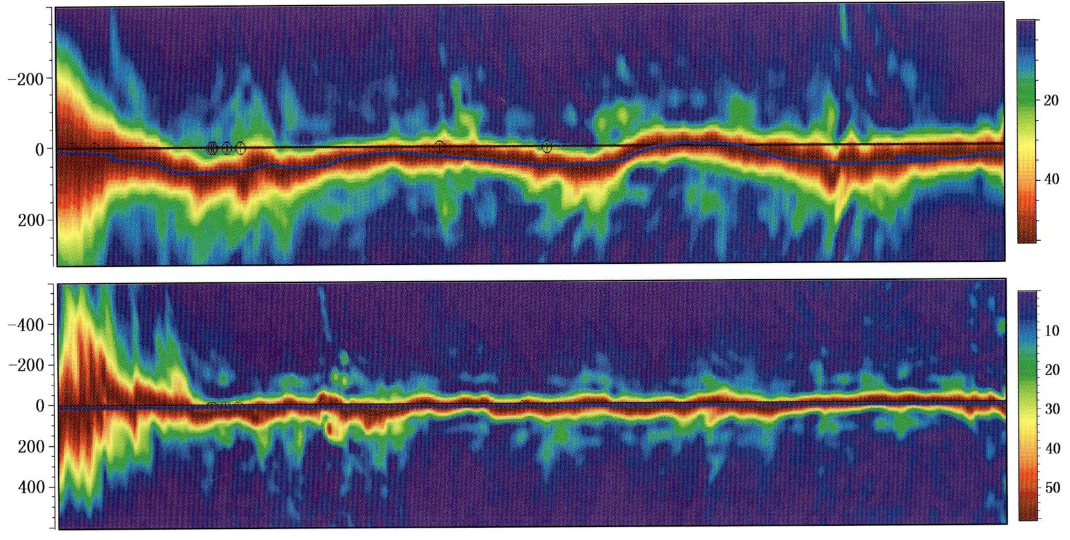

图 3.2.17　模型优化前后的横向延迟对比

三次迭代，从而保证从浅层到中、深层的 CRP 道集基本拉平、层析成像后延迟基本上都趋于 0 说明速度完全准确（如图 3.2.18）。

可以看出，通过 6 次迭代速度收敛，误差大都在控制范围之内。我们在此基础之上构造合理的变差函数模型，如图 3.2.19 所示。通过井约束的办法建立精确的速度模型[5]，如图 3.2.20 和图 3.2.21 所示。

3.2.3　速度模型与速度精度论证

在叠前深度偏移的过程中，速度模型建立是关键的一步。但是最主要的是速度模型的精度。目前叠前深度偏移主要依靠以下手段检查速度的精度：

（1）CRP 道集拉平程度（定量）；

（2）剩余延迟是否趋于 0（定量）；

（3）深度误差统计最小（定量）；

（4）成像效果检查（定性）。

在速度场建立过程中我们不断优化速度模型，借助成像效果选择最佳速度，如图

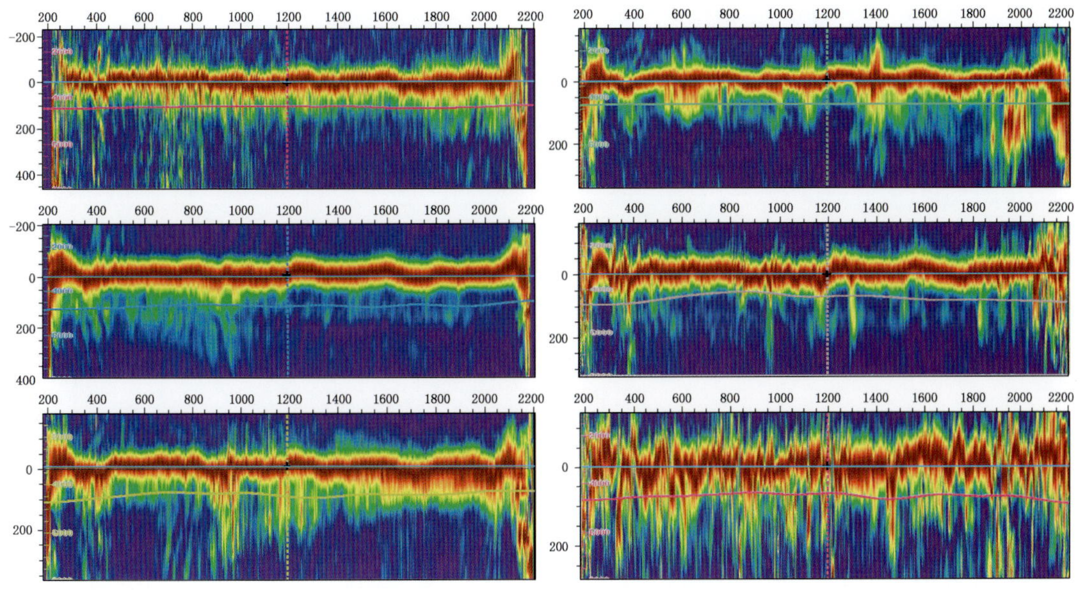

图 3.2.18 L2 模型优化前的横向延迟

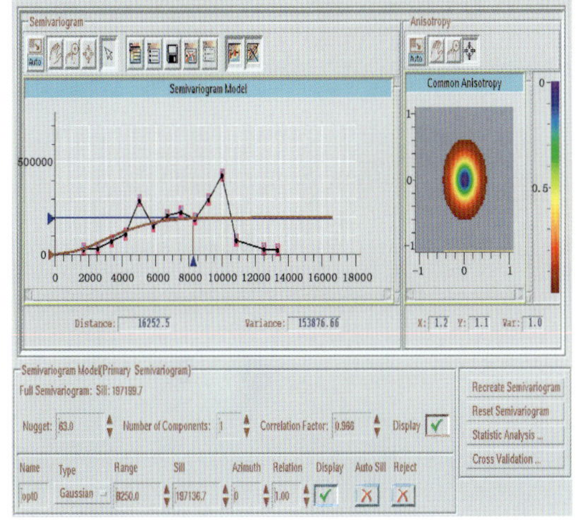

图 3.2.19 变差函数模型显示

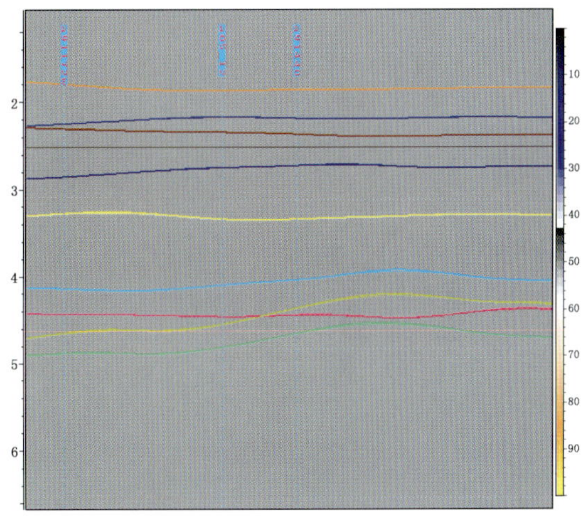

图 3.2.20 层析成像后层速度曲线（L2）

3.2.22 和图 3.2.23 所示。

通过以上质量监控手段保证速度模型准确合理、CRP 道集拉平、横向延迟趋于零，同时深度—速度模型与井吻合较好，如图 3.2.24 和图 3.2.25 所示。

3.2.4 最佳偏移孔径研究

由费马原理可知，绕射波场必须与反射波场相切，且绕射波走时大于反射波走时。对地震资料成像而言，利用所观测到的反射波场资料重构来自地下每一点的绕射波场特征。在重构过程中，相切带内反射波场沿绕射波时间曲线具有相干性，其叠加结果构成地下点绕射波场的主体部分，反映地下反射界面的信息。在实际的地震野外采集过程中，排列范围总是有限的。对于有限的偏移孔径，相切带外的反射波场在叠加过程中无法相互抵消，会残留一部分能量，这部分能量随偏移孔径大小、形态而变化，形成偏移噪声[6,7]。

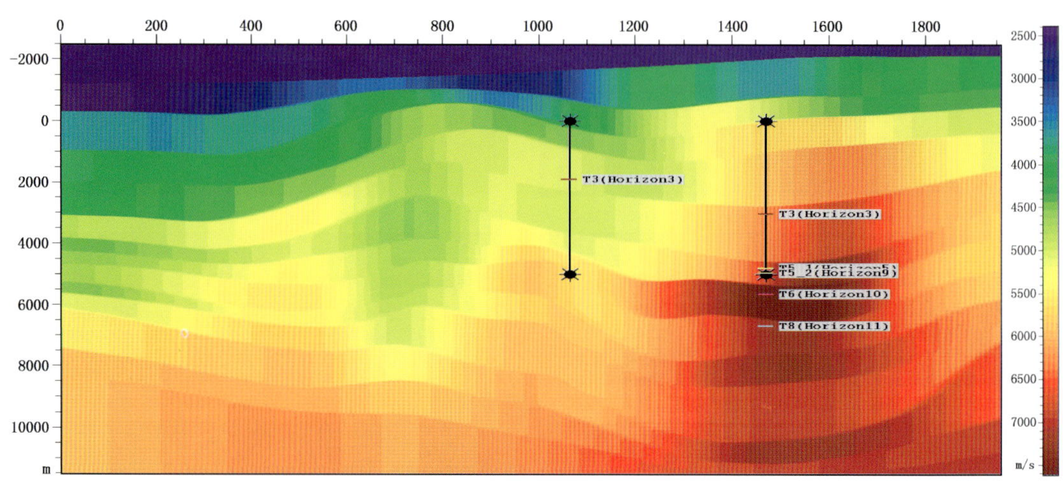

图 3.2.21　9X240 测线测井约束后的速度模型

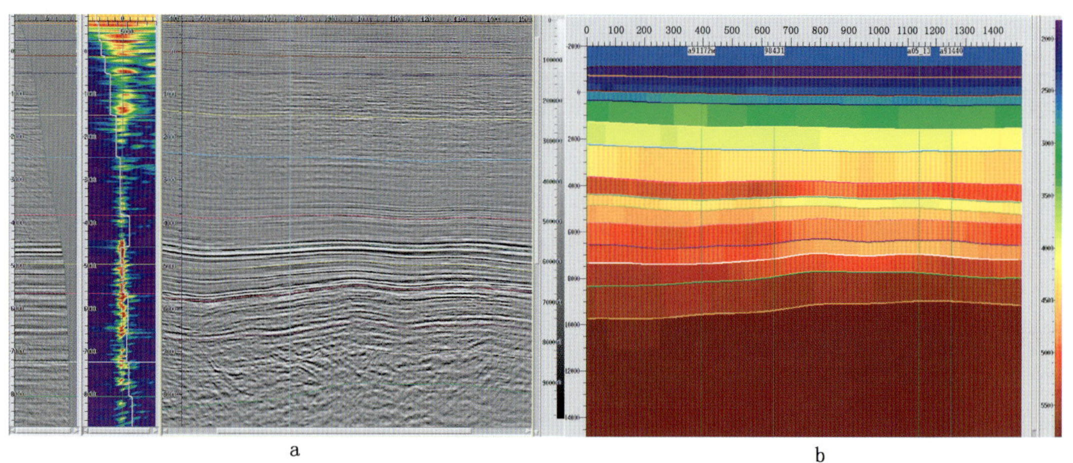

图 3.2.22　L2 测线最佳速度偏移结果（a）与最终速度模型（b）

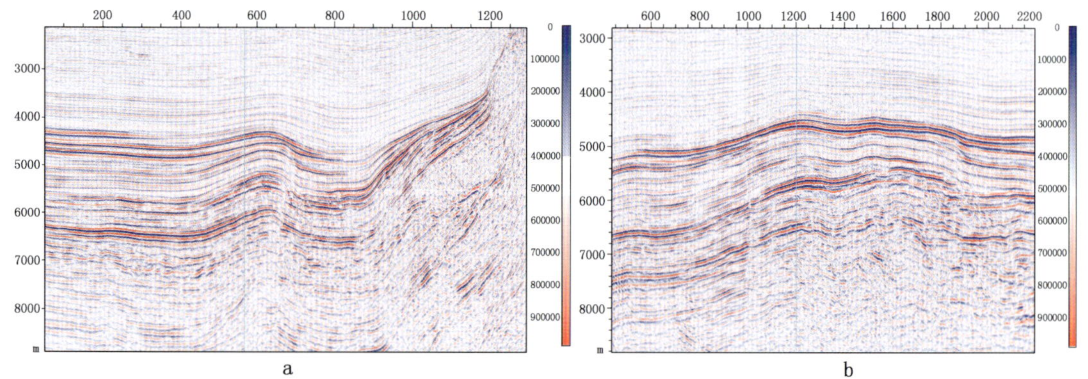

图 3.2.23　A91X40 测线最佳速度偏移结果（a）与 90XW 测线最终速度偏移结果（b）

Yilmaz（1987）对实际的叠后资料进行了偏移孔径效应分析，表明偏移孔径过大或过小时都不利于偏移剖面的成像质量的提高，当选取较小的偏移孔径时，可保障简单构造（低、缓构造）的反射波同相轴的成像质量，但大倾角、陡构造的反射波同相轴则会出现“平化”

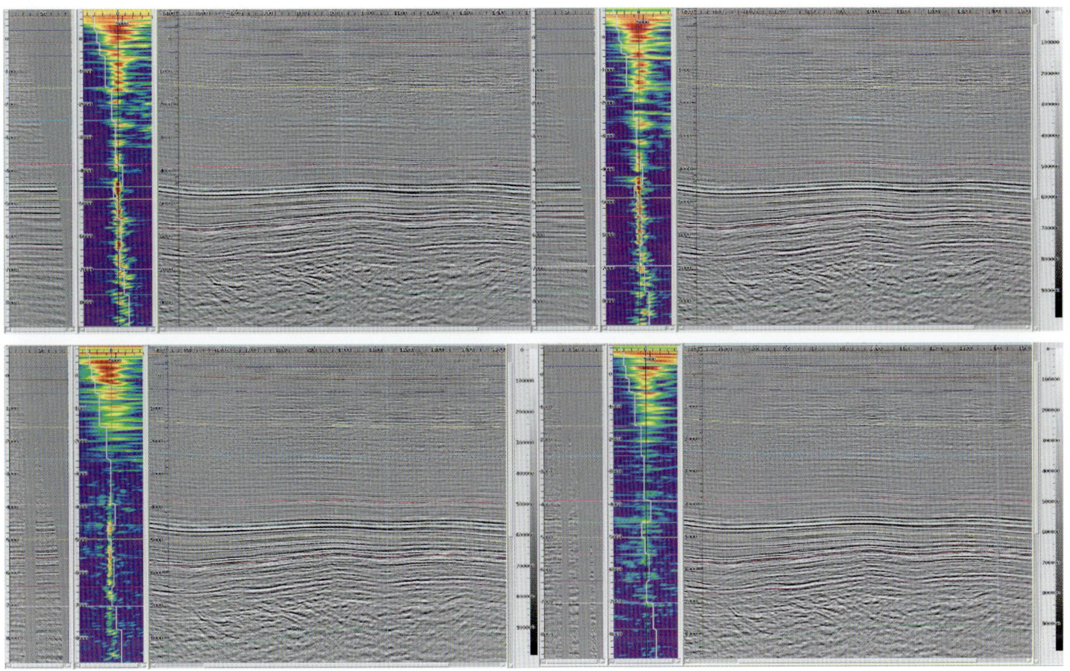

图 3.2.24　L2 测线 CRP 显示

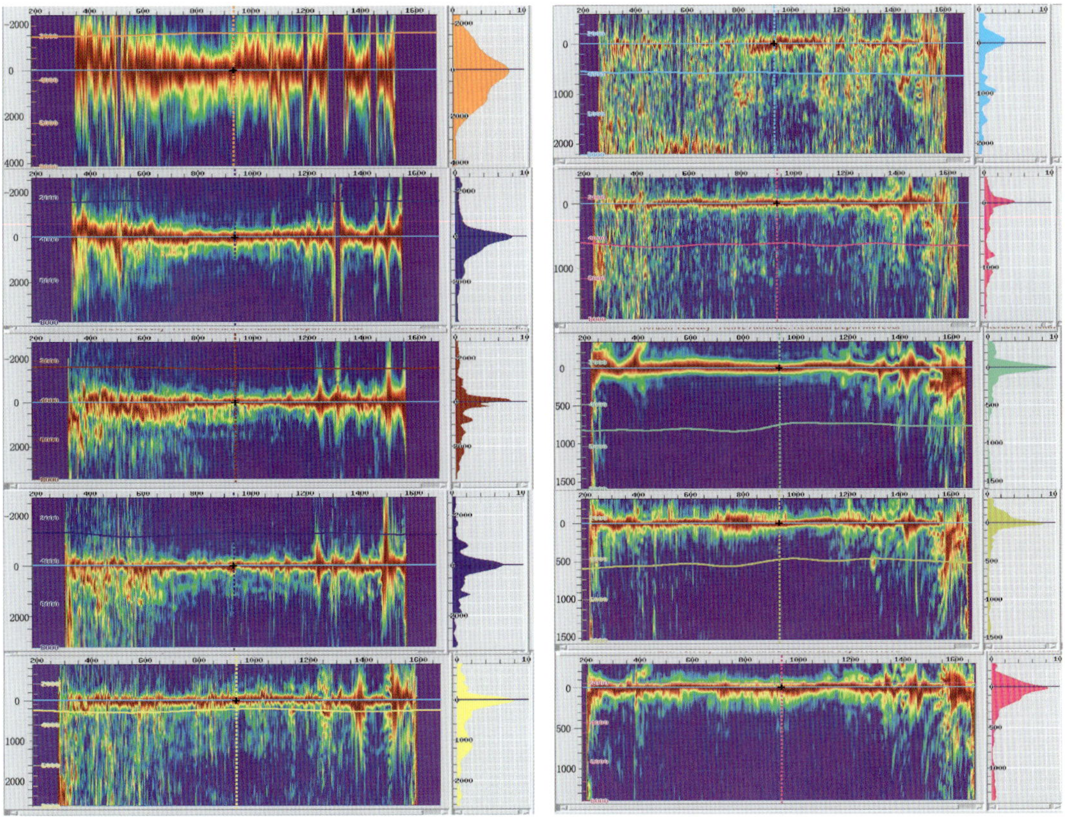

图 3.2.25　L2 测线横向延迟谱

现象而难以准确成像。当选取较大的偏移孔径时，大倾角、陡构造的反射波同相轴成像有明显改善，但反射波同相轴会出现连续性变差，信噪比变低的现象，偏移孔径很大、很小时都不利于成像。

根据反射波和绕射波时差大小，理论上可以确定最佳孔径的位置范围。在实际资料处理应用时，则存在难以实现的困难，主要是难以精确地计算地下每一点反射波走时，对于地下任意一点的反射波走时的计算不仅需要花费大量的机时，更为困难的是反射波走时的计算不仅取决于速度—深度模型，而且依赖于地下每点处的构造倾角，且构造倾角小的变化，会使反射波走时产生大的变化。只有准确地给出构造倾角时，才能可靠地计算出反射波走时[8~10]。

可见，偏移孔径过大或过小时都不利于偏移剖面的成像，小偏移孔径可保障简单构造（低、缓构造）的反射波同相轴成像，但大倾角、陡构造的反射波同相轴则会出现“平化”现象而难以准确成像。当选取较大偏移孔径时，有利于大倾角、陡构造的反射波成像，同时引入偏移噪声。

最终参数：

深度为 1000，3000，6000，8000，10000，15000（m）；

偏移孔径为 4000，10000，11000，12000，12000（m）。

3.3 深度域成像效果分析

3.3.1 叠前深度偏移处理效果分析

从沙南地区、库车地区及玉东地区二维叠前深度偏移处理攻关结果来看，处理中所采用的处理流程、处理技术、偏移方法和偏移参数适合该地区山地的特殊地形及地下复杂的地质情况。本次处理所选用的地球物理方法及处理手段对资料的品质改善和复杂地区构造成像有很大的推动作用[11]。

叠前深度偏移由于考虑了地震波传播过程中的折射项，并且在较好模型的基础上进行反射波归位，消除了上覆地层速度异常对下覆地层的影响，得到了地下准确的构造形态。所以在理论上叠前深度偏移的效果要好于时间偏移。从实际处理情况也可以看出深度偏移在复杂构造成像方面以及落实构造方面有很大的优势，主要表现在以下几个方面：

（1）叠前深度偏移处理后的目的层位波组特征清楚，构造成像合理。叠前深度偏移剖面比叠后时间偏移剖面、叠前时间偏移剖面在成像以及构造归位等方面有很大的提高。通过精细的速度模型建立，叠前深度偏移剖面可以准确落实构造形态、刻画构造细节，反射层位深度与地质分层误差较小，如图 3.3.1。

（2）由于叠前深度偏移考虑地震波的折射效应，能使复杂地震波场归位，浅层陡倾角地层成像改善很大（如图 3.3.2 所示）。

3.3.2 地质效果分析

3.3.2.1 库车秋里塔格构造带

在库车地区由于构造活动强烈，断层发育，构造相当复杂。因此，大部分地区构造反射特征在时间剖面上不真实，通过叠前深度偏移处理，使断点断层归位准确、复杂构造精确成像。其中 KC2 井实钻地层倾角为北倾，与过井地震剖面以及构造图上的地层倾角出入很大；过井地震剖面 9X240 上井点处的地层明显为南倾，但实际地层为北倾。

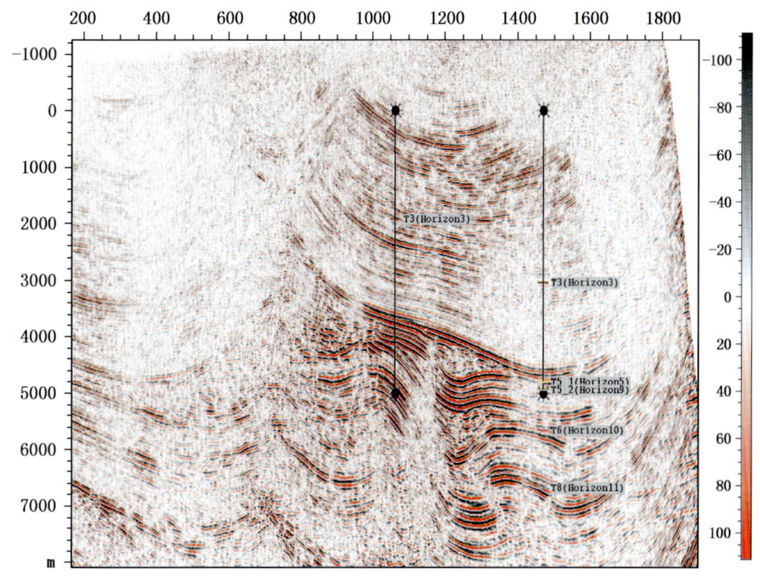

图 3.3.1　9X240 线叠前深度偏移剖面

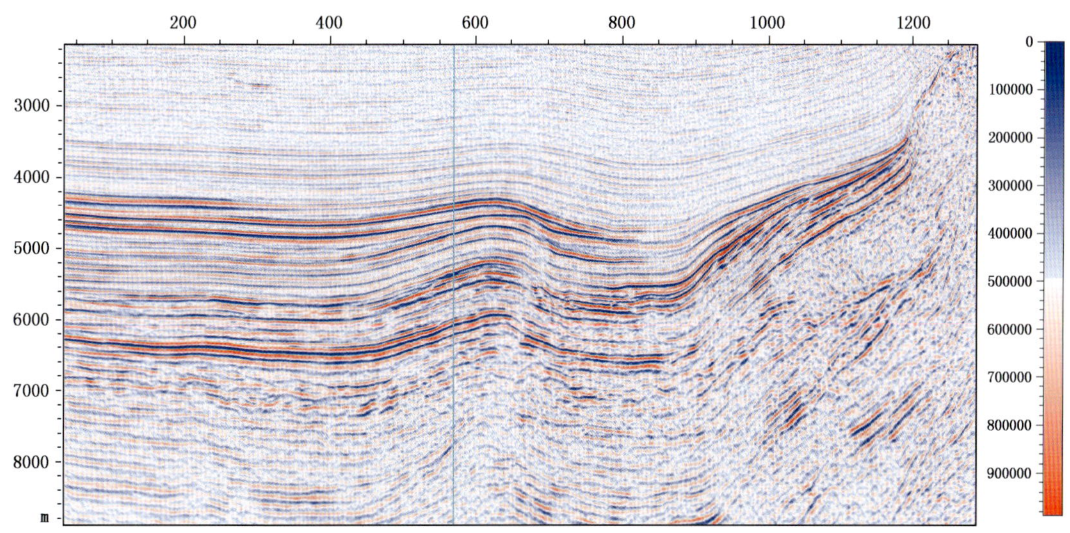

图 3.3.2　A91X40 测线叠前深度偏移结果

通过分析，认为浅层的砾岩和古近—新近系的膏岩层影响地下真实的构造形态。通过叠前深度偏移处理，落实了两个圈闭的真实构造形态（与井吻合），如图 3.3.3 所示。

3.3.2.2　SN 区深度偏移处理

对于 SN 区，资料整体上信噪比较高，各个标准层及目的层特征清楚，波组特征活跃。沙南构造带 T 储层物性好，烃源岩条件优越，构造形成与成藏相匹配，并且 SN1 井已见到良好油气的显示。由于 SN1 没有钻在圈闭高部位，并且 T 储层还有一套目的层尚未揭穿。

通过针对 SN 构造带深度偏移处理，无论是构造归位还是构造成像都较叠前时间偏移有很大的提高，同时叠前深度偏移结果与倾角测井、非地震剖面都比较吻合。如图 3.3.4 至图 3.3.6 所示。

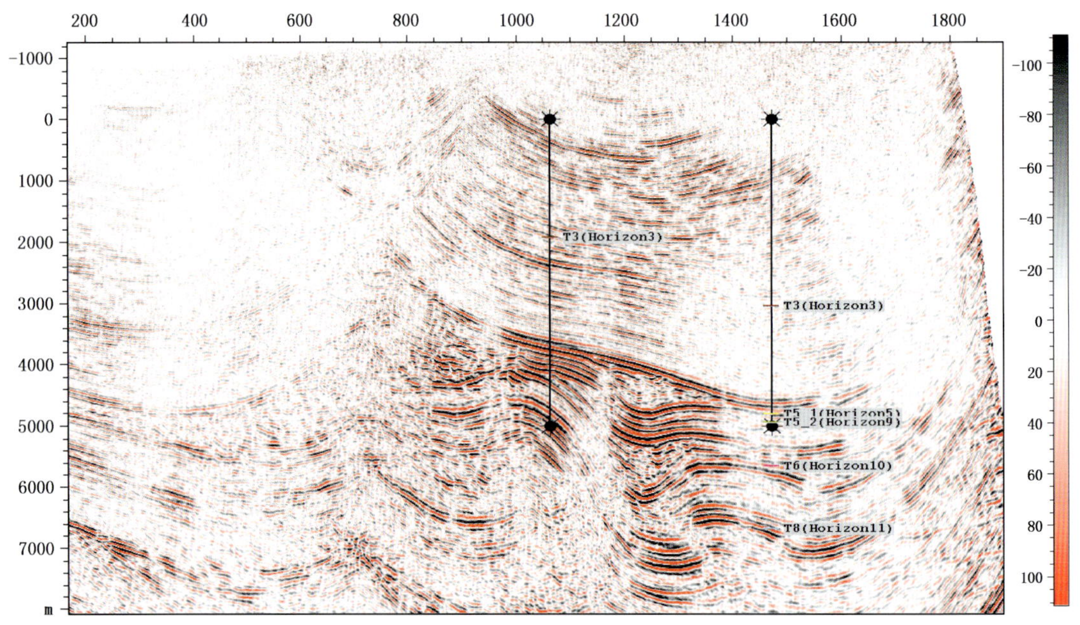

图 3.3.3　9X240 叠前深度偏移剖面

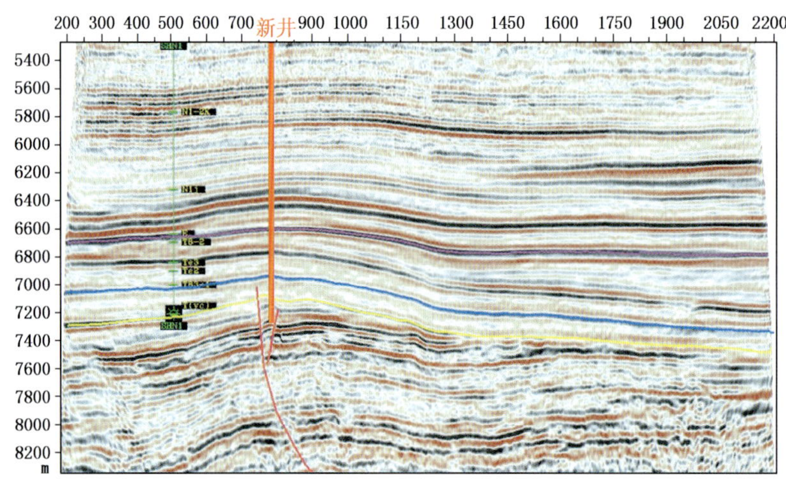

图 3.3.4　L3 叠前深度偏移剖面

实际钻探结果显示，SN2 井低产，我们重新研究了速度模型，发现对不同初始时间模型，对深度影响深刻，特别是 T_6 与 T_8 之间的膏岩层横向厚度变化，会导致下伏地层速度和构造形态发生很大变化，需在该地区引起高度关注（图 3.3.7 至图 3.3.11）。

图 3.3.7 和图 3.3.8 为没有考虑膏岩层横向厚度所建立的模型及偏移结果；图 3.3.9 为只考虑膏岩顶界面所建立的模型；图 3.3.10 至图 3.3.11 为考虑膏岩层顶底界面以及横向厚度所建立的模型及偏移结果。不同的模型产生不同的偏移结果，通过分析，由于膏岩层横向厚度变化比较大，影响下伏地层构造形态，因此必须考虑。

3.3.2.3　库车克深构造带

克深构造带近两年采用宽线加大组合等一系列技术措施后，地震资料品质有了比较大的

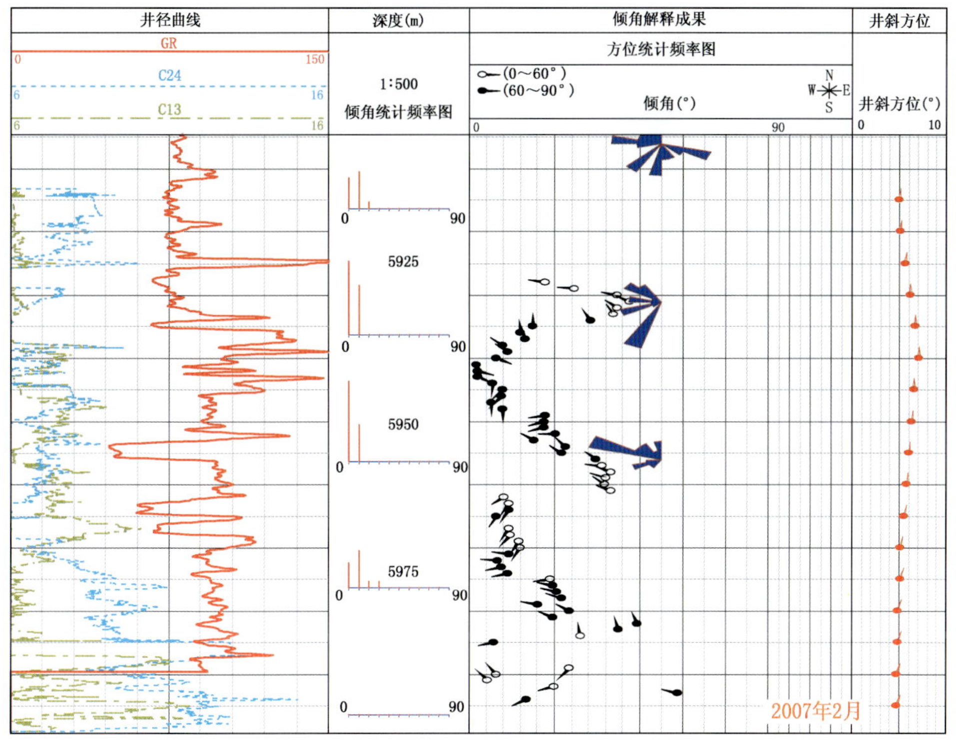

图 3.3.5 SN1 井倾角测井

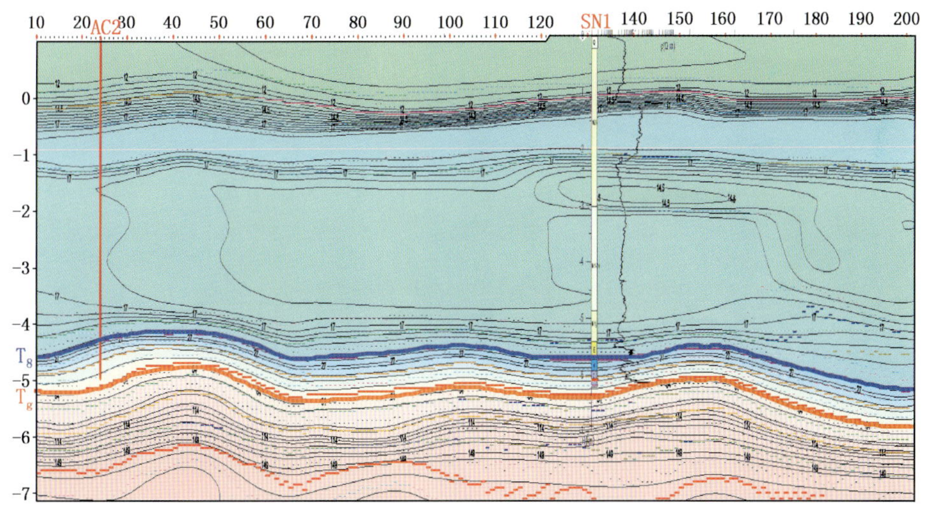

图 3.3.6 电阻率反演剖面

提高，不少测线已经具备叠前深度偏移的条件。我们在克深 1、克深 2 构造带和克深 5 构造带上各选择了三条测线进行了叠前深度偏移攻关处理。取得较好的地质效果，在落实构造中起到了重要作用。

图 3.3.12 为克深 2 构造的 BC0X220 测线时间偏移结果和解释模型，从中可以看到绕射波没有收敛，断层也不很清楚，证明时间偏移难以解决地质问题，需要使用深度偏移。

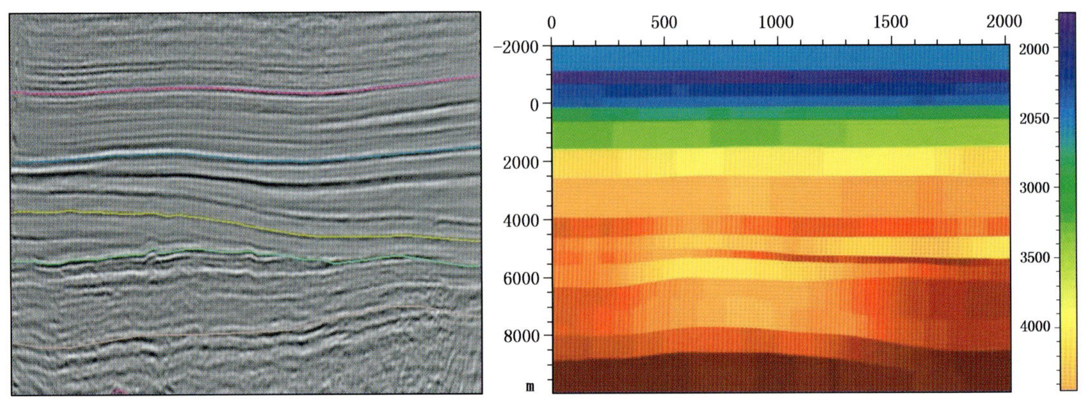

图 3.3.7　未考虑膏岩的时间模型和相应的速度—深度模型

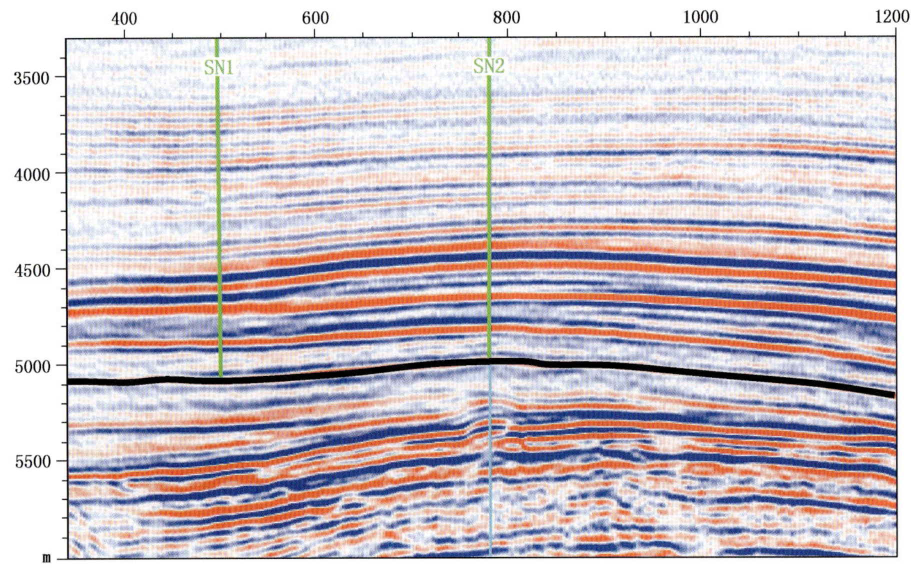

图 3.3.8　未考虑膏岩顶的深度偏移结果

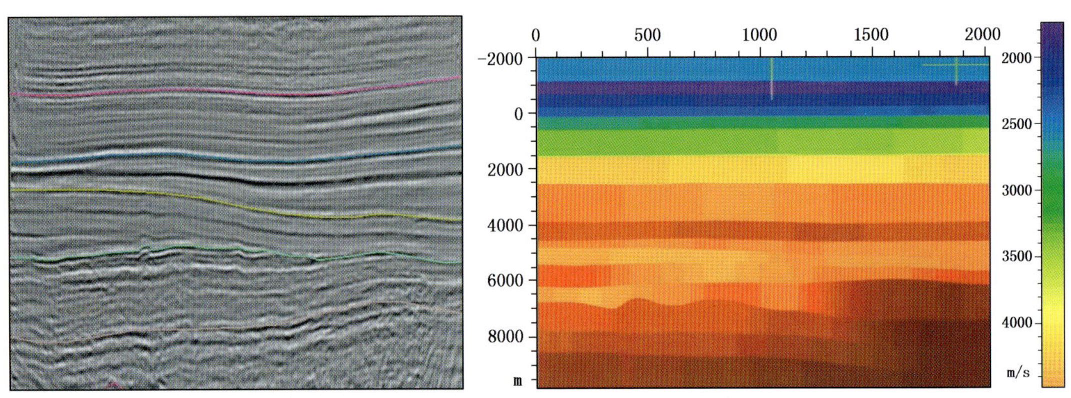

图 3.3.9　未考虑膏岩厚度的时间模型和相应的速度—深度模型

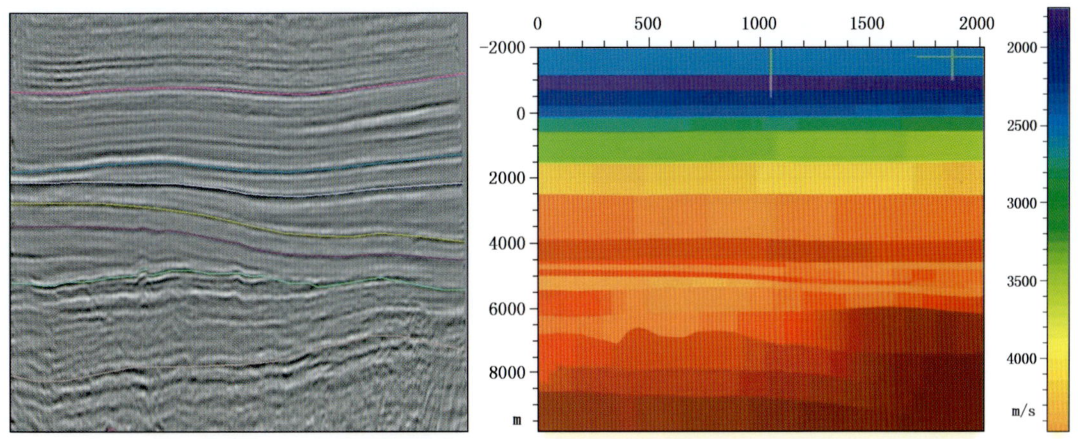

图 3.3.10　考虑膏岩厚度的时间模型和相应的速度—深度模型

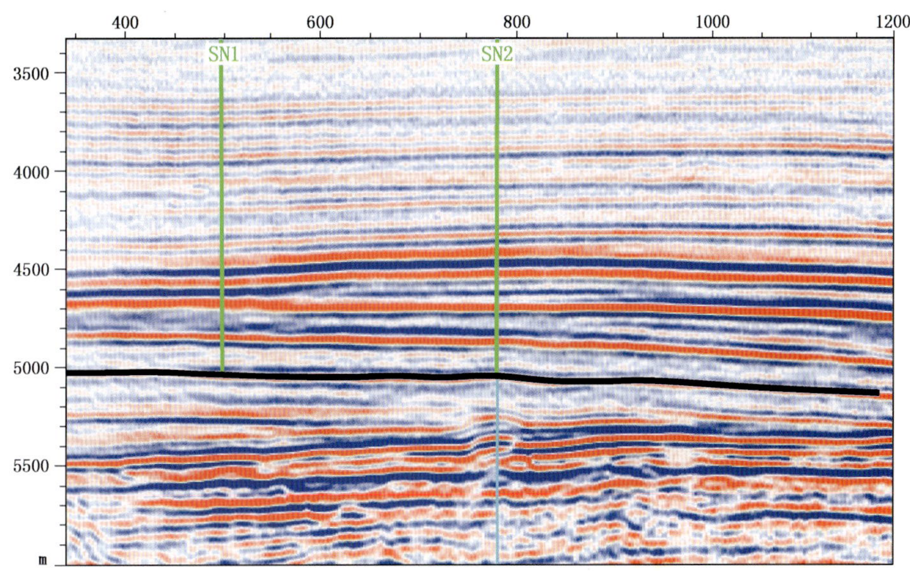

图 3.3.11　考虑膏岩厚度的深度偏移结果

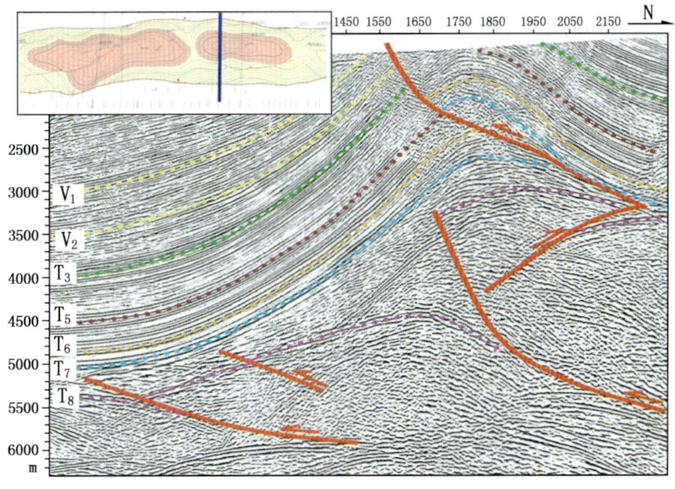

图 3.3.12　BC0X220 测线解释模型

图 3.3.13 为本测线的叠前深度偏移结果，与时间剖面对比，各种复杂的绕射、回转波收敛合理，断层也很好归位，断面波清楚，地层产状和构造形态合理，与已知井吻合较好。

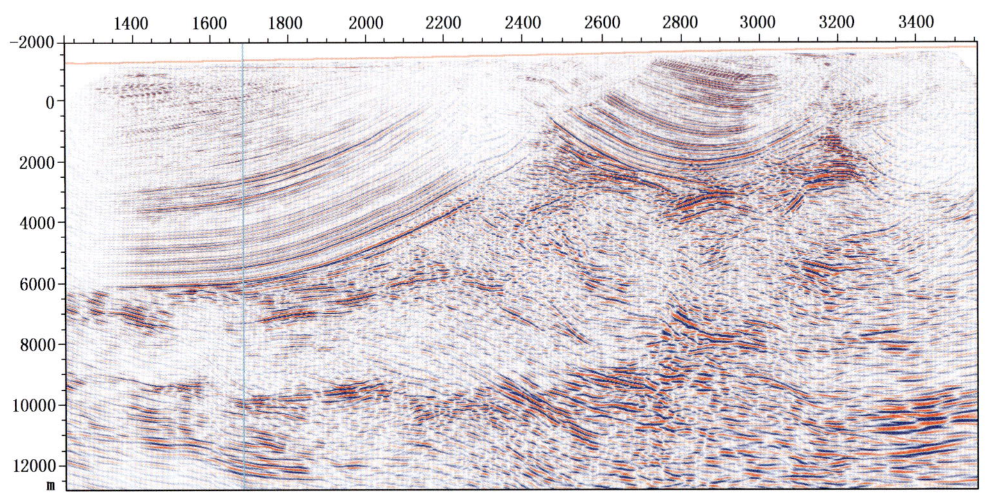

图 3.3.13　BC0X220 测线叠前深度偏移

为了进一步落实和重新认识该构造单元，对 3 条测线进行了叠前深度偏移攻关处理，进一步落实了构造，如图 3.3.14 至图 3.3.16 所示。

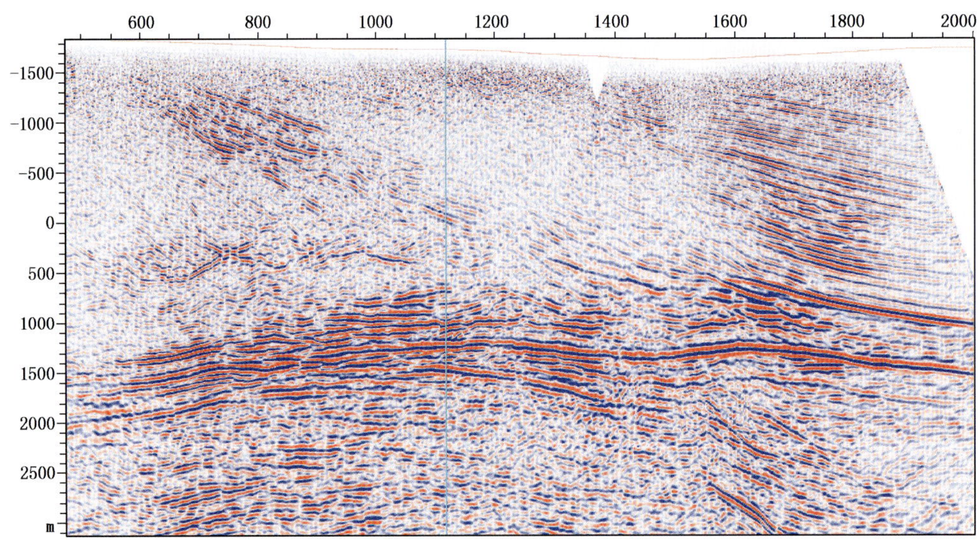

图 3.3.14　BC02－546 测线叠前深度偏移结果

3.3.2.4　YD1 井区叠前深度偏移

YD 地区地震资料品质比较高，叠前深度偏移速度场比较准确，不仅深度偏移成像比较好，而且深度误差也比较小，能取得比较好的地质效果。图 3.3.17 为 YD0X－124 测线叠前深度偏移处理成果，从中可见断层清晰，反射成像好，YD1 构造落实。并且与邻近南喀、玉东 2 等构造钻井吻合。

图 3.3.18 为 H9X－48 测线叠前深度偏移处理成果。在玉东 2 和玉东 1 之间发现新的很有意义的局部构造，为“主体构造走向可能为北东向，即羊塔—玉东 1—玉东 2，在这一条带上可能还有更多局部构造”这一观点增添了佐证。

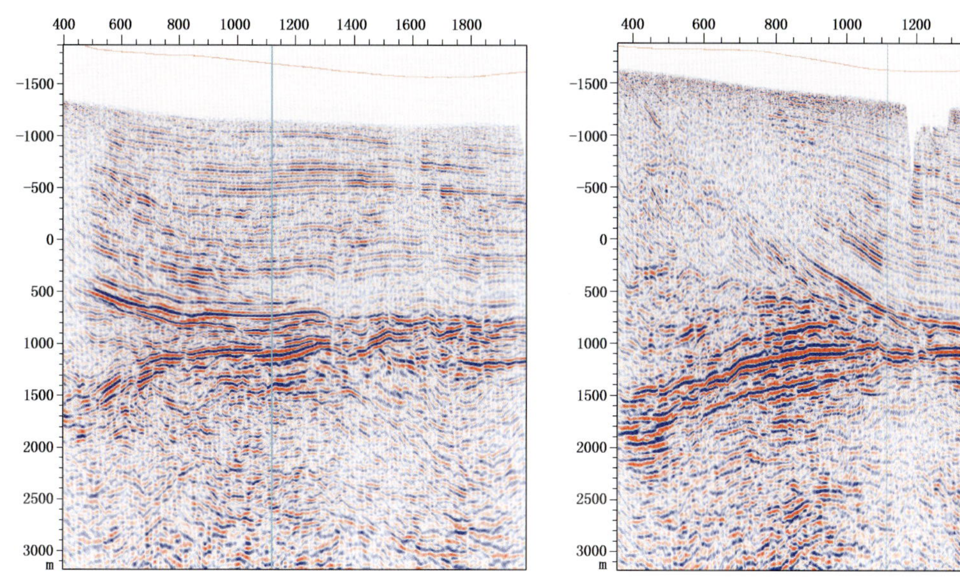

图 3.3.15　BC02－538 测线叠前深度偏移结果　　图 3.3.16　BC02－542 测线叠前深度偏移结果

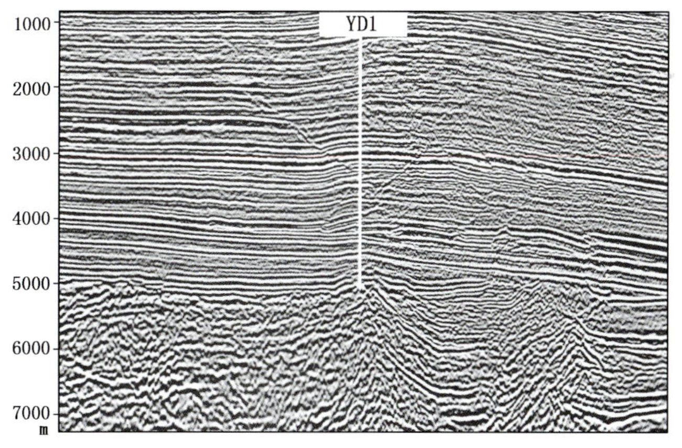

图 3.3.17　YD0X－124 测线深度偏移结果

3.3.2.5　柯西 1 井区深度偏移处理

柯西 1 井区的四条测线中，两条主测线具有比较高的信噪比，速度反演比较可靠。叠前深度偏移成果显示，在深度域中，构造比较落实，面积和幅度比较可观。两条联络测线虽然信噪比相对较低，但有主测线控制，交点处速度和深度闭合，因此柯西 1 构造基本断定为可靠构造。图 3.3.19 为 YC0X－172 的时间偏移结果，构造并不明显，断层不清晰。图 3.3.20 为该线的叠前深度偏移结果，成像有明显改进，断层清晰，且构造落实。

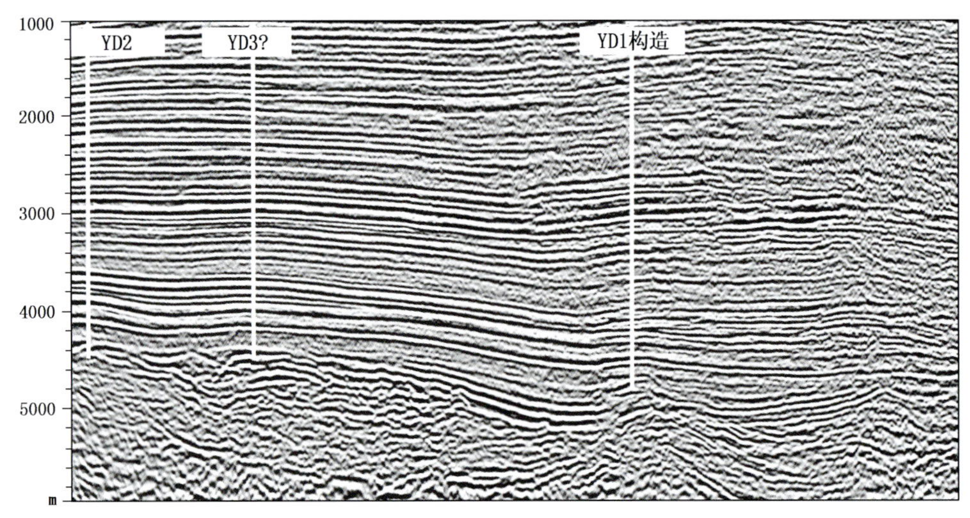

图 3. 3. 18　H9X－48 叠前深度偏移处理成果

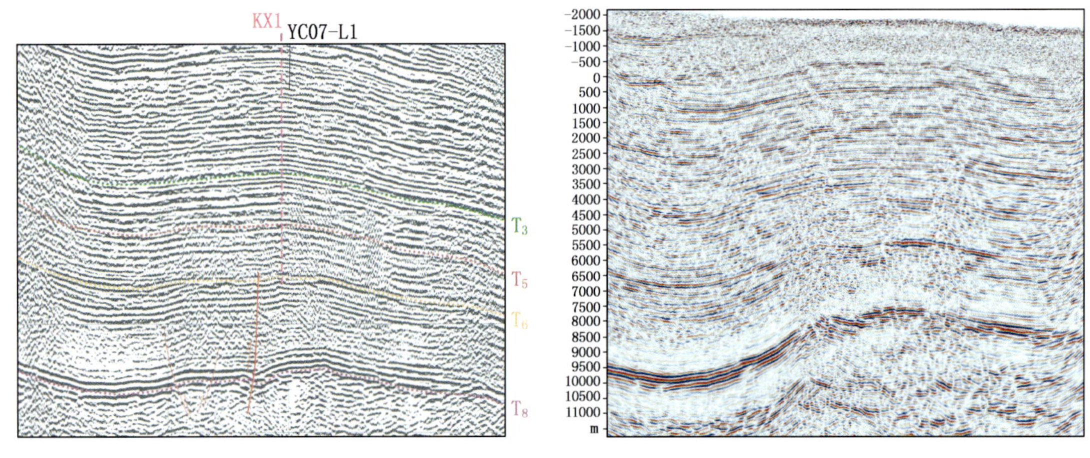

图 3. 3. 19　YC0X－172 时间偏移

图 3. 3. 20　YC0X－172 深度偏移

3. 4　结论

通过对沙南地区、库车地区二维叠前深度偏移攻关结果来看，叠前深度偏移是解决复杂构造成像及恢复地下真实构造形态的有效技术。经过精细速度模型建立、速度精度论证、偏移方法和偏移参数的攻关研究，改善了地震资料的品质，落实了构造高点，对复杂地区构造成像有很大的推动作用。叠前深度偏移处理后的目的层位波组特征清楚，构造成像合理。叠前深度偏移剖面比叠后时间偏移剖面、叠前时间偏移剖面在成像以及构造归位等方面有很大的提高。通过精细的速度模型建立，叠前深度偏移剖面可以准确落实构造形态、刻画构造细节。叠前深度偏移由于考虑了地震波传播过程中的折射项，并且在较好模型基础上进行反射波归位，消除上覆地层速度异常对下覆地层的影响，得到了地下准确的构造形态。所以，在理论上叠前深度偏移的效果要好于时间偏移。从实际处理情况也可以看出，深度偏移在复杂构造成像方面和落实构造方面有很大的优势。在库车地区，膏岩层横向厚度变化大，会导致下覆地层速度和构造形态发生很大变化，需在该地区引起高度关注。

参考文献

[1] 雷刚林．库车前陆逆冲带生长地层及其在油气勘探中的意义．新疆石油地质，2001，22（2）：107～110

[2] 何光玉，卢华复，李树新．库车盆地秋里塔格构造带构造圈闭及油气勘探方向．地质科学，2003，38（4）：506～510

[3] 刘文卿．提高地震速度场精度的一种方法．石油地球物理勘探，2002，37（专刊）：176～178

[4] 井西利，杨长春等．建立速度模型的层分析或成像方法研究．石油物探，2001，41：72～75

[5] 王西文等．多井约束下的速度建模方法和应用．石油地球物理勘探，2003，38（3）：263～267

[6] 马在田．三维地震勘探数据处理的问题及其解决方法．地球物理学报，1988，31（1）：99～107

[7] 杨长春，刘兴材．地震叠前深度偏移方法流程及应用．地球物理学报，1996，39（3）：409～415

[8] 刘喜武，刘洪，刘彬．反假频非均匀地震数据重建方法研究．地球物理学报，2004，47（2）：299～305

[9] 刘喜武，刘洪，年静波．非均匀地震数据重建方法及其应用．石油物探，2004，43（5）：423～426

[10] 樊卫花，杨长春，孙传文，刘文卿．三维地震资料叠前时间偏移应用研究．地球物理学进展，2007，22（3）：837～842

[11] 胡自多，吕锡敏，王建华．库车地区高陡构造低信噪比资料处理方法研究．石油地球物理勘探，2002，37（增刊）：108～117

4 塔里木盆地碳酸盐岩洞缝储层叠前成像与叠前预测技术研究

4.1 概述

随着勘探开发工作的深入，复杂油气藏的勘探开发日益成为研究的重点，复杂油气藏成为增储上产的重要领域。但是复杂油气藏的有效勘探开发技术依然滞后，特别是物探技术，严重制约这些油气藏的勘探开发。

针对塔里木盆地奥陶系海相碳酸盐岩，以塔北、塔中地区非均质性强的洞缝储层为目标，开展叠前储层预测研究工作，以机理的研究带动新技术和新方法的优选、集成和配套，通过岩石物理基础和物理模拟研究，明确复杂储层的地球物理响应特征，在此基础上系统开展复杂储层的地震资料处理、解释和油藏描述方法研究。技术的进步，再次证明了塔里木盆地海相碳酸盐岩并非铁板一块，同时展示了在塔里木盆地奥陶系碳酸盐岩中寻找大中型油气藏的良好勘探前景，为寻找大场面碳酸盐岩油气藏奠定了坚实的基础。

4.1.1 区域概况

4.1.1.1 地质概况

面积达 560000km^2 的塔里木盆地在中国石油工业“稳定东部、发展西部”的战略方针中占有十分重要的地位。国内外的勘探实践证明，碳酸盐岩是克拉通盆地中一种十分重要的储集岩，塔里木古生代克拉通盆地也不例外。自 20 世纪 80 年代以来，先后在塔里木盆地塔中、塔北和巴楚三大隆起上找到了多个下古生界（主要是奥陶系）碳酸盐岩油气藏（图 4.1.1）。但由于碳酸盐岩非均质性强、洞缝发育演化影响因素多原因，油气分布规律极其复杂。

图 4.1.1 塔里木盆地构造单元划分图

塔北地区地表起伏较小，海拔从911～941m不等，而且地表类型比较复杂，主要包括水网沼泽区、林木浮土区和沙丘区三种类型。

塔中地区则主要选择区域构造上属于塔里木盆地中央隆起塔中低凸起北部斜坡，地面海拔1100m左右，地表为浮动沙丘，沙丘相对高程一般在100m左右，属典型大陆性干旱气候，降水量少，蒸发量大，气温变化大，风季一般在3～8月份之间，主要集中在4～6月份，冬季寒冷，最低气温可达－30℃。

（1）塔北地区区域地质特征。

对于塔北地区，轮南古潜山位于塔里木盆地塔北隆起轮南低凸起的中部，构造整体表现为一大型断背斜，划分为轮南断垒带、桑塔木断垒带及北部斜坡带、西部斜坡带、南部斜坡带、中部斜坡带和东部斜坡带。

塔北地区钻遇地层有新生界第四系、古近系、新近系、中生界白垩系、侏罗系、三叠系及古生界石炭系、奥陶系，缺失二叠系、志留系。奥陶系桑塔木组、良里塔格组、一间房组总体由南向北依次剥蚀尖灭（表4.1.1）。含油气层段主要为中下奥陶统一间房组及鹰山组鹰1段，其次为吐木休克组底部、良里塔格组上部和桑塔木组下部。主要储集层为鹰山组、一间房组和良里塔格组上部礁滩体粒屑灰岩，盖层为上覆吐木休克组泥灰岩段和桑塔木

表4.1.1 塔北地区地层简表

地层					层位代号	岩性简述	岩相
界	系	统	组	段			
中生界	白垩系				K	细砂岩、粉砂岩、砂砾岩、泥岩	陆相
	侏罗系				J	粉砂岩、泥岩、煤层	
	三叠系				T	泥岩、粉砂岩、砂砾岩、细砂岩	
上古生界	石炭系	下统	卡拉沙依组		$C_{1-2}k$	泥岩、灰质泥岩、粉砂岩、砂砾岩、细砂岩、石灰岩	海陆交互相
			巴楚组		C_1		
	泥盆系		东河塘组	东河砂岩段	D_3		
下古生界	奥陶系	上统	桑塔木组	碎屑岩段	O_3s	以灰色泥岩为主，夹灰色薄层泥质灰岩	海相
			良里塔格组	瘤状灰岩段	O_3l	绿灰、灰白、褐灰色瘤状灰岩，瘤体间为灰绿色泥质充填，瘤体为泥晶—亮晶粒屑灰岩、藻凝块灰岩、藻团块灰岩等	
			吐木休克组	泥灰岩段	O_3t	上部为紫红色粉砂质泥岩，下部为褐灰色瘤状泥粉晶灰岩、泥晶粒屑灰岩	
		中统	一间房组	鲕粒灰岩段	O_2y	浅灰色亮晶砂屑灰岩、鲕粒灰岩、生屑灰岩、泥粉晶灰岩	
		中下统	鹰山组	鹰1段	$O_{1-2}y^1$	褐灰色亮晶砂屑、生屑灰岩，泥粉晶灰岩	
				鹰2段	$O_{1-2}y^2$	灰褐色砂屑灰岩、泥晶灰岩夹含云灰岩	
				鹰3段	$O_{1-2}y^3$	灰褐、褐灰色云质灰岩、含云灰岩	
				鹰4段	$O_{1-2}y^4$	褐灰、灰褐色灰岩夹含云灰岩	
				鹰5段	$O_{1-2}y^5$	褐灰、灰褐色云质灰岩、含云灰岩	

组泥岩，储盖组合良好。

(2) 塔中地区区域地质特征。

塔中古隆起是早奥陶世末开始形成的寒武—奥陶系的背斜古隆起，构造演化可分为四个主要阶段：

古隆起形成期——早奥陶世末期：以断块运动为主，奠定塔中构造格局。塔中地区寒武纪—早奥陶世与满西地区连为一体，沉积巨厚台地相碳酸盐岩。早奥陶世末由于区域构造折返，塔里木盆地从伸展构造状态进入挤压构造环境，古地理格局从东西分异变为南北分带。塔中Ⅰ号断裂发生强烈的北东向冲断运动，造就了塔中隆起的北西向构造格局，形成北西向巨型断隆，同时中央主垒带也逐步产生，塔中古隆起发生强烈的抬升剥蚀，出现广泛的沉积间断，缺失中奥陶统与上奥陶统下部吐木休克组，形成第一期广泛分布的下奥陶统风化壳型储层。

古隆起定型期——晚奥陶世末期：以褶皱运动为特点，形成了塔中复式背斜的基本格局。晚奥陶世良里塔格组沉积期，在塔中低凸起上沉积台地相灰岩，沿塔中Ⅰ号坡折带发育台缘礁滩复合体，北部满西地区相变为盆地相砂泥岩。奥陶纪晚期，古昆仑洋与中昆仑地块发生碰撞，阿尔金岛弧与塔里木板块发生拼接，产生广泛的火成岩活动，在塔中地区形成强烈的板内构造活动。塔中Ⅰ号坡折带中西部没有大型断裂活动，只是随塔中隆起整体抬升，中央主垒带构造运动剧烈，但影响范围有限，塔中隆起大幅度隆升，以褶皱变形为主，并产生广泛的剥蚀。地震剖面上上奥陶统顶部波组削截现象明显，塔中Ⅰ号坡折带下盘奥陶系碎屑岩比上盘厚逾1000m，东部构造活动强烈，抬升剥蚀量大，造成塔中东高西低的构造格局，志留系由西北向东南部隆起区上超尖灭，奥陶系碎屑岩从南北凹陷向隆起轴部很快减薄尖灭，形成北西西向巨型的背斜隆起，塔中古隆起基本定型。

古隆起改造期——志留纪至泥盆纪：在加里东末期至早海西期，古昆仑洋闭合，形成塔西南前陆盆地，阿尔金断隆强烈隆升，塔中古隆起遭受来自西南方向的强烈构造作用，在塘古孜巴斯凹陷及塔中隆起东部产生强烈的冲断作用，形成一系列的北东向断裂，塔中大背斜向东抬升，中西部地区发育一系列北东向走滑断裂，塔中东段抬升并形成北东向断裂带，形成石炭系沉积前西低东高、起伏不平的低山丘陵地貌。

局部调整期——晚海西期：仅在主垒带有局部断裂活动，塔中西部存在广泛的火成岩活动，塔中隆起整体向东翘倾，塔中古隆起高点逐渐向东迁移。此后塔中仅发生稳定差异升降运动，形成了现今的构造格局。

总体而言，塔中古隆起是一个寒武系—奥陶系的巨型褶皱背斜隆起，形成早、定型早，早奥陶世末已经形成，志留系沉积前基本定型。早奥陶世末以断块运动为主，奥陶纪末以褶皱运动为主，塔中古隆起基本定型，早海西期后以构造迁移及改造为特征。塔中古隆起形成演化北早南晚、构造作用西弱东强，经历多期构造作用叠加，其走向逆时针旋转。

4.1.1.2 勘探历程

塔里木盆地复杂海相碳酸盐岩勘探的成功，在勘探指导思路上得益于明确以寻找大油气田为主，从勘探勘探的思路全面转向岩性勘探，勘探层系从上构造层转向下构造层碳酸盐岩，勘探方向从高部位转向低部位斜坡区，勘探目标从构造圈闭转向岩性圈闭（周新源，王招明等，2009）。塔里木油田的台盆区碳酸盐岩地震勘探可以分为四个阶段：

第一阶段为构造勘探阶段（1987—1995 年）。主要应用构造描述技术和常规钻井技术，以塔北轮南奥陶系潜山大背斜及塔中奥陶系潜山为勘探目标。这一阶段虽然多口井获得工业油流或见到良好显示，但未能形成工业产能规模，反映奥陶系潜山风化壳储层极不均质和潜山油气聚集规律的复杂性。第二阶段为构造—储层勘探阶段（1996—1999 年）。随着勘探认识程度的提高，开始采用储层预测和油层保护钻井技术，潜山油气勘探取得重大突破。特别是 1998—1999 年，地震相干体处理解释技术、欠平衡钻井技术和大斜度钻井技术的成功应用，大大提高了认识，加快了勘探步伐。第三阶段为岩溶洞缝体系勘探阶段（2000—2006 年）。将现代岩溶学理论与地震储层预测技术有机结合，形成了以地球物理处理和解释为主体的岩溶解释技术系列，包括岩溶地震解释成图技术、岩溶储层地震预测技术、岩溶地质综合分析技术等。第四阶段为岩溶洞缝体系精细刻画阶段（2007 年至今）。将模型正演、岩石物理分析及叠前地震描述技术引入，从储层“串珠状”反射机理到洞缝有效识别及半定量刻画都有很大发展。同时，综合研究方面也取得了丰硕成果，明确了岩溶古地貌的斜坡是储层发育的有利位置，后期走滑断裂活动是洞缝储层形成的重要改造因素。针对潜山斜坡部位进行的钻探，成功率显著提高，洞缝的钻遇率超过 90%，在潜山勘探与产能建设方面取得了突破性进展。勘探每个阶段的进展，都伴随着地震勘探技术的创新和进步，伴随着地震技术的发展和进步，对塔里木盆地塔中、塔北奥陶系海相碳酸盐岩储层的认识也是不断提高、丰富和完善，整体勘探成功率也在逐渐提高。

4.1.1.3　洞缝储层特征及主控因素

塔里木盆地奥陶系深海碳酸盐岩储层主要是在断层、构造裂缝和溶蚀作用下形成具非均质分布的准层状储集体，包括孔洞型、裂缝型及洞缝复合型及洞穴型等储层类型。这些类型储层，如果没有裂缝的参与，都很难形成优质碳酸盐岩储层。但是，只有裂缝而没有大量的孔洞作为有效储集空间，也绝不可能成为好储层，至少会导致不稳产（朱筱敏，顾家裕，贾进华等，2003）。

（1）孔洞型储层。

在 FMI 成像图上观察到溶蚀孔洞，一般呈不规则暗色斑点状分布。图 4.1.2 为塔中 45 井岩心照片、常规曲线及 FMI 成像图，FMI 图像可见暗色斑点，常规测井曲线（6085～6105m）中电阻率呈相对低值，深浅侧向差异较大，密度低值，声波时差增大，反映溶蚀孔洞较发育。

（2）裂缝型储层。

在成像测井上较易识别裂缝（表现为黑色的正弦曲线）并判断其产状和有效性。图 4.1.3a 为塔中 86 井奥陶系常规测井曲线（6297～6317m）、FMI 成像图及岩心照片，可见裂缝、微裂缝发育，部分泥质或方解石充填、半充填。在 FMI 成像图上观察到未充填缝或泥质充填缝呈暗色线状，而方解石充填缝呈连续亮色线状，方解石半充填缝呈断续亮色线状。中古 17 井奥陶系 FMI 图像中可见多条低阻网状裂缝，裂缝面有轻微溶蚀现象，基质及次生孔洞均不发育。由常规测井曲线上（6430～6460m）可知裂缝发育井段电阻率呈相对低值，深、浅侧向电阻率差异较大，密度值降低，声波时差增大（图 4.1.3b）。

（3）裂缝—孔洞型储层。

图 4.1.4 为塔中 86 井成像测井资料（6267～6287m），可看到沿缝发育的溶蚀孔洞，这

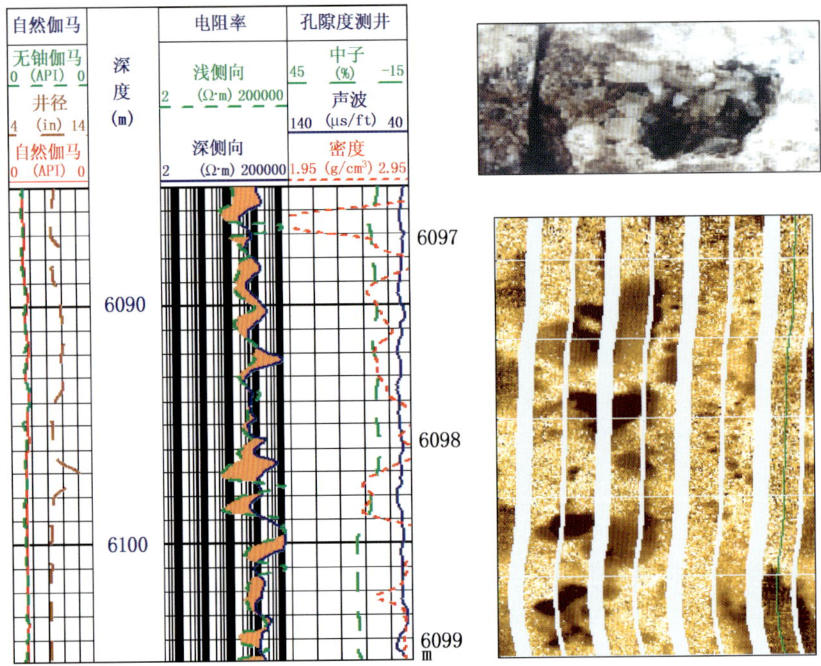

图 4.1.2　塔中 45 井岩心照片、FMI 图像反映的孔洞型储层

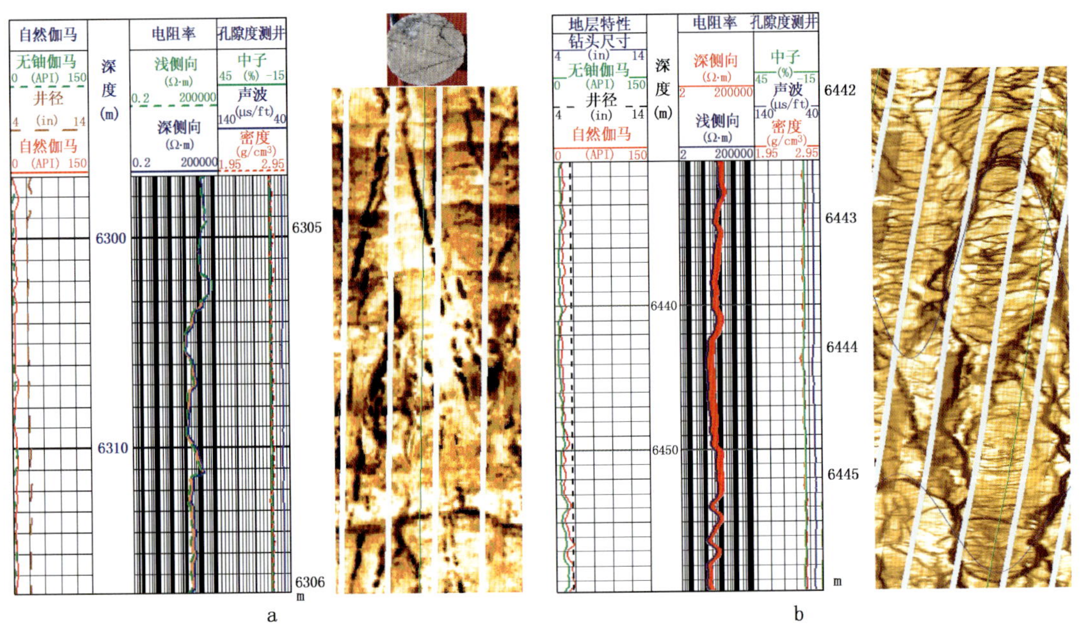

图 4.1.3　塔中 86（a）、中古 17 井（b）岩心照片、FMI 图像反映的裂缝型储层

类缝洞组合的层段其渗流能力较单一孔洞型储层好，是较为有利的储层。

（4）洞穴型储层。

图 4.1.5 为塔中 45 井常规及成像测井资料（6075～6095m），从 FMI 图像上可看到明显较大面积的暗色斑块，常规测井曲线中电阻率值低，深、浅侧向差异大，密度值降低很

多，反映此井段洞穴发育，该类储层的孔渗都较高，是非常有利的储层，产量也较高。但该类储层段岩心收获率很低。

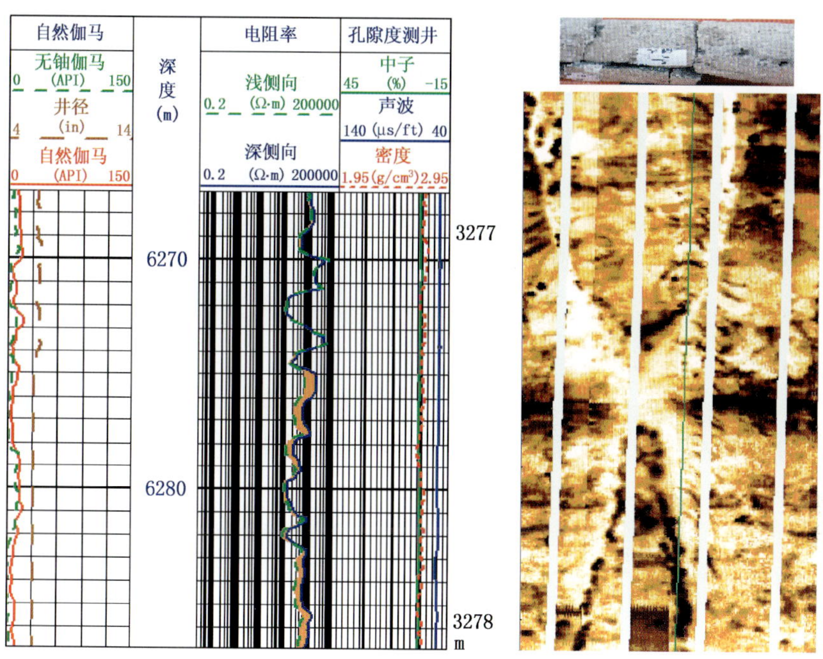

图 4.1.4　塔中 86 井岩心照片、FMI 图像反映的裂缝—孔洞型储层

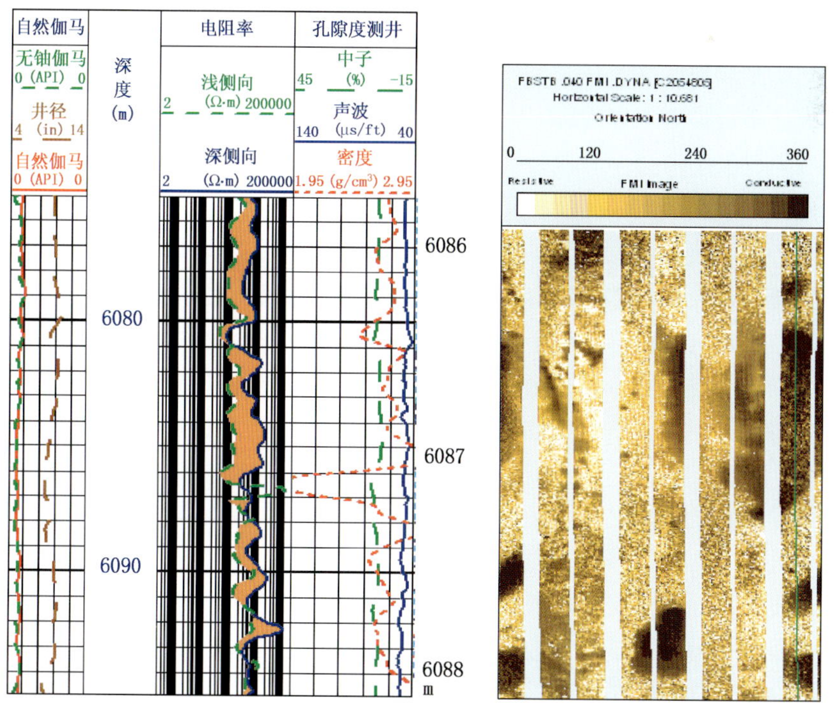

图 4.1.5　塔中 45 井岩心照片、FMI 图像反映的洞穴型储层

4.1.2 研究难点与技术思路

4.1.2.1 研究难点

至2009年，在塔中、塔北地区奥陶系勘探开发中的高效井不足50%，充分说明了海相碳酸盐岩洞缝储层的强非均质性及碳酸盐岩油气藏的复杂性。碳酸盐岩油气藏研究的难点主要体现在地质的复杂性、地震资料低品质及地震解释多解性等三方面。

4.1.2.1.1 地质方面

地质难点包括以下几个方面：

(1) 储层类型多。奥陶系碳酸盐岩储层的主要储集空间首推溶洞；其次是构造缝和网状微裂缝系统；第三是缝合线、缝合线伴生溶孔，晶间孔和晶间溶孔、粒间溶孔，粒内溶孔和微孔隙。其中次生孔隙占主导地位，原生孔隙相对较不发育，对储层的贡献很低。而储层的渗滤通道主要是构造缝和微裂缝系统。

(2) 有效储层层系多、横向变化大，导致有效储层不易识别。

(3) 构造多期活动，形成复杂的断裂体系，增强了储层空间的复杂性。

(4) 流体识别和含油气预测难度大。

上述难点中的储层横向变化大、有效储层识别和预测及含油气性识别和预测这两个方面，在勘探生产中降低了钻井成功率，是碳酸盐岩洞缝储层研究中的重点内容。

受低频、低信噪比地震资料解释的限制，许多石油地质条件的认识仍比较薄弱，仍需加强基础研究和方法攻关。

4.1.2.1.2 地震成像方面

对于塔中、塔北地区的低信噪比、低分辨率资料，经过原始资料的品质分析，认为：(1) 受地表条件的影响，面波比较发育，而且面波的最高速度达1200m/s。经过频谱分析与频率扫描，低频端的面波频谱能量远远大于该频段有效波能量，面波频率范围在2～12Hz之间。另外原始单炮记录上还发育一些高频噪声、高能量的异常振幅、线性干扰波，以及随机噪声等。(2) 目的层原始主频比较低，高频信号弱。通过原始单炮记录频谱分析，浅层反射波的原始主频一般在30Hz左右，目的层反射波的原始主频在20Hz左右，频率范围集中在6～40Hz。(3) 主要目的层奥陶系埋藏较深，岩层间速度差异小，在其内部很难形成波阻抗界面，反射微弱，成像较差，造成内幕资料分辨率和信噪比相对较低。(4) 目的层多次波发育，多次波不但对有效信号产生干涉，对目的层的信噪比和连续性产生一定影响，直接影响成像效果，而且影响速度分析的精度，尤其是叠前时间偏移的剩余延迟分析。(5) 碳酸盐岩内部洞缝储层的强非均质性造成偏移速度极其敏感，直接影响“串珠”反射成像的精度。

通过对原始资料的资料品质、频率、信噪比、噪声发育情况等方面的分析，塔中、塔北地区地震资料处理存在以下技术难点：

(1) 噪声发育，目的层资料信噪比低。如何有效压制各种干扰，尤其是多次波的压制，以提高目的层反射信号信噪比，是改善成像品质的难点之一。

(2) 碳酸盐岩油气藏类型复杂，储层纵横向非均质性强，溶洞充填程度差异大，油水关系复杂，如何提高资料振幅保真度、合理提高地震信号分辨能力是成像的第二个难点。

(3) 目的层断裂发育，“串珠”、尖灭、不整合等地质现象多，成像精度要求高，而且偏移速度敏感，如何有效提高成像精度是第三个难点。

4.1.2.1.3 地震解释多解性方面

塔里木盆地奥陶系构造复杂及碳酸盐岩储层非均质性强，而且地震信噪比、分辨率较低，在洞缝储层的地震解释方面主要存在如下几个问题：

（1）储层类型的多样性，造成其地震响应特征的不统一，只有较大洞缝型储层才能在纵波剖面上有明显响应，并存在多解性；另外，低孔、低缝及裂缝型储层在声波上没有明显的特征，叠后地震技术很难对此识别与预测，难以精细刻画储层特征。

（2）叠后地震资料分辨率低，内幕不整合面特征不清，很难识别小孔、小缝等“非串珠”储层；纵波地震信息很难反映裂缝型储层。

（3）洞缝储层强非均质性及后期充填物复杂，包括油、气、水及泥质充填，导致流体识别难度加大。

4.1.2.2 技术思路

叠后地震技术对碳酸盐岩洞缝储层很难精细刻画，应用叠前地震技术可以提高预测有效储层分布及流体性质识别的精度。因此，针对复杂碳酸盐岩洞缝油气藏，以保真成像处理为基础，形成叠前地震资料的精细描述配套技术体系，为油气藏预探、评价井位优选提供技术依据。具体而言：（1）以碳酸盐岩油气藏地震资料保真高分辨率处理为目标，重点围绕静校正、吸收补偿、去噪、反褶积、动校叠加、叠前偏移等关键环节，开展系列技术攻关和应用研究。（2）以碳酸盐岩油气藏的地震识别、预测和综合评价为目标，在地质理论指导下研发和应用叠前地震描述技术，寻找有利勘探目标，完成储量任务与井位目标。

利用现有资料进行塔里木盆地塔中、塔北地区奥陶系碳酸盐岩储层预测和流体检测存在很多难点，具体表现在三个方面：（1）原始地震资料；（2）储层预测精度；（3）流体检测。因此，常规叠后地震技术显然不能完全解决研究区的储层预测和流体检测的要求。而利用叠前地震信息（AVO分析和叠前地震反演、叠前地震属性等），不但能降低预测多解性，而且还可以得到直接反映地下岩层信息的资料，除了纵波阻抗外，还有横波阻抗、纵横波速度和密度等，由此可以计算所有弹性参数，为岩性和流体识别与预测提供了广阔的空间，是开展复杂储层描述的最有潜力的工具。

因此，针对地震资料精度低、储层复杂及流体检测难三个方面，制定如下研究思路：（1）在保真前提下，应用提高信噪比、分辨率的地震处理技术，以及高精度成像的叠前时间偏移技术，提高奥陶系内幕反射质量及提供可靠叠前CMP道集，做到基础资料扎实、可靠；（2）利用叠前反演体和叠前属性突出储层特征，增强储层与非储层的差异，达到便于识别与预测的效果；（3）AVO分析及叠前多属性融合提高流体识别能力；（4）利用叠前多方位信息，进行裂缝预测，提高裂缝预测精度。

要解决以上三个问题，必须充分利用该区地震和测井资料及地质资料，从井点出发，开展扎实的基础研究，深入分析岩性和流体敏感因子，确定有效参数，开展叠前地震属性和叠前反演方法研究，提高洞缝和流体识别与预测的能力，具体技术流程如图4.1.6。在进行叠前地震属性分析和地震反演时，强调共享地质—地震模型，即在整个过程中不同方法使用相同的模型；同时也强调地质—地震模型的约束，以提高储层空间位置的预测精度。

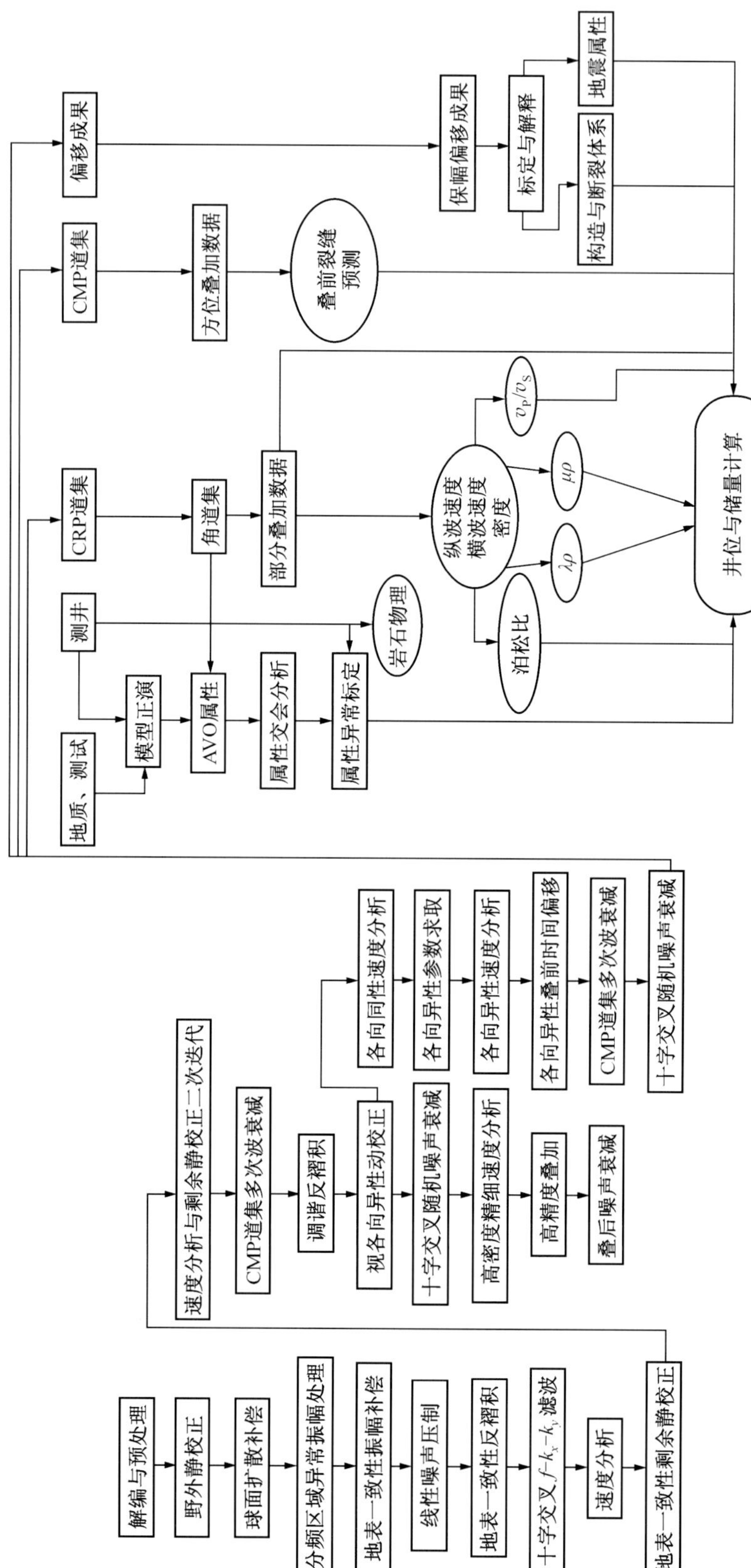

图 4.1.6 塔里木盆地奥陶系碳酸盐岩洞缝储层研究流程

4.2 叠前成像的关键技术

4.2.1 叠前成像的关键点

塔里木盆地奥陶系目的层段因埋深大，地震资料普遍频率低、信噪比低，塔中地区受地表沙丘影响，资料品质相对塔北相差较多，尤其信噪比更低。因此，针对资料特点与储层预测的要求，整个成像过程突出精细、强化振幅保真度、确保目的层的信噪比、分辨率，以及准确成像。采用高保真、高信噪比、高分辨率和准确成像的“三高一准”处理，强化地表一致性全三维处理技术，注意保护低频，提高奥陶系潜山及内幕资料的信噪比，提高目的层段CMP道集和CRP道集的信噪比。在岩性油气藏勘探中，为了能有效识别岩性油气藏，通常要求对地震资料做提高分辨率处理，但过分强调高分辨率和高信噪比会使处理结果的保真度变差（王西文，赵邦六，吕焕通等，2009）。因此，在成像过程中，以保真为主，适当提高分辨率及信噪比。

（1）处理解释一体化思路。针对有利勘探区块，在地质目标和地质构造指导下进行目标精细处理。每一步关键处理环节，结合地质、钻井、测井资料，利用合成地震记录，对井旁地震道进行层位标定和对比，确保处理时振幅、频率、相位、波形的相对保持，严格控制处理质量，使地震资料的分辨率、信噪比逐步提高。然后在成果数据体上进行精细储层预测和资料解释，利用解释成果检测和评价地震资料的处理质量，对有利含油区和有利储层，根据需要重新进行目标精细处理，包括处理模块、关键参数的合理性进行定量分析，优化处理流程，提供符合地质特征的高保真地震资料，为高精度储层预测奠定良好基础。

（2）振幅、波形保真处理。消除非地质因素（仪器、地表、低降速带、噪声、地震波的球面扩散和地层的吸收衰减等）引起的振幅、频率和相位变化，保留由于地质因素引起的振幅、频率和相位变化，突出地层岩性信息。为了确保地震资料预测结果的可靠性，保幅处理贯穿了处理的每个环节。加强地表一致性的振幅处理，保持全区的振幅相对一致。选取处理模块和流程时，尽可能做到保幅处理和地表一致性处理。做好能量补偿、噪声干扰的适度去除、反褶积、子波整形和统一、高频信息补偿，提高资料信噪比和分辨率。根据地质认识和地质成果，在关键处理环节，对有利目标区的地震反射特征和振幅信息进行定量分析。

（3）加强质量监控和数据定量分析。每个关键环节定量分析资料的信噪比、振幅能量关系和分辨率，有效频带范围，振幅随时间、炮检距和空间的变化关系，目的层段要自相关分析子波的变化，为了保持振幅相对关系和质量监控提供依据。

（4）根据噪声的发育特点，在处理的不同阶段进行多步压制，在引进十字交叉排列上的压噪技术前提下，尽可能使用减去法去噪，以保证地震资料的保真度。

（5）井控反褶积，采用串联反褶积的方法，结合VSP资料，合理选择反褶积方法与参数，达到在保持较高信噪比的前提下，尽可能达到提高地震资料分辨率的目的。

（6）高精度速度分析，针对奥陶系洞缝储层发育并且密集的特点，采用逐步加密速度网格的思路，用较大的速度网格控制全区的速度变化，进一步加大速度分析点的密度，确保“串珠”反射准确成像。

（7）基于浮动基准面的各向异性三维叠前时间偏移，在做好各向同性叠前时间偏移的基础上，分析各向异性特征，由VSP资料求取各向异性参数，消除各向异性的影响，从而提高各种地质特征在剖面上的分辨能力。

4.2.2 叠前成像的关键技术

对于塔里木盆地深层奥陶系地震资料，提高其成像品质的关键是如何去噪、如何进行精细速度分析及偏移方法的选择。

4.2.2.1 叠前去噪技术

根据噪声的发育特点，在处理的不同阶段进行多步压制。同时，采用了一系列新的技术措施，使得去噪方法由二维转向三维，资料信噪比大大提高，保真度也较二维去噪方法大幅度提高。形成了一套针对碳酸盐岩的高保真去噪技术系列，噪声得到合理的压制，保证了碳酸盐岩内幕的信噪比。

4.2.2.1.1 分频区域异常振幅处理（ZAP）

区域异常振幅处理是地表一致性处理模块，根据地震记录能量符合地表一致性假设，把地震记录能量在共炮域、共检波点域、共偏移距域、共 CDP 域进行四域分解，计算出异常振幅，可以用来衰减强能量的异常振幅。从原始单炮分析得知，炮集上由浅到深存在部分异常振幅、强振幅，这些异常振幅，会影响后续处理的效果，如振幅补偿、反褶积、偏移等，对叠前地震资料的储层预测和油气检测影响更大。

同有效信号一样，噪声在不同时间段的频率也是不一样的，分频区域异常振幅处理就是根据噪声在不同时间段的频率分布规律，对地震数据进行合理的频带分隔，认识不同频带内信号和噪声的展布规律，实施针对性的处理，能够进一步加强去噪结果的保真度，进而提高数据处理精度。分频区域异常处理较常规的区域异常处理的优势在于，利用干扰波的优势频带提取其特征，而在非优势频带内利用已得到的特征作为约束，进而识别干扰波。

塔北地区面波有两个特点：频率低，主要集中在 2～12Hz，而有效波的有效频带为 8～50Hz；能量高，尤其是在碳酸盐岩目的层，面波能量级别远远大于有效波的能量级别，因而根据有效波与面波在频率与能量之间的差异，把强能量的面波看作异常振幅，并且在面波的有效频带范围内进行压制，不进行域的转换，资料的保幅性更好。压制过程中，不仅考虑到面波压制后的信号，更重要的是分析压制掉的噪声，如果用同一能量级别显示压制掉的噪声与压制噪声之后的单炮，那么在噪声单炮上几乎看不到面波之外的能量，但是如果把显示级别降到很低，噪声单炮上就可以看到一些低频的有效信号，这是由于 8～12Hz 为有效波与面波的重叠频率，有效信号受到了损伤。因而压制掉的噪声中还有一部分低频信号，同样在该频段内，再次根据有效信号与面波能量的差异从噪声单炮中将有效信号提取出来反加到信号中去，从而使有效信息不受到伤害，大大提高了资料的保真度，如图 4.2.1 所示。

分频区域异常处理时，分三个大时窗进行统计，窗内异常振幅的主频经扫描分别确定为 14Hz、8Hz、6Hz，低频面波作为强能量被统计出来。从叠加剖面上看，浅层的线性的折射波得到了很好的压制，如图 4.2.2 所示。

试验参数如下：时窗长度为 100，300，500，800ms；振幅限制因子为 1.0，0.9，0.8，0.7，0.6，0.5，0.4。最后采用参数：时窗长度为 300ms；振幅限制因子（3 个时窗）为 0.6，0.65，0.75。

4.2.2.1.2 十字交叉排列道集在去噪中的应用

十字交叉排列是一种新的数据分选方式，一般来讲，观测系统大概可以分两种情况，一是炮线、检波线为正交关系；二是炮线、检点波线非正交关系。在作十字交叉排列时先将炮线、检波线旋转为正交关系，然后，再抽取一条检波线和此检波线对应的每条炮线的信息，其中一条炮线和一条检波线的信息就叫做一个十字交叉排列，也可以简单地理解为三维数据

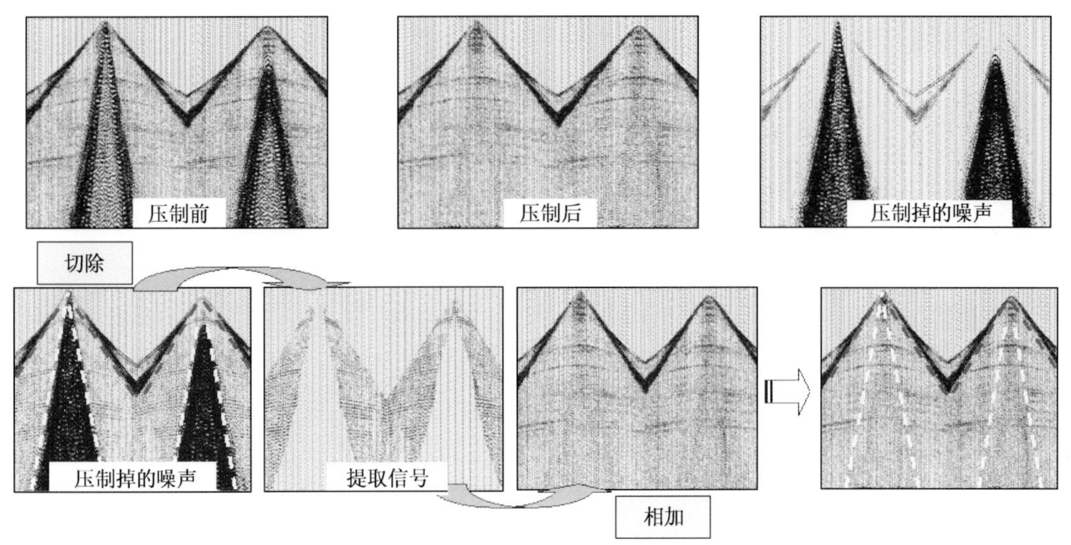

图 4.2.1 分频异常振幅处理前后单炮

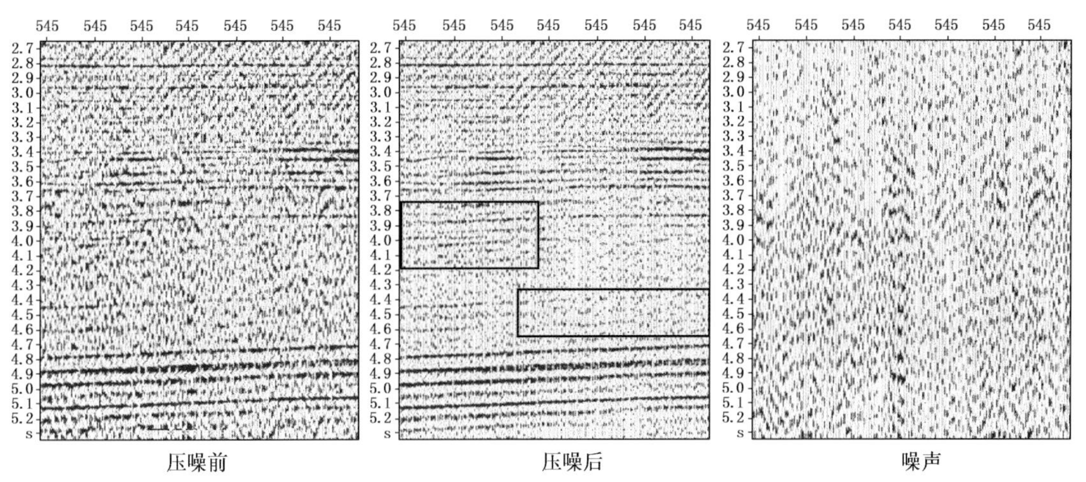

图 4.2.2 分频异常振幅处理前后剖面及噪声剖面

体中局部的一小块数据。因而在此道集上，很多三维的处理方法得以方便地应用。

（1）$f-k_x-k_y$ 技术——残余面波 、线性噪声的压制。

在反褶积前，面波得到很好的压制，但是，反褶积后低频噪声得到放大，面波区又出现一些低频线性干扰，如图 4.2.3 所示。针对这些干扰，在十字交叉排列上做三维 $f-k_x-k_y$。三维 $f-k_x-k_y$ 滤波是叠后地震资料线性噪声压制方法，但由于三维单炮记录在非纵方向道距太大，相干噪声难以预测或拟合，在 $f-k$ 域由于空间采样不足产生严重的假频，采用三维 $f-k_x-k_y$ 很难取得满意的效果。其次在三维单炮记录上，由于非纵偏移距的影响，面波在远炮点排列上呈双曲线分布，而 $f-k$ 滤波要求在空间上的采样是规则的，因此，采用二维 $f-k$ 滤波很难将远炮点排列上的面波压制。

在十字交叉排列道集上，面波在三维空间呈锥形分布，线性噪声在该方向上可以很好地被预测或拟合，并且空间采样也是规则的，因此三维 $f-k_x-k_y$ 锥形滤波法在十字交叉排列

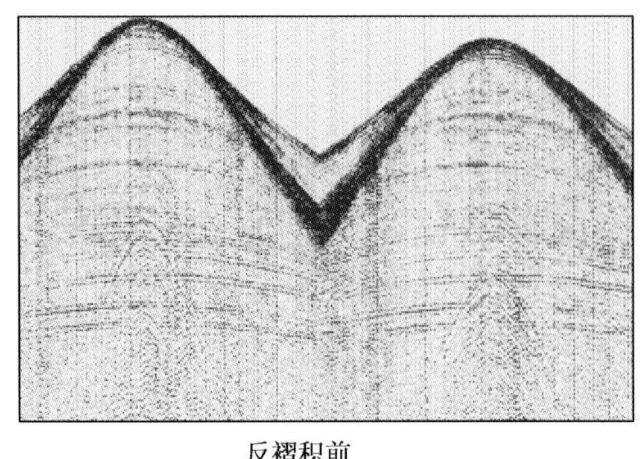

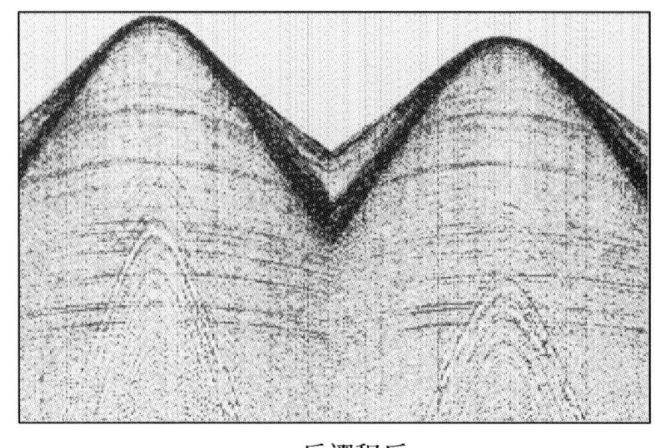

图 4.2.3　反褶积前后低频噪声的变化对比

数据体上，可以很好地压制面波等线性噪声，实现真正的叠前三维滤波。去噪效果要好于二维 $f-k$，如图 4.2.4 所示。从剖面上可以看出，低频的线性干扰得到很好的压制。另外，从噪声单炮上看，三维 $f-k_x-k_y$ 滤除掉的噪声更加合理，明显优于二维 $f-k$，保真度较二维去噪方法也大幅度提高。

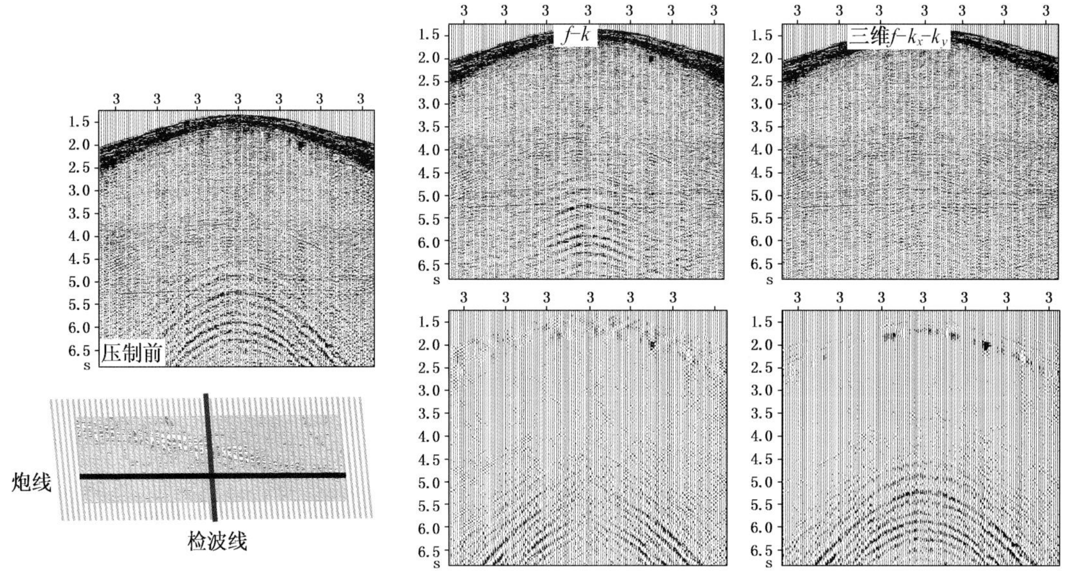

图 4.2.4　十字交叉排列道集上三维 $f-k_x-k_y$ 去噪前后单炮

（2）三维叠前随机噪声衰减。

原始数据上的噪声除面波干扰，规则的线性干扰之外还有一些相干性较差的随机噪声。目的层信噪比比较低，在 CMP 道集上有效波难以连续追踪，随机噪声的存在严重影响地震资料的信噪比，直接影响叠前预测的结果。针对这一类型的干扰波，做了大量的试验，在炮集上、CMP 道集上、共检波点道集上作 $f-k$、$t-x$ 域减去法去噪、FXCNS 去噪，经过反复试验，最终确定在十字交叉排列上用三维叠前随机噪声衰减的方法来压制这些随机噪声，取得了很好的效果。叠前随机噪声压制后的 CMP 道集的信噪比明显提高，尤其目的层段。CMP 道集质量的提高为后续的叠前时间偏移及油气藏叠前描述提供了很好的基础道集资料。图 4.2.5 为三维叠前随机噪声衰减前后的 CMP 道集。

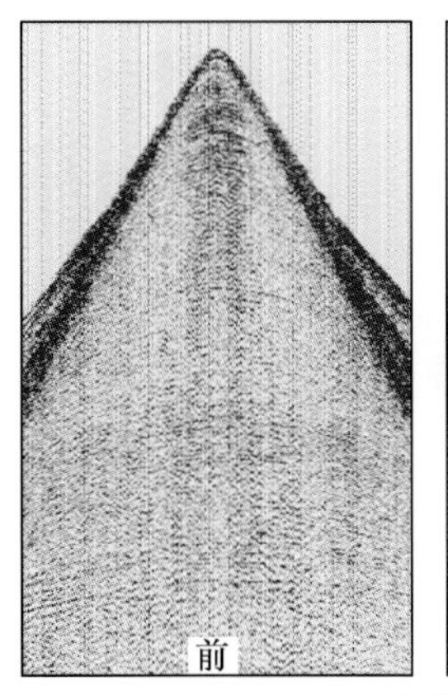

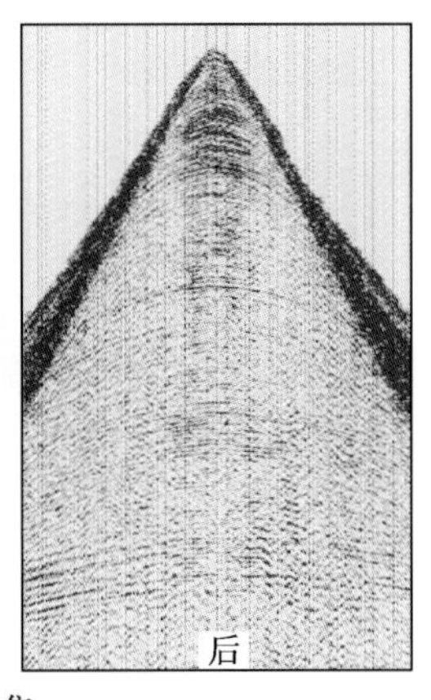

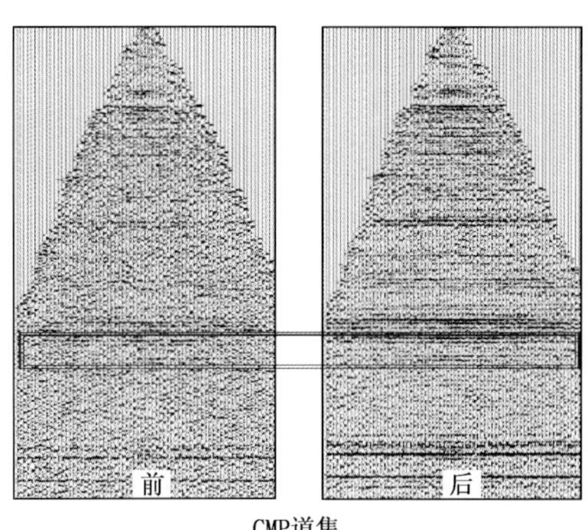

图 4.2.5　三维叠前随机噪声衰减前后的 CMP 道集

4.2.2.1.3　优化观测系统——线性相干噪声的压制

在面波区域以外，单炮上还发育一些频率比较高，频带范围接近有效波的线性噪声，这些线性噪声在近炮点排列上呈线性，但是在远离炮点的排列上由于非纵偏移距的影响呈非线性分布，从而使得一般的压制线性噪声的方法在该排列的近偏移距处失效，噪声得不到很好的压制。因此，进行非纵偏移距校正，消除非纵偏移距的影响，将远炮点排列非线性干扰波校正为线性干扰波，从而使得大排列的噪声压制得更好，如图 4.2.6 所示。

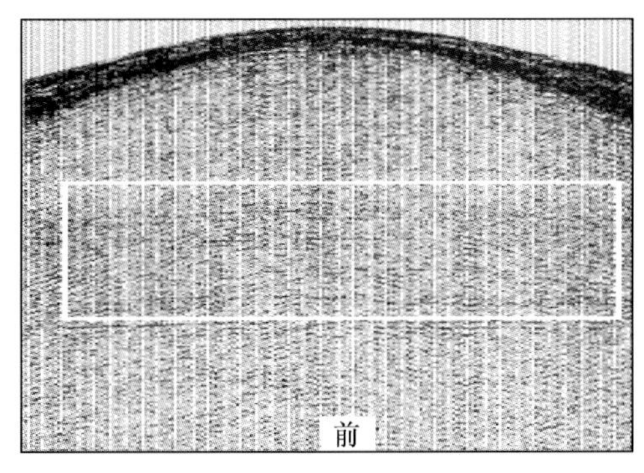

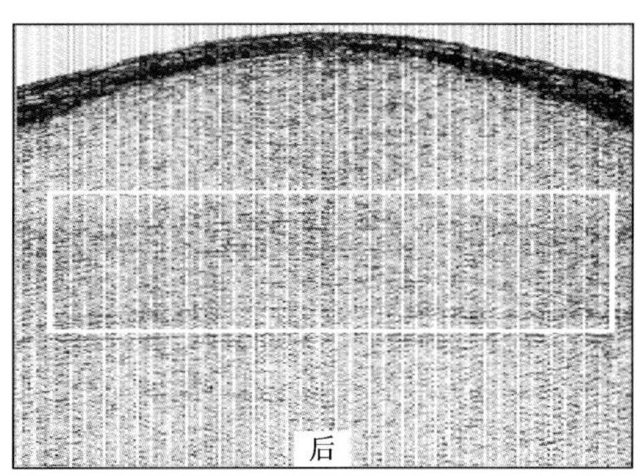

图 4.2.6　偏移距校正后线性噪声压制单炮对比

4.2.2.1.4　异常振幅衰减——高频噪声及异常振幅

采集过程中受地表高压线、地面上各种二次震源的影响以及异常接收道的影响，单炮上发育一些高频噪声和异常振幅。在单炮上，这部分噪声可以统统看作为局部的异常振幅。采用异常振幅衰减的方法对其进行压制。在时间与道两个方向上定义时窗长度，设计一个矩形时窗。时窗在时间、空间上滑动进行计算、统计，在每个时窗内统计振幅的能量，大大超出平均振幅能量的振幅值被看做是异常而被衰减掉。主要测试参数：矩形时窗长度、宽度，振幅衰减因子。如图 4.2.7 所示，异常振幅和高频噪声得到很好的压制。

4.2.2.1.5　$f-k$ 法压制多次波

对于塔中、塔北地区奥陶系的目的层，多次波问题比较严重，而且多次波具有以下特点：一是多次波为层间多次波，具有很强的隐蔽性，多次波衰减极为困难；二是多次波在奥陶系内幕比较发育，主要集中在 3500ms 以下；三是目的层多次波速度与有效波速度十分接近，加大了多次波压制的难度。

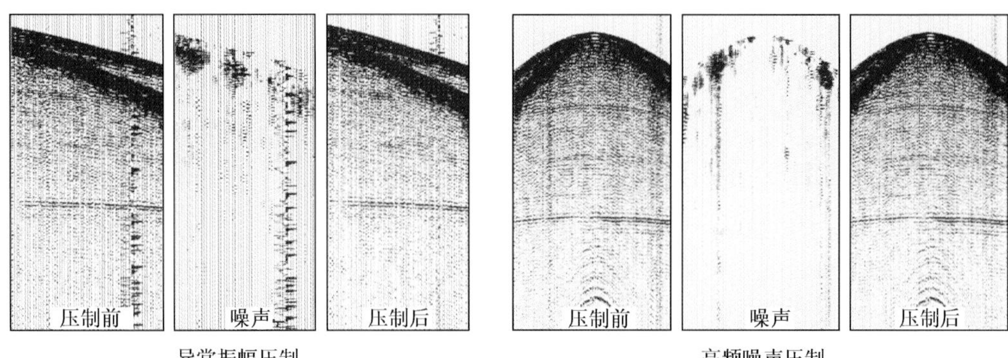

图 4.2.7　异常振幅与高频噪声压制前后单炮对比

目前有多种压制多次波的方法，如 $f-k$ 法、$\tau-p$ 法、拉东变换法、内切除法等。由于目的层多次波速度接近有效波速度，中小偏移距的多次波很难被压制干净，所以多次波的压制存在一个度的问题。尤其是目的层段资料的信噪比低，如果压制过度，有效波会受到很大伤害。因此，压制多次波，首先在叠前适度压制，以不损伤有效波为原则，其次是叠后解释过程中，人工识别多次波，尽量避免陷入多次波的误区。

多次波有两种共性：不同于反射波的周期性和时差，可以利用这两种特性，在不同程度上对多次波进行衰减（Öz Yilmaz，2001）。目前，塔中、塔北地区快速、有效压制多次波的方法是利用时差特性的 $f-k$ 方法，主要步骤是：首先，根据多次波与有效信号视速度的差异，在速度谱上拾取多次波的速度；其次，用多次波的速度将道集动校，此时多次波被校平，而有效信号将校正过量；第三，利用 $f-k$ 方法将平直的多次波去除，保留有效信号。

由于多次波近偏移距还残余一部分，导致叠前时间偏移后，在 CRP 道集上多次波再次大量出现，为了进一步提高资料品质，在 CRP 道集上对多次波进行二次压制。CRP 道集信噪比高，相当于自激自收道集，多次波更容易被识别，与 CMP 道集相比，多次波与有效波在波形特征上差异更大。有效波时差为 0，多次波时差为负值，因而根据多次波与有效波在时差上的差异进行压制，如图 4.2.8 所示，可以看出多次波得到了很好的压制。

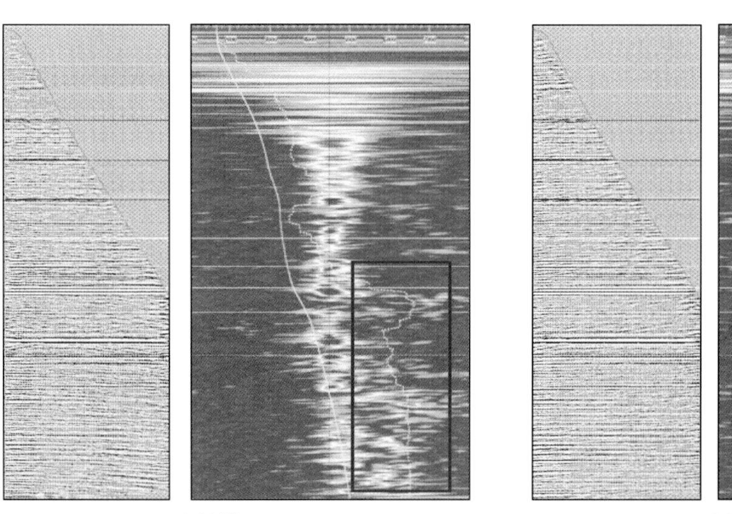

图 4.2.8　多次波压制前后 CRP 道集与剩余延迟谱对比

4.2.2.1.6　叠后三维随机噪声衰减

叠后三维随机噪声衰减在叠加剖面的 $f-x-y$ 域衰减随机干扰，具有自适应寻找噪声的能力，且一般不会伤害有效信号，叠后随机噪声衰减效果好，目的层有效反射能量增强，目的层段同相轴连续性变好（图 4.2.9）。试验参数如下：Inline 算子长度为 3，5，7，9 道；Xline 算子长度为 3，5，7，9 道；时窗长度为 300ms，350ms，400ms，440ms，500ms，550ms，600ms，800ms；最后采用：Inline 算子长度 7 道；Inline 窗宽 29 道；Inline 时窗长度 440ms；Xline 算子长度 5 道；Xline 窗宽 25 道；Xline 时窗长度 440ms。

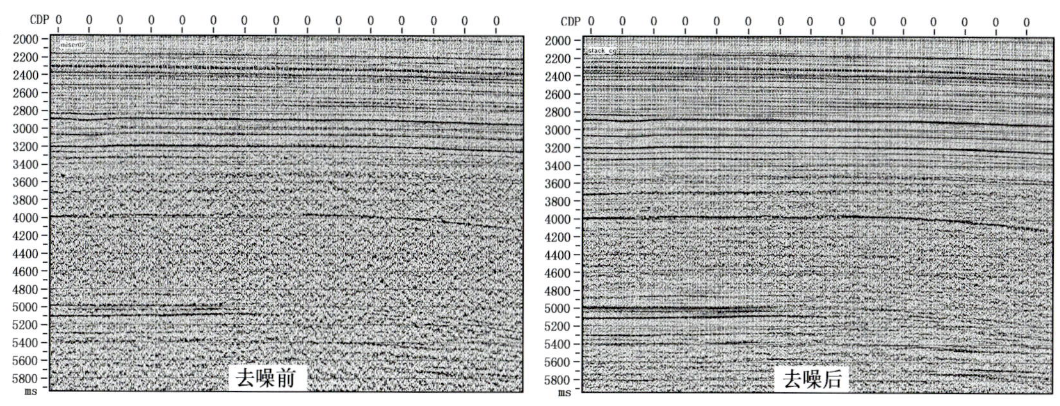

图 4.2.9　叠后三维随机噪声衰减前后剖面对比

4.2.2.2　高密度精细速度分析技术

4.2.2.2.1　偏移速度的特点

塔中、塔北地区奥陶系偏移速度极为敏感，尤其塔北地区更为敏感，很小的速度差异就会导致成像的较大差异。如图 4.2.10 所示，选定剖面上三个点，分别为 1083 点（1 号点），1134 点（2 号点），1153 点（3 号点）。可以看出，在 1 号点 80m/s 的速度差异导致“串珠”反射的消失，2 号点、3 号点 20～30m/s 的速度导致“串珠”反射形态的较大的差异。鉴于以上情况，为了确保“串珠”反射的正确成像，采用加密速度网格的办法，来控制全区的速度变化。

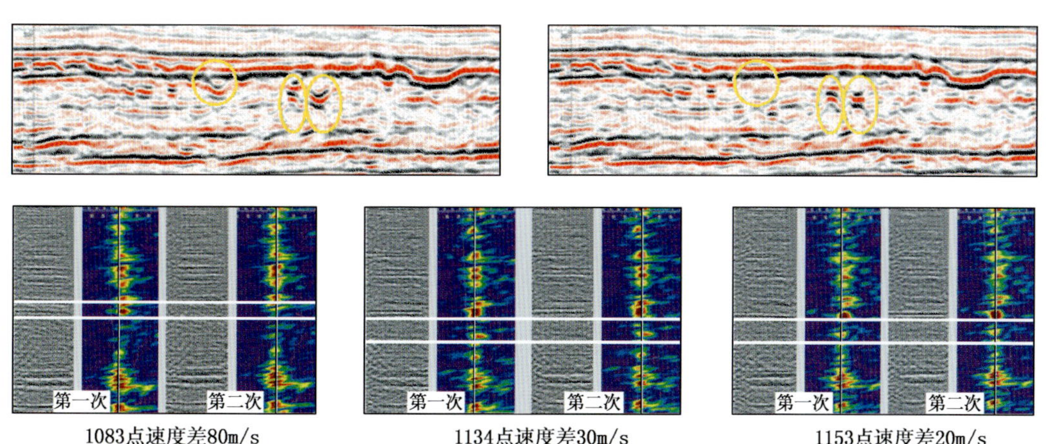

图 4.2.10　偏移速度特点分析

4.2.2.2.2 偏移速度分析思路——高精度速度分析

塔中、塔北地区奥陶系的洞缝储层十分发育，每一个溶洞都是一个小的地下异常体，并且这些溶洞的速度非常敏感，在偏移过程中很小的速度差异就会导致成像的很大差异。针对这一特点，提出了高精度速度分析的技术思路。首先用较大的偏移速度网格来控制全区速度变化，然后逐步加密速度网格，不断提高溶洞的成像精度，整个工区速度网格密度控制在200m×200m。为了确保被识别的每一个溶洞准确成像，最终速度分析点加密到每一个溶洞设置一个速度分析点，确保“串珠”反射准确归位。速度谱加密可以更好地使“串珠”反射成像、“串珠”边界刻画地更清楚，横向分辨率大大提高，为井位的准确定位提供了更加可靠的基础资料。

4.2.2.2.3 偏移速度分析方法的选择

克希霍夫叠前时间偏移方法的优势之一就是提供了灵活多样的速度建模方法，生产中常用的有 Deregowski 循环法、剩余速度分析法、速度扫描法和沿层速度分析等。在进行偏移速度分析之前，我们首先对这些方法进行综合分析，找出适合本区的速度建模方法。

（1）Deregowski 循环法。

Deregowski 循环法对每次目标线偏移后得到的 CRP 道集做反动校运算，再在控制点位置进行单点均方根速度分析。此方法的优点是应用简单方便，不用建立地质模型；能消除倾角影响，能求得较为准确的速度。但此方法在针对速度横向变化较大的资料时误差较大。塔中、塔北奥陶系地层岩性相对稳定，地震资料横向速度变化较小。因此，该方法适用。其流程图见图 4.2.11。

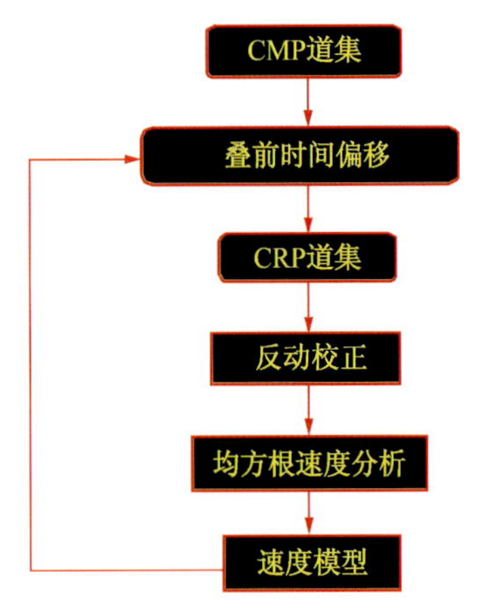

图 4.2.11 Deregowski 循环法流程图

（2）剩余延迟/速度分析法。

对每次目标线偏移后得到的 CRP 道集，在控制点位置进行单点剩余延迟/速度分析。此方法与 Deregowski 循环法的优缺点相同，同样适合塔中、塔北地区使用。

（3）沿层速度分析法。

沿层速度分析法是在层位模型上求取速度或剩余延迟的方法。主要解决横向速度变化大时，依靠控制点速度不能精确地反映速度横向变化趋势的问题。沿层速度分析法的应用前提是必须建立层位模型，因此也被称做模型法。

奥陶系地层速度场横向变化小，没有必要使用沿层速度分析法。另外，奥陶系缝洞成像不具有横向连续性，且没有规律，因此不宜使用沿层速度分析法。

（4）速度扫描法。

对信噪比低的资料，当无法使用上述的速度分析建模方法时，可以使用速度扫描方法，用得到的叠加速度或均方根速度的不同百分比的速度分别建立速度场，分别偏移。其优点是适用于任何类型的资料，尤其是对信噪比低的资料有优势，但是此方法的计算量较大，速度较慢，此方法的另一种用途是验证最终速度的准确性，适用于任何地区。

综上分析，在成像过程中综合选用 Deregowski 循环法及垂向剩余延迟分析法以及速度扫描法来建立和更新速度模型，并用速度扫描法来验证最终的速度模型的精确性。

4.2.2.2.4 初始速度的确定

初始速度模型的建立过程不仅是一个数据处理的过程，而且是一个对地区内地下地质构造形态、各种地质现象以及各地质层序间关系划分等地质概念的分析和认识的过程，可以说初始速度模型的建立是叠前时间偏移成像技术的关键环节。在成像过程中的初始速度模型来自于前期处理得到的叠加速度。

为了保证初始速度模型建立的准确性，首先对输入的道集和叠加速度进行匹配验证。具体做法是用输入的叠加速度对道集进行叠加处理，将结果与输入的叠加进行对比，检查剖面形态、道长和范围等是否一致，剖面有无时差，确保输入数据和速度的正确性。

4.2.2.2.5 速度模型优化与迭代过程的质量控制

速度模型优化与处理迭代是获得准确成像的主要手段。通过垂直速度分析法、垂直剩余延迟分析法和速度扫描法来调整和优化速度模型，获得准确的速度，完成叠前时间偏移。

偏移速度是影响叠前时间偏移效果的主要因素，偏移速度的精度直接影响偏移成像效果，叠前时间偏移是对偏移速度和偏移处理不断迭代的过程。

用叠前 CRP 成像道集的同相轴是否拉平作为判断偏移速度的正确性的主要手段。若 CRP 成像道集的同相轴平直，偏移剖面成像效果好，说明偏移速度是正确的；若 CRP 道集未平直，存在“上翘或下弯”现象，说明用于偏移的速度偏小或偏大，这就要对偏移速度进行调整与优化。因此，在成像过程中，采用垂向偏移速度迭代分析方法及偏移速度扫描的方法相结合来修改和优化偏移速度，直到 CRP 道集平直、偏移剖面正确成像为止。

目前最有效的速度模型优化方法之一就是利用速度模型做目标线叠前时间偏移，用偏移的均方根速度对 CRP 道集进行反动校，再在反动校道集上分析拾取能将此道集校平的速度（类似于常规处理在 NMO 道集上分析叠加速度），这个速度就是最好的偏移速度，这是一个多次迭代的处理过程。

作为质量控制的手段，首先利用叠前 CRP 道集的同相轴是否拉平来判断速度模型的准确性；其次，做剩余延迟分析法进行速度分析迭代时，要求在 CRP 道集拉平的同时保证剩余延迟近似为零；第三，处理过程中采用弯曲射线法的叠前时间偏移技术，要用层速度进行偏移，因此在分析均方根速度的同时，要注意其对应的层速度质量，避免不合理的突变，如图 4.2.12。

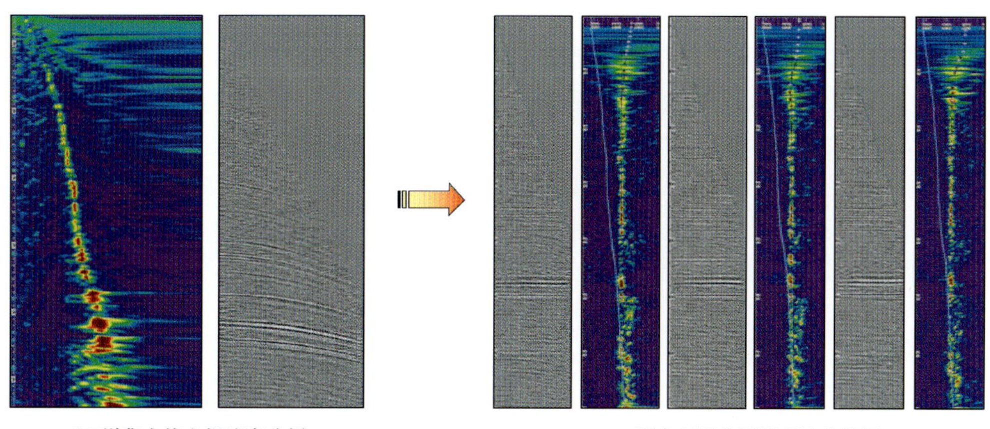

图 4.2.12 速度分析速度合理性判定准则

处理过程经过多次迭代，并确保每次迭代都有改进。经过迭代，最终速度模型（图 4.2.13、图 4.2.14 所示）光滑，并且保证了 CRP 道集平直和剩余延迟逼近于零，速度合理，满足叠前时间偏移的要求。

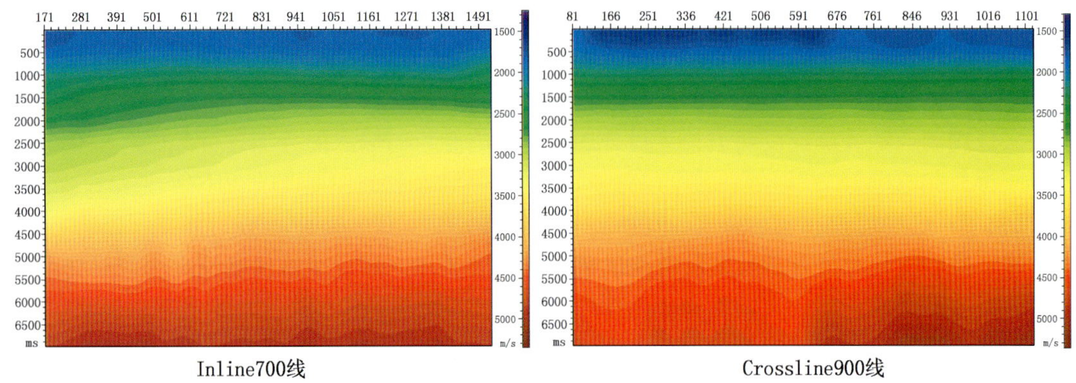

图 4.2.13　最终速度模型剖面

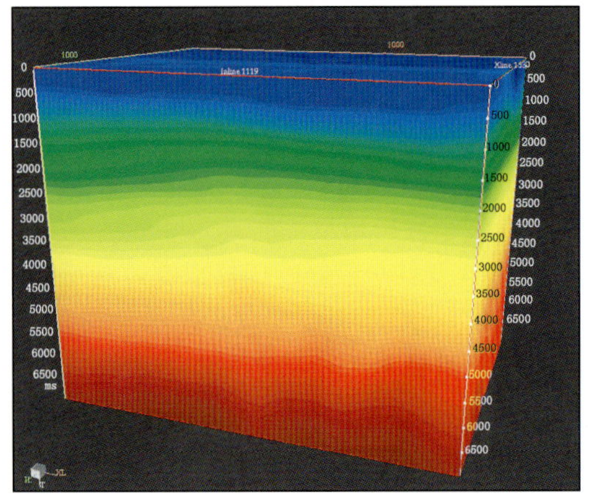

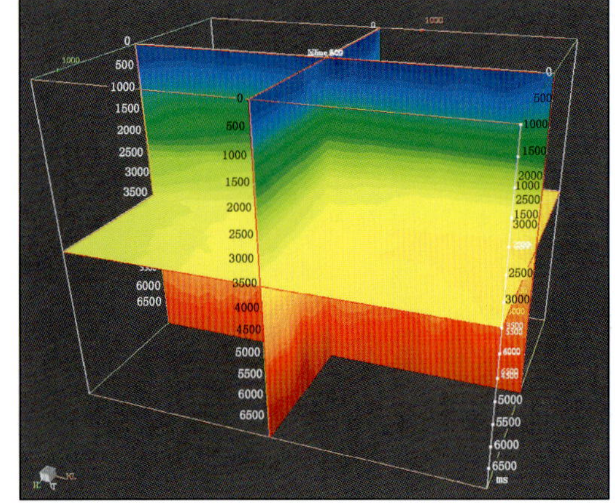

图 4.2.14　最终速度模型体

4.2.2.2.6　最终速度的质量控制

速度是准确成像的基础。溶洞、礁滩体的成像对偏移速度非常敏感，速度左右相差 30m/s，就会造成成像的差异，溶洞、礁滩体的准确成像是保证精细雕刻溶洞尺寸与描述礁滩体发育程度的关键。因此，进行速度分析时加密速度分析点，尤其是在存在地质异常体的地方，进行精细的速度分析，以保证奥陶系内幕准确成像，同时结合偏移速度百分比扫描法验证速度的准确性。

对所求取的最终偏移速度进行百分比扫描，验证其准确性。选取最终偏移速度的 98%、100%、101.5%、102%、103%等的速度分别对目标线进行叠前时间偏移运算而得到相应的 CRP 道集和叠前时间偏移剖面。对比显示，最终偏移速度（100%）得到的叠前时间偏移结果最好，从而验证最终偏移速度准确性。

4.2.2.3　浮动面各向异性叠前时间偏移技术

塔里木盆地碳酸盐岩潜山油气勘探一直是塔里木盆地勘探的重点和难点之一，而根据地震偏移剖面上的“串珠”反射来识别溶蚀缝洞是有效手段之一。常规处理中的叠后时间偏移是在水平叠加剖面基础上进行偏移的。它一方面受到水平层状介质假设的限制，另一方面，偏移速度对于速度横向变化大的地区，不能正确地表述地下介质的真实物性。因此叠后时间偏移只适应于速度横向变化不大或地质构造比较平缓的地区。钻探表明，叠后时间偏移上“串珠”反射的可信度较低，不能与缝洞很好对应。这是由于叠后时间偏移不能对点绕射很好归位，对一些“串珠”反射不能聚焦，并且还会将一些小的断裂聚焦成一些假的“串珠”反射，而三维叠前时间偏移处理技术克服了常规叠后时间偏移技术基于共中心点叠加的固有缺陷，实现了共反射点叠加，对点绕射归位更好，可以消除假的“串珠”反射，并使得真“串珠”能量更集中、特征更清楚，因此可提高碳酸盐岩岩溶地形的地震预测成功率，如图 4.2.15 所示，叠前时间偏移较叠后时间偏移在构造复杂区特别是断裂发育区偏移成像效果有明显的优势，识别小断裂以及偏移归位的能力也有很大提高。而且对于碳酸盐岩区，地层横向速度变化小，地质构造比较复杂，正好符合三维叠前偏移处理技术的应用条件。

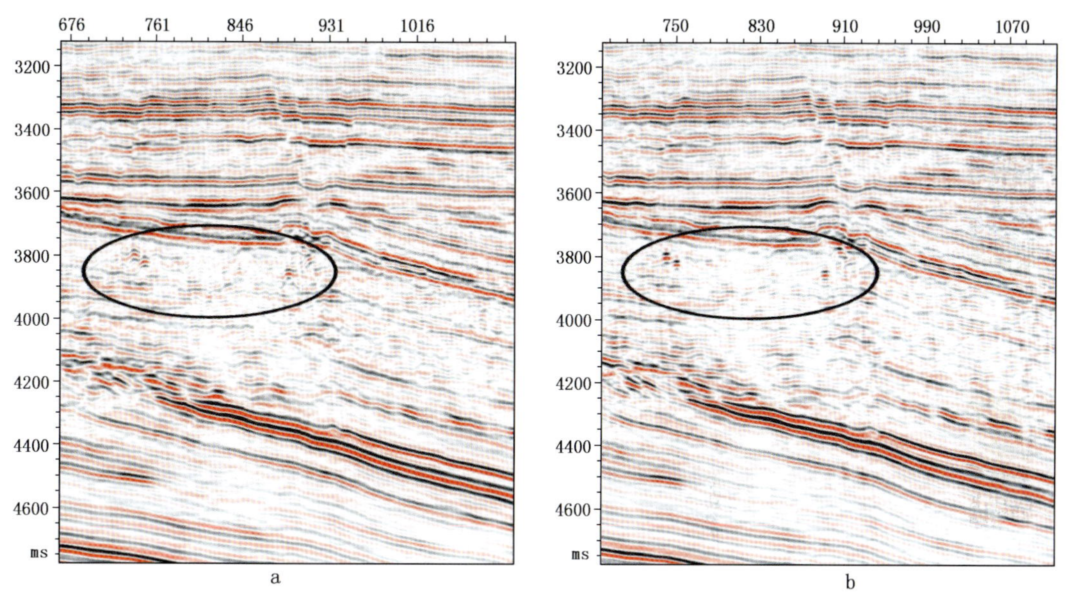

图 4.2.15　叠后时间偏移（a）和叠前时间偏移（b）对比效果图

4.2.2.3.1　基准面的选取

叠前时间偏移技术的关键是求取 RMS 速度模型，不同基准面上进行偏移处理会得到不同的速度场。偏移在浮动面上进行，能以最接近实际波场传播的方式反演地下真实速度及求取旅行时，便于精确成像，接近实际炮—检射线路径，而偏移后的充填速度不会造成构造成像畸变。因此，一般要求在浮动面上进行偏移。

对于塔中、塔北地区在浮动基准面上做叠前时间偏移和在固定基准面直接做叠前时间偏移均可，得到的结果差别较小。这是因为在塔中、塔北地区的浅层有较好的低降速带及稳定而平整的高速层顶面，满足静校正的基本假设，即射线在低、降速带几乎垂直入射和出射，而且最终的水平基准面与地表面高差相差不大。

在成像过程中选择在浮动基准面上作叠前时间偏移，之后再将结果校正到固定基准面，是由于在浮动基准面上进行叠前时间偏移，可以利用 CMP 的叠加速度作为初始速度，同时方便对输入的道集、速度和叠加剖面进行检验。

4.2.2.3.2 偏移方法的选取

（1）克希霍夫弯曲射线叠前时间偏移。

叠前时间偏移技术包括基于波动方程积分解的 Kirchhoff 积分法和基于波动方程差分解的有限差分法。现阶段，叠前时间偏移技术的选择在保证一定精度的情况下，必须考虑其适应性和实效性。基于波动方程差分解的有限差分法精度较高，但在适应性和实效性方面占据劣势，目前还不能满足实际生产的需要。Kirchhoff 积分法（以下称"克希霍夫叠前时间偏移方法"）虽然计算精度稍低，但速度分析方法快捷，运算效率高，适应能力强，是目前实际应用中的首选方法。该方法包括以下四步。

第一步，首先将共炮点道集记录从接收点上向地下外推。外推时要先确定本道集可能产生反射波的地下空间范围。这个范围是可以根据倾角、记录长度和道集的水平范围估算的。这个过程实际上是一个估算偏移孔径的反过程。如果把范围估计太大，一般会耗费计算工作量，还会造成较多的偏移噪声背景。如果把范围估计得太小，又会把反射界面丢失。因此对向地下延拓的空间范围做一些模拟估算是必要的。外推时使用的方程仍为一般 Kirchhoff 积分式，即

$$u(x,y,z,t)=\frac{-1}{2\pi}\iint_A\left\{\frac{\cos\theta}{Rv}\left[\frac{v}{R}u\left(x_0,y_0,0,t+\frac{R}{v}\right)+\frac{\partial u\left(x_0,y_0,0,t+\frac{R}{v}\right)}{\partial t}\right]\right\}\mathrm{d}x\mathrm{d}y \tag{4.2.1}$$

式中，$\cos\theta=z/R=z/[(x-x_0)^2+(y-y_0)^2+z^2]^{1/2}$；$R$ 为从地下（x，y，z）到地面点（x_0，y_0，$z_0=0$）的距离。

这样求出的结果，等于从地面某个炮点激发，在地下（x，y，z）点上接收的反射波记录。在这个记录上有（x，y，z）点产生的反射波和 z 深度以下的界面产生的反射波，我们应当做的是把这个点的反射波放到这个点上。但是，在这个点的记录还有很多其他深度点上的反射波。因此，如何从这个点用积分公式延拓计算出地震道 u（x，y，z，t），并从中取出用于在这点成像的波场值。

第二步，计算从炮点 0 到地下 R（x，z）点的地震波入射射线的走时 t_d。这可以用均方根速度 v_{rms} 去除炮点至地下 R 点的距离近似求出。或者用射线追踪法求，就更准确。用求出的下行波的走时 t_d 到 u（x，y，z，t）的延拓记录的 t_d 时刻取出波场值作为该点的成像值。

克希霍夫叠前时间偏移的基础是计算地下绕射点的时距曲面，根据克希霍夫绕射积分理论，时距曲面上的所有样点信息叠加就得到了该绕射点的偏移结果。依据走时计算方法的不同，克希霍夫叠前时间偏移可分为克希霍夫直射线叠前时间偏移和克希霍夫弯曲射线叠前时间偏移两种。

克希霍夫直射线叠前时间偏移基于以双平方根方程，即

$$T=\sqrt{T_0^2+\left(\frac{\|X+H\|}{v_{\mathrm{rms}}}\right)^2}+\sqrt{\left(\frac{\|X-H\|}{v_{\mathrm{rms}}}\right)^2+T_0^2} \tag{4.2.2}$$

克希霍夫弯曲射线叠前时间偏移综合了克希霍夫直射线叠前时间偏移速度快、叠前深度偏移成像精度高两者的优点，利用层速度模型代替均方根速度模型计算三维旅行时。式（4.2.2）采用的是均方根速度，为了提高旅行时计算精度，弯曲射线采用层状速度模型，这

就是“弯曲射线”来源，计算公式为

$$T_h = \sqrt{T_0 + c_1 h^2 + c_2 h^4 + c_3 h^6 + \cdots} \tag{4.2.3}$$

式中，h 为半偏移距；

$c_1 = \dfrac{1}{v_{(2)}} = \dfrac{1}{v_{\mathrm{rms}}^2}$；

$c_2 = \dfrac{v_{(2)}^2 - v_{(4)}}{4v_{(2)}^4 T_0} = \dfrac{v_{\mathrm{rms}}^4 - v_{(4)}}{4v_{\mathrm{rms}}^8 T_0^2}$；

$c_3 = \dfrac{2v_{(4)}^2 - v_{(6)} v_{(2)} - v_{(4)} v_{(2)}^2}{8v_{(2)}^7 t_0^4} = \dfrac{2v_{(4)}^2 - v_{(6)} v_{\mathrm{rms}}^2 - v_{(4)} v_{\mathrm{rms}}^4}{8v_{\mathrm{rms}}^{14}}$；

$v_{(i)}$是地震波在第 i 层中的传播速度。

从式（4.2.3）可以看出：如果只取 c_1，则与式（4.2.2）等价，也就是说，均方根速度计算出来的旅行时是层速度计算出来旅行时的一阶近似；同时，c_i 系数都是由层速度推导出来的。对于三维层速度模型，其速度值随着出射点的位置改变而改变，而常规克希霍夫叠前时间偏移则一般取中心点的均方根速度。理论上，弯曲射线偏移方法对绕射的归位更加精确，更接近实际地质情况

第三步，将所有的深度点上的延拓波场都如第二步那样提取成像值，组成偏移剖面就完成了一个炮道集的 Kirchhoff 积分法偏移。

第四步，将所有的炮道集记录都做过三步处理后进行按地面点相重合的记录相叠加的原则进行叠加，即完成了叠前时间偏移。

多年处理经验表明，弯曲射线对缝洞的成像和大倾角反射成像的效果明显好于直射线法，因此选择克希霍夫弯曲射线叠前时间偏移方法。

（2）各向异性叠前时间偏移。

在深层碳酸盐岩内，由于缝洞的存在，导致速度的各向异性。各向异性校正意义重大，不仅有利于 AVO 分析，在各向异性比较严重的区域，成像质量也会大幅度提高。因此，进行了相对振幅保持的各向异性叠前时间偏移。

Thomsen（1986）用三个常数 ε、γ 和 δ 来描述 VTI 介质的各向异性程度。参数 ε 具有明确的物理意义，它等于垂直 P 波速度和水平 P 波速度差值与垂直 P 波速度的比值。根据实验室和野外测量，大多数沉积岩，参数 ε、δ 和 γ 的数量级相同，通常为小于 0.2 的正常数，可以视为弱各向异性。地震资料分析中的各向异性，也是基于弱各向异性的假设。纵波速度取决于参数 δ 和 ε，与 γ 无关，所以地震勘探只需要研究 δ 和 ε。

各向异性参数 ε、δ 可以通过三种方法求取。直接的方法是对采集到的岩石样本进行测量，这种方法直接可靠，但实际上几乎不能找到可供测量的岩石样本；第二种方法是采用 Walk－away VSP 资料进行计算，但是塔里木盆地碳酸盐岩中的钻井比较少，可供利用的 Walk－away VSP 资料更是缺少。目前可行的方法是利用地震和测井资料间接计算，利用测井资料计算各向异性参数。

Thomsen（1986）给出了垂直 P 波速度 α_0、各向异性 δ 和水平反射面 NMO 速度 v_{NMO}（$\phi = 0$）的关系式，即

$$v_{\mathrm{NMO}} = \alpha_0 \sqrt{1 + 2\delta} \tag{4.2.4}$$

由此关系式，反推可得到

$$\delta=\frac{1}{2}\left(\frac{v_{\mathrm{NMO}}^{2}}{\alpha_{0}^{2}}-1\right) \tag{4.2.5}$$

有（4.2.5）式可知，通过计算水平反射面的 NMO 速度 v_{NMO} 和垂直 P 波速度 α_0 的比值，即可求得 δ，$v_{\mathrm{NMO}}/\alpha_0$ 的计算可以通过井震厚度对比得到。

对某一地层，通过合成记录标定，可以得到顶底反射时差，用单程时差与已知的地震层速度相乘，可得到一个层厚度，这是一个未考虑各向异性的层厚度，记为 ΔZ^I，而实际的测井记录则准确记录了层的顶底深度，这是一个考虑了各向异性影响的真实层厚度，记为 ΔZ^A，而实际上，$v_{\mathrm{NMO}}/\alpha_0$ 等于 $\Delta Z^I/\Delta Z^A$，则（4.2.5）式写成（4.2.6）式，可以计算出 δ 值。

$$\delta=\frac{1}{2}\left[\left(\frac{\Delta Z^{I}}{\Delta Z^{A}}\right)^{2}-1\right] \tag{4.2.6}$$

ε 值的计算也可以有两种方法，一种简单的方法是先直接假设介质为椭圆各向异性，令 $\varepsilon=\delta$，获得一个初始 ε 值，进行各向异性叠前时间偏移，然后对 CRP 道集进行剩余时差分析，优化 ε 值。另一种方法要先扫描 η，再间接计算。

对 VTI 介质，在速度分析中，为防止多参数扫描，Alkhalifah 和 Tsvankin（1995）引入了一个新的有效的各向异性参数，即

$$\eta=\frac{\varepsilon-\delta}{1+2\delta} \tag{4.2.7}$$

经过适当变换和近似，得到了新的时距曲线方程，即

$$t^{2}=t_{0}^{2}+\frac{x^{2}}{v_{\mathrm{NMO}}^{2}}-\frac{2\eta x^{4}}{v_{\mathrm{NMO}}^{2}\left[t_{0}^{2}v_{\mathrm{NMO}}^{2}+(1+2\eta)x^{2}\right]} \tag{4.2.8}$$

式中，v_{NMO} 为水平反射面时差速度。

方程（4.2.8）表明各向异性介质中，反射面的旅行时不再符合双曲线轨迹。各向异性对反射波旅行时的影响在大偏移距时是非常明显的。同时各向异性引起了反射点的偏离，零偏移距射线路径也是非法向入射。

在方程（4.2.8）中，η 出现在四次项中，只对大偏移距有意义，因此可以分两个阶段分别扫描 v_{NMO} 和 η。首先将远道信息切除，只利用近偏移距资料进行双曲线速度分析，估计时差速度 v_{NMO}；然后将估计的 v_{NMO} 函数代入方程（4.2.8），计算 η 谱，拾取 η 函数。

η 函数可用于对 CMP 道集应用方程（4.2.8）进行四次时差校正，还可以用式（4.2.7），结合已知的 δ，计算出各向异性参数 ε。

各向异性叠前时间偏移处理流程如下：

第一步，数据加载；

第二步，各向同性均方根速度分析和各向同性叠前时间偏移；

第三步，δ 值计算，η 函数扫描，ε 值计算，生成初始各向异性层速度场；

第四步，反几何扩散补偿，目标线各向异性叠前时间偏移；

第五步，剩余延迟分析，ε 值修正，各向异性层速度场优化；

第六步，各向异性叠前时间体偏移。

通过各向异性参数迭代，从 CRP 道集可以较明显看出各向异性问题，主要由溶洞引起的局部各向异性，如图 4.2.16 所示。主要利用测井信息求取各向异性参数，图 4.2.17 为求取的各向异性参数。图 4.2.18 为各向同性叠前时间偏移与各向异性叠前时间偏移前后的 CRP 道集与剖面，可以看出，各向异性叠前时间剖面好于各向同性叠前时间剖面。

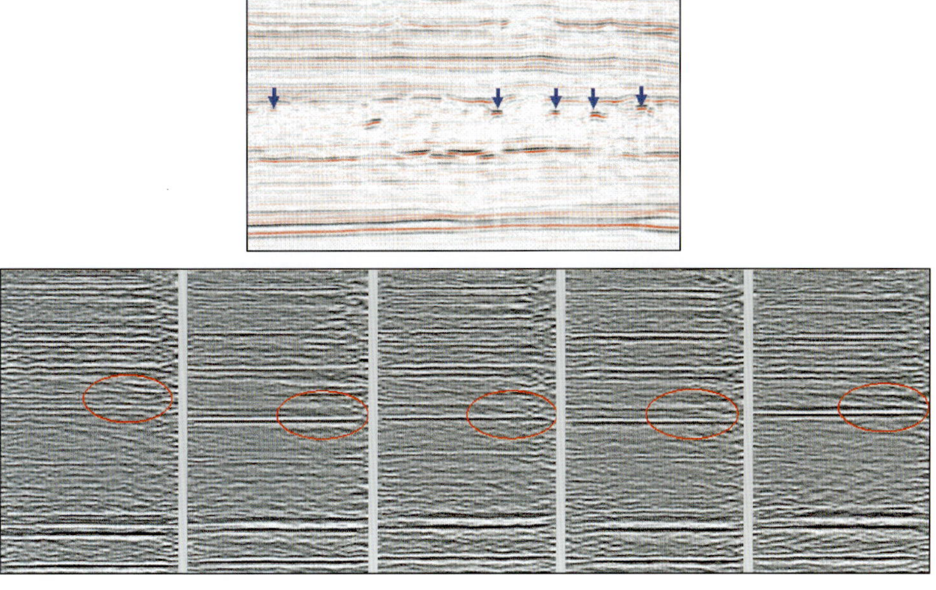

图 4.2.16　各向异性分析

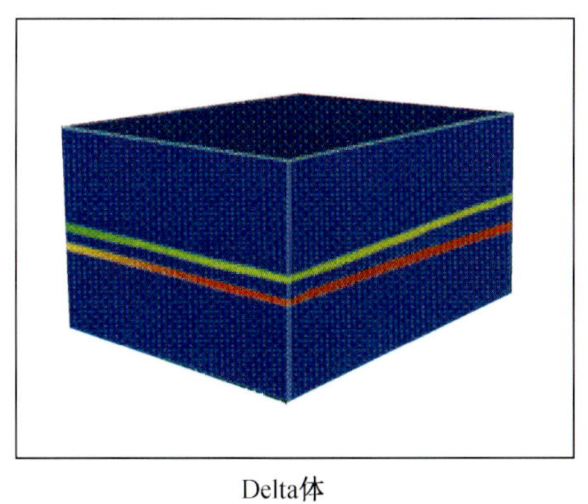

Delta体

Epsilon体

图 4.2.17　各向异性参数

4.2.3　叠前成像的效果分析

通过高精度速度的浮动面各向异性叠前时间偏移处理，成像品质有了明显改善。首先，目的层信噪比比较高，分辨率也比较高，“串珠”反射更加清楚；其次，由于分辨率的提高，所识别“串珠”反射更多、“串珠”反射顶界面更清楚、断裂系统更清楚，高精度速度分析使“串珠”反射成像更清晰、边界收敛。图 4.2.19 至图 4.2.22 为不同地区成像效果新老剖面对比图。

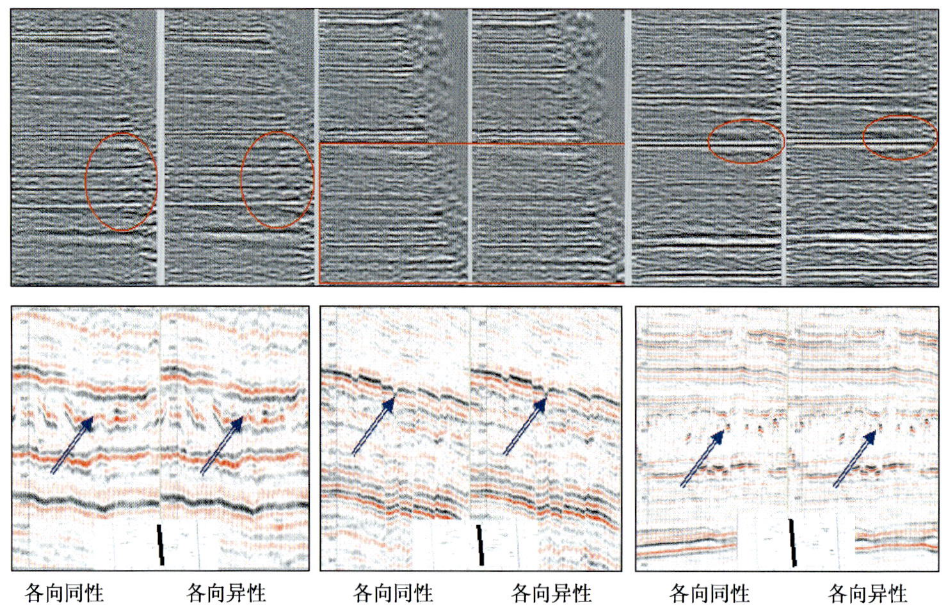

图 4.2.18　各向异性叠前时间偏移与各向同性叠前时间偏移对比

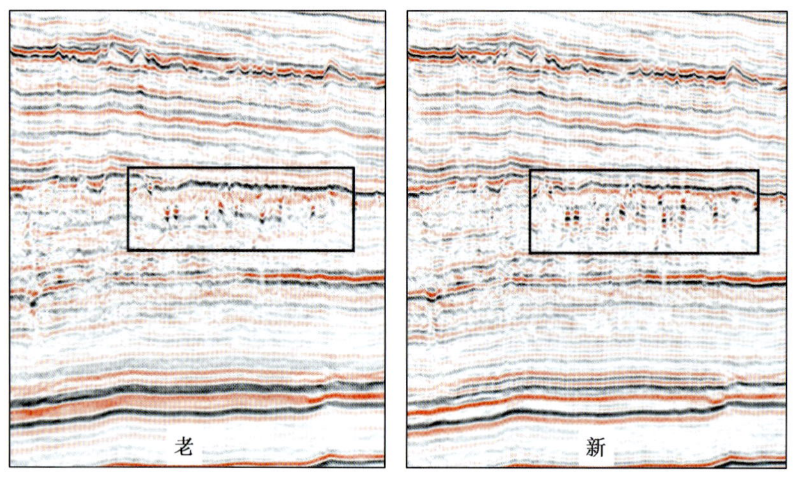

图 4.2.19　新老剖面对比（分辨率更高、“串珠”反射特征更清楚）

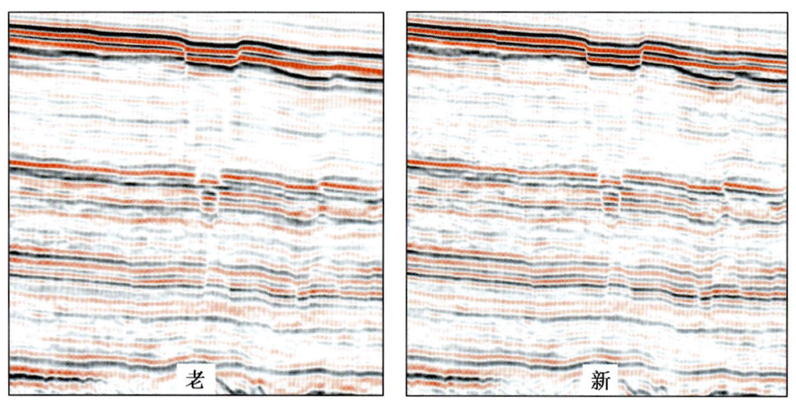

图 4.2.20　新老剖面对比（分辨率更高、断裂刻画更加清楚）

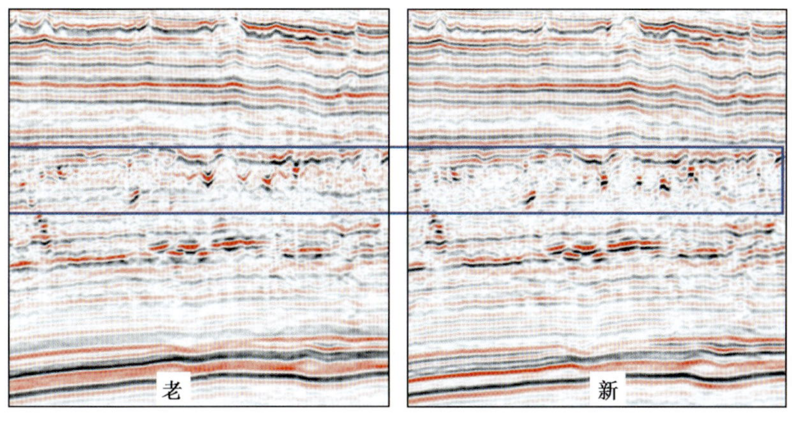

图 4.2.21　新老剖面对比（速度更准确、“串珠”边界更收敛）

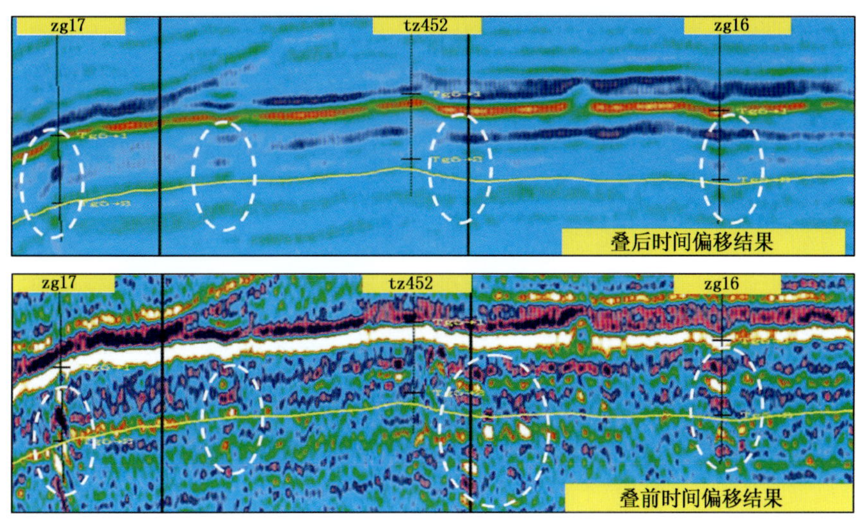

图 4.2.22　新老剖面对比（叠前时间偏移保真度更高）

4.3　叠前预测的关键技术

4.3.1　岩石物理分析技术

在勘探地震学中，地震波通过旅行时间、反射波振幅及相位的变化来反映地下岩石和流体的信息。在早期的勘探地震学中，地震数据主要用于构造解释，通过构造与其他地质信息的综合，间接地推断是否含有油气。随着计算能力的提高和地震处理、解释技术的进步，现在对地震数据的分析一般是为了预测岩性、孔隙度、孔隙内流体及其饱和度。而岩石物理学为地震数据与油藏特性之间架起了一座桥梁，在许多试图从地震数据中导出储层和流体特性及油藏参数的技术方法中，它起到了一种基本准则的作用。近年来岩石物理学已在有关新技术的开发中发挥作用，诸如 4D 地震油藏监测，地震岩性识别，以及“亮点”技术和 AVO 分析等油气直接检测技术。

4.3.1.1 地震岩石物理学基础理论

4.3.1.1.1 地震岩石物理学

岩石物理学是物理学的一个分支，它研究的是岩石这种特殊物质，在地下高温、高压特殊环境下所表现的基本性质和运动的普遍形式。岩石物理学研究主要通过实验的方法，即将岩石放进人工制造的高温、高压模拟环境中进行实验。实验得到的结果经过模型外推，用于对自然界岩石中发生的各类现象进行解释和预测。可见它研究的是岩石在地球环境下的物理性质。从油气勘探、开发的角度来看，岩石物理学是研究地下岩石的物理性质以及这些物理性质与孔隙中流体的相互作用。因此，地震岩石物理旨在发现并了解地震参数（速度、波阻抗、振幅）和岩石特性（岩性、孔隙度、渗透率、孔隙流体、温度、应力）之间的关系（Gary Mavko，Tapan Mukerji，Jack Dvorikin，2009）。

地震岩石物理学是岩石物理学的一个分支。虽然它目前还没有一个严格的定义，但其内涵是非常明确的，即地震岩石物理学是研究与地震波特性有关的岩石物理性质以及这些物理性质与地震响应之间关系的一门学科。

地震岩石物理的研究目标包含两个方面：（1）建立与岩石弹性性质有关的物理性质，如弹性参数、密度、孔隙度、饱和度等与地震响应之间的关系；（2）提出利用地震响应预测这些物理性质的理论与方法。其研究内容包括：岩石骨架和孔隙流体的弹性性质研究、岩石与流体相互作用的模型研究及其对弹性性质的影响。研究方法可以概括为三种：（1）模型理论法，即在一定的假设条件下，通过内在的物理学原理建立通用的关系，其缺点是当假设条件不满足时会导致失败；（2）经验关系法，即利用实际样品的实验室测量与数据分析，拟合出数学关系，其缺点是推广难，物理成因解释难；（3）综合法，即将理论模型与经验关系有机结合，是一种比较理想的方法。地震岩石物理研究的数据基础是岩心分析数据、测井数据和地震资料。

随着地球物理技术的进展，人们已经不满足于利用地震资料解决构造问题，提出了利用地震振幅，尤其是叠前地震振幅解决地下岩性与流体的问题，如AVO分析、叠前地震属性与叠前地震反演技术、纵横波联合技术等。为了利用所得的地球物理数据精确反演地下岩层与流体的性质，过去那种仅将地震响应与速度相联系的做法显然是不够的，而将速度与岩石最基本的参数相联系，即必须真正理解各种岩石物性参数，诸如岩石矿物组分、孔隙度、渗透率、密度、孔隙类型、孔隙几何形态、岩石颗粒的胶结程度、颗粒的接触状况和饱和度以及外界的物理参数，如压力、温度以及所列诸参数间的相互作用对岩石中弹性波的影响。而这正是地震岩石物理学研究范畴，可以说地震岩石物理学为地震响应与储层岩石参数之间架起了一座桥梁，它打开了地震定量解释的大门，为充分、有效地使用采集的地震资料解决储层岩性与流体问题奠定了基础。在油气勘探开发中，地震岩石物理学的具体作用为：（1）评估新区价值；（2）确定勘探策略；（3）使风险最小化；（4）节省探井开支；（5）圈定剩余油气；（6）优化加密井位等。

现在，应用叠后、叠前地震数据，可以得到许多地震属性及信息。根据这些属性，地球物理解释人员可以做出许多具有地质意义的图件；或者将这些属性与测井数据进行相关，应用于地质统计模型；也可以直接用某些确定性的方式去求解岩石类型和流体，但这些处理一般都是仅凭解释人员的直觉或者是主观愿望进行的。这个问题的解决方法就是综合应用岩石物理学知识进行局部标定并正确应用于地震资料的解释。这里有目的地将岩石物理学的理论（如用实验室的测量结果和测井数据去标定）应用到地震资料的解释中去，称之为“地震岩石物理学”。地震岩石物理学是研究与地震特性有关的岩石物理性质以及这些物理性质与地震响应之间关系的一门科学。岩石物理对地下流体在多孔岩石中的运移特性研究，已经成为研究油气开采等问题的重要基础，即油储综合地球物理技术的基础。

尽管在日常的地球物理工作中涉及地震岩石物理的内容，但地震岩石物理的研究与推广也面临着很大的挑战。这主要包括以下几个方面对问题：(1) 尺度问题，因为岩心分析、测井、地震使用的信号频率是不相同的，所以分辨率不同。岩心分析使用 100kHz 到 1MHz 的频率，其分辨率为厘米级；测井使用 10kHz 左右的频率，其分辨率为几十个厘米级的；地震使用 10Hz 到 100Hz 的频率，其分辨率为几十米级的。这样高频测量的结果如何推到低频领域，哪些成果可以外推，哪些不行，应该如何改进，都有待进一步研究；(2) 资料的问题，即可以利用的横波资料太少，有时还存在质量问题，譬如，利用纵横波速度计算的泊松比会出现小于零的情况，这显然是物理不可实现的；(3) 经济因素，人们受商品经济的冲击，只对研究成果感兴趣，而对机理研究缺乏耐心，对岩石物理的基本理论了解严重不足；(4) 成功的实例少，目前缺乏可以仿照的成功的实例，无法充分展示它的价值。要推动地震岩石物理基础研究，必须超越这几个挑战。

4.3.1.1.2 岩石的性质

岩石的性质主要由组成岩石矿物的性质、岩石所处的热力学环境（温度和压力）以及岩石微构造（孔隙、裂纹等）三类因素所决定的。即岩石的性质与其组成矿物的性质，各种矿物所占的比例，矿物在岩石中的几何表现、分布状况、胶结情况以及矿物颗粒之间的孔隙度、孔隙的几何形状、所含流体的类型和饱和度等有关，还与岩石所处的温度和压力环境等有关。

另外岩石的物理性质与进行测量的尺度（Scale）也是有关的。因而研究岩石的尺度效应是重要的。矿物颗粒的大小提供了一种特征尺度，当研究尺度远远大于特征尺度时，岩石可以近似看成是均匀的，而这种均匀是体积平均意义上的物理性质的均匀。

4.3.1.1.3 岩石中的储集空间类型

孔隙的存在是岩石的结构特点，孔隙按其形状可以分为两类，即裂缝（crack）和孔洞(pore)。岩石中孔隙所占的体积不大，但对岩石性质的影响却相当大（研究表明花岗岩存在1%孔隙度的裂缝，当存在裂缝和裂缝被压实时，岩石的体积模量可以相差 5 倍之多）。同时观测事实表明，岩石中的裂隙是（至少是部分）相连的，从而在岩石内部形成了一个三维的孔隙网。

岩石是由固体的岩石骨架和孔隙流体组成的两相体，为了描述两相体的弹性和力学性质，常常引进等效体的概念，即设想一个均匀无孔隙的物体，它的弹性和力学性质与两相的岩石一致，这个均匀物体的弹性和力学参数称为岩石的有效参数。

4.3.1.1.4 岩石的波速

迄今为止，地震波是研究地球内部最有效的工具之一。纵、横波速度由以下两式计算得到，即

$$v_P = \sqrt{\frac{\lambda + 2\mu}{\rho}} \tag{4.3.1}$$

$$v_S = \sqrt{\frac{\mu}{\rho}} \tag{4.3.2}$$

多孔岩石中的孔隙流体、孔隙形状、围压、孔隙压力、矿物成分、温度等因素都会对弹

性波速度产生影响。因此，利用弹性波速度及其变化来估计上述因素的反演问题是十分复杂的，必须逐一研究每个因素对弹性波速度的影响。

（1）流体静压（围压）对波速的影响。

当围压增加时，开始主要是由于裂缝孔隙体积的减小，而使得有效弹性模量增大，v_P 和 v_S 必将随围压的增加而增大，并且 v_P 的增加比 v_S 的多。当围压高于 200MPa 左右时，多数裂缝已经闭合，这时弹性波速度随围压的增加主要由孔洞体积减少所致，所以波速与围压之间呈现直线关系。

（2）速度与孔隙度的关系。

近半个世纪来，关于孔隙度、孔隙流体以及矿物成分对速度各种影响的研究，已取得了巨大的进展，但仍未形成统一的理论。多年来，人们根据 Wyllie 时间平均方程来建立地层的纵波速度与孔隙度之间的关系，其公式为

$$\frac{1}{v_P}=\frac{1-\phi}{v_m}+\frac{\phi}{v_f} \tag{4.3.3}$$

式中，v_P 为饱和岩石的纵波速度；v_m 为基质的速度；v_f 为流体的速度；ϕ 为孔隙度。这个公式适用的模型是一个层状的垂直于波传播方向的固体和流体的互层，这不适合多孔介质的条件，它只适合于充分压实的含水砂岩的速度预测，对于大多数含水砂岩来说，该公式必须用一个压实因子进行校正，而且只适用于流体速度比较高的条件。

为了改进高孔隙度地层中孔隙度的估计，Raymer 等提出了类似的经验方程，即

$$\begin{aligned} & v=(1-\phi)^2 v_m+\phi v_f \qquad \phi<37\% \\ & \frac{1}{\rho v^2}=\frac{1-\phi}{\rho_m v_m^2}+\frac{\phi}{\rho_f v_f^2} \qquad \phi>47\% \\ & \frac{1}{v}=\frac{0.47-\phi}{0.1}\frac{1}{v_{37}}+\frac{\phi-0.37}{0.1}\frac{1}{v_{47}} \qquad 37\%\leqslant\phi\leqslant 47\% \end{aligned} \tag{4.3.4}$$

式中，v_{37} 为第一个公式计算的孔隙度为 37%的速度；v_{47} 为第二个公式计算的孔隙度为 47%的速度。它比 Wyllie 时间平均方程适用于更广的孔隙度范围，但该方程与“时间平均方程”具有同样的局限性。

（3）孔隙形状对波速的影响。

长久以来，人们一直期望能找到岩石孔隙度与弹性波速度之间的简单关系。然而事实表明，这种简单的关系是不存在的，这是因为岩石的有效弹性参数是由孔隙度随应力变化的情况所决定的，而不是由孔隙度本身确定；同时孔隙度随应力的变化与孔隙形状有关；球形的孔洞很难变形，狭长的裂纹却很容易变形。因此，需要对孔隙的形状进行描述。

如果岩石中的主要孔隙由孔洞组成，有效压缩系数与孔隙度的关系为

$$\beta_{eff}=\beta_S\left[1+\frac{3(1-\nu_S)}{2(1-2\nu_S)}\frac{\phi}{1-\phi}\right] \tag{4.3.5}$$

式中，β_S 为岩石基质压缩系数；ν_S 为岩石基质泊松比；ϕ 为岩石孔隙度。

当孔隙度较小时，可近似为

$$\beta_{eff}=\beta_S\left[1+\frac{3(1-\nu_S)}{2(1-2\nu_S)}\phi\right] \tag{4.3.6}$$

有效压缩系数与孔隙度成反比。

如果岩石中的主要孔隙由裂缝组成，有效弹性参数的公式为

$$\frac{1}{K_{eff}}=\frac{1}{K_S}\left[1+m\left(\frac{4\pi}{3v_0}a^3\right)\right] \tag{4.3.7}$$

$$\frac{1}{\mu_{\text{eff}}}=\frac{1}{\mu_{\text{S}}}\left[1+m\left(\frac{4\pi}{3v_0}a^3\right)\right] \tag{4.3.8}$$

对于裂缝而言，岩石的有效模量是与孔隙度和裂缝的纵横比 a 关联的，当纵横比 a 很小时，完全可以造成很大的波速变化。例如，Westerly 花岗岩的孔隙度为 1%，低压时 P 波速度比高压时减少了 40%～50%，速度变化大不是由于孔洞形孔隙所致，而是由裂缝形孔隙造成的。

（4）流体饱和对波速的影响。

岩石中的孔隙流体有两种作用，第一，由于孔隙压力的存在，保持孔隙的存在；第二，改变岩石的有效弹性模量。

孔隙流体的第二种作用是改变岩石的有效弹性模量。饱和岩石中弹性波的传播问题，应该作为不排水的情况来讨论。饱和岩石的不排水情况下的剪切模量与干燥岩石的剪切模量是一样的，因此，饱和岩石的 S 波速度与干燥岩石相同。但饱和岩石不排水的压缩系数接近与岩石基质的压缩系数，而与干燥岩石的压缩系数相差很大，因此，饱和岩石的 P 波速度比干燥岩石高出许多。

应该指出，纵波速度对于岩石孔隙中是否存在孔隙流体是十分敏感的，而孔隙流体的存在与否对于横波却几乎没有影响，因此可以利用这两种波在性质上的明显差别来探测地下流体的存在和运动。

（5）纵横波速度比 $\xi=v_{\text{P}}/v_{\text{S}}$ 的变化。

纵横波速度比 $\xi=v_{\text{P}}/v_{\text{S}}$ 与岩石其他弹性参数间的关系为

$$\frac{K}{\mu}=\xi^2-\frac{4}{3} \tag{4.3.9}$$

$$\nu=\frac{1}{2}\left(\frac{\xi^2-2}{\xi^2-1}\right) \tag{4.3.10}$$

通常取高围压时的 ξ_0 作为 ξ 度量标准，显然

$$\xi_0=\sqrt{\frac{\lambda_{\text{S}}+2\mu_{\text{S}}}{\mu_{\text{S}}}} \tag{4.3.11}$$

是由岩石基质的弹性常数 λ_{S} 和 μ_{S} 决定的。在干燥岩石情况下，随着围压的增加，孔隙体积减小，v_{P} 和 v_{S} 都增加，但是 v_{P} 比 v_{P} 增加得快，所以 ξ 随围压增加而增加，但其极限值为 ξ_0。相反，在岩石饱和情况下，尽管随有效围压的增加，孔隙体积也减小，但是由于 v_{S} 随围压增加得快，而饱和岩石在低围压时 v_{P} 就已经很高了，而且随围压变化很小，因此 ξ 随围压增加而减小，但其极限值仍为 ξ_0。

4.3.1.1.5　岩石的弹性

岩石的弹性性质一方面是受矿物的弹性性质控制，但更重要的是由岩石内部的孔隙和孔隙流体所决定。从结构上看，岩石是由固体的岩石骨架和流动的孔隙流体组成的二相体，岩石的弹性则是这样的二相体的等效弹性。因此岩石的弹性不仅取决于固体骨架（矿物）的弹性性质，岩石中的孔隙的大小（孔隙度）、孔隙的几何形态（裂纹或孔洞）以及孔隙中的流体等因素都将对岩石这种二相体的弹性性质产生巨大的影响。

对于各向同性的弹性介质，广义胡克定律中 36 种弹性变量中只有 2 个是独立的变量。已知速度和密度（包括纵波速度 v_{P} 和横波速度 v_{S}），可求得 5 个常用的弹性参数。其中描述弹性体的弹性特征常用以下物理参数。

体变模量：

$$K=\lambda+\frac{2}{3}\mu \tag{4.3.12}$$

它表示物体的抗压缩性质，说明岩石的耐压程度。

杨氏模量：

$$E=\frac{\mu(3\lambda+2\mu)}{\lambda+\mu} \tag{4.3.13}$$

它是物质对受拉力的阻力的度量。固体介质对拉伸力的阻力愈大，弹性愈好，杨氏模量就愈大。其物理意义是单位截面积的杆件伸长一倍的应力值。

泊松比：

$$\sigma=\frac{\lambda}{2(\lambda+\mu)} \tag{4.3.14}$$

它表示杆件受载荷作用的相对缩短量（或伸长量）与它的截面尺寸相对增大量（缩小量）之比。天然产出的物质的泊松比介于 0～0.5 之间。岩石越坚硬，σ 越小；岩石越疏松，σ 越大，尤其是压裂破碎和含流体后的岩石，泊松比明显增高。

切变模量：

$$\mu=\rho v_{\mathrm{S}}^{2} \tag{4.3.15}$$

它是切应力与切应变的比，是阻止剪切应变的一个度量。流体无剪切模量，即 $\mu=0$。

拉梅常数：

$$\lambda=\rho(v_{\mathrm{P}}^{2}-2v_{\mathrm{S}}^{2}) \tag{4.3.16}$$

它是阻止横向压缩所需的拉应力的一个度量。阻止横向压缩的拉应力愈大，λ 值也愈大。

（1）流体静压下岩石中洞缝对弹性的影响。

孔隙和孔隙流体的存在，对岩石弹性有重大影响，在这里我们首先讨论干燥情况下孔隙对岩石弹性的影响。

1965 年 Walsh 给出了包含裂缝的干燥岩石的有效压缩系数与基质压缩系数以及裂缝孔隙度变化的关系，即

$$\beta_{\mathrm{eff}}=\beta_{\mathrm{S}}-\frac{\mathrm{d}\phi}{\mathrm{d}p} \tag{4.3.17}$$

岩石的有效压缩系数与裂缝孔隙度和压力的微商有关，而不是直接与裂缝孔隙度有关。

流体静压下孔洞对岩石弹性的影响与裂缝十分不同。对于球形孔洞其有效压缩系数，其计算公式参见式（4.3.5）。

可以看出，含有球形孔洞的岩石，其有效压缩系数 β_{eff} 只与岩石的孔隙度有关，在压力增减时 β_{eff} 始终保持不变。

（2）岩石中孔隙流体对弹性的影响。

岩石是由固体的岩石骨架和流动的孔隙流体组成的二相体，孔隙流体对岩石的弹性有巨大的影响。研究孔隙及孔隙流体对岩石弹性的影响是岩石物理学中具有特殊性的重要问题。

Gassmann 得到了不排水情况下，岩石的压缩系数 $\bar{\beta}$ 与岩石基质、孔隙流体弹性参数之间的关系，即

$$\frac{1}{\bar{\beta}-\beta_{\mathrm{S}}}=\frac{1}{\beta_{\mathrm{D}}-\beta_{\mathrm{S}}}+\frac{1}{(\beta_{\mathrm{P}}-\beta_{\mathrm{S}})\phi} \tag{4.3.18}$$

式（4.3.18）称为 Gassmann 方程，这里 ϕ 为岩石孔隙度；β_{P} 为孔隙流体压缩系数；β_{S} 为岩石基质压缩系数；β_{D} 为干燥岩石压缩系数；$\bar{\beta}$ 为不排水岩石压缩系数。

并且孔隙压力的变化与围压成正比，孔隙压力的变化小于或十分接近围压的变化。也就是，地下深处的孔隙若处于不排水状态，其孔隙压力小于或等于岩石的静压力。

从 Gassmann 方程可以看出，一般情况下，孔隙流体的压缩系数比固体基质大的多，即 $\beta_P > \beta_S$，所以 $\beta_D > \bar{\beta} > \beta_S$。干燥岩石的压缩系数为 β_D，而饱和岩石在不排水情况下 $\bar{\beta} \to \beta_S$，这就说明了饱和对岩石力学性质有着巨大的影响。当涉及地震波传播等问题时，因其过程进行的很快，可以按不排水的情况处理。

当在岩石外面施加剪切应力，孔隙会发生剪切变形，就是说孔隙体积不变，因而孔隙的压力亦不变，所以在瞬态变化与长时间的排水情况下，岩石的剪切模量是相同的。

（3）弹性波速度与岩石的有效弹性参数。

在均匀各向同性的理想弹性体中，可以存在两种弹性波——纵波和横波。如果已知理想弹性体的弹性参数，可以计算纵、横波的波速。反过来如果已知纵、横波速度，也可以得到弹性体的弹性参数。

实际岩石不是完全均匀的，可以把岩石中的孔隙等看成是一种不均匀体，对于这种包含许多不均匀体的岩石，上面的结果是否可以应用呢？关键的问题是要将这种不均匀体的大小 d 与弹性波的波长 λ 进行比较；当不均匀体的尺度远大于波长时（$d \gg \lambda$），处理这类问题用射线理论；当不均匀体的尺度与波长可以相比时（$d \approx \lambda$），处理问题用散射理论；若不均匀体的尺度远小于弹性波波长（$\lambda \gg d$），这时用"有效弹性参数的方法"。实际中，我们使用的弹性波波长都远比岩石中孔隙的尺度大。

所谓有效弹性参数方法就是把包含许多孔隙的岩石，仍然看成是一理想弹性体，但其弹性参数由这种两相体岩石的有效弹性参数给出。

4.3.1.1.6 岩石的衰减

事实上，岩石除了弹性性质外，还有非弹性的性质，即衰减的性质。研究衰减性质的意义在于它主要不是由岩石的宏观性质所决定，而是由岩石的微观性质，诸如岩石内部裂缝的密度、分布、结构和孔隙流体的相互作用等所确定。研究波的衰减可以了解岩石的微构造及变化，以及了解岩石在地下所处的环境条件。特别值得注意的是，对于岩石物理状态的变化，测量衰减性质比波速测量更灵敏的多，这一性质使得衰减成为一种有价值的研究课题。

由于岩石往往不是完全弹性的。这样，当波在岩石中传播时，就会有一部分机械能转变为热能，在这种转变过程中的各种机制统称为内摩擦。除了通过岩石的变形确定内摩擦外，还有两种方法也是常用的：一种方法是观测岩石样品的强迫振动，由岩石材料的强迫振动可以得到表征内摩擦大小的 Q 值，Q 值是描述岩石非弹性性质的重要参数。对于完全弹性体，$Q=\infty$。Q 值越小，非弹性性质就越突出。另一种方法是观测波在岩石中的衰减，可以得到表征内摩擦的另一个参数—衰减系数 α，对于完全弹性体，$\alpha=0$；α 值越大，非弹性性质越明显。Q 和 α 都是描述岩石非弹性性质的，它们之间可以互相转换。在均匀介质中，不同位置的振幅可以表示为

$$A(x)=A(x_0)\times\left(\frac{x_0}{x}\right)^n\times\exp[-\alpha(x-x_0)] \tag{4.3.19}$$

式中，$A(x)$ 为 x 处振幅；$A(x_0)$ 为 x_0 处振幅；$\left(\frac{x_0}{x}\right)^n$ 为几何扩散造成的振幅减低，平面波 $n=0$；$\exp[-\alpha(x-x_0)]$ 为衰减造成的振幅降低，α 为衰减系数。

Q 和 α 的关系可以表示为

$$\frac{1}{Q}=\alpha\frac{v}{\pi f} \tag{4.3.20}$$

4.3.1.1.7 流体替换

流体替换是根据储层矿物成分、孔隙度和流体的饱和情况，计算纵、横波速度和密度随不同流体饱和度替换结果的变化情况，其核心是 Gassmann 方程。Gassmann（1951）方程是利用骨架特性来计算流体置换对地震特性的影响。它利用干燥岩石、骨架和孔隙流体的已知体积模量来计算孔隙流体饱和时岩石的体积模量。对于岩石而言，骨架是由形成岩石的矿物成分组成的，孔隙流体可能是气体、石油、水，或者是三者的混合物，即

$$K_s = K_d + \frac{(1 - K_d/K_m)}{\dfrac{\phi}{K_f} + \dfrac{1-\phi}{K_m} - \dfrac{K_d}{K_m^2}} \tag{4.3.21}$$

式中，K_s 是以体积模量为 K_f 的流体所饱和的岩石的体积模量；K_d 是干燥岩石的体积模量；K_m 是骨架（颗粒）体积模量；ϕ 是孔隙度。岩石的剪切模量 μ_s 不受流体饱和的影响，所以

$$\mu_s = \mu_d \tag{4.3.22}$$

式中，μ_d 是干燥岩石的剪切模量。流体饱和岩石的密度 ρ_s 简化为

$$\rho_s = \rho_d + \phi\rho_f \tag{4.3.23}$$

式中，ρ_d 是干燥岩石的密度；ρ_f 是孔隙流体的密度。请注意 $\rho_d = (1-\phi)\rho_m$，其中 ρ_m 是骨架（颗粒）的密度。

利用测量得到岩石速度，计算干燥岩石的体积模量和剪切模量，即

$$K_d = \rho_d\left(v_P^2 - \frac{4}{3}v_S^2\right) \tag{4.3.24}$$

$$\mu_d = \rho_d v_S^2 \tag{4.3.25}$$

需要注意的是这里指出了骨架模量不同于干燥岩石的模量。对 Gassmann 方程的正确应用，应在可湿流体的不可还原饱和条件下测量骨架的模量。不可还原流体是岩石骨架的一部分，不是孔隙空间。实验室岩样的过分干燥将导致错误的 Gassmann 结果。

利用 Wood（1941）方程可以计算出混合流体的体积模量 K_f，即

$$\frac{1}{K_f} = \frac{S_w}{K_w} + \frac{S_o}{K_o} + \frac{S_g}{K_g} \tag{4.3.26}$$

式中，K_w，K_o 和 K_g 分别是水、原油和气体的模量；S_w，S_o 和 S_g 分别是水、原油和气体的饱和度，且 $S_w + S_o + S_g = 1$。上式意味着孔隙流体在孔隙中是均匀分布的。

混合流体的体积密度由下式计算，即

$$\rho_f = S_w\rho_w + S_o\rho_o + S_g\rho_g \tag{4.3.27}$$

式中，ρ_w，ρ_o 和 ρ_g 分别是水、原油和气体的体积密度。

Gassmann 方程基本假设条件是：一是岩石（基质和骨架）宏观上是均质的；二是所有孔隙都是连通或相通的；三是所有孔隙都充满了流体（液体、气体或混合物）；四是研究中的岩石—孔隙流体系统是封闭的（不排液）；五是孔隙流体不对固体骨架产生软化和硬化作用。

实际研究中，进行“流体替换”过程中使用了两次 Gassmann 方程。首先，将储层原始的流体替换为干燥岩石的状态，其次，用不同饱和度的流体替换干燥岩石中的孔隙。

4.3.1.2 洞缝储层岩石物理分析

塔中、塔北地区奥陶系碳酸盐岩储层的强非均质性及储层类型的多样化使得井间储层响应特征不统一，小级别孔洞和裂缝的预测精度难以提高。

利用全波列测井资料，进行洞缝储层岩石物理响应特征研究，包括研究不同类型储层的

弹性参数特征；建立不同的弹性参数与储集空间类型、含油气性等的关系；寻找对储层类型、含油气性敏感的弹性参数等，进而指导后续的叠前弹性参数反演等工作。

4.3.1.2.1　弹性参数的计算

不同的岩石物理参数所反映的岩石物理特性不同，反映储层或含流体特征的灵敏度也不同。只有系统地分析不同岩石物理参数特征，才能充分理解和把握储层段的岩石物理特征，建立岩石物理参数和储层特征的关系，指导储层预测和油气检测。

利用塔中63井、塔中86井和中古17井三口井的纵波速度、横波速度和密度等测井资料，分别计算了拉梅系数、切变模量、泊松比、体积模量、杨氏模量等10多个常用的岩石物理参数（图4.3.1、图4.3.2和图4.3.3）。从图中可以看出，不同弹性参数曲线的基本形

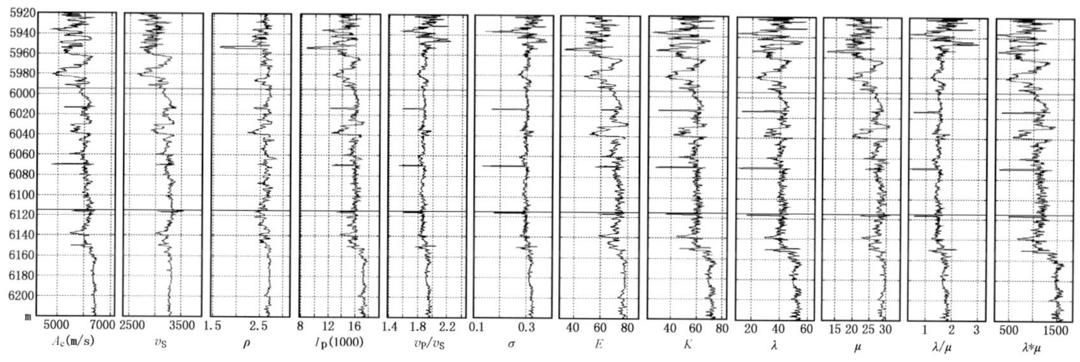

图4.3.1　塔中63井弹性参数曲线

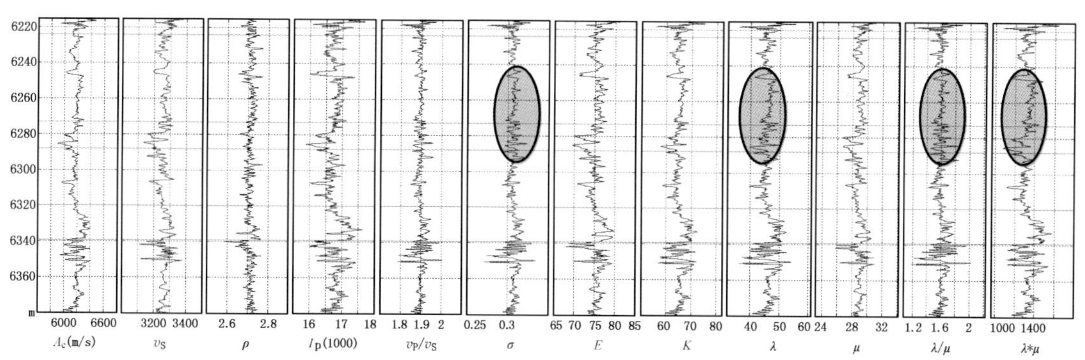

图4.3.2　塔中86井弹性参数曲线

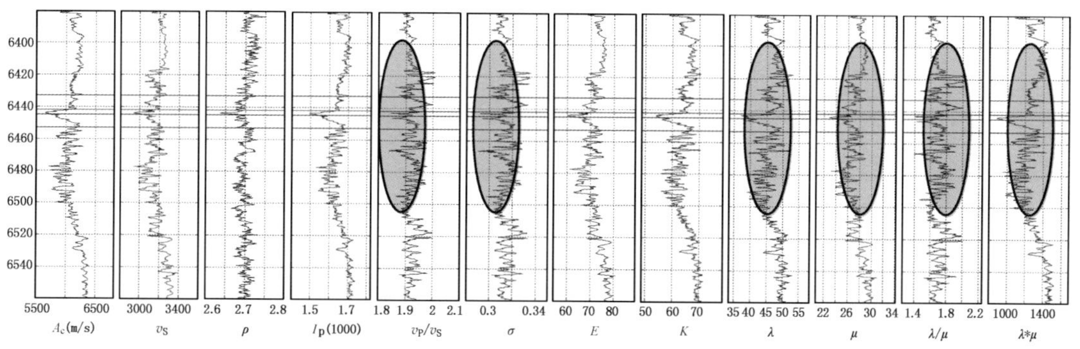

图4.3.3　中古17井弹性参数曲线

态是相同的，但泊松比、纵横波速度比、剪切模量、拉梅常数等参数在有利储层段有明显的异常特征。同时，塔中63井所钻遇的辉绿岩段的杨氏模量、体积模量、拉梅常数和剪切模量均表现出了较低的异常特征。

4.3.1.2.2 弹性参数的交会分析

分别对三口井不同的岩性段（良里塔格组泥质条带段、颗粒灰岩段和含泥灰岩段）的岩石物理参数进行交会分析，并划定了交会图上的异常值，把这些异常值投到岩石物理参数曲线上，研究交会图上的异常值所对应于测井曲线中的层段，研究哪些异常值是由储层段或含流体性所引起的，进而指导建立岩石物理参数和储层特征的关系，指导储层和油气检测。

塔中86井的有利储层段为良里塔格组的颗粒灰岩段，储集空间类型以裂缝型为主；中古17井的有利储层段为良里塔格组的含泥灰岩段，储集空间类型以孔洞型为主。

（1）塔中86井弹性参数交会分析。

图4.3.4是塔中86井纵波阻抗与纵横波速度比的交会图，存在大的纵横波速度比和较小的纵波阻抗异常值，这些异常值多对应着有利储层发育段。图4.3.5是塔中86井纵波速度和横波速度交会图，有利储层段对应的纵波速度和横波速度都较小。图4.3.6是塔中86井拉梅系数和剪切模量的交会图，有利储层段的剪切模量值较小。图4.3.7是塔中86井拉梅系数和拉梅系数与剪切模量之比的交会图，有利储层段对应着拉梅系数与剪切模量的高比值。

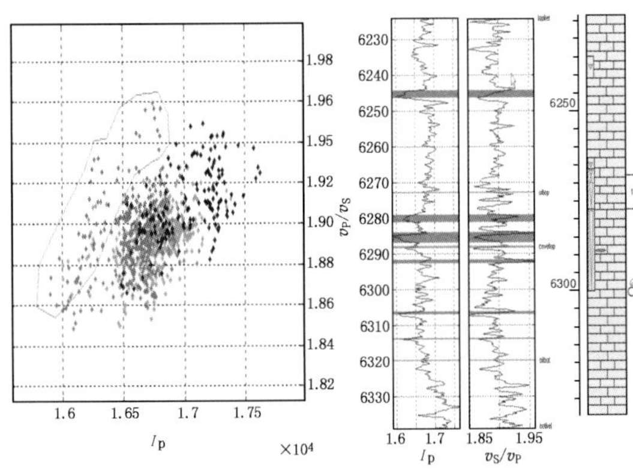

图4.3.4 纵波阻抗和纵横波速度比交会图

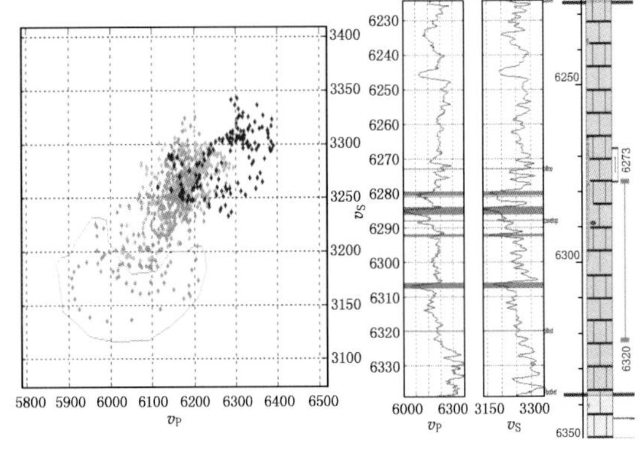

图4.3.5 纵波和横波速度交会图

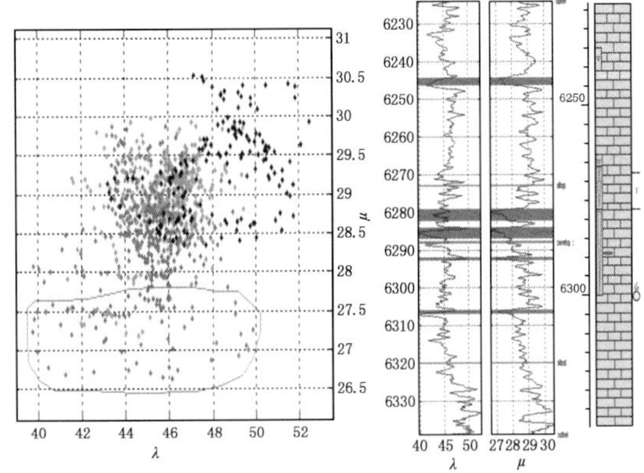

图4.3.6 拉梅常数和剪切模量交会图

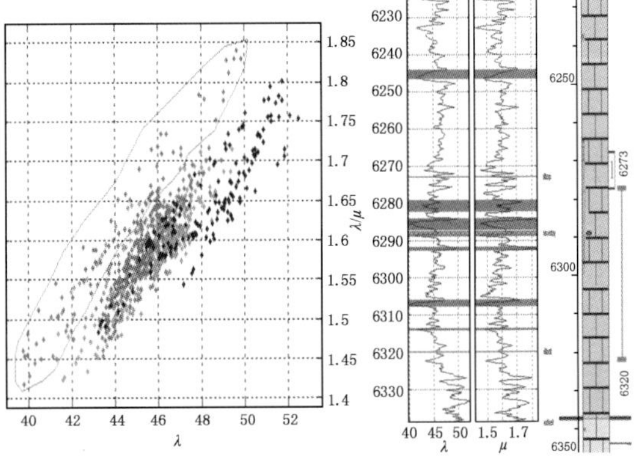

图4.3.7 拉梅常数和拉梅常数/剪切模量交会图

综合分析认为良里塔格组颗粒灰岩段中的有效储层的弹性响应特征分别对应于高纵横波速度比、拉梅系数与剪切模量的高比值、较低的剪切模量值及较小的纵横波速度。这与砂泥岩储层对应于低纵横波速度比的规律相左。造成高纵横波速度比的原因是由于塔中 86 井储层岩性为碳酸盐岩，储集空间以裂缝型为主，这不同于沙泥岩储层的孔洞储集空间。由于储层裂缝发育，造成了岩石的抗剪切变形能力减弱，即其剪切模量变小，导致了高的纵横波速度比和上述岩石物理参数特征。因而可以认为造成该储层段弹性参数特征变化的主要影响来自于储层中的裂缝发育程度。

（2）中古 17 井弹性参数交会分析。

图 4.3.8 是中古 17 井纵波速度和密度交会图，交会图上显示较小的密度和纵波速度异常值对应着有利储层发育段。图 4.3.9 是中古 17 井纵波阻抗与纵横波速度比交会图，从图中可以看出，较小的纵横波速度比和较小的纵波阻抗异常值投影到测井曲线上，显示其来自有利储层发育段。图 4.3.10 是中古 17 井杨氏模量和体变模量交会图，有利储层段对应的杨氏模量和体变模量都较小。图 4.3.11 是中古 17 井拉梅常数和剪切模量交会图，有利储层段

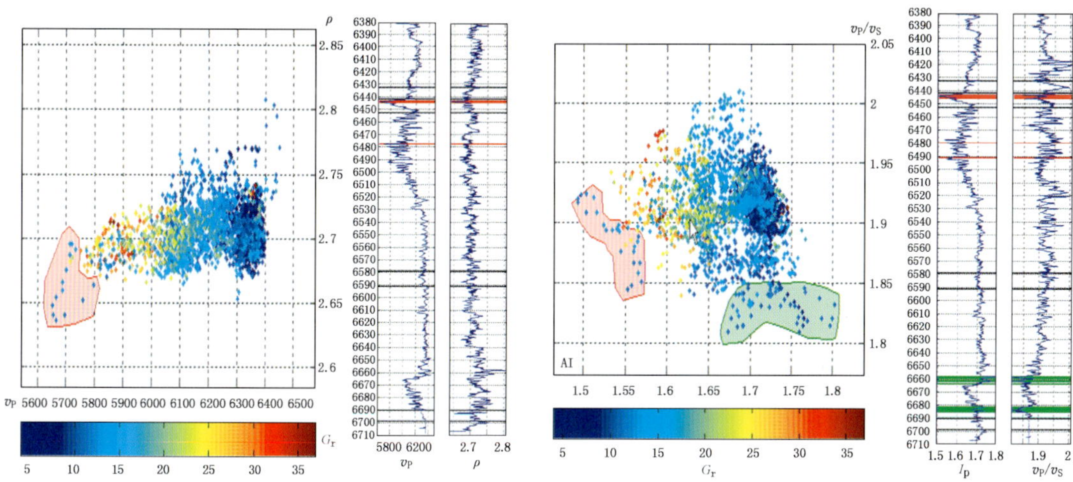

图 4.3.8 纵波速度和密度交会图

图 4.3.9 纵波阻抗和纵横波速度比交会图

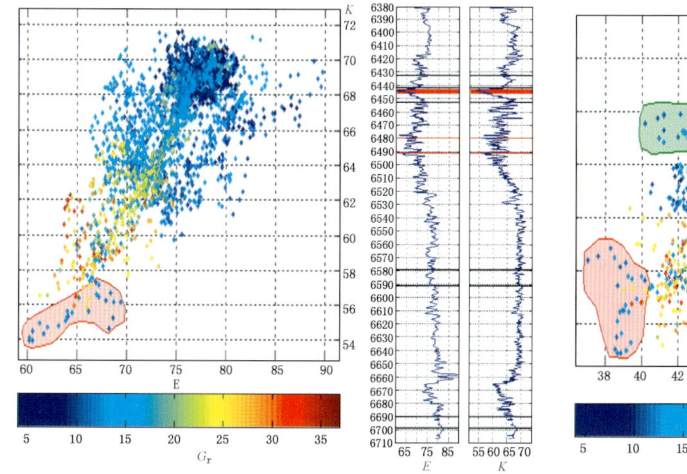

图 4.3.10 杨氏模量和体变模量交会图

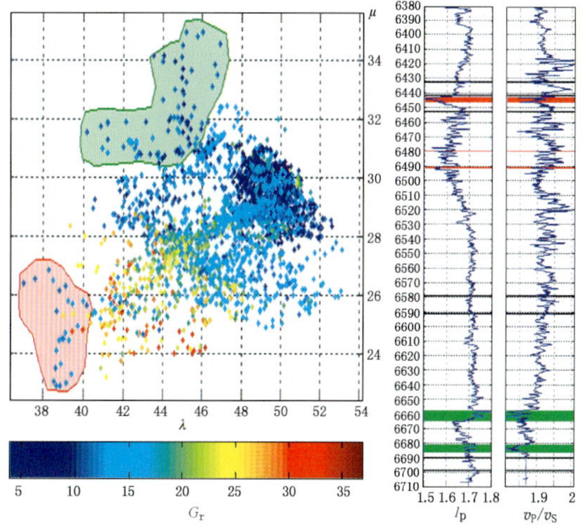

图 4.3.11 拉梅常数和剪切模量交会图

的剪切模量值和拉梅常数较小。图 4.3.12 是中古 17 井拉梅常数和拉梅常数与剪切模量之比交会图，有利储层段对应着拉梅系数与剪切模量的低比值。图 4.3.13 是中古 17 井拉梅常数×密度和剪切模量×密度交会图，有利储层段对应着拉梅系数×密度与剪切模量×密度的较小值。

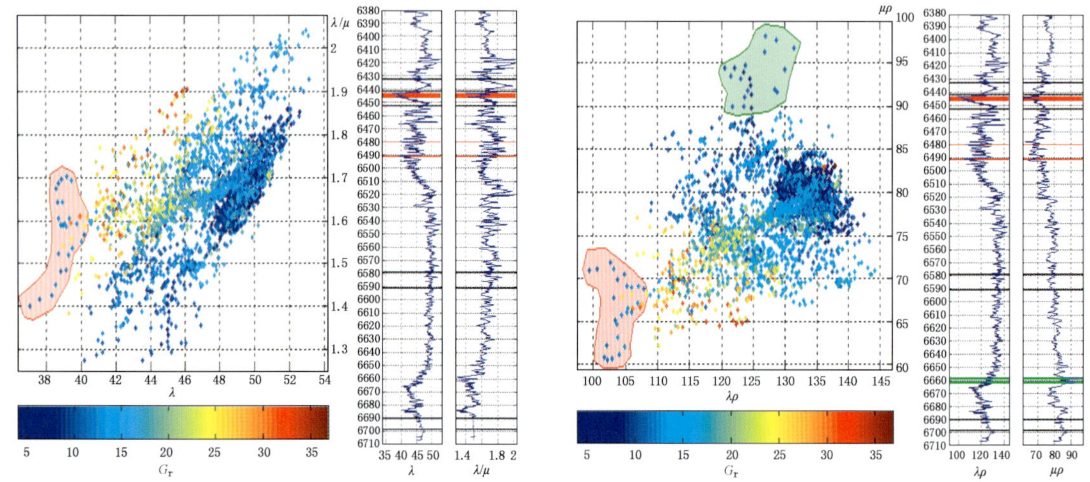

图 4.3.12　拉梅常数和拉梅常数/剪切模量交会图　　图 4.3.13　拉梅常数×密度和剪切模量×密度交会图

综合分析认为良里塔格组三段含泥灰岩中有效储层的弹性响应特征分别对应于低纵波速度、低密度、低波阻抗、较小的纵横波速度比、较小的杨氏模量和体变模量值、低拉梅常数和剪切模量及拉梅系数与剪切模量相对较大的比值等特征。

由塔中 86 井弹性参数的交会分析和中古 17 井弹性参数的交会分析，可以看出良里塔格组颗粒灰岩段的储层特征和含泥灰岩段的储层特征不完全相同。塔中 86 井颗粒灰岩段中有利储层的纵横波速度比值较大，而中古 17 井含泥灰岩段有利储层段的纵横波速度比却为较小的异常值。分析造成上述差异的主要原因是其储集空间类型和储层岩性的差异造成的，塔中 86 井有利储层段裂缝发育，储集空间以裂缝型为主；中古 17 井有利储层段孔洞较为发育，储集空间以孔洞型为主。

4.3.1.2.3　弹性参数敏感性分析

各种地震属性信息反映储层或含油气特征的灵敏程度具有很大的不确定性。在不同的区块、不同层位，对油气类别或某种储层特征最有代表性的地震属性组合存在较大的差异。因此，必须从众多的地震属性中优选出那些有用的敏感的属性。

通过测井资料，分析储层段各参数变化的敏感性，由此确定反映储层或含油气特征的敏感参数，优选地震属性信息，指导储层预测和油气检测。

图 4.3.14 是对不同参数的敏感性分析图，对于塔中地区奥陶系储层的岩石的弹性参数较常规参数（密度、纵横波速度和波阻抗等）变化大，敏感性强。其中常规参数中的纵横波速度比变化最敏感，弹性参数中拉梅系数×密度、拉梅系数/剪切系数等参数最为敏感。

4.3.2　洞缝型储层弹性参数反演预测技术

常规叠后波阻抗反演技术建立在地震波垂直入射假设的基础上，而实际的常规地震资料并非自激自收的地震记录，反射振幅是共中心点道集叠加平均结果，不能反映地震反射振幅随偏移距不同或入射角不同而变化的特点，因此，利用常规叠后波阻抗反演不能得到可靠的

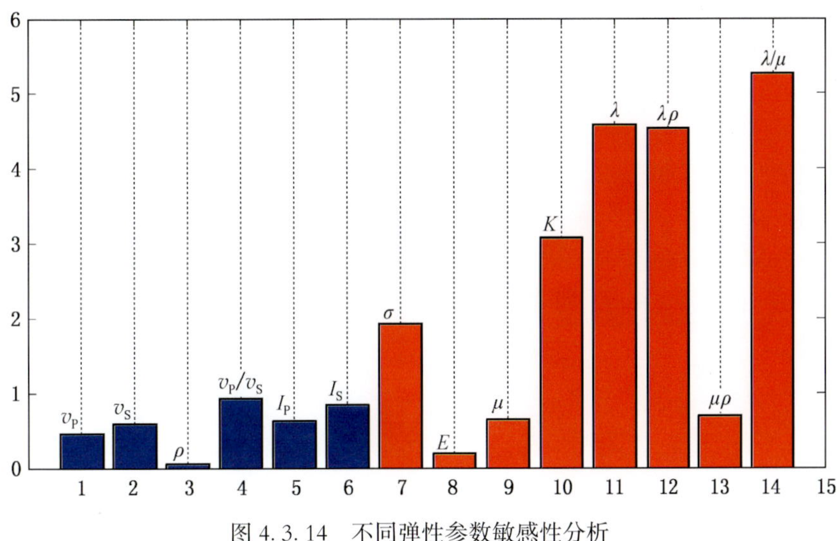

图 4.3.14 不同弹性参数敏感性分析

波阻抗和其他岩性及流体信息。为了克服叠后反演的不足，并提高强非均质性碳酸盐岩洞缝洞缝储层的预测精度，能够反映反射振幅随偏移距变化的叠前地震资料的弹性参数反演是目前较好的解决办法。以 H6 三维区为例，利用叠前弹性参数技术预测洞缝储层分布规律。

4.3.2.1 不同入射角叠加数据特征

根据 H6 三维区野外观测系统的特点，将 CRP 道集按角度的大小分五个范围（3°～10°、10°～17°、17°～24°、24°～31°、31°～38°），对不同的入射角范围分别进行叠加，获得五个角度叠加数据体。图 4.3.15 为过 H7 井（Inline 943/Crossline 1080）不同入射角的部分叠加剖面。其中，小角度叠加反演的结果分辨率最高，而大角度叠加反演结果的分辨率低。出现这种结果的最主要原因是叠加地震剖面的主要信息来源于中角度（中偏移距）、小角度（近偏移距）地震道的分辨率高、大角度（远偏移距）地震道的分辨率低等。

4.3.2.2 弹性参数反演

对于碳酸盐岩储层，其岩石物理特性随储集空间类型、孔隙度等不同，岩石物理特性会发生变化。随着孔隙度的增大，纵横波速度比减小；在裂缝比较发育的区域，纵横波速度比较大。奥陶系作为主要储层段，溶洞、裂缝、孔洞较发育，因而其地层的岩石密度降低、抗剪切能力变差，剪切模量变小，杨氏模量变大，拉梅系数/剪切模量变大。

通过弹性参数反演，可以得到纵横波速度比、泊松比等多个弹性参数，但密度异常与洞缝储层分布最为吻合。图 4.3.16 为过 H11 井的密度预测剖面，图 4.3.17 为储层段平面图。

从密度预测剖面图的红黄色分布异常区，在横向上不连续，反映碳酸盐岩非均质性储层分布的特征。在平面图中，红黄色代表储层，主要分布在三维区北部，与北部潜山区基本对应，中南部储层发育区则与断裂带及火山活动区相对应。

对于碳酸盐岩洞缝储层，通过对比研究，用密度与岩心孔隙度作交会图，效果要比用声波测井时差好，拟合公式的相关系数也高。所以，密度估计孔隙度是一种很有前途的方法（赵正璋，赵贤正，王英明等，2005）。

4.3.3 流体识别技术

识别烃类异常是地震解释的最高要求（Fred J. Hilterman，2001，孙夕平等译，2006）。在叠前弹性参数反演研究的基础上，进一步利用 AVO 分析研究储层充填物的性质。根据

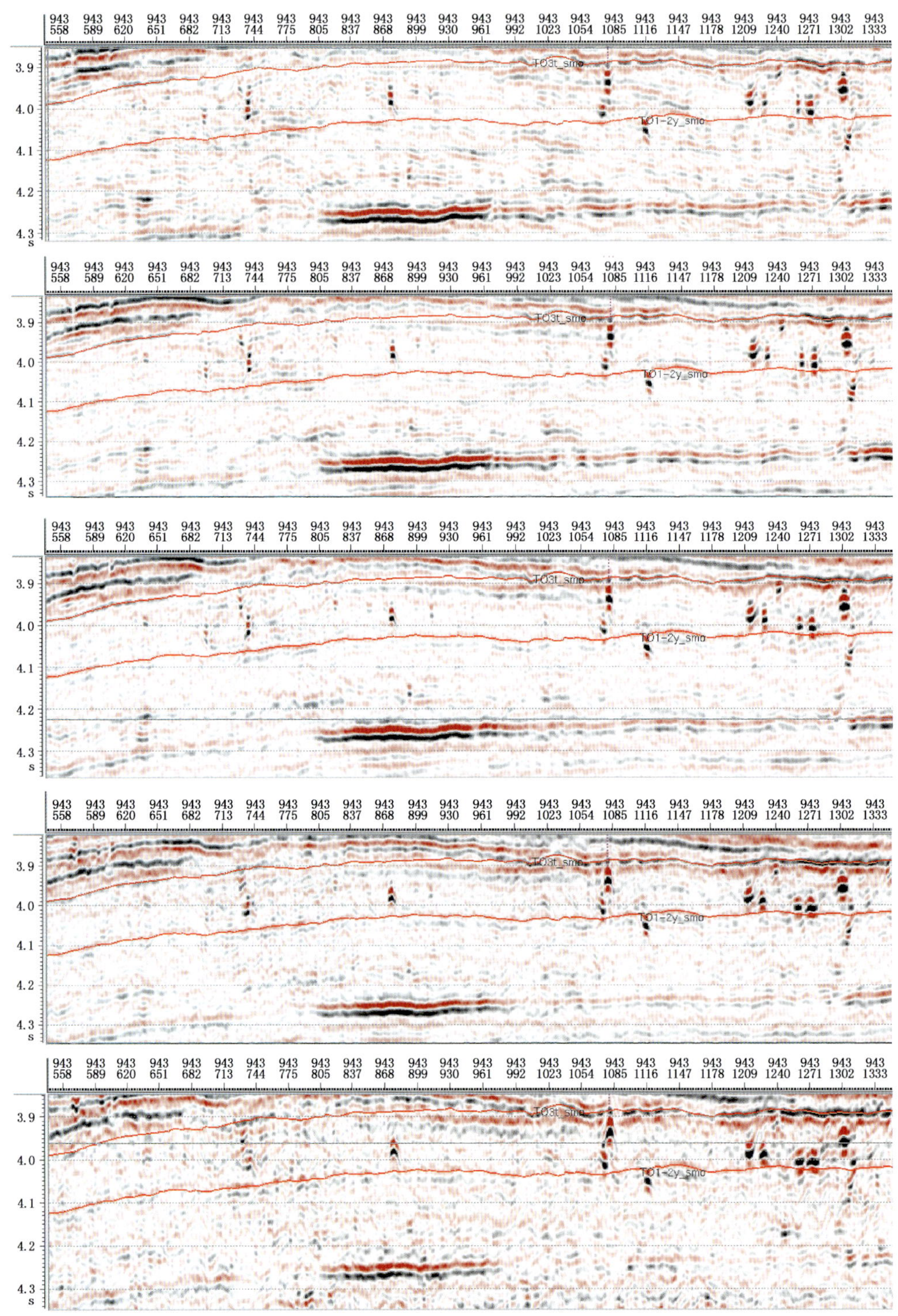

图 4.3.15　过 H7 井不同入射角叠加剖面

AVO 的方法原理，制定了 AVO 技术流程（图 4.3.18）。

4.3.3.1　AVO 模型正演

AVO 正演模型研究是利用 AVO 方法进行储层预测和烃类检测的基础。选择合适的井，在合成地震记录层位标定的基础上，研究储层在含油气与不含油气时的地震反射振幅随炮检

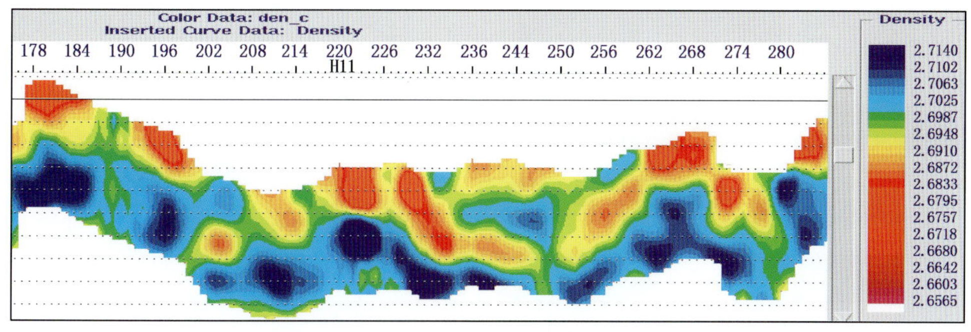

图 4.3.16　过 H11 井密度预测剖面

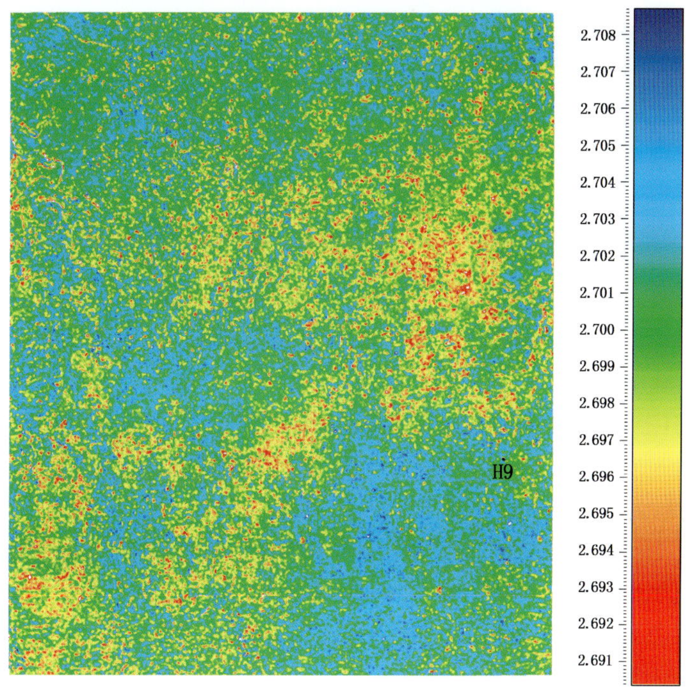

图 4.3.17　H6 三维区中下奥陶统密度预测平面图

距的变化关系和各种 AVO 属性参数的特征。

首先，用射线追踪的方法来计算入射角和旅行时，用 Zoeppritz 方程计算不同入射角的反射系数，将井旁地震道提取的子波与每一个角度的反射系数进行褶积，就可以得到正演的 CMP（共中心点）道集记录。

其次，针对目的层段，利用测井数据根据 Gassmann 公式进行流体替换，通过正演模拟产生含油气储层与含水储层的正演 CMP 道集，从正演的 CMP 道集上，获得梯度和截距等 AVO 属性。

4.3.3.2　AVO 分析技术的应用

地震振幅、波形特征随炮检距的变化关系很复杂，主要原因就在于不同炮检距的地震波经过的地层结构、弹性性质、岩性组合等许多方面都是不同的。AVO 分析作为非零炮检距数据模型反演，主要利用地震反射资料的叠前振幅信息，通过分析叠前地震信息随炮检距的变化特征，来揭示岩性和油气的关系。

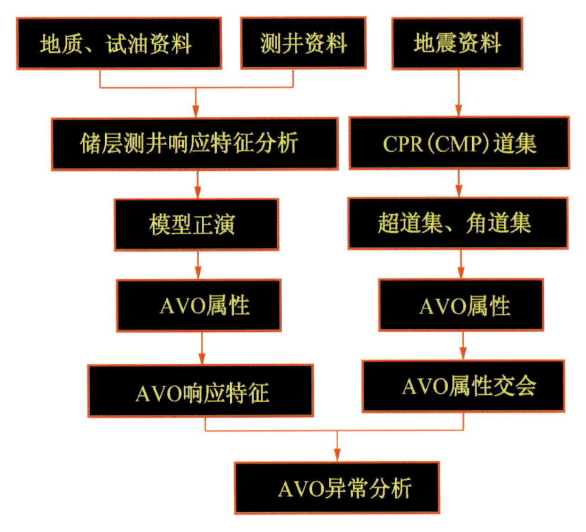

图 4.3.18　AVO 技术流程

碳酸盐岩质地坚硬而且致密，整体表现为高速度、高密度及高波阻抗。当碳酸盐岩中存在溶孔/洞和裂缝时，会引起速度、密度及波阻抗值的降低。因此，与致密围岩相比，碳酸盐岩储层具有低速度、低密度、低波阻抗值特征。利用 AVO 属性进一步研究储层充填物性质。

为了从各个不同的方面进行 AVO 的定性分析乃至定量分析，并通过对地震资料的处理获得更丰富的地下信息用于流体检测，AVO 技术是 AVO 处理和分析技术中最重要的内容之一。AVO 分析是基于 Zoeppritz 方程的近似。Aki、Richards、Gelfand 近似和 Shuey 等近似都可用简单公式表示：$R(\theta)=R_P+G\sin^2(\theta)$。如果把 $R(\theta)$ 看作 $\sin^2\theta$ 的函数，这个方程是线性的。R_P 为该直线方程的截距（P）；G 为该方程斜率或梯度。R_P 为纵波反射系数，这是一个真正法线入射零炮检距剖面。G 为纵波反射系数与横波反射系数的差。它反映反射振幅随入射角的变化率以及变化趋势。根据这两个基本的 AVO 属性参数，可以得到其他的 AVO 属性参数。其中：泊松比差（变化率）：反映了泊松比的变化，正值意味着泊松比的增加，负值意味着泊松比减小。含油气时的泊松比差增大，远大于含水时的泊松比差；碳烃指示：$H=P\times G$，油气的存在总是伴随着反射振幅和梯度振幅值的增大，可以使亮点从背景中突现出来；流体因子：表示与泥岩线的偏差；流体因子大表示可能含有油气。

图 4.3.19 为 H6 三维区 H9 井 AVO 模型正演结果。左上图为含油、气、水时合成的 CMP 道集；中图为 H9 井纵、横波速度及密度测井曲线；右图为合成道集上的 AVO 属性。从合成 CMP 道集看，随偏移距增大，含气合成道集振幅变弱明显，频率降低，含油、含水

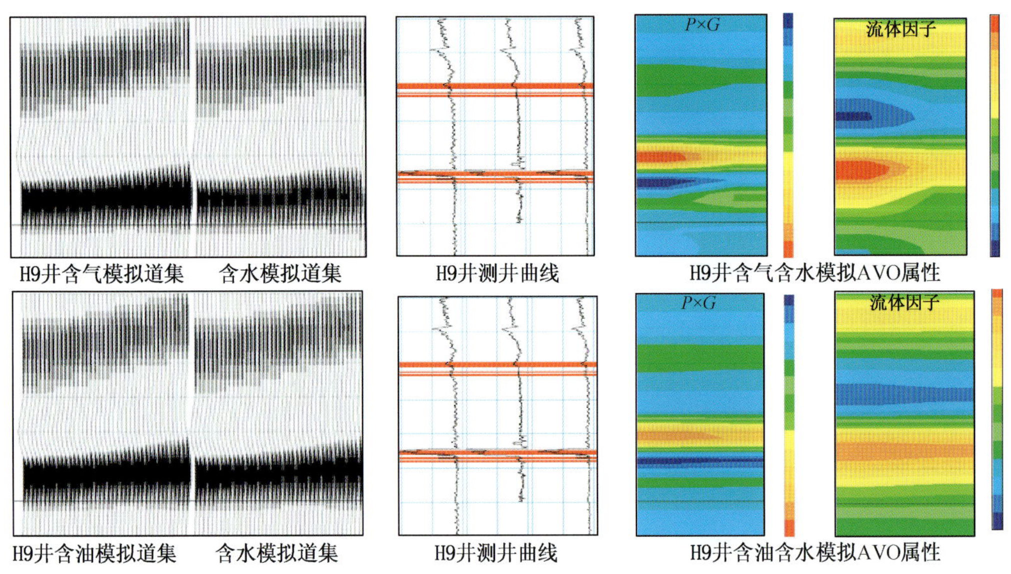

图 4.3.19　H6 三维区 H9 井 AVO 模型正演分析

合成道集振幅也变弱，但不明显；而对于 AVO 属性 $P\times G$ 剖面和流体因子属性，含油气异常明显高于含水。这主要由于储层与围岩差异较小，而且资料受分辨率限制，AVO 现象不明显。通过模型正演研究发现，AVO 属性（截距、$P\times G$ 剖面、流体因子属性等）可以很好识别储层，有可能进一步预测流体性质。

图 4.3.20 是过 H9 井的碳氢指示剖面；图 4.3.21 是过 H9 井的泊松比差（伪泊松比）剖面；图 4.3.22 是 H9 井的流体因子剖面。在碳氢指示剖面上，碳酸盐岩储层为负值，且

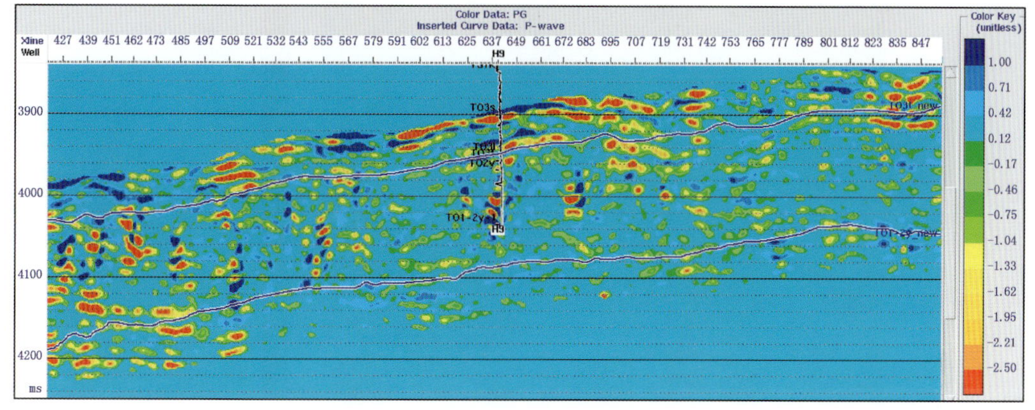

图 4.3.20 过 H9 井碳氢指示剖面

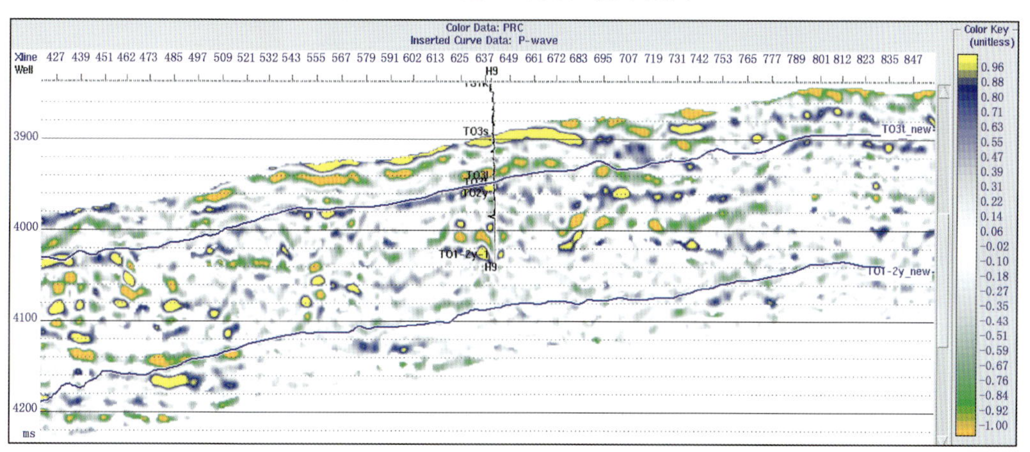

图 4.3.21 过 H9 井泊松比差（伪泊松比）

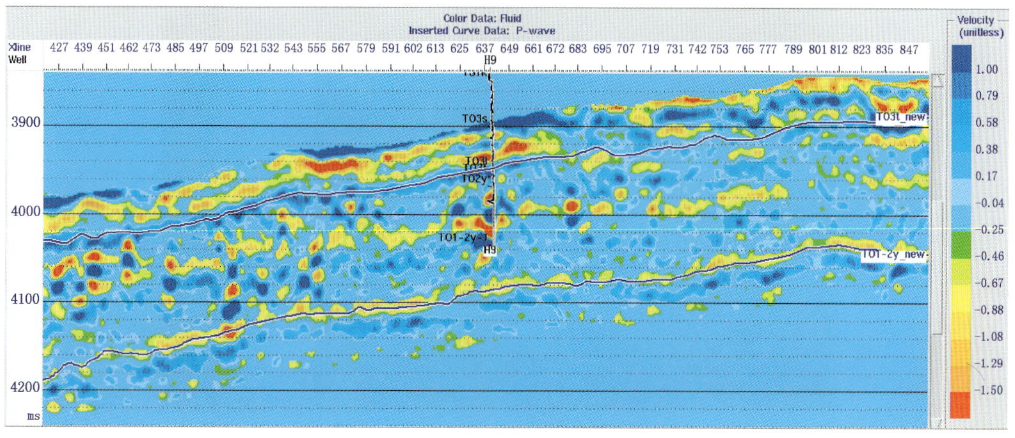

图 4.3.22 过 H9 井流体因子剖面

绝对值较大（红色、黄色）。在H9井附近，碳氢指示值、泊松比差（伪泊松比）及流体因子的绝对值大，“串珠”特征明显，反映了含有油气特征，与实际的钻探结果相吻合。

图4.3.23至图4.3.25是AVO属性平面图。从AVO属性平面图看，AVO属性能够较好反映储层的边界及储层内部的非均质性，并且可以更加准确地预测有利储层的分布。

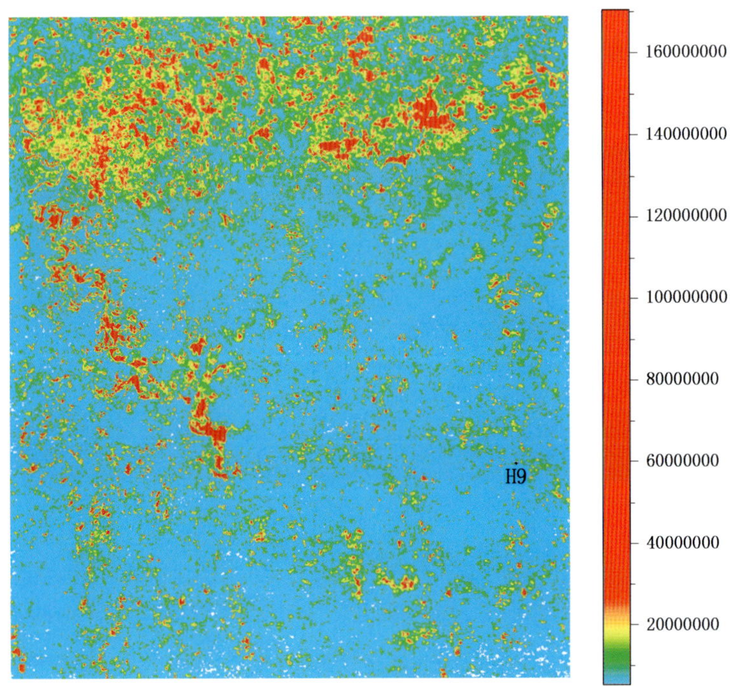

图4.3.23　H6三维区块中下奥陶统碳氢检测属性平面图

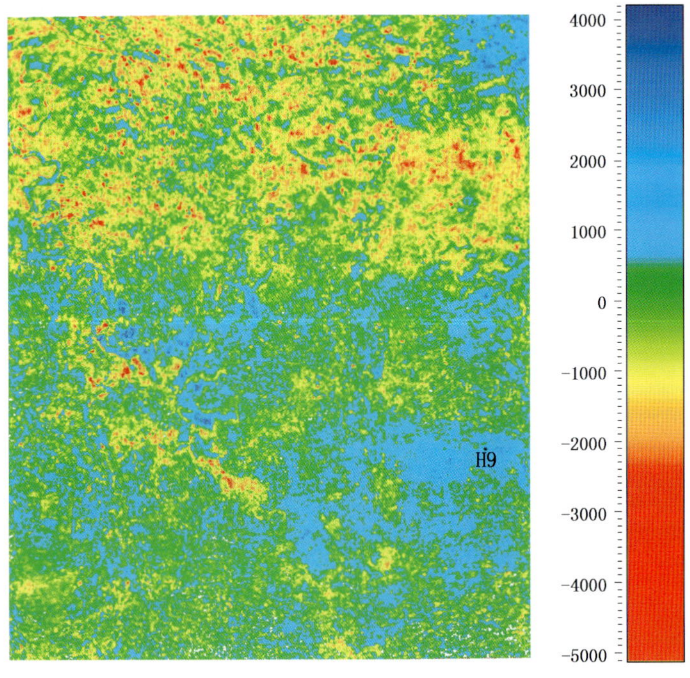

图4.3.24　H6三维区块中下奥陶统泊松比差属性平面图

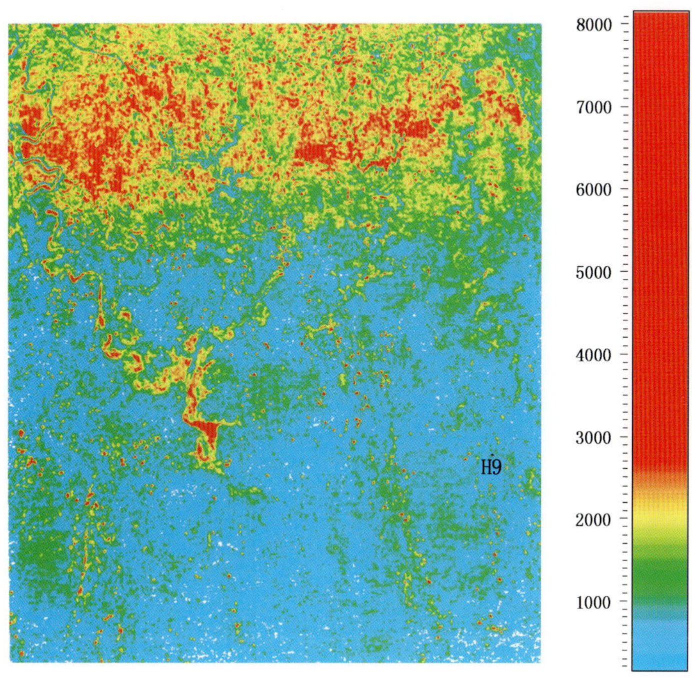

图 4.3.25 H6 三维区块中下奥陶统流体因子属性平面图

图 4.3.23 H6 三维区块中下奥陶统碳氢检测属性平面图；图 4.3.24 H6 三维区块中下奥陶统泊松比差属性平面图；图 4.3.25 H6 三维区块中下奥陶统流体因子属性平面图。从这三种 AVO 属性平面图看，所反映的异常区块基本相同，但细节有所差异，流体因子属性异常的连片性更强、碳氢检测属性异常的“串珠”特征更明显。其中，代表储层的暖色调异常区，主要分布在三维区北部，总体呈非均质片状分布；其次分布在南部，呈非均质条带状分布。造成这种分带特征，主要和该三维区北部为岩溶发育的潜山，储层最为发育；南部呈条带状分布的原因，主要是和后期走滑断裂活动有直接关系。

4.4 孔洞型储层半定量雕刻技术

4.4.1 波动方程模型正演技术

实钻表明，地震响应主要表现为强振幅、低频率“串珠”反射特征大多数代表奥陶系有效洞缝储层，并主要代表孔洞相对发育的储层。为研究孔洞型储层不同尺度响应，利用钻井、测井资料，并在地震资料精细解释的基础上，设计了不同大小、不同充填介质的地质模型，模型实验方法采用野外二维观测方式，并与实际野外采集观测系统近似（主频 25Hz、炮间距 20m、道间距 20m、每炮 351 道，总炮数 650 炮、最小偏移距 0m、最大偏移距 6000m、采样间隔 2ms）。利用波动方程正演模拟，建立定量解释量版，校正有效储层大小，从而达到半定量描述洞缝储层目的。

为研究不同充填介质、不同尺度孔洞储层，设计 3 个模型。

模型 1 模拟埋藏深度相同的相同大小、不同充填介质的孔洞储层（图 4.4.1）。模型 1 中分别设计充填气、油、水及泥质模型，速度分别为 2000m/s、2500m/s、3000m/s 及

3500m/s。图 4. 4. 1b 是模型 1 偏移剖面结果。从剖面中可以看到，填充介质不同，地震反射波有较大差异，最低速的含气孔洞储层，地震反射波能量最强，而且层间多次波明显。其原因主要是由于溶洞产生的绕射点与上下层较大波阻抗界面之间产生层间多次反射波（张永刚等，2007）。

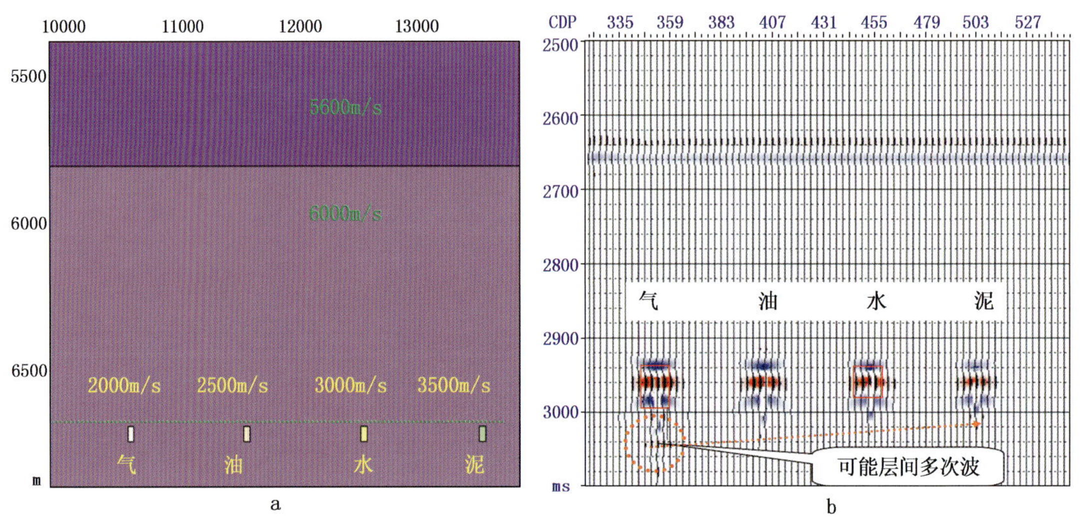

图 4. 4. 1　模型 1 及其时间偏移剖面图

模型 2 模拟埋藏深度相同、同一水平面的宽度相同、高度不同的 8 个孔洞储层（图 4. 4. 2a）。围岩速度 6000m/s，孔洞速度 3000m/s，模型宽度 40m，高度分别为 10m、20m、40m、60m、80m、120m、150m 及 180m。图 4. 4. 2b 是模型 2 偏移剖面结果，单洞缝储层在地震剖面上表现近似双曲线绕射特征，双曲线的顶点为孔洞位置，绕射能量最强在孔洞中心位置。另外，从图 4. 4. 2b、图 4. 4. 2c 中看到，高度 40m 模型能量最强，这与调谐厚度有关。而且随着高度增大，振幅能量逐渐增大，调谐厚度处能量最强。而后有所降低，到高度为 120m 的模型后，振幅能量基本不变，但“串珠”反射特征的峰谷组合明显，说明用振幅定量储层厚度存在多解性。

模型 3 模拟埋藏深度相同、同一水平面的高度相同、宽度不同 8 个孔洞储层（图 4. 4. 3a）。围岩速度 6000m/s，孔洞速度 4500m/s，模型高度 60m，宽度分别为 20m、60m、100m、140m、200m、300m、400m 及 600m。图 4. 4. 3b 是模型 3 偏移剖面结果，单洞缝储层在地震剖面上表现近似双曲线绕射特征，双曲线的顶点为孔洞位置，绕射能量最强在孔洞中心位置。从图 4. 4. 3b 看到，宽度 20m 模型的能量很弱，说明利用叠后地震资料预测裂缝是很有难度的。另外，从模型 3 中估算菲涅耳半径约为：775m，菲涅耳带 1550m，远远大于模型宽度及实际储层宽度，因此观测到的模型地震波场应以绕射波为主。而且从图 4. 4. 3b、图 4. 4. 3c 明显看出，随孔洞宽度加大，振幅能量逐渐增大，说明在菲涅耳带内绕射波能量随孔洞储层宽度增加而增强，并建立振幅与孔洞宽度的统计关系，以此半定量刻画孔洞面积。

4. 4. 2　孔洞半定量雕刻技术

利用上述模型正演的结果，进行统计振幅值与孔洞模型的宽度及振幅值与孔洞模型的高度之间的关系，建立孔洞定量解释量版。但振幅定量储层厚度目前存在多解性，建立振幅与孔洞宽度的统计关系相对准确，并以此半定量刻画孔洞面积。H6 三维区 613 个有效孔洞

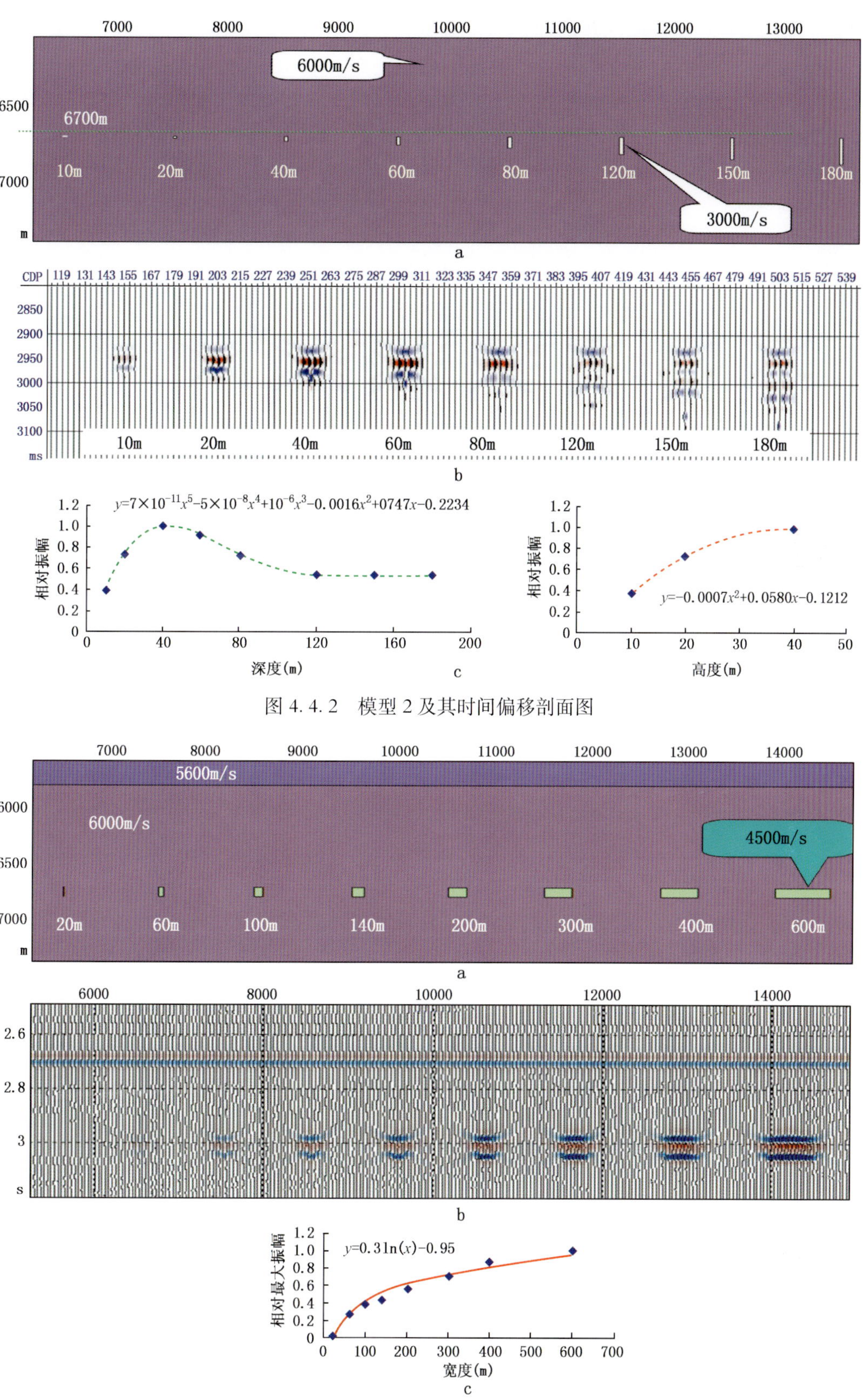

图 4.4.2 模型 2 及其时间偏移剖面图

图 4.4.3 模型 3 及其时间偏移剖面图

（图 4.4.4、图 4.4.5），最大孔洞面积 0.119km²，变化范围 0.00375～0.19km²，总面积达 17.7km²。对孔洞等效体体积能够在时间域进行初步估算，但从“串珠”雕刻看（图 4.4.6），“串珠”反射特征非常复杂，不是简单的模型正演能解决定量刻画洞缝储层的难题。而是要从野外采集入手，高密度、高分辨率的地震资料才能提高孔洞定量雕刻的精度。

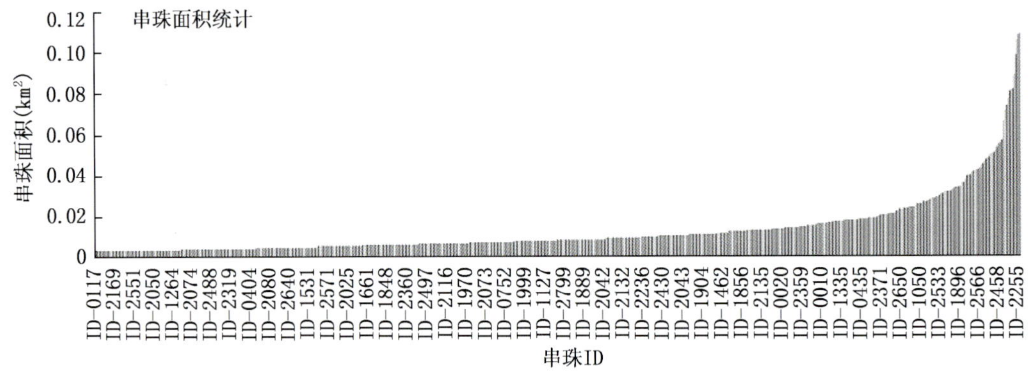

图 4.4.4　有效孔洞面积定量统计图

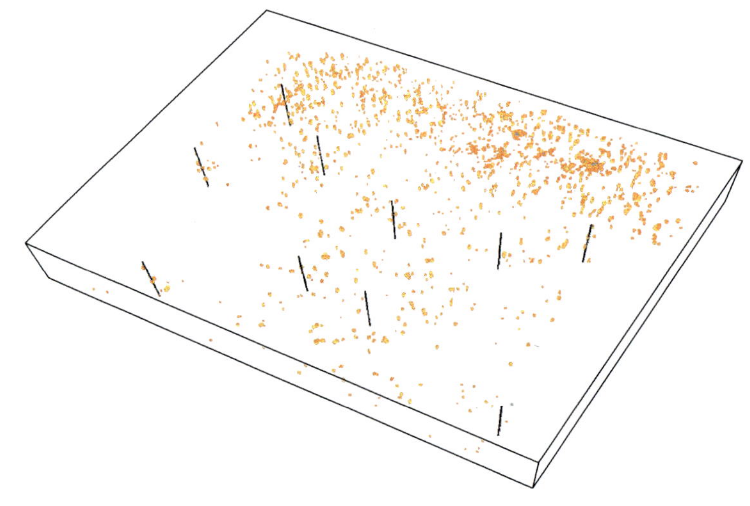

图 4.4.5　有效孔洞雕刻图

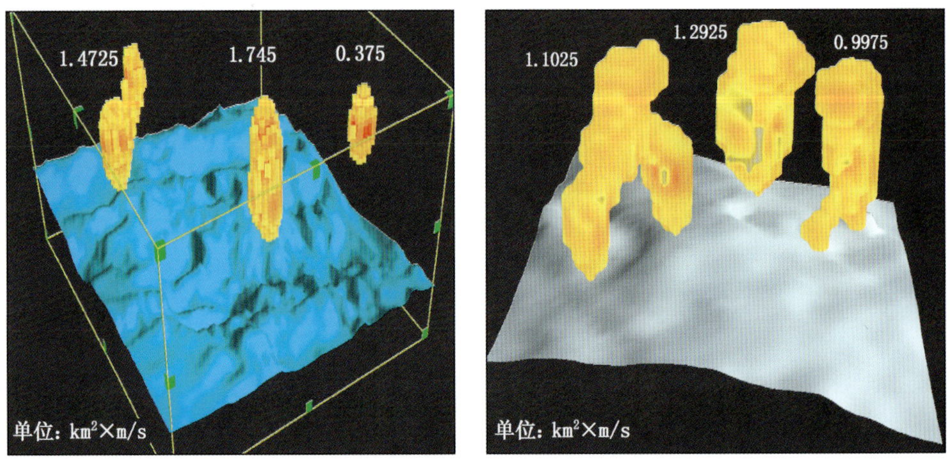

图 4.4.6　有效孔洞雕刻及体积估算图

4.5　叠前裂缝预测技术

叠前裂缝预测要求地震资料品质较高，尤其是对方位角的要求，宽方位采集的地震资料所含方位信息丰富、覆盖次数高、信噪比高，最终的裂缝预测精度高。但目前塔里木资料主要是窄方位地震资料。因此，在进行叠前裂缝预测过程中，如何进行方位处理最为重要。

4.5.1　大中尺度裂缝预测技术

大中尺度裂缝主要指利用叠后地震资料可以直接识别或利用特有技术可以识别的断裂。而特有技术主要指相干处理技术、相干加强技术、曲率计算技术、像素处理技术及地质应力分析技术等。这些技术都要求地震资料品质较高，而地质应力分析技术同时要求所解释的地震层位的精度要高，并要求避免解释过程中的人为因素。相干处理通常能提高较大尺度断裂的识别精度，相干加强技术、曲率计算技术、像素处理技术及地质应力分析等其他的技术方法能够识别较小尺度断裂，尤其是识别断裂发育带更为有效。

图 4.5.1 是相干处理结果，大型“X”断裂特征非常清晰；图 4.5.2 是相干加强处理结果，除大型“X”断裂特征清晰外，与之伴生次级小断裂也非常清晰；图 4.5.3 是曲率计算结果，大型“X”断裂特征存在，但与相干处理结果相比，边界较模糊，而与之伴生次级小断裂则非常清晰；图 4.5.4 是像素处理结果，大型“X”断裂特征较清晰，而与之伴生次级小断裂发育带同样非常清晰。

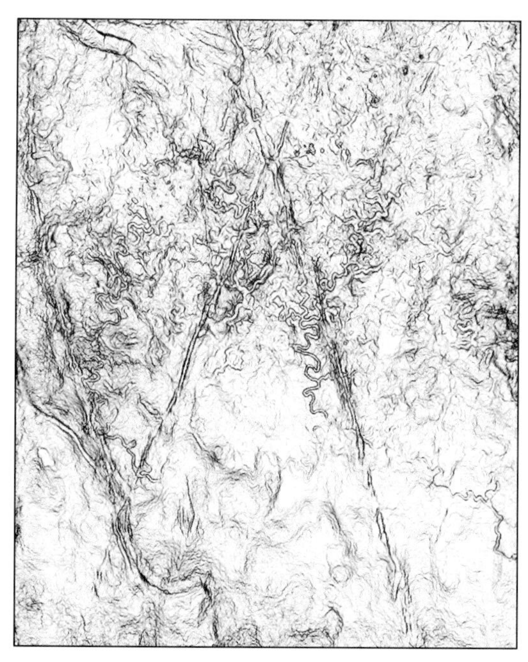

图 4.5.1　相干处理结果

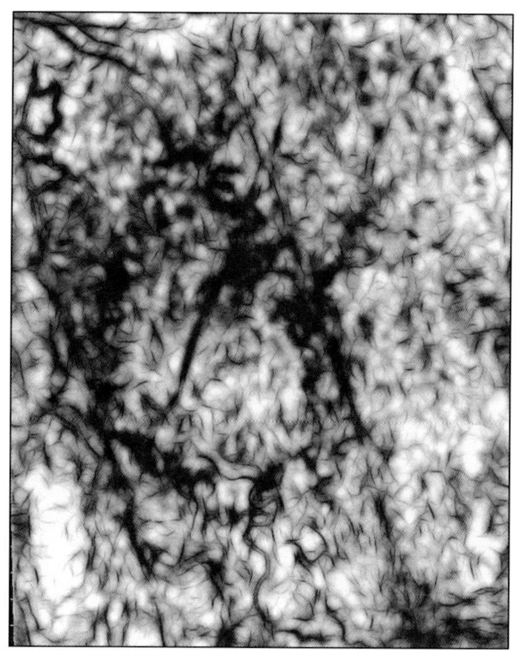

图 4.5.2　相干加强处理结果

4.5.2　小尺度叠前裂缝预测技术

叠后裂缝预测技术只能识别较大尺度裂缝，主要是识别断裂级别的大型裂缝，并且不能定量精细刻画小尺度的裂缝。而且裂缝的形成受多种因素控制，其物理属性复杂，横向、纵向变化大，表现出很强的各向异性。在砂岩、泥质岩和碳酸盐岩甚至火成岩中均可能存在裂

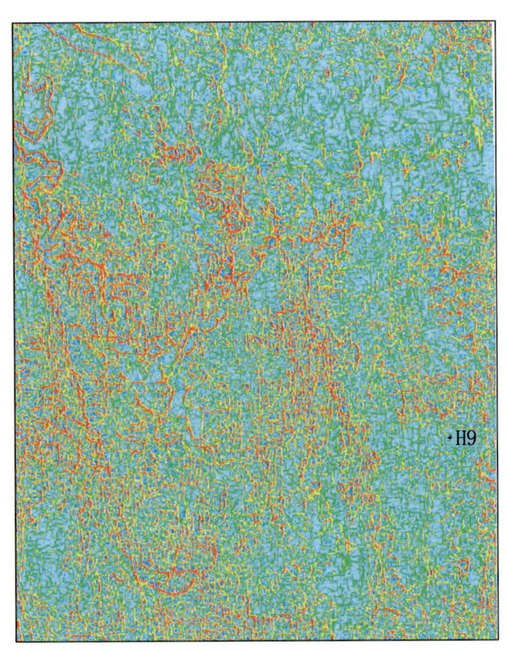

图 4.5.3 曲率计算结果

图 4.5.4 像素处理结果

缝型储层。裂缝多为后期生成，不像其他储层具有相应的沉积环境背景。因此，裂缝型储层更难预测。

裂缝型储层需要解决两个问题：裂缝的走向和裂缝的密度或强度。使用测井数据来进行裂缝检测，其检测结果一般只在井点周围很小的范围内有效。由于裂缝的复杂性，井间裂缝方向和密度的预测难于依靠井中结果的外推。而在地震信息中，(1) 含裂缝岩层的地震波速度低、岩层密度小，与围岩相比其波阻抗大大降低，使相关界面的反射系数产生较大变化，从而使地震振幅或能量发生明显变化；(2) 地震波在裂缝储层边界或裂缝带中产生反射或散射，引起频率与周围相对均匀岩层的频率相比存在明显差异；(3) 裂缝充填物性质会影响地震波的吸收衰减特性（贺振华，黄德济，文晓涛，2007)。利用这些地震参数可以进行裂缝分布预测。

根据裂缝储层的地震散射理论研究表明，地震频率的衰减和裂缝密度场的空间变化有关。沿裂缝走向方向频率随偏移距衰减慢，而垂直裂缝走向方向频率随偏移距衰减快，裂缝密度越大频率衰减越快。从理论上说，纵波垂直于裂缝带传播会有明显的旅行时延迟和衰减，并有反射强度降低和频率变低等现象。可以利用纵波的这些不同特征来预测裂缝储层规律。

裂缝储层发育范围的预测可以通过方位各向异性的椭圆拟合来实现，包括两个方面：裂缝方向和裂缝密度（即裂缝的发育程度)，并由这两个方面来确定裂缝储层发育范围。

裂缝方向的预测主要通过地震振幅随方位角的变化（即振幅的方位各向异性）来确定。振福随方位角的变化与 AVO 效应有类似之处，方位振幅的各向异性可能表现为垂直于裂缝方向振幅增大，也可能表现为平行于裂缝方向振幅增大，这需要通过井上的正演模拟来判断。

裂缝密度的预测通过地震衰减属性随方位角的变化确定。方位振幅数据经过属性计算得到频率域的各种衰减属性数据体（包括能量衰减梯度、衰减频率等)，再分析各种衰减属性随方位角的变化。在衰减属性上，沿着裂缝的方向衰减小，椭圆的长轴表示裂缝的方向（即沿着裂缝方向衰减小），各向异性的强弱表示裂缝的发育程度（即裂缝密度）。

总之，利用方位地震波衰减属性、方位地震波干涉属性、方位地震弹性参数等裂缝有关的所有属性，通过计算加权系数以确定这些属性对判别裂缝储层重要性。

4.5.2.1 裂缝预测的岩石物理及正演模拟

采用地震波场数值模拟技术，模拟目标裂隙储层的地震响应随方位角和入射角变化；通过方位椭圆拟合，确定裂缝方向指示（图 4.5.5）。

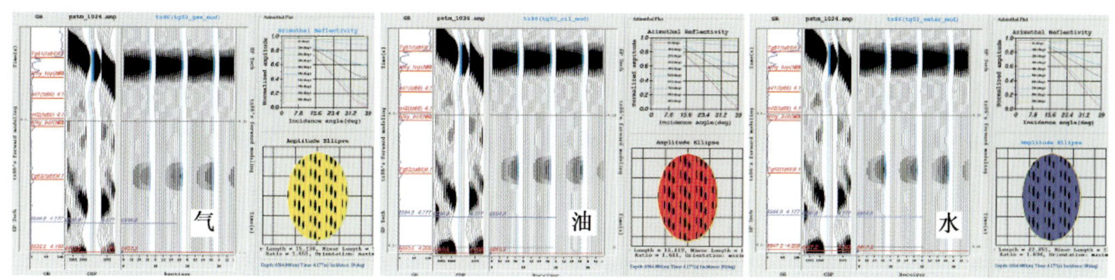

下奥陶统含油、气、水岩石物理模拟

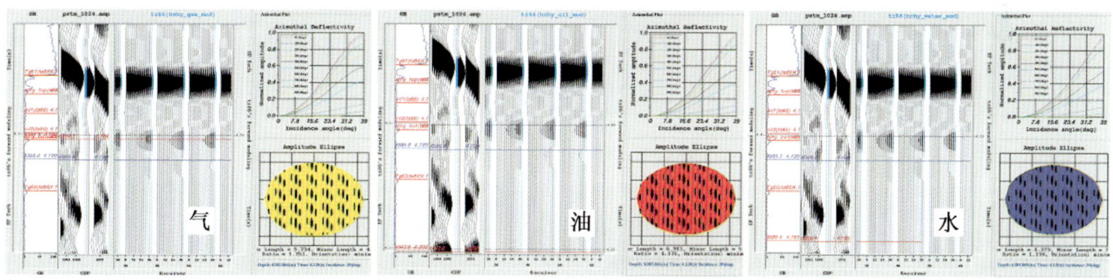

含泥灰岩段含油、气、水岩石物理模拟

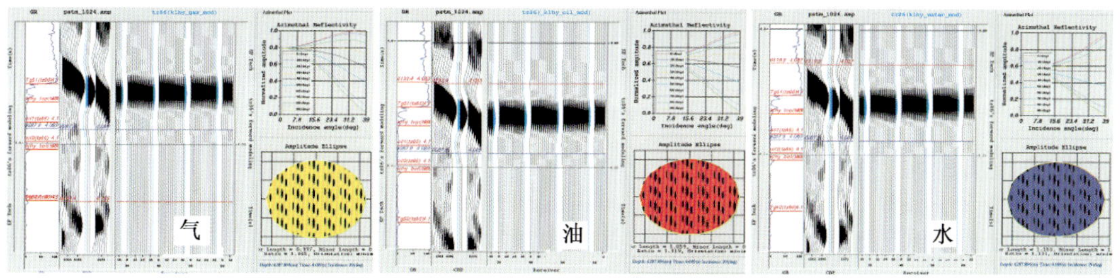

颗粒灰岩段含油、气、水岩石物理模拟

图 4.5.5 塔中 86 井裂缝正演模拟分析

图 4.5.5 中下奥陶统含油气水裂隙储层的地震响应随方位角和入射角变化。在裂缝走向方向的地震振幅最小，振幅椭圆的长轴代表裂缝走向。含水裂隙储层比含油、气裂隙储层具有较大振幅椭圆扁率。

图 4.5.5 中含泥灰岩段含油气水裂隙储层的地震响应随方位角和入射角变化。在裂缝走向方向的地震振幅最小，振幅椭圆的短轴代表裂缝走向。含水裂隙储层比含油、气裂隙储层具有较大振幅椭圆扁率。

图 4.5.5 中颗粒灰岩段含油气水裂隙储层的地震响应随方位角和入射角变化。在裂缝走向方向的地震振幅最小，振幅椭圆的短轴代表裂缝走向。含水裂隙储层比含油、气裂隙储层具有较大振幅椭圆扁率。

4.5.2.2 与方位角有关的地震相对波阻抗反演和地震属性分析

图 4.5.6 为过塔中 86 井方位角分别为 15°、45°、75°、105°、135°、165°的地震数据剖面。从地震剖面上可以明显看出，不同方位角的相同位置的地震振幅有强弱差别，这种差别主要是由裂缝分布方向引起的。由于地震振幅有正负，也存在子波的影响。为了直接确定裂缝方向指示，可做振幅标定。从与方位角和入射角有关的地震振幅标定得到的数据体中提取的地震属性能较好地反映储层特征。由储层特征的变化所引起的地震振幅变化，不但会出现在原始的地震数据体上，也会保留在标定后的地震数据体上。地震振幅标定消除子波的影响，还原地层分布，恢复真振幅，可用于分析振幅随方位角的变化，得到振幅的方位角椭圆在空间上的变化，由此研究裂缝在空间的统计定向。一般地，将相对波阻抗计算的结果等价地看作时地震振幅标定的结果。图 4.5.7 为过塔中 86 井方位角分别为 15°、45°、75°、105°、135°、165°的相对波阻抗剖面，用于裂缝预测的中间结果数据。振幅分析结果主要用于预测裂缝方向。

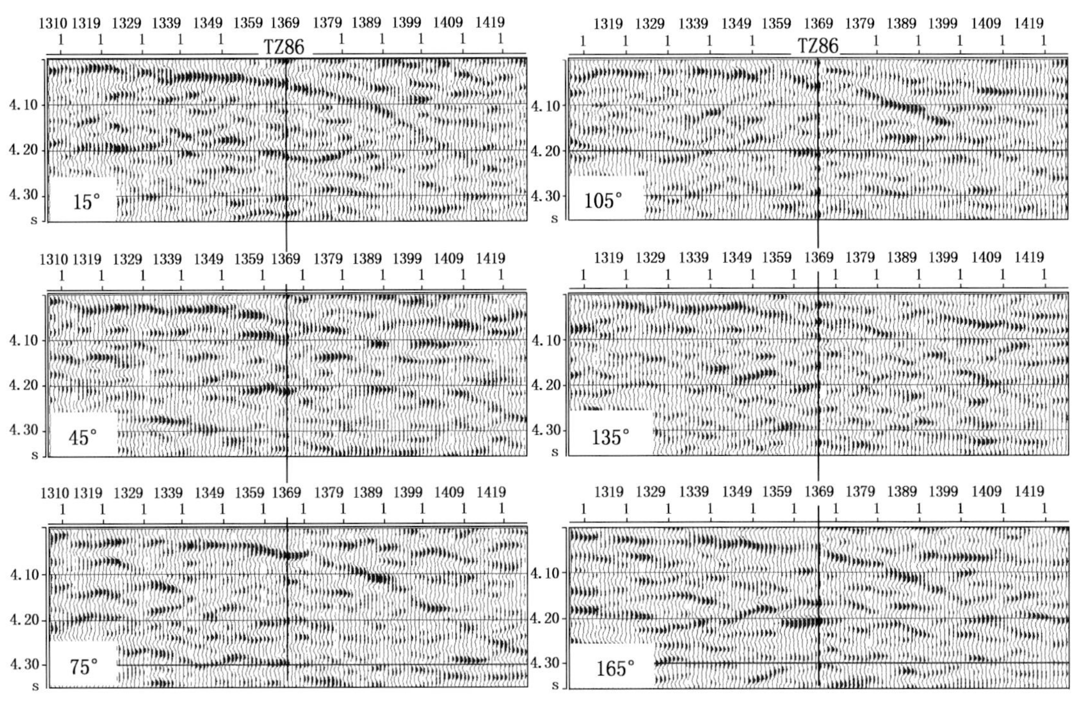

图 4.5.6 过塔中 86 井不同方位角地震剖面

与致密的储层相比，当储层中含流体如水、油或气时，会引起地震波散射和地震能量衰减，其地震衰减梯度就要增加。因此，把引起地震高衰减的储层定义为有利储层。采用波场能量—频率估算技术，来度量储层的衰减特征，具有稳定性好，分辨率高等特点。主要包括：(1) 能量随频率衰减系数估算，通常叫衰减梯度（一般在 0～－2），表示主频到最高有效频率之间的斜率，一般说，含油气后高频端衰减较大，斜率增加，即负值越大；(2) 对应不同能量衰减的频率估算，一是利用起始衰减频率（即主频对应的频率）属性，一般含油气后高频衰减快，该值有所降低；二是利用能量达到 85％时对应的频率属性，如图 4.5.8 为过塔中 86 井方位角分别为 15°、45°、75°、105°、135°、165°的 85％能量所对应的频率剖面，即对能量积分，当能量达到 85％时对应的频率，一般是含油气后降低。频率分析结果主要用于预测裂缝密度。

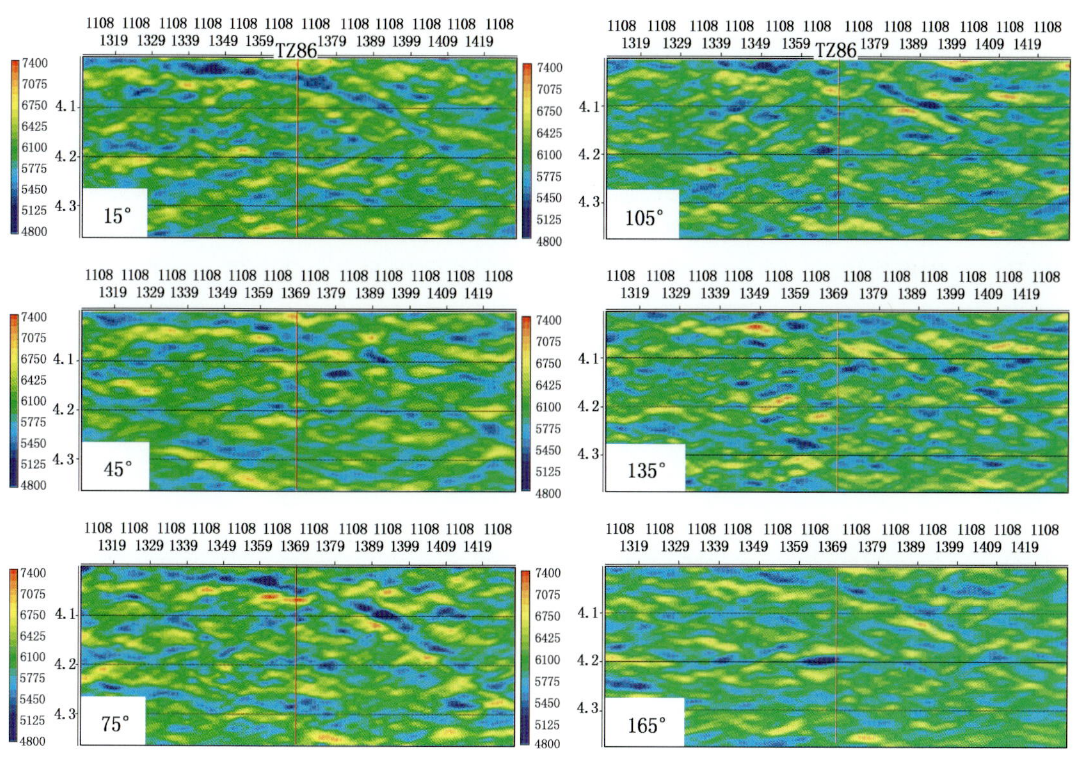

图 4.5.7 过塔中 86 井不同方位角相对波阻抗剖面

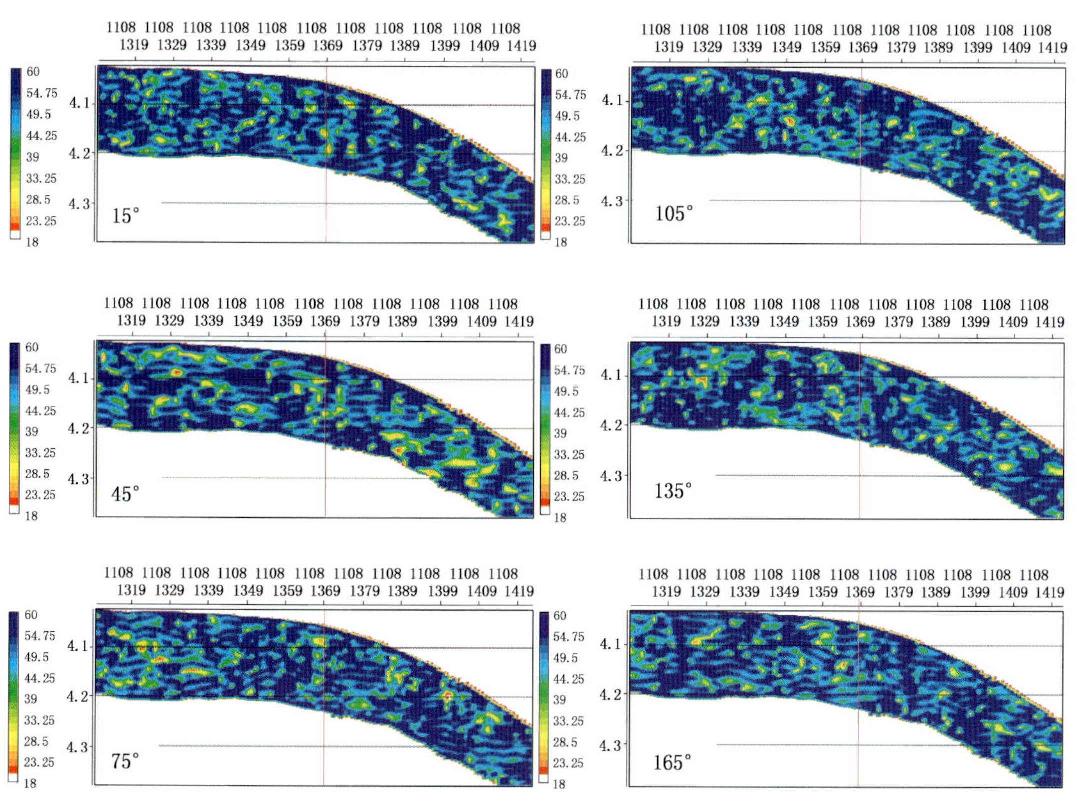

图 4.5.8 过塔中 86 井不同方位角的能量衰减到 85%时的频率剖面

4.5.2.3 裂缝方向和密度的预测

综合应用地震衰减各向异性、地震频率各向异性、地震振幅各向异性、地震弹性参数（纵横波速度，纵横波阻抗等）各向异性，实现了对裂缝方向、裂缝密度等参数的描述。图 4.5.9 是过不同井裂缝密度（各向异性强度）剖面图，井点处的储层段均显示不同程度的裂缝异常（红黄色），而干井塔中 63 井则整个段均显示很低的裂缝密度，这与钻井实际生产非常吻合。图 4.5.10 是颗粒灰岩段裂缝密度平面图，中古 16、中古 17 井、塔中 86、塔中 45 井区块裂缝密度值较高；图 4.5.11 是颗粒灰岩段裂缝密度和走向叠合图，预测的裂缝方向与钻井塔中 86、塔中 88 的成像测井所揭示的裂缝方向基本吻合，总体裂缝方向近北东—南西方向，与后期走滑断裂方向一致，说明裂缝的形成主要与改期走滑断裂活动有关；而在塔中 45 井区，所预测裂缝走向分布复杂，不但存在近北东 - 南西方向的背景，而且叠加呈弧状分布的裂缝，可能与后期的塔中 45 井区块火山活动密切关系。裂缝预测的结果与钻井的吻合，说明利用叠前 CMP 道集的方位角信息进行裂缝预测的方法可行，而且可靠。

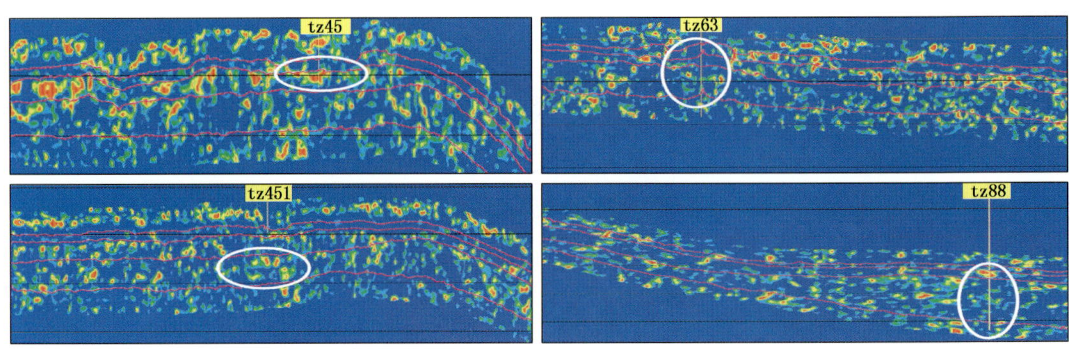

图 4.5.9 过不同井裂缝密度（各向异性强度）剖面图

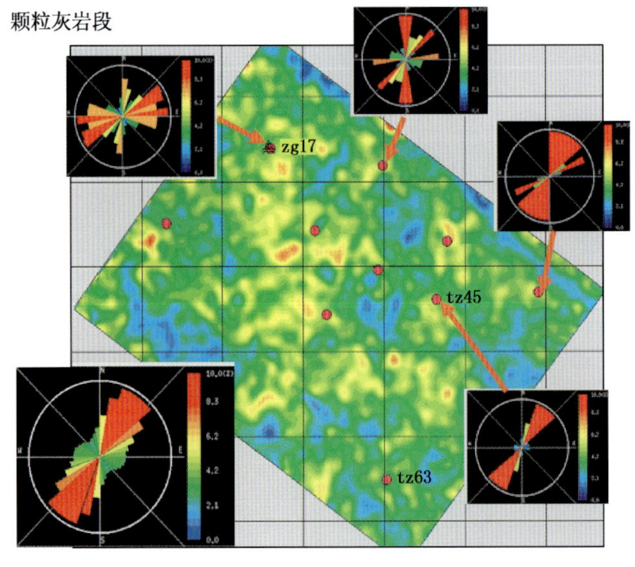

图 4.5.10 塔中 45 井区颗粒灰岩段裂缝密度（各向异性强度）平面图

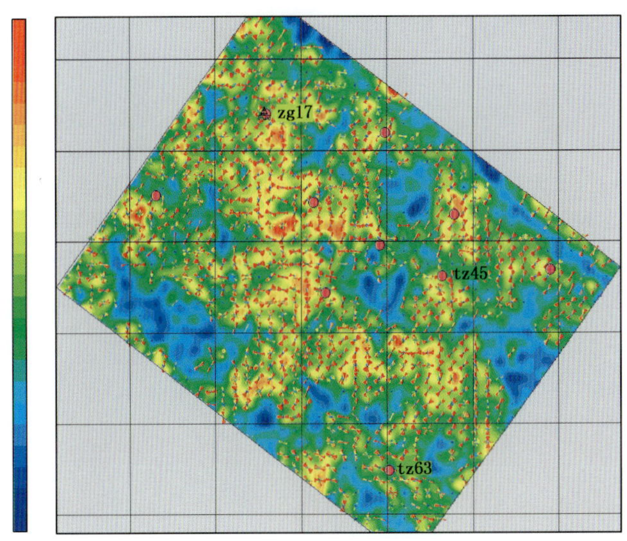

图 4.5.11 塔中 45 井区颗粒灰岩段裂缝密度和裂缝走向叠合图

4.6 应用效果

4.6.1 有利区带划分及井位部署

4.6.1.1 塔中 45 井三维区概况

研究区塔中 45 井三维区构造上位于塔里木盆地中央隆起塔中低凸起北部斜坡带的北部边缘、塔中Ⅰ号断裂带西段，北为满加尔凹陷，西南为塔中低凸起塔中 10 号构造带及中央断垒带。三维地震工区满覆盖面积 466km^2，研究区内塔中 45、塔中 451、塔中 86 是高产或工业油气流井；塔中 452、塔中 49、塔中 63、塔中 88 是低产或显示井；2007 年完钻的中古 16、中古 17 井均获得高产工业油气流，而中古 18 井失利；2008 年完钻的中古 162 井均获得高产工业油气流，而中古 171、塔中 861 井失利；2009 年完钻的中古 15 井均获得高产工业油气流。

研究区目的层段包括上奥陶统良里塔格组颗粒灰岩段（塔中 45、塔中 86）、含泥灰岩段（塔中 451）及下奥陶统（塔中 452）等两套地层三个含油气层系（图 4.6.1）。盖层为上覆桑塔木组泥岩段，储盖组合条件较优越。

4.6.1.2 塔中 45 井三维区储层分布特征

塔中 45 井区奥陶系碳酸盐岩储层类型主要包括溶孔、溶洞、裂缝及孔洞—裂缝型，其储集性能主要受沉积、断裂和溶蚀作用的控制。叠后地震属性对碳酸盐岩储层进行储层预测有一定效果，但不能完全解决储层的非均质性分布，而叠前地震描述技术因引入的数据类型多，可以更好地解决非均质性问题。图 4.6.2 至图 4.6.7 为塔中 45 井三维区奥陶系弹性参数反演平面图。

上述弹性参数平面图中，红色、黄色代表储层，可以看出，弹性参数反映的储层分布规律性较好，边界清晰，且不同弹性参数之间的一致性较好。上奥陶统颗粒灰岩段分布面积较广，与其储层以礁滩相为主有关；下奥陶统储层分布主要集中在三维区西北部中古 17 井区块，同下奥陶统沉积时的古地貌高相对应，可能与该套储层属于岩溶风化壳型有关。

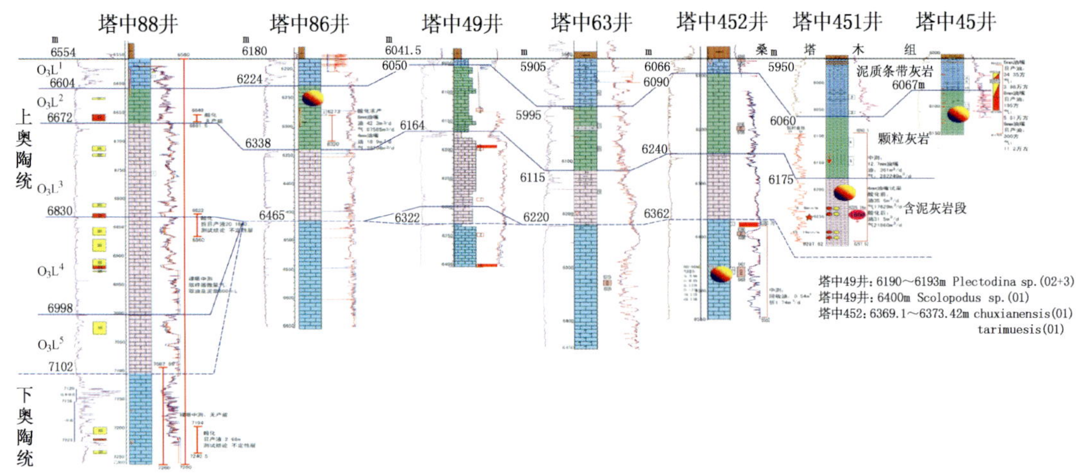

图 4.6.1　塔中 88－86－49－63－452－451－45 井地层对比图（2007，塔里木油田）

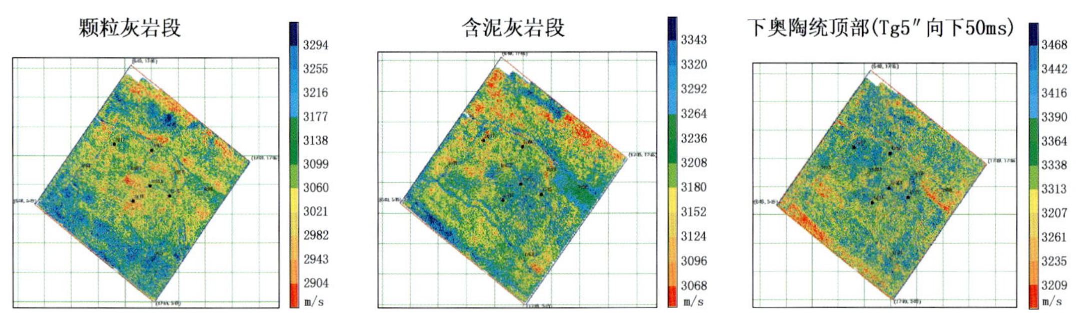

图 4.6.2　塔中 45 井三维区目的层段横波速度平面图

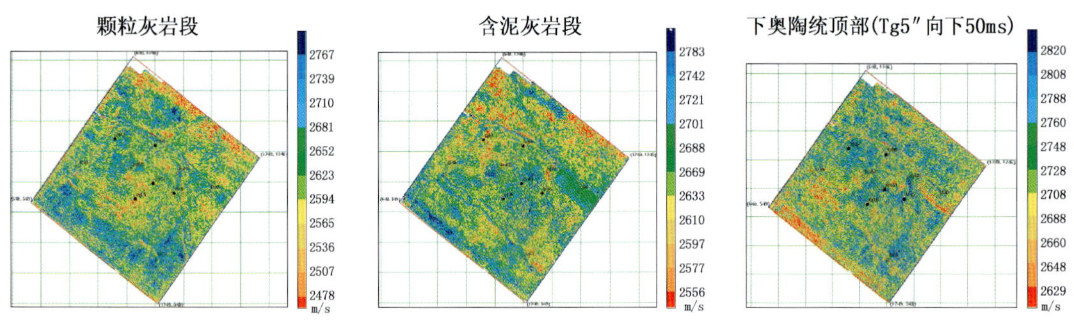

图 4.6.3　塔中 45 井三维区目的层段密度平面图

4.6.1.3　储量含油面积确定与井位建议

4.6.1.3.1　储量含油气面积的确定

主要为塔中Ⅰ号气田塔中 45 井三维区北部的塔中 86 井区块上交 2007 年度上奥陶统油气藏控制储量，确定含油气面积。

塔中 86 井区块奥陶系油气藏储层、测试工业油气流井段集中在良里塔格组 270m 地层厚度范围内，探明范围内储层纵横向分布稳定，连通性较好；由于受井区内碳酸盐岩储层非均质性及多期成藏的影响，在成藏范围内，平面上不同部位气油比、凝析油密度等方面存在

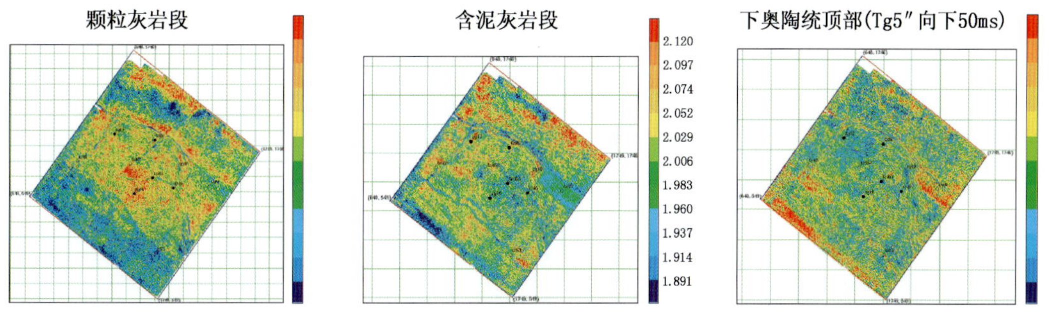

图 4.6.4 塔中 45 井三维区目的层段纵横波速度比平面图

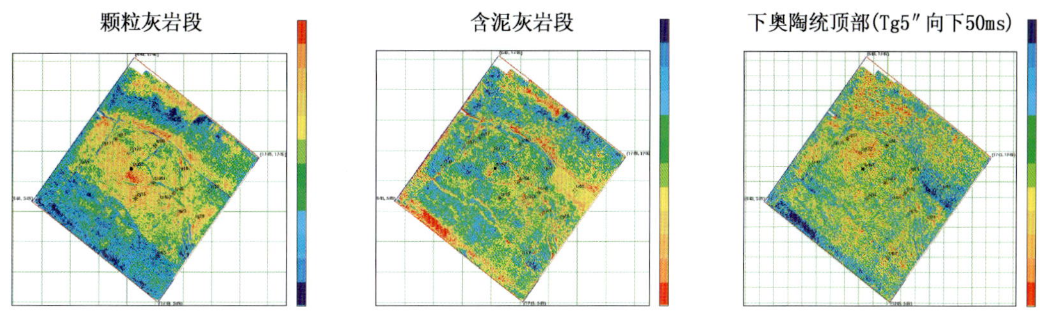

图 4.6.5 塔中 45 井三维区目的层段拉梅常数平面图

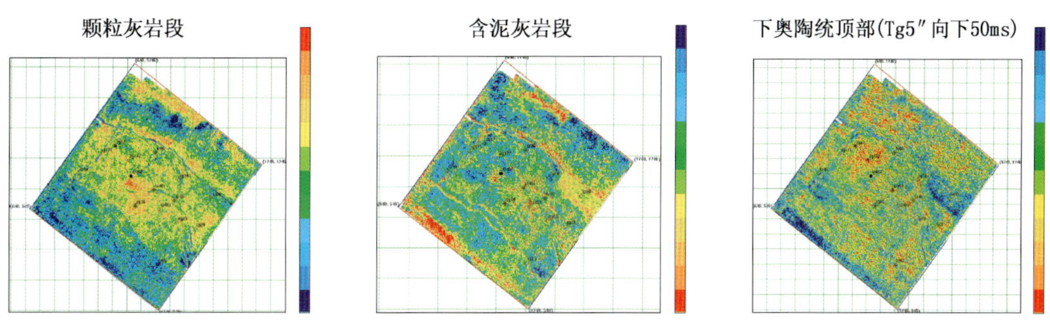

图 4.6.6 塔中 45 井三维区目的层段泊松比平面图

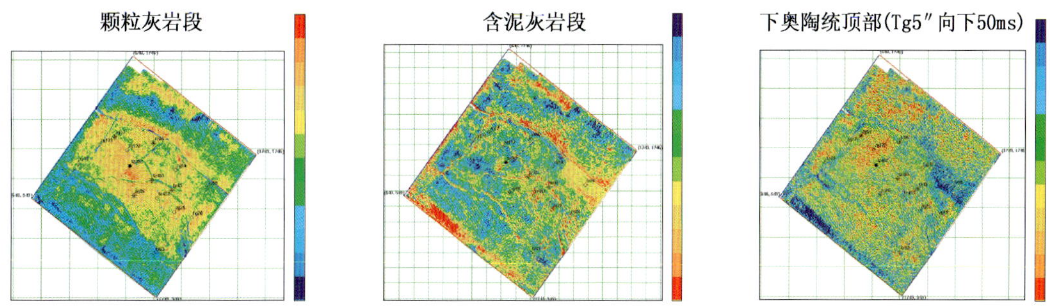

图 4.6.7 塔中 45 井三维区目的层段体积模量平面图

差异，中古 17 井及塔中 86 井所处两条走滑断裂夹持的断块上，走滑断裂作为气源通道，起到很好的沟通气源的作用，所以塔中 86 井和中古 17 井为凝析气藏，而中古 18 井远离走滑断裂且与塔中 45 井位于同一构造单元内，为弱挥发性油藏。

圈定含气面积主要利用断裂带边界、油气井井控外推、地质储层描述、测井油气层评价、地震储层预测、测试成果分析等方法综合确定含气面积。

（1）分频解释技术。

通过对分频数据体的单井分析、联井对比，总结出研究区上奥陶统良里塔格组有利储层有如下分布规律：有利储层的分频响应为相对高的调谐振幅，差储层分频属性响应往往表现为较低调谐振幅，该方法研究认为颗粒灰岩段有利储层分布区域面积为 183.91km^2、含泥灰岩段为 92.96km^2。

（2）地震波波形特征。

研究区含泥灰岩段波形分类平面图中，有利区块主要分布在西北部中古 17 井一带，面积约 106.33km^2；颗粒灰岩段波形分类图相对复杂，有利区块主要靠近研究区北部的塔中Ⅰ号断裂带以南红—黄色区域，包括中古 17、塔中 86 井等工业油气流井，面积约 172.93km^2。

（3）波阻抗反演。

塔中 45 井三维区波阻抗反演剖面，自上而下，上段为低值、中段为中—高值、下段以高值为主夹中—高值团块，对应波阻抗值在 13300～15600、15200～18600、15900～19300（kg/m^3·m/s）三个区间，其中上段低值反映了泥质条带段低阻抗特征，横向连续性最好；与其紧邻为颗粒灰岩段，波阻抗值增大，横向连续性变差，表明储层横向分布的非均质性；中段为含泥灰岩段波阻抗特征，横向连续性变差，低值主要分布在研究区西北部中古 17 井一带；下段反映下奥陶统波阻抗特征，横向上连续性最差。

塔中 45 井区颗粒灰岩段波阻抗以低—中值为主，呈不均匀片状发育。在北部塔中 88 西—中古 18—塔中 86—中古 17 井区，平行塔中Ⅰ号断裂带的为一低阻抗发育带，反映了礁滩分布特征和裂缝发育区带，而塔中 45 井区，包括塔中 451、塔中 452 井，低阻抗发育带呈长轴北西—南东向不规则椭圆状分布，可能与火山热液活动有很大关系。塔中 45 井区含泥灰岩段波阻抗低—中值呈不均匀片状发育，主要在中古 18—塔中 86—中古 17—塔中 451 井区，与走滑断裂分布有很大相关性，反映了与裂缝相关的储层发育区带。

（4）AVO 流体检测。

流体检测主要利用 AVO 分析技术。图 4.6.8 塔中 45 井三维区目的层段 AVO 属性平面图。良里塔格组颗粒灰岩段 AVO 截距属性平面图，蓝色背景下的暖色（红黄色）代表储层发育区块，主要分布在中古 17—塔中 86—塔中 88 西及塔中 45—塔中 451—塔中 16 井一带，而且呈团块状片状分布；良里塔格组含泥灰岩段 AVO 梯度属性平面图，蓝色背景下的暖色（红黄色）代表储层发育区块，主要分布在中古 17—塔中 451—塔中 16 井一带，而且呈团块状片状分布；下奥陶统顶部云灰岩段 AVO 泊松比差属性平面图，蓝色背景下的暖色（红黄色）代表储层发育区块，主要分布在中古 17 及塔中 451—塔中 16 井一带，且呈团块状片状分布。

从 AVO 属性平面图看，AVO 属性能够反映储层的边界及储层内部的非均质性，并且可以更加准确地预测有利储层的分布。

（5）综合评价。

从不同地震储层预测方法取得的结果来看，含泥灰岩段特征基本一致，而颗粒灰岩段总体特征相似，局部存在差异。因此，为了降低多解性，将叠后/叠前多种属性利用主成分分析方法形成地震储层预测综合属性，并结合油气显示等因素对塔中 45 井三维区储层进行综合评价，主成分分析结果（图 4.6.9）与实钻情况具有良好的吻合关系，并最终圈定上交控制储量的含油气面积 120.46km^2。

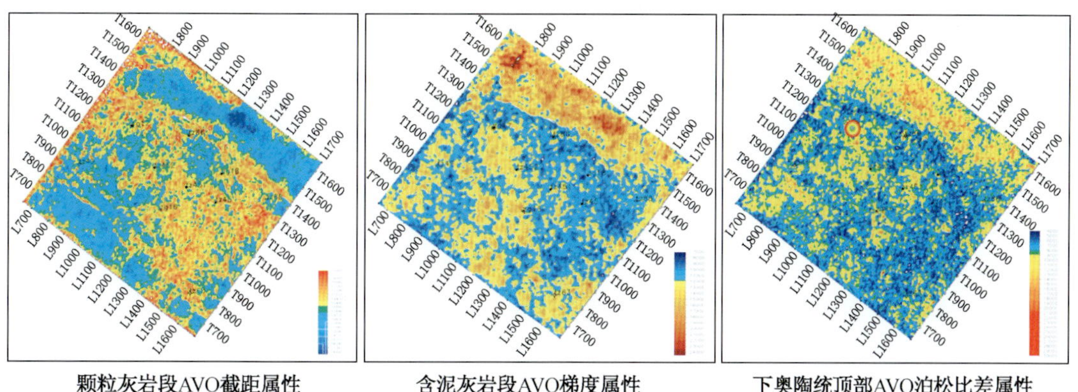

图 4.6.8 塔中 45 井三维区目的层段 AVO 属性平面图

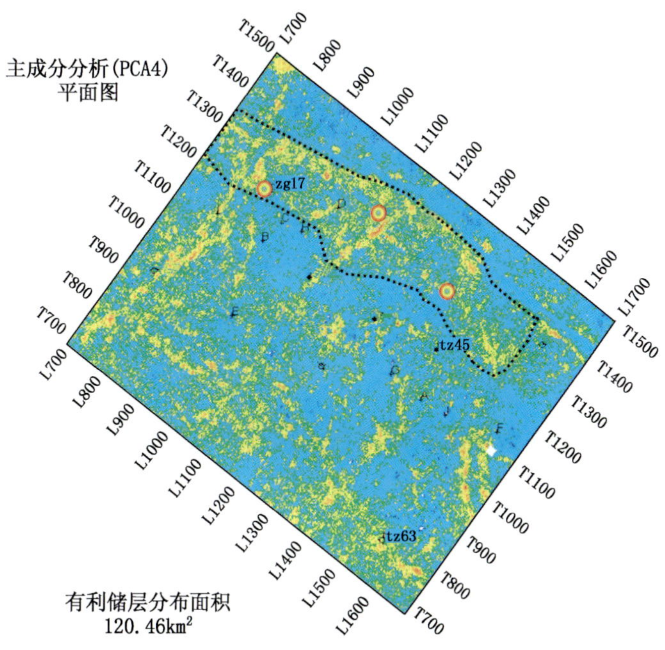

图 4.6.9 塔中 45 井区北部 86 井区块上奥陶统含油气面积分布图

4.6.1.3.2 井位建议

塔中地区储层类型多、非均质性强，设计新井位存在很大风险。为了降低风险，必须多种手段、多种技术相互结合、印证，以减少储层预测的多解性。

（1）井位建议原则。

碳酸盐岩储层非均质性强，在优选井点过程中除了要处理与解释一体化、地质与地球物理结合、叠前与叠后属性相结合外，还要针对外带与内带的不同特点制定不同的定井原则：

对于外带（礁）滩体，由于外带的沉积特点是高能礁滩具有较高的基质孔隙度，因此在定井过程中要遵循如下原则：

①有利相带；②古地貌高；③内幕反射杂乱；④裂缝发育；⑤储层预测。

对于内带低能环境沉积，基质孔隙度通常较低，因此在定井过程中要遵循如下原则：

①串珠和内幕反射；②近断层，靠裂缝；③地震预测有利区。

（2）井位建议。

通过对塔中 45 井三维区奥陶系碳酸盐岩储层控制因素研究及储层预测，同时为了加快塔中 45 井三维区油藏的勘探开发，提出建议井位。

2007 年塔中 86 井区块已完成控制储量上交任务，为了将该区块储量升级，考虑井距因素，提交 10 口建议井位。提交新井位的目的一是加密井距；二是控制含油气面积；三是兼探下奥陶系油气。

储量升级井主要设计在塔中 45 井三维区北部。图 4. 6. 10 是所建议的 5 口井地震十字剖面，地震剖面中“串珠”反射特征明显。

（3）井位跟踪。

为更深入研究塔里木奥陶系碳酸盐岩洞缝储层预测的精度，对 2007 年提交塔中 45 井三维区的建议井位进行了跟踪研究。其中中古 162 井、中古 15 井获得高产工业油气流，中古 171 井、塔中 861 井只有显示。这两口井储层虽然存在，但中古 171 井被大套泥质充填，塔中 861 井则出水。

要说明中古 171 井及塔中 861 井钻探失败的原因，重新对塔中 45 井三维区的地震资料进行了分析。图 4. 6. 11 是中古 17—中古 171—中古 162—塔中 861 井的连井地震剖面，从常规地震剖面上看，高产井中古 17 及中古 162 井与失利井中古 171、塔中 861 井的地震反射特征无明显差异，这四口井的“串珠”反射特征均很明显；图 4. 6. 12 是中古 17—中古 171—中古 162—塔中 861 井的连井 AVO 属性中的流体因子异常剖面，从流体因子异常剖面看，高产井与失利井的 AVO 属性响应差别明显，高产井中古 17 井及中古 162 井的流体因子正负异常组合非常清楚，而失利井中古 171 井及塔中 861 井的流体因子正负异常组合非常弱。因此，对于塔里木奥陶系碳酸盐岩强非均质性洞缝储层预测及对洞缝储层内复杂的充填物的识别更要强调多种信息的融合，进行洞缝储层的综合评价。

4. 6. 2 “非串珠”型储层分布规律研究

“串珠”反射特征是塔里木盆地塔中、塔北地区奥陶系碳酸盐岩洞缝储层的特有地震响应，指示最有可能的储层发育位置，并由于“串珠”反射所代表的储层孔渗高、物性条件好，而成为目前钻井首选目标。但对于塔里木盆地广泛分布的奥陶系碳酸盐岩来讲，“串珠”反射分布非常局限。因此，“非串珠”储层的研究是目前勘探开发的重点之一，是扩大勘探开发领域的新战场。

4. 6. 2. 1 “非串珠”储层的含义

“非串珠”储层主要指单纯裂缝型储层或储层特征与围岩差异难以形成“串珠”强反射特征的一类储层，包括弱振幅反射或杂乱反射特征。目前塔里木盆地已钻奥陶系碳酸盐岩典型的“非串珠”反射特征的高产井为塔中 86 井及塔北轮南 63 井。

图 4. 6. 15 左侧是塔中 86 井成像测井与过井地震剖面，从中可以看出裂缝非常发育，呈网状分布，该层段在地震剖面对应弱振幅响应；图 4. 6. 13 右侧是过塔北轮南 63 井地震剖面及四性关系图，轮南 63 井的井点目的层段奥陶系中一间房组及中下统鹰山组上部的地震响应为弱反射特征，测井解释为裂缝型储层，对应的 5952～6071m 层段后期酸化，7. 94mm 油嘴，日产油 27. 44m^3，气 24. 6×10^{4}m^3。

4. 6. 2. 2 “非串珠”储层成因类型及其预测方法

“非串珠”储层主要表现弱振幅反射或杂乱反射特征，在 H6 三维区按其形成储层的主

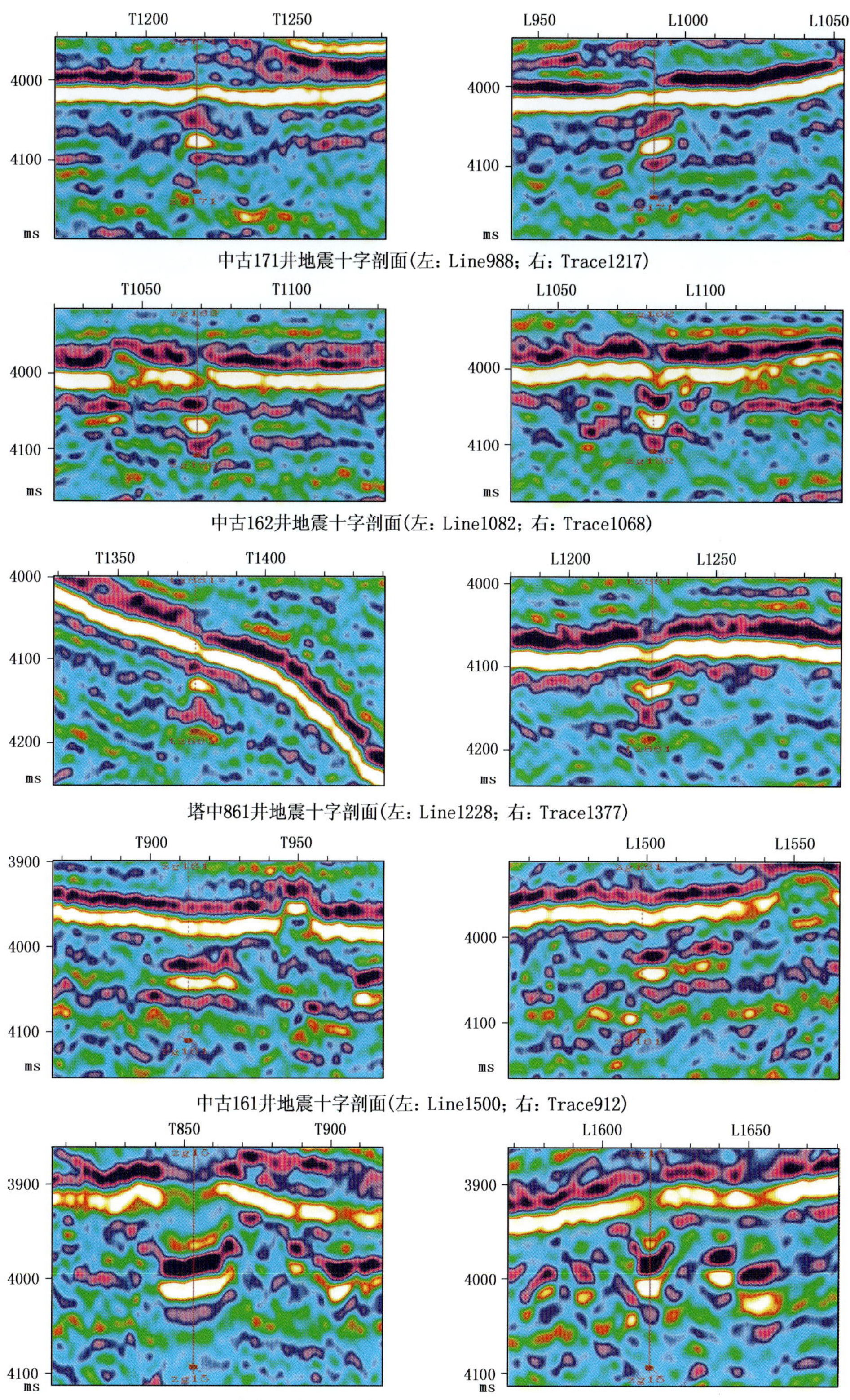

图 4.6.10　建议井地震十字剖面

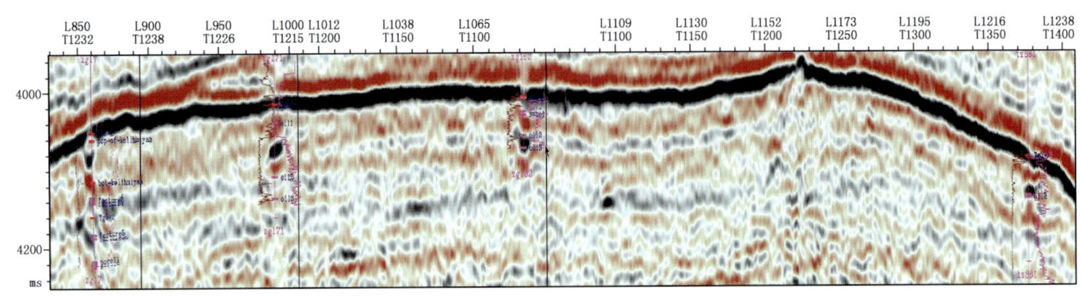

图 4.6.11 中古 17—中古 171—中古 162—塔中 861 井连井地震剖面

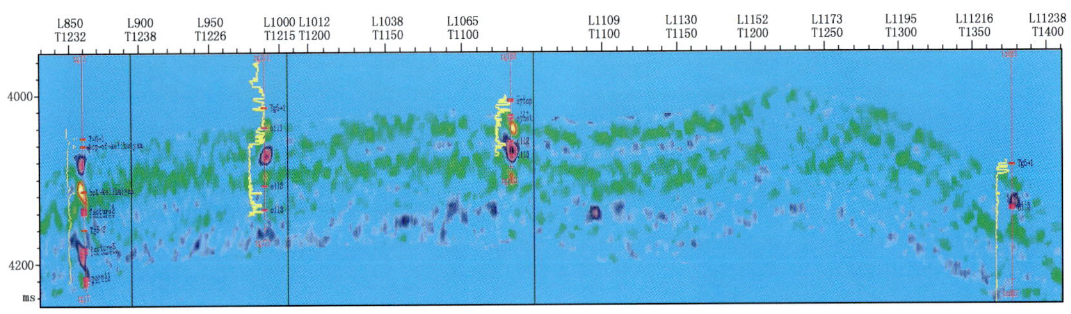

图 4.6.12 中古 17—中古 171—中古 162—塔中 861 井连井的流体因子异常剖面

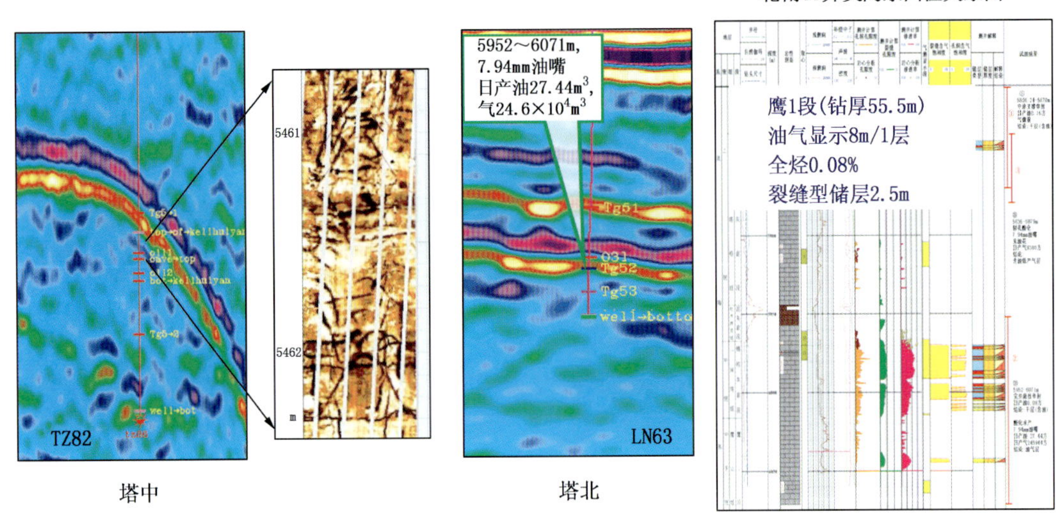

图 4.6.13 已钻井“非串珠”储层井震特征

控因素可以划分三类：与风化壳有关、与断裂有关及与古河道有关的“非串珠”储层。

4.6.2.2.1 与风化壳有关的小孔小洞发育区

该类“非串珠”储层主要与风化壳形成有关，在地震剖面上呈现弱振幅的杂乱反射特征，与上覆地层无强反射界面（图 4.6.14），主要分布潜山残余高地部位，表现局部构造高的残丘特征。对于该类“非串珠”储层主要利用地层层速度进行预测（图 4.6.15），从一间房组及鹰山组 1 段（吐木休克组底向下 50ms）的层速度平面图看，低速异常多数与古地貌残余高地基本一一对应，说明了储层存在的可能性。其中的钻探风险则是储层中泥质充填或

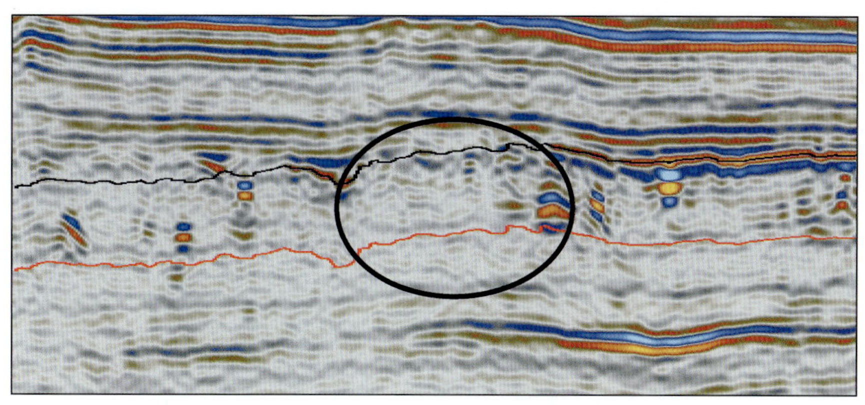

图 4.6.14 与风化壳有关“非串珠”储层的地震响应

出水。

4.6.2.2.2 与断裂有关的裂缝发育区

该类“非串珠”储层主要与后期走滑断裂活动有关，在地震剖面上呈现弱振幅反射特征（图 4.6.16）。对于该类“非串珠”储层主要利用叠前裂缝预测技术进行预测（图 4.6.17、图 4.6.18），在裂缝预测剖面上呈现裂缝发育特征（图 4.6.17），表现出暖色调裂缝密度大值，从一间房组及鹰山组 1 段（吐木休克组底向下 50ms）的裂缝预测平面图（图 4.6.18）看，断裂附近“非串珠”弱振幅区多裂缝密度高值区。

4.6.2.2.3 与古水系有关的裂缝孔洞发育区

该类“非串珠”储层主要与古河流活动有关，古河道在地震剖面上呈现强振幅

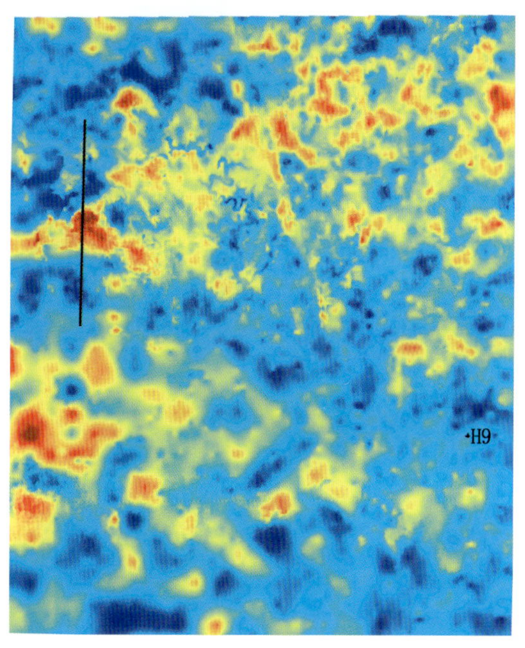

图 4.6.15 中下奥陶统层速度平面图

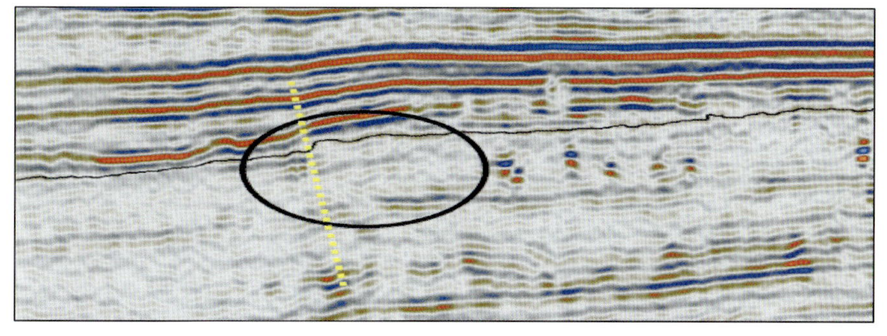

图 4.6.16 与断裂有关“非串珠”储层的地震响应

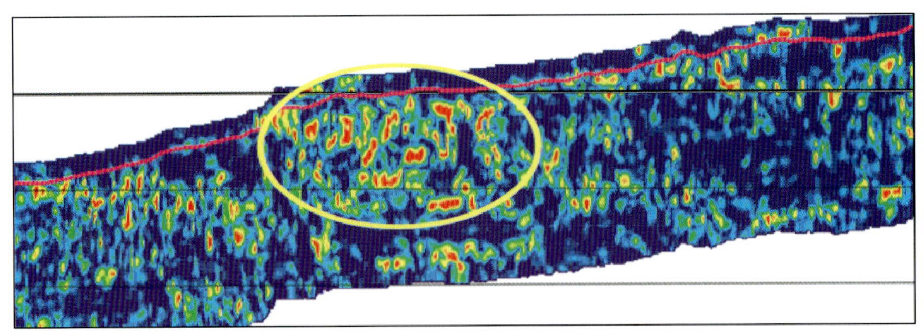

图 4.6.17 相应叠前裂缝预测剖面

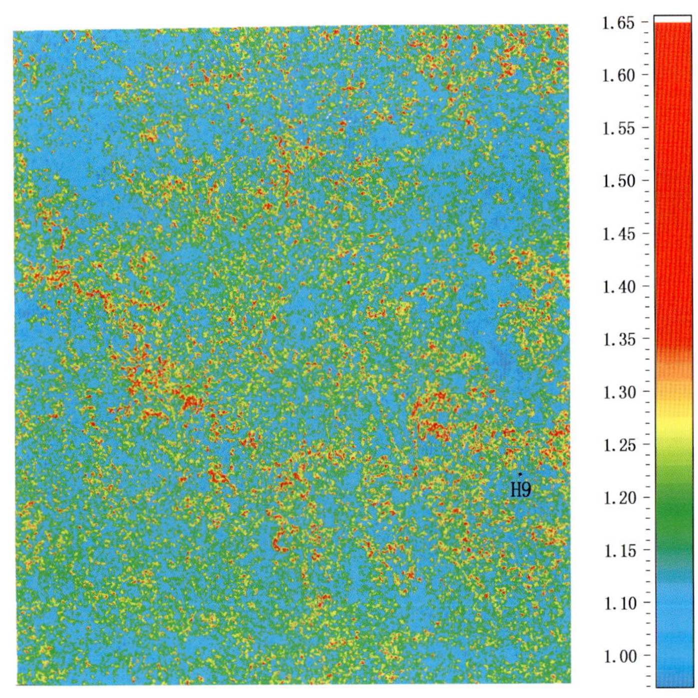

图 4.6.18 裂缝预测平面图（吐木休克组底向下 50ms）

反射特征（图 4.6.19），类似“串珠”反射特征，这些类似“串珠”反射在平面呈现明显河道特征（图 4.6.20）。古河道已有钻井揭示，有明显泥质充填（如轮南 50 井），或储层物性良好，但出水明显（如轮南 30 井），因此，古河道在目前不作为勘探目标。而从古河道发育及分布看，首先，潜山区古河道主要发育下切作用，形成沟壑；其次，斜坡区古河道不但发育下切作用，同时对碳酸盐岩河床具有溶蚀作用，可以形成有效储层；第三，古河道充填物

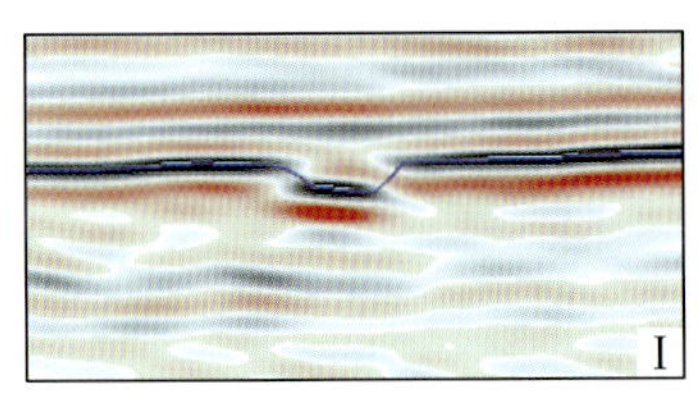

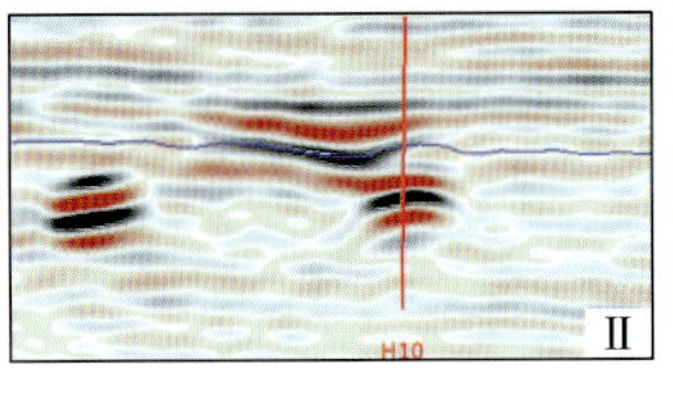

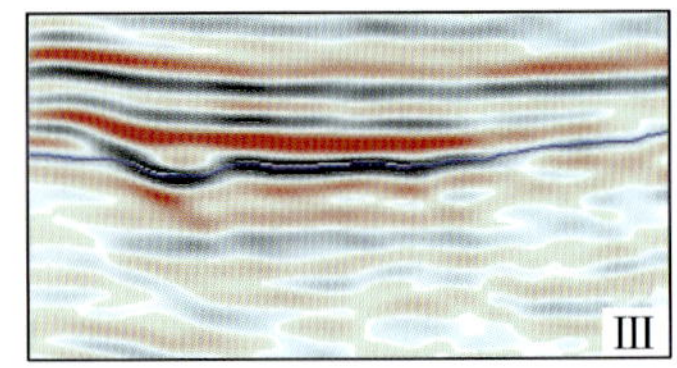

图 4.6.19 古河道地震剖面特征

在成岩过程中，可能由于后期差异性压实，出现裂缝，而对于该类裂缝型储层主要利用叠前裂缝预测技术进行预测（图 4.6.20），从一间房组及鹰山组 1 段（吐木休克组底向下 50ms）的裂缝预测平面图看，一是断裂附近“非串珠”弱振幅区多为裂缝密度高值区；二是裂缝发育位置与古河道分布有很大的吻合性。

图 4.6.20　古河道平面展布特征

参考文献

[1] 周新源，王招明，梁狄刚等．塔里木油气勘探 20 年．北京：石油工业出版社，2009

[2] 朱筱敏，顾家裕，贾进华等．塔里木盆地重点层系储盖层评价．北京：石油工业出版社，2003

[3] 王西文，赵邦六，吕焕通等．地震资料相对保真处理方法研究，石油物探，2009，48（4）：319～331

[4] Öz Yilmaz. Seismic data analysis，processing，inversion，and interpretation of seismic data. USA，Tulsa：Society of Exploration Geophysicists，2001

[5] Gary Mavko，Tapan Mukerji，Jack Dvorikin. The rock physics handbook. Cambridge：The United Kingdom at the University Press，2009

[6] 赵正璋，赵贤正，王英明等．储层地震预测理论与实践．北京：科学技术出版社，2005

[7] Fred J. Hilterman 著，孙夕平，赵良武等译．地震振幅解释．北京：石油工业出版社，2006

[8] 张永刚等．复杂介质地震波场模拟分析与应用．北京：石油工业出版社，2007

5　苏里格天环地区叠前成像研究

5.1　概述

地震勘探已经从构造勘探向岩性勘探转变。叠前偏移技术的推广与应用，为复杂构造成像及特殊地质体的落实提供了技术保障。天环坳陷北段地区构造较复杂，近期地质研究认为天环坳陷北段奥陶系克里摩里组存在有利的台地边缘礁滩相带，与四川盆地开江—梁平海槽礁滩相带具有相似的成藏地质特征，具备较好的天然气成藏地质条件，具有较大的勘探潜力。地震勘探也发现该区奥陶系存在内幕异常反射体，但是目标区地震勘探程度较低，地震资料品质较差，地震剖面信噪比低，同相轴连续性差，只能勉强解决构造问题，虽能看到一些地层尖灭和岩性突变等现象，但无法从根本上解决岩性反演、储层预测及地层圈闭的落实等问题。因此，针对目标区存在的问题必须通过处理方法和技术攻关，进一步落实构造和特殊的地质现象。落实台地边缘相带白云岩异常反射体的分布，寻找礁滩相白云岩岩性气藏；进一步刻画天环北段地区古生界构造形态，为该区天然气成藏潜力综合评价提供依据[1]。

共偏移距道集在复杂介质中因地震波传播的多路径而存在地下反射体位置不准确的问题。共反射角道集（CIG）由于克服了上述缺陷而逐步成为复杂区精确成像、AVA 分析及保幅偏移成像研究的主要手段。特别是在宽反射角、甚至具有多波至复杂构造区，反射同相轴的振幅和相位得到有效的保护。因此，研究基于目标的共反射角偏移方法，研究共反射角道集构建、旅行时计算、几何扩散因子获取及偏移拉伸对 CIG 的影响。采用理论模型数据进行了试算，同时以该地区的二维实际地震数据进行了验证，并在徒倾角成像方面取得较好效果。通过研究我们认为角度域 CIG 更有利于速度建模优化及 AVA 分析，为今后叠前反演及岩性预测提供新的方向。

基于共反射角道集的 AVO 分析技术、叠后吸收衰减分析等关键技术，充分挖掘和利用地震资料的角度域信息，建立有效储层预测技术流程，可以较好地识别储层和进行储层含气性预测[2]。

5.2　地震资料保真成像技术研究

5.2.1　工区地表地质概况

天环北段天然气风险勘探区位于毛乌素沙漠区内，地表植被稀少，冬春季风沙大，春季多发沙尘暴。气候属温带大陆性季风气候，常年干旱少雨，冬春季寒冷，年平均气温 6.4℃，年平均降水量 271mm。地下水资源较丰富，潜水面较高，水源便利。井场紧邻 109 国道，距离鄂托克旗约 58km，地势相对平坦，附近有乡级公路通过，交通、通讯较为便利。

鄂尔多斯盆地是一个多构造体系、多旋回坳陷、多沉积类型的大型克拉通盆地，经历了中晚元古代拗拉谷、早古生代陆表海、晚古生代海陆过渡、中生代内陆湖泊及新生代边缘断陷湖泊五大构造发展阶段。

鄂尔多斯盆地现今构造面貌为一南北翘起、东翼缓而长、西翼短而陡的不对称向斜。依据基底性质、地质演化历史及构造特征，盆地分为六大构造单元：伊盟隆起、伊陕斜坡、天环坳陷、晋西挠褶带、西缘断褶带和渭北隆起。天环坳陷形成于燕山运动中晚期，其开始形成于中侏罗世，构造定型于早白垩世。它北起桌子山东，南至泾川，南北长近600km。地震和重力资料显示，天环坳陷由三个凹陷组成，由北向南依次为桌子山东凹陷、铁克苏庙—布拉格凹陷和环县—泾川凹陷。天环北段风险勘探目标区处于铁克苏庙—布拉格凹陷中（图5.2.1）。

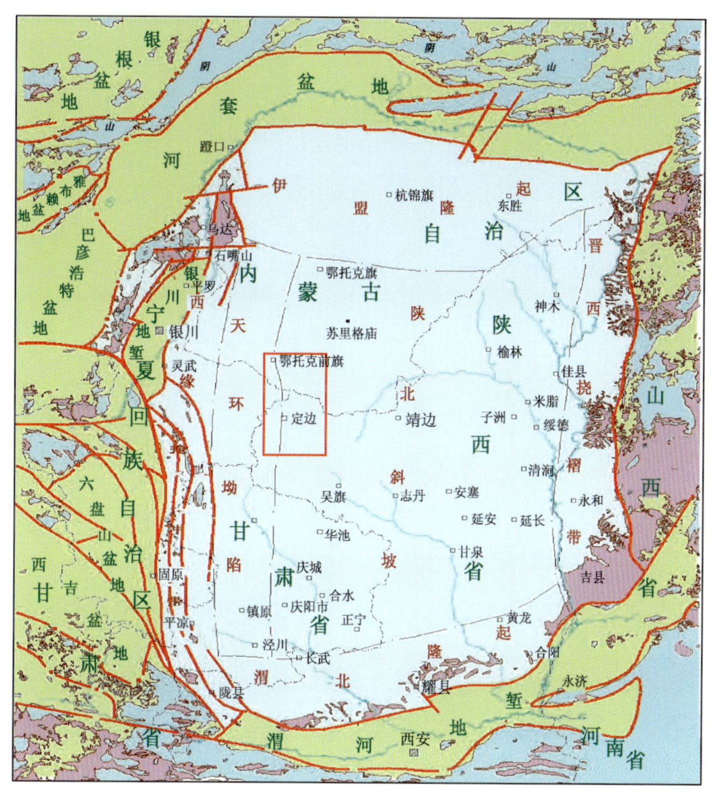

图5.2.1 天环区块勘探位置

天环北段风险勘探目标区主体位于天环坳陷北段和西缘断褶带两个构造单元。由于天环北段风险勘探目标区处在两大构造区块的结合部位，构造相对复杂。

5.2.2 资料特征分析

5.2.2.1 野外采集参数和观测系统分析

该区地震采集方式有两种：炸药震源、可控震源。炸药震源采集的测线年份有2003年、2005年、2007年和2008年，观测系统均采用双排列中间对称放炮形式，接收道数为360、720、816、960不等，接收道距为20m、30m、50m不等，覆盖次数为45～260次不等，激发方式为单深井炸药激发，激发井深在12～86m之间，药量在12～60kg之间，激发岩性是沙漠。可控震源的主要采集参数如下：采集频段为8～96Hz，观测系统采用双排列中间对称放炮形式，接收道数为960道，接收道距为20m，覆盖次数为640，160次。

5.2.2.2 原始资料品质分析

5.2.2.2.1 干扰波分析

由于地震地质条件复杂，低降速带的厚度变化大，各种噪声比较发育。从单炮的记录分析，炸药震源测线发育的干扰波主要是面波、低高速线性斜干扰、折射波、多次波、类双曲线干扰和随机干扰等，而可控震源的测线上主要发育的干扰波是低高速线性斜干扰、折射波、多次波、类双曲线干扰、声波、随机干扰和环境干扰，如图 5.2.2 所示。

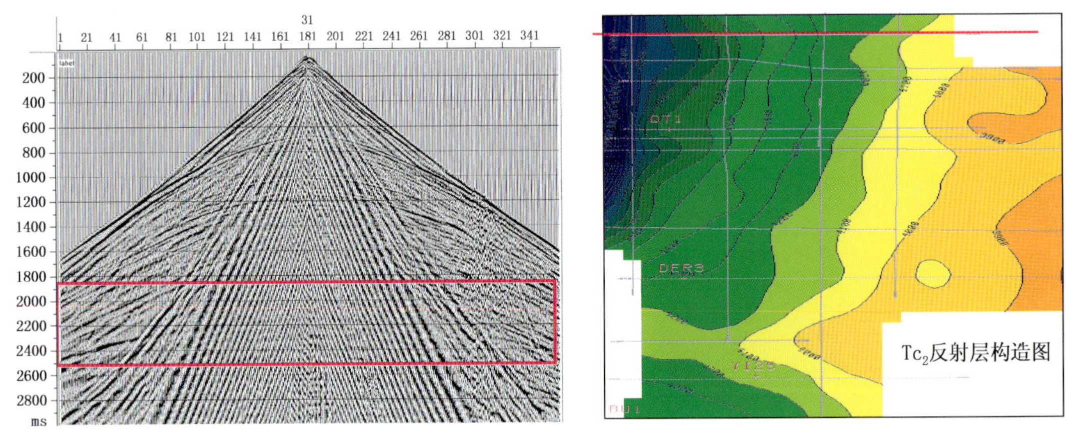

图 5.2.2　天环北段原始单炮

炸药震源测线上面波能量强、衰减慢、频散严重，其速度范围在 200～1600m/s 之间，频率范围在 0～20Hz 之间；线性干扰波速度范围在 1000～2000m/s 之间，折射波速度在 2000～2400m/s 之间。可控震源采集的测线上则声波十分发育，部分炮上还存在工业电干扰，如图 5.2.3、图 5.2.4 所示。

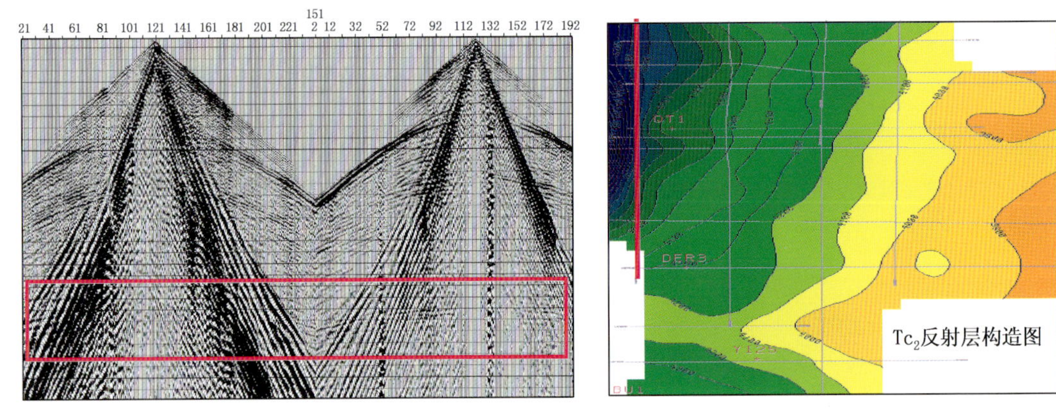

图 5.2.3　天环北段炸药震源原始单炮

5.2.2.2.2　频率分析

由于表层对高频能量吸收严重，低频干扰较强，目的层埋藏较深，导致目的层原始主频比较低。通过对炸药震源测线的原始单炮记录频谱分析，目的层反射波的原始视主频在 16Hz 左右，面波的主频在 8Hz 左右，如图 5.2.5 所示。

如图 5.2.6 所示，从单炮的频率来看，目的层有效波高频在 70Hz 左右，目的层频率范围集中在 4～70Hz，4Hz 以下主要为低频干扰，70Hz 以上主要为高频干扰。

可控震源采集的资料，由于存在低截频率，有效频率范围为 8～96Hz，因此频谱扫描的结果与炸药震源的资料有所不同，从单炮频率扫描图中可见，由于采集截频的原因低频的面

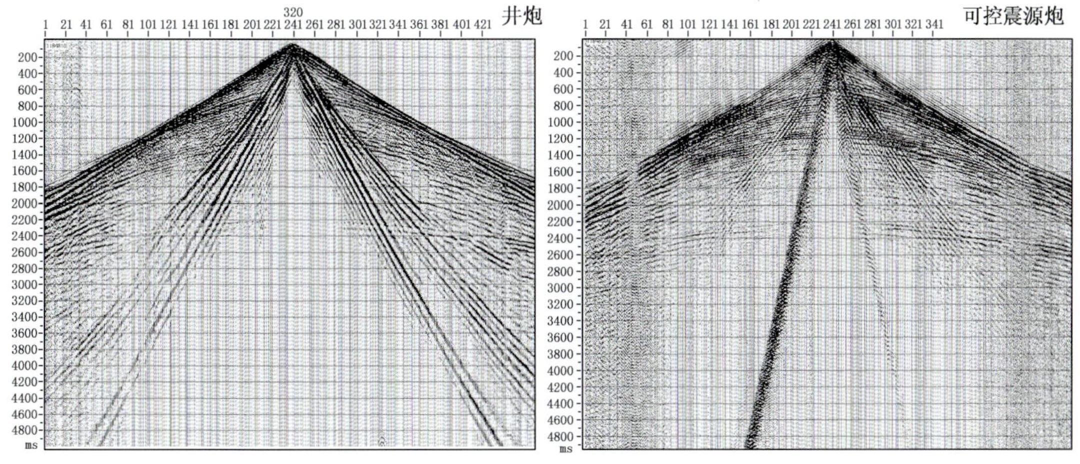

图 5.2.4 天环北段 087143 测线井炮与可控震源原始单炮对比

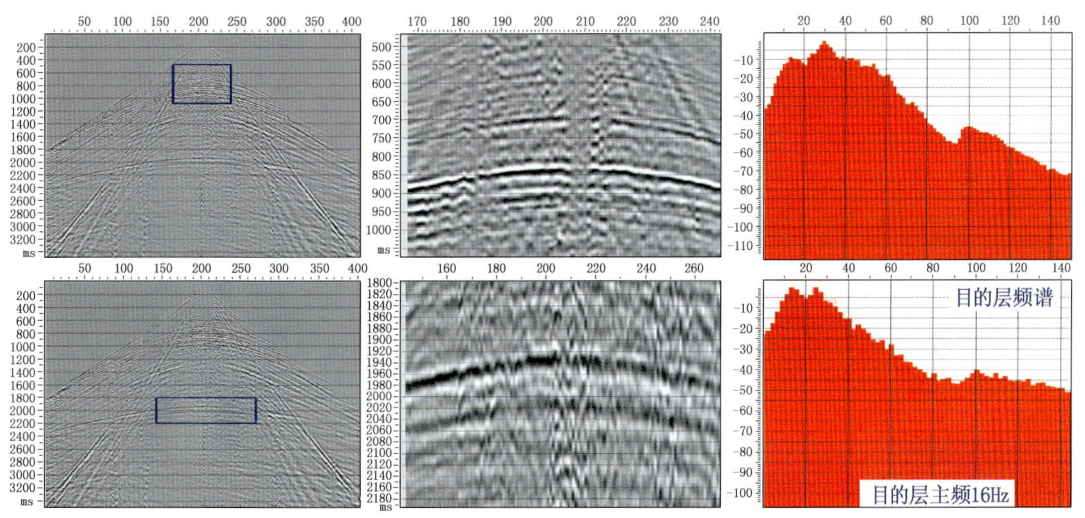

图 5.2.5 目的层频谱分析

波不太发育，10Hz 以下主要发育线性干扰，70Hz 以上主要发育声波及高频噪声干扰，有效信号频率为 10～70Hz，如图 5.2.7 所示。

当然，对原始记录的频谱分析，由于选择的炮记录、时窗不同，分析结果会有一定差别，因此不同处理单位分析的结果往往不同，定量的分析只表示一个数量范围。

5.2.2.2.3 激发能量分析

激发能量衡量是地震资料品质的主要因素之一。激发能量直接反映激发时的状态，它反映激发时的近地表岩性、激发深度和爆炸效果等因素的变化。激发能量的改变将影响地震子波振幅、子波频率、子波相位等。因此，在处理前有效分析数据的激发能量变化是十分必要的，它可以预测最终可能获得的成像效果和储层反演精度；同时它也是地震资料保真处理监控的重要依据之一。如图 5.2.8 为测线不同位置的单炮，从图上可以看出单炮能量在纵横向都存在一定的差别。

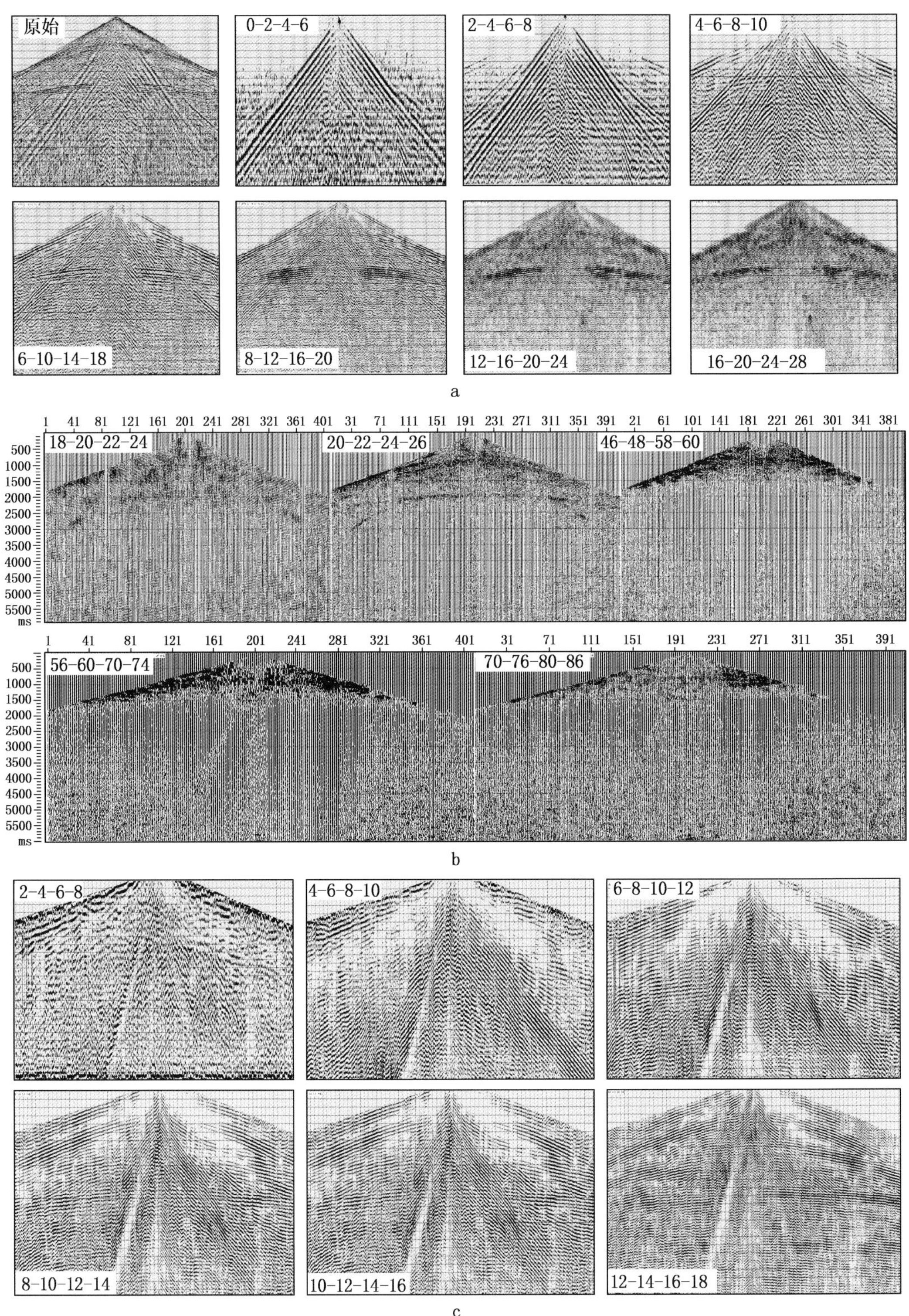

图 5.2.6　可控震源单炮频率扫描图（一）

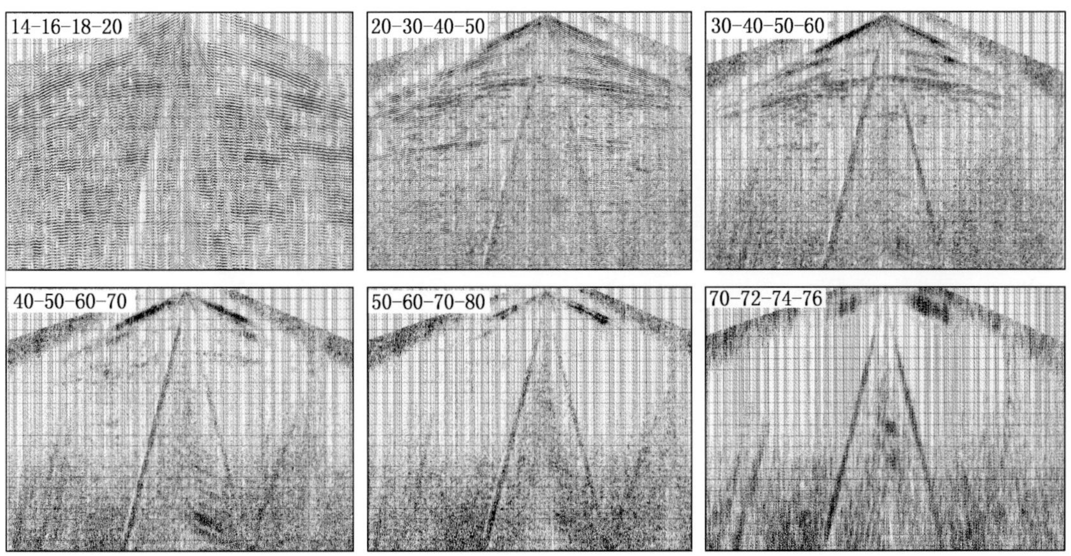

图 5.2.7　可控震源单炮频率扫描图（二）

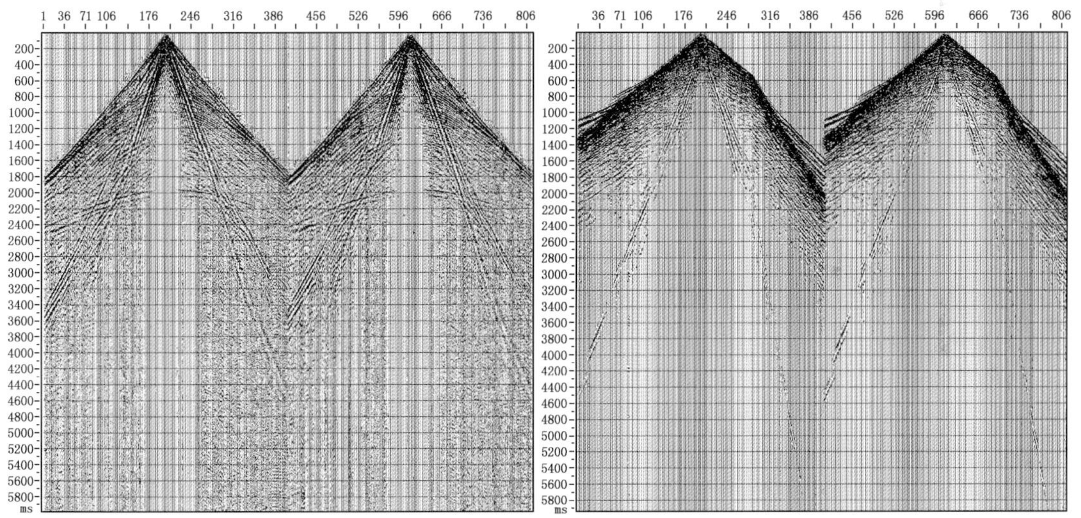

图 5.2.8　测线不同位置单炮能量显示

5.2.2.2.4　静校正分析

工区地表高程起伏剧烈，高差变化较大。工区内最大高程 1600m，最小高程 1100m，工区内相对高差 500m。北部为半干旱草原及河床发育区，南部为沙化草地及沙漠区，表层被第四系沙土所覆盖，地表地质条件复杂，低降速带厚度变化较大，造成了静校正问题非常严重（如图 5.2.9 所示）。

5.2.3　地震资料保真处理技术

天环北段地区局部构造发育，主要存在近东西向的低幅度鼻隆构造，区内近南北向展布的砂体与东西向低幅度鼻隆构造复合，可形成构造—岩性复合圈闭气藏。上、下古生界圈闭条件各有不同，该区位于今构造的上倾部位，下古生界顶面总体以西倾单斜构造为主，深凹陷东坡发育三排近东西向鼻隆构造，奥陶系礁滩相白云岩体的侧向岩性变化可形成下古生界

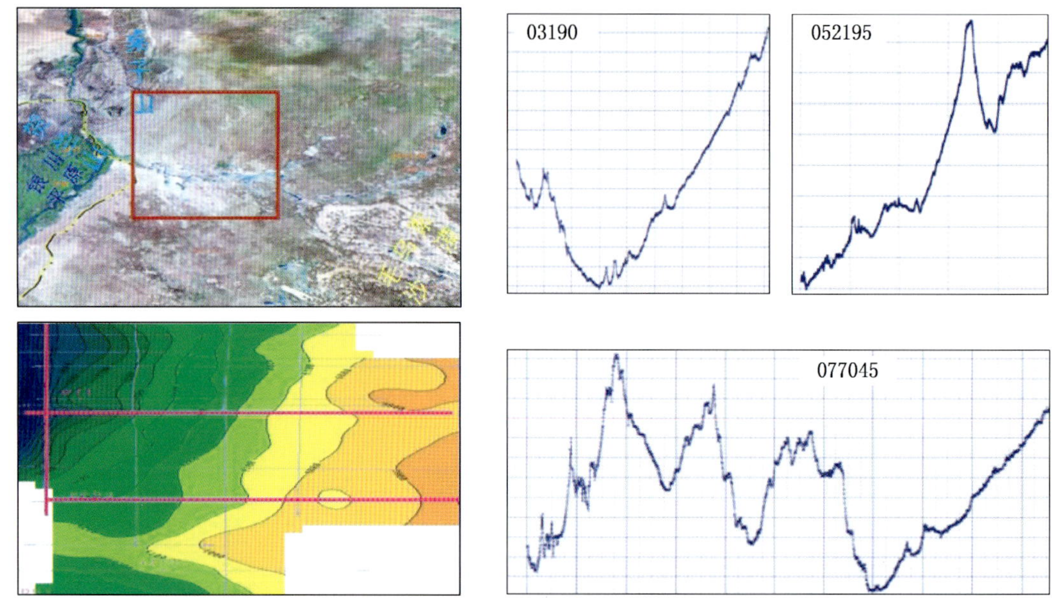

图 5. 2. 9 工区内地表及部分测线高程曲线

地层圈闭及构造—岩性圈闭。成藏演化史分析表明，该区奥陶系的细晶白云岩储集体，海西晚期即形成稳定的地层圈闭，燕山期后又经历了构造反转，早期气藏发生调整运移并重新赋存就位，在凹陷东翼北端的地层圈是天然气运聚的有利场所。

虽然地震勘探在天环北段地区的勘探中发挥了非常重要的作用，但是从勘探的效果来看，目前，天环坳陷北段地区还存在如下几个问题：

(1) 以往老资料品质差，难以落实构造特征以及下古生界祁连海域与华北海域过渡带沉积特征及地层的变化，如图 5. 2. 10 所示。

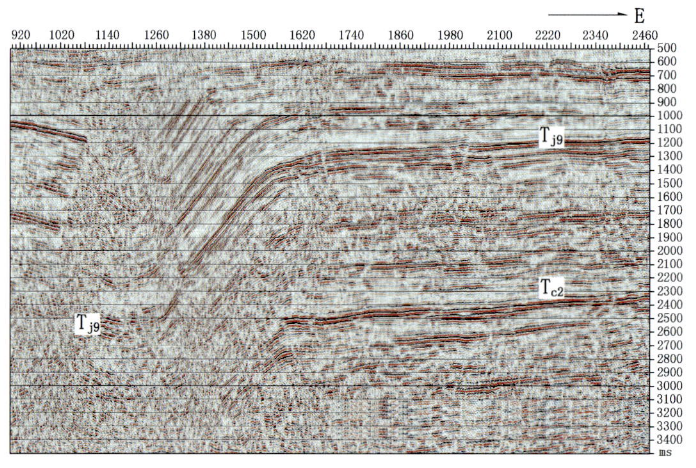

图 5. 2. 10 天环北段 03875 测线偏移剖面

(2) 地震资料深层发射杂乱，白云岩异常反射体不明显、分布特征不明确，寻找礁滩相白云岩岩性油气藏难度很大，如图 5. 2. 11 所示。

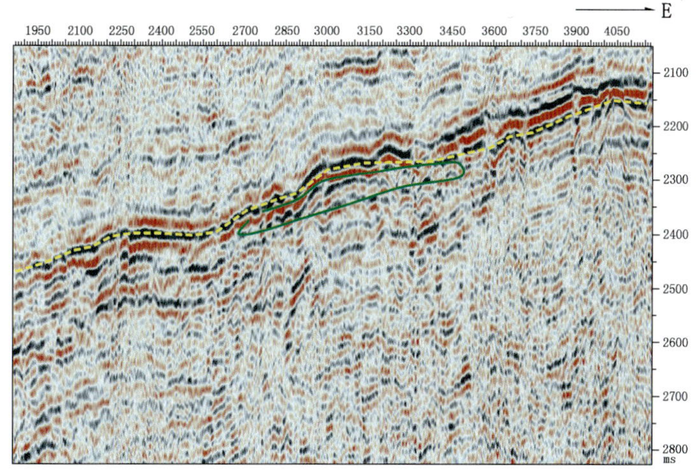

图 5.2.11　天环北段 0521XW 测线常规剖面

5.2.3.1　地震资料保真处理思路

保真处理是为叠前地震描述提供高质量的 CDP 道集，针对目的层段频率低、奥陶系内幕反射不清、深层资料信噪比低等特点，通过攻关研究采用综合静校正、多域迭代噪声压制技术、组合反褶积适度提高分辨率的处理思路，强化地表一致性处理技术，注意保护低频。

（1）处理解释一体化思路。

针对有利勘探区块，在地质目标和地质构造指导下进行目标精细处理。每一步关键处理环节，都要结合工区地质、钻井、测井资料，利用合成地震记录，对井旁地震道进行层位标定和对比，确保处理时振幅、频率、相位、波形的相对保持，严格控制处理质量，使地震资料的分辨率、信噪比逐步提高。在精细处理基础上开展叠前偏移研究及精细储层预测和资料解释，利用解释成果检测和评价地震资料的处理质量。对主要目的层和有利储层，根据需要进行目标精细处理，包括处理模块、关键参数的合理性进行定量分析，优化处理流程，提供符合地质特征的高保真地震资料，为高精度叠前地震属性描述奠定良好基础。

（2）振幅、波形保真处理。

根据地质认识和地质成果，在关键处理环节，对有利目标区的异常体地震反射特征和振幅信息进行定量分析，消除非地质因素（仪器、地表、低降速带、噪声、地震波的球面扩散、地层的吸收衰减等）引起的振幅、频率、相位变化，保留由于地质因素引起的振幅、频率、相位变化，突出地层岩性信息。尽可能做到保幅处理和地表一致性处理，做好能量补偿、噪声干扰的适度去除、反褶积、子波整形和统一、高频信息补偿，提高资料信噪比和分辨率。

（3）强化地表一致性处理，消除近地表横向变化因素对地震子波在振幅、频率、相位等方面造成的差异，增强子波的横向稳定性，包括地表一致性振幅补偿和地表一致性剩余静校正及地表一致性相位校正。

（4）做好振幅保真处理，保持数据的相对振幅关系，最大限度地恢复由地下地质因素产生的振幅、相位变化关系，为储层预测和地震解释提供可靠数据。

（5）重点做好叠前去噪工作，提高资料信噪比，突出目的层段的反射资料品质，对干扰波特征进行认真分析，通过方法试验制订叠前去噪流程，采用有针对性的合理有效的去噪方法，在尽可能保护有效信号的前提下，压制各种干扰，突出有效反射波。

（6）针对叠前 CDP 道集的精细处理，为叠前偏移和叠前属性描述提供可靠的道集资料，

CDP 道集的质量直接影响叠前地震属性的提取和分析，做好叠前道集的精细处理，保留资料的叠前动力学特征。

5.2.3.2 关键处理技术

5.2.3.2.1 综合静校正技术

工区地表起伏大，静校正问题严重，为了较好的解决基础静校正问题，主要采取了三种方法：初至折射波静校正方法、高程静校正方法、层析静校正方法。相对于地震波在近地表的真实传播情况而言，所有的静校正方法都是近似的。一般情况下，我们不知道也不可能准确的测量和计算出长波长的静校正，因此在现有的方法中只有通过对资料的详尽分析、对不同静校正方法的结果对比，才能得到一个比较合理的结果，如图 5.2.12 所示。

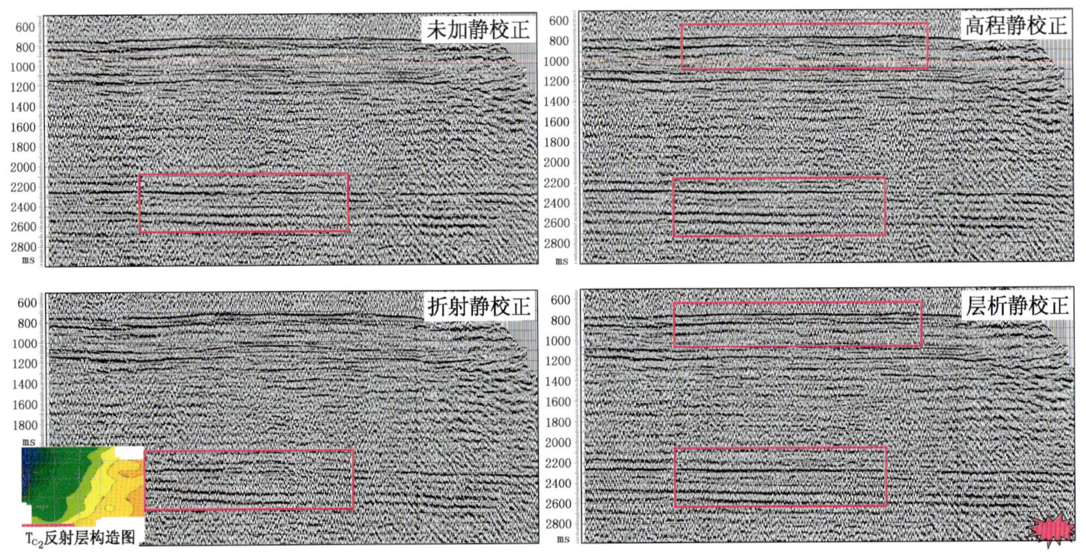

图 5.2.12　07698X 测线单炮静校正对比图

因此，在不同测线甚至同一测线的不同段上静校正方法表现出的效果也不一致，通过逐条测线上不同静校正方法的对比，最终采用综合静校正的方法来解决静校正问题。图 5.2.13 为静校在前后单炮对比图，从图上可以看出应用静校正后折射波更为光滑，有效反射的双曲线特征更加清楚，静校正效果明显。图 5.2.14 为静校正前后的剖面对比图，可以看出应用静校正后，剖面成像好，同相轴连续性强，信噪比高，有效解决了该区的静校正问题。

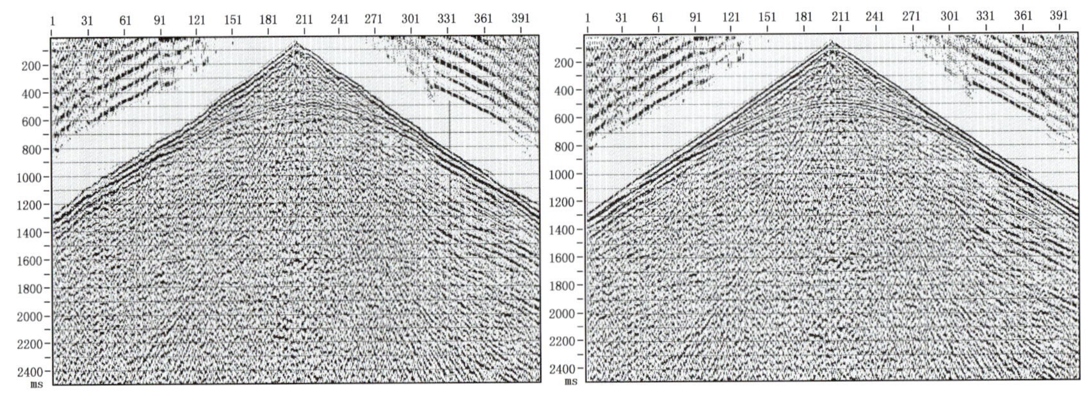

图 5.2.13　综合静校正前后的单炮对比图

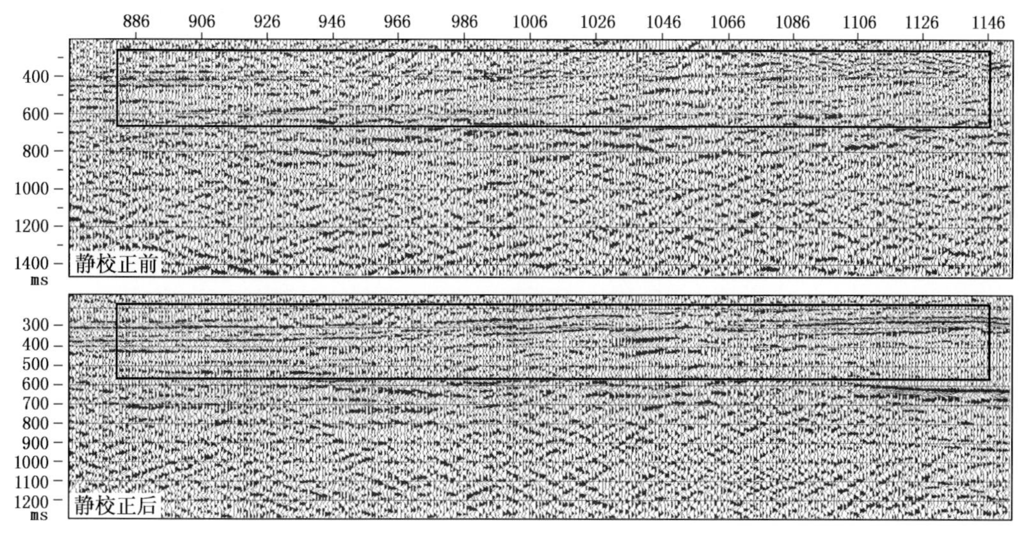

图 5.2.14 综合静校正前后的叠加剖面对比图

5.2.3.2.2 振幅恢复技术

利用叠前地震资料进行储层预测和油气检测中，地震资料的振幅信息是很重要的。但是，影响地震信号的振幅信息有多种因素，对于非地质因素引起的振幅变化必须消除。如在传播过程中能量损失引起在时间方向的衰减和由于激发、接收、仪器等引起的反射振幅在空间上的差异，这种差异如果不经过准确的校正，很容易使解释陷入误区。我们采用几何扩散振幅补偿与地表一致性振幅补偿来实现时间和空间（道与道之间）的振幅归一化处理，从而达到相对保持振幅的目的。

（1）球面扩散振幅补偿技术考虑了地震波在时间方向的传播损失和不同射线路径引起的不同偏移距时差。该方法需要提供速度场，来确定地震波传播的射线路径。由于该区目的层地层多为单斜构造，基本符合水平层状介质的假设，地震波的速度在横向上比较稳定，在纵向上变化平缓且有一定的规律。所以，通过速度分析，可以得到准确的速度场。根据速度分析得到的速度函数，沿偏移距和时间方向对炮集内各道能量进行振幅补偿。与指数增益相比，补偿的效果差别不是很大，但在偏移距方向，由于几何扩散振幅补偿考虑炮集内偏移距和时间的变化，相同的反射层振幅按照相同的参数补偿，使得道间能量较为均匀，得到较好的补偿效果。这种补偿比单纯的指数补偿更符合地下实际情况，精度也更高。

（2）地表一致性振幅补偿是一个相对振幅保持处理模块，根据提供的时窗范围，计算时窗内的均方根振幅或平均振幅，然后根据地震记录能量符合地表一致性的假设，把地震记录能量看作由炮点项、检波点项、构造项（CMP）、共偏移距项等四项组成，最后用 Gauss - Seidel 迭代这四项的补偿系数并应用到记录上实现地表一致性振幅补偿，使地震记录在空间上能量均衡，即每炮内的各个道、炮点与炮点、检波点与检波点之间能量达到一致，如图 5.2.15 所示。

为消除强能量噪声对地表一致性振幅补偿的影响，在地表一致性振幅补偿前，通过区域异常振幅处理消除单炮区域异常振幅，减少异常强能量对有效信号振幅统计的影响。经过振幅补偿处理，解决了球面扩散、地震透射、吸收等因素造成的能量损失，同时消除了由于激发、接收等条件不同而引起的横向能量差异。从振幅曲线上可以看出补偿后不同时间的振幅能量级别也基本一致，如图 5.2.16 所示。

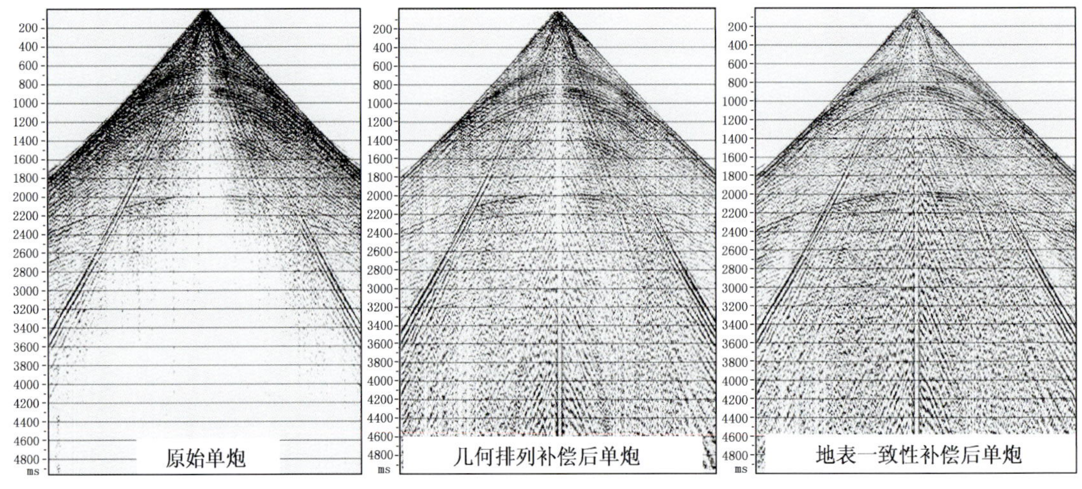

图 5.2.15　振幅补偿前后单炮对比

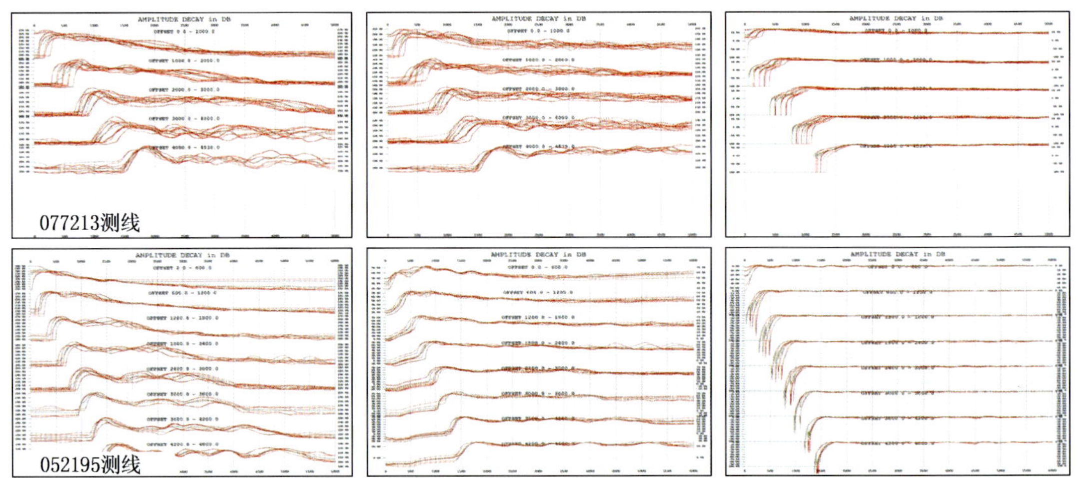

图 5.2.16　几何排列补偿与地表一致性前后振幅曲线对比图

5.2.3.2.3　聚束滤波多次波压制技术

该区地震资料在中深层普遍发育有多组多次波和类双曲线性干扰波，严重影响叠前反演及叠前偏移的精度。为了有效压制多次波和类双曲线性干扰波，同时又不伤害有效信号，通过多种多次波压制方法对比试验，最后我们采用聚束滤波的办法来压制多次波。

根据一次波和多次波的动校正差异，通常可用预测反褶积、$f-k$ 域滤波、Radon 滤波、$\tau-p$ 域反褶积等方法来消除多次波，但这些方法都有一些不足。当参数选取比较合理时，预测反褶积对压制短周期的多次波有较好效果，但对长周期的多次波却无能为力。$f-k$ 域滤波、Radon 滤波、$\tau-p$ 域反褶积等都是时差滤波法，可利用一次波与多次波的速度差异而产生动校时差将其分开，这对于有较大时差的大炮检距道效果较好，但对于时差较小的小炮检距道，多次波和一次波却难以分离。另外，这些方法还在一定程度上损伤了有效信号[3]。

聚束滤波是一种多道滤波方法，它能在输出噪声能量为最小的前提下，提取无畸变的信号。自适应聚束滤波方法在提取信号的过程中，可估计出信号和噪声的特性。为了将一次波和相关噪声分开，聚束滤波中的数据模型 $\boldsymbol{x}$ 可由信号 $\boldsymbol{s}$，相关噪声 v 和随机噪声 $\boldsymbol{u}$ 表述为

$$\boldsymbol{x}=\boldsymbol{B}_s+\boldsymbol{C}v+\boldsymbol{u} \tag{5.2.1}$$

式（5.2.1）中 $\boldsymbol{B}=\{B_{kl}\}$；$B_{kl}=b_{kl}\exp(-j2\pi f\tau_{kl,p}-j\theta_{kl,p})$；$\boldsymbol{C}=\{C_{km}\}$；$C_{km}=c_{km}\exp(-j2\pi f\tau_{km,v}-j\theta_{km,v})$其中，$b_{kl}$，$\tau_{kl,p}$和$\theta_{kl,p}$，以及$c_{km}$，$\tau_{km,v}$和$\theta_{km,v}$分别是第 l 个有效信号，以及第 m 各相关噪声在第 k 道上的振幅、相位和时间延迟。

聚束滤波方法的基本设计准则是最小方差和无偏，即必须满足无信号（一次波）畸变和输出噪声能量为最小等两个条件。对于消除相关噪声的聚束滤波方法，其约束条件是：(1) 相关噪声（多次波）的零（或最小）响应；(2) 控制随机噪声的增益。这个多约束问题的解或滤波器是

$$\boldsymbol{H}=\boldsymbol{G}(\boldsymbol{A}^{\mathrm{H}}\boldsymbol{Q}^{-1}\boldsymbol{A})^{-1}\boldsymbol{A}^{\mathrm{H}}\boldsymbol{Q}^{-1} \tag{5.2.2}$$

式中，$\boldsymbol{G}=(\boldsymbol{I},\boldsymbol{0})$，$\boldsymbol{I}$ 是一个单位矩阵，$\boldsymbol{0}$ 是一个零矩阵；$\boldsymbol{A}=(\boldsymbol{B},\boldsymbol{C})$；$\boldsymbol{Q}=E[\boldsymbol{uu}]^{\mathrm{H}}$，$E[\,]$ 表示估计值。如果随机噪声是正态分布的、且在每道能量相同，即 $\boldsymbol{Q}=\sigma^2\boldsymbol{I}$，那么信号可由下式估计出，即

$$\boldsymbol{P}=\boldsymbol{G}(\boldsymbol{A}^{\mathrm{H}}\boldsymbol{A})^{-1}\boldsymbol{A}^{\mathrm{H}}\boldsymbol{X} \tag{5.2.3}$$

应用聚束滤波法去多次和类双曲线，效果很明显（图 5.2.17）。以前多次波压制在 CMP 上很明显，但是通过叠前偏移后 CRP 道集没有效果。因此，我们从 CRP 入手，不但要在 CMP 上效果好更重要的是在 CRP 上要见到效果，如图 5.2.18 所示。从图上可见，多次波压制之后叠前偏移 CRP 道集效果明显，速度谱上能量也相对集中。从剖面上看，处理后的剖面中深层的多次波得到很好地压制[4]。

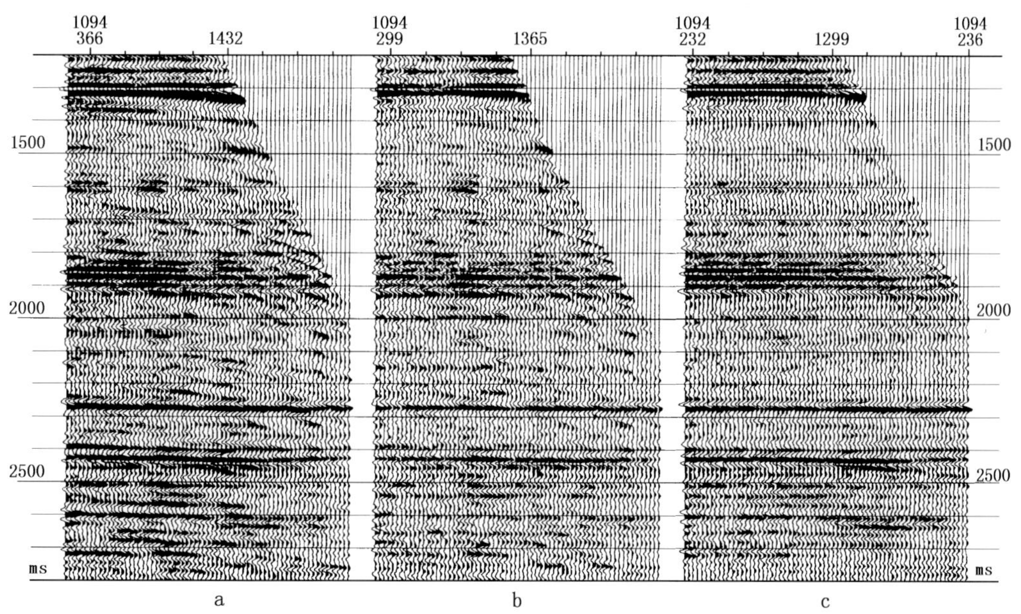

图 5.2.17　CMP 道集（a）、Radon 变换方法（b）与自适应聚束滤波方法（c）对比

5.2.3.2.4　叠前道集精细处理技术

常规动校正中动校正量的计算是利用 Dix 双曲线公式求取反射子波各点相对于自激自收道反射的延迟时间，但 Dix 双曲线公式对大炮检距地震资料进行常规动校正处理时不能校平同相轴，原因在于 Dix 公式实际上是忽略了高次项的时距关系函数的泰勒展开式，为解决大

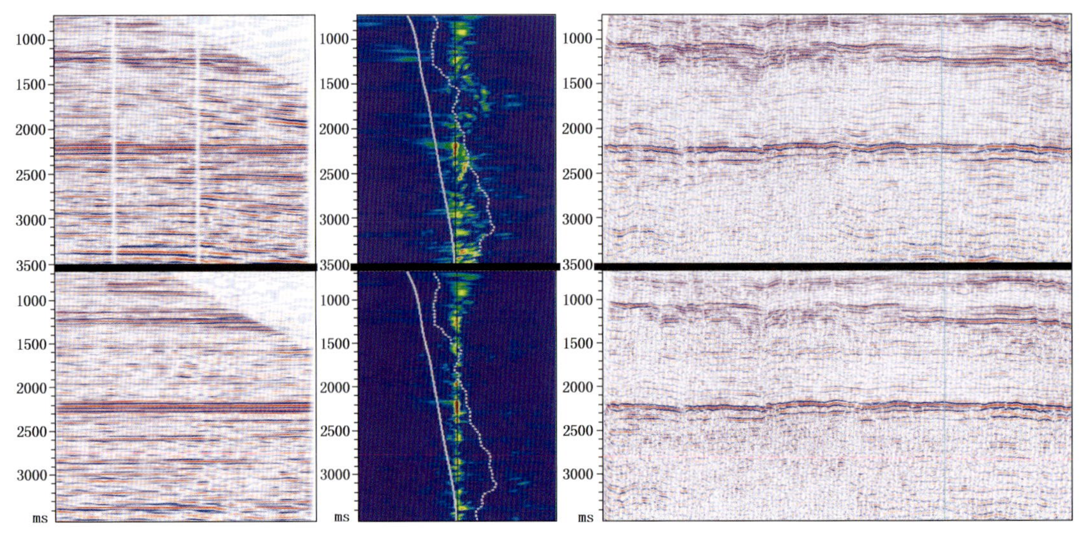

图 5.2.18　0330X 测线多次波压制前后的 CRP 道集和偏移剖面对比

偏移距资料动校正时由于速度各向异性而引起的校正量过量的问题，必须考虑高次项。

Dix 双曲线公式为
$$t = \left(t_0^2 + \frac{x^2}{v^2}\right)^{\frac{1}{2}} \tag{5.2.4}$$

高阶泰勒展开式为
$$t = (c_1 + c_2x^2 + c_3x^4 + c_4x^6 + \cdots)^{\frac{1}{2}} \tag{5.2.5}$$

其中
$$c_1 = t_0^2 \qquad c_4 = \frac{2u_4^2 - u_2u_6 - u_2^2u_4}{t_0^4u_2^7}$$

$$c_2 = \frac{1}{u_2} \qquad u_j = \frac{\sum\limits_{k-1}^{n}\Delta t_k v_k^j}{\sum\limits_{k-1}^{n}\Delta t_k}$$

$$c_3 = \frac{u_2^2 - u_4}{4t_0^2u_2^4}$$

图 5.2.19 为常规 NMO 校正与高阶项动校正的道集对比。从图上可以看出，常规 NMO

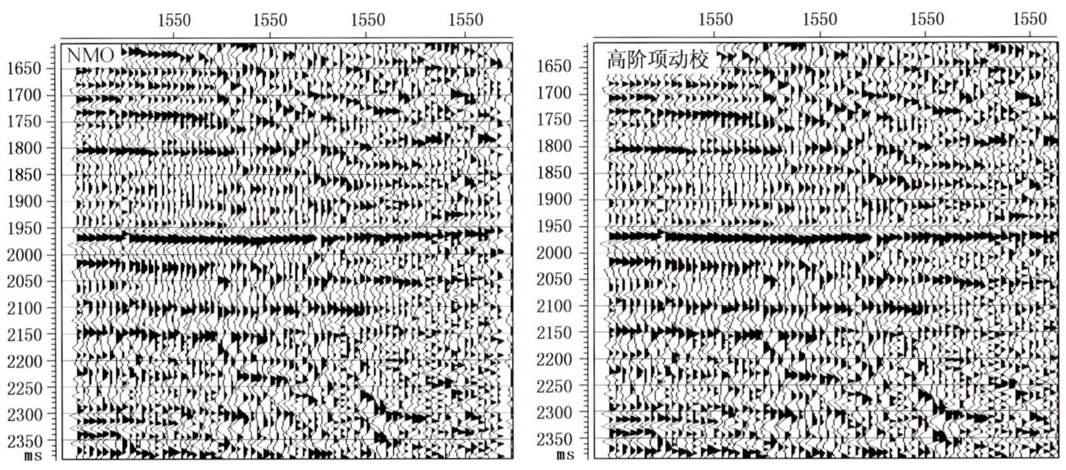

图 5.2.19　常规动校正与高阶项动校正动校道集对比图

动校正过量，而在高阶项动校正后，有效波的同相轴平直，消除了大偏移距资料的校正过量和拉伸畸变，为叠前属性提取保留了更多的有效信号。针对信噪比较低的道集，为了满足储层预测的要求，我们用相位校正、时间域、频率域多域进行去噪，进一步提高 CDP 道集的信噪比，为叠前属性分析奠定了坚实的基础，如图 5.2.20 所示。

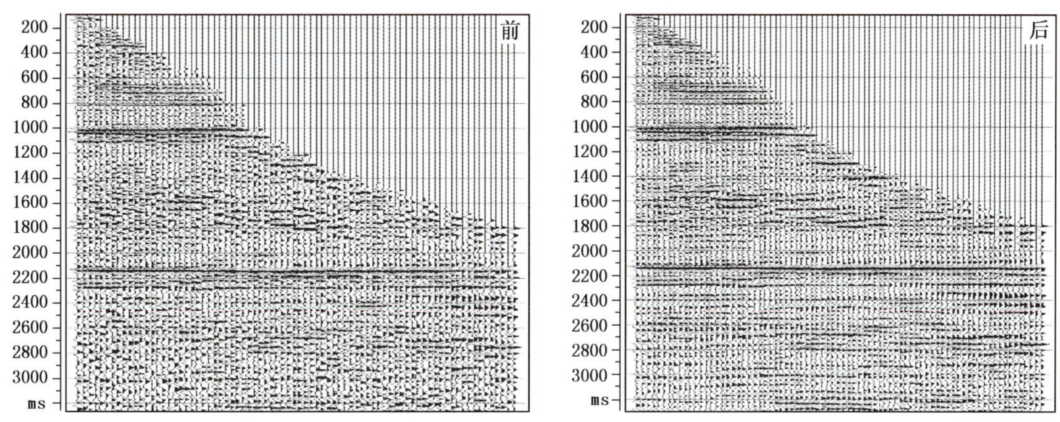

图 5.2.20　CDP 道集处理前后的对比图

5.2.3.3　处理效果分析

通过实际资料处理，提高地震资料品质，落实台地边缘相带（贺兰海槽东坡）白云岩异常反射体的分布，为寻找礁滩相白云岩提供依据。形成有利于叠前偏移、叠前地震属性提取、反演及特殊地质体识别的叠前、叠后成果数据，处理效果明显改善；开发了针对礁滩相白云岩岩性油气藏的静校正技术，叠前逐步、多域、分频去噪等一系列技术，使得处理后叠加成果剖面有很大的改善。

（1）综合静校正技术解决了静校正问题，浅层、中深层资料品质改善。特别是解决了可能存在的长波长静校正问题，如图 5.2.21 所示。

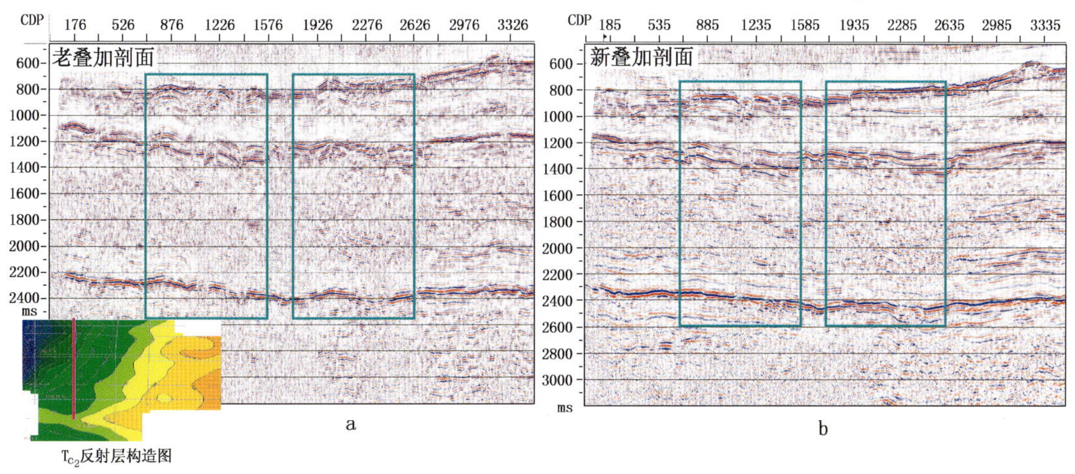

图 5.2.21　天环北段 0322X 测线老剖面（a）与攻关成果（b）对比

（2）老资料品质较差，地震剖面信噪比低，同相轴连续性差，不能完全解决构造问题和岩性反演问题，通过攻关处理提高地震资料信噪比，落实古生界构造形态及台地边缘相带白云岩异常反射体的分布，如图 5.2.22 所示。

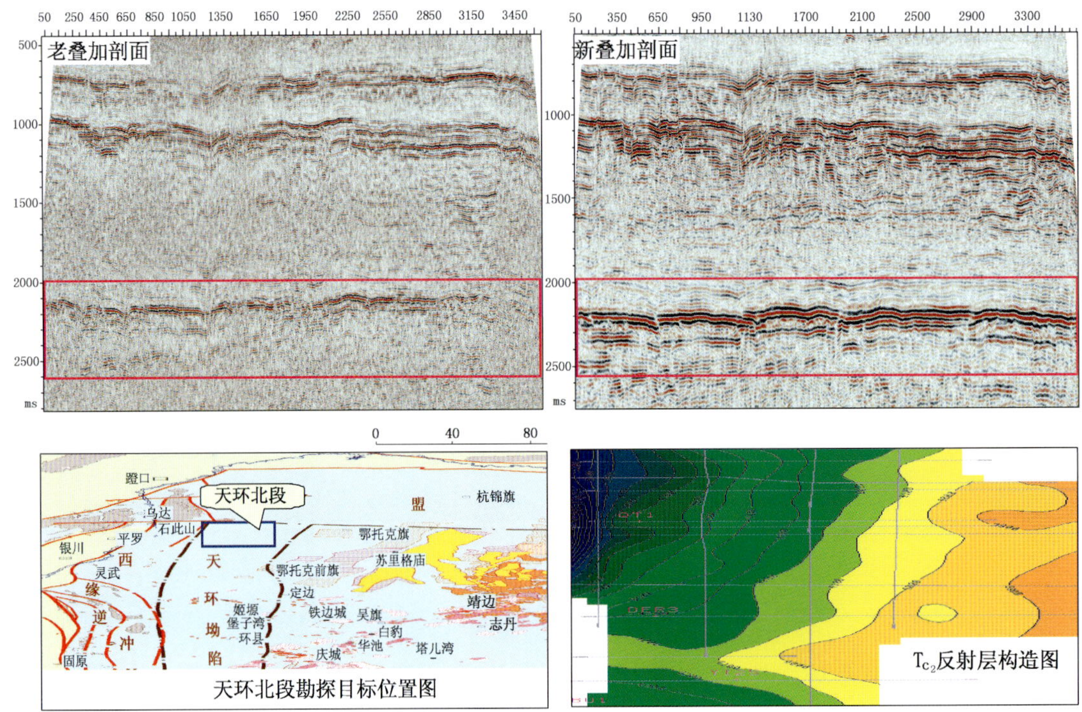

图 5.2.22 天环北段 0332 测线老剖面（a）与攻关成果（b）对比

从成果剖面上看，目的层段波组特征清晰，改善了奥陶系内幕反射特征，落实台地边缘相带白云岩异常反射体的分布及下古生界祁连海域与华北海域过渡带沉积特征和地层变化。

5.3 叠前偏移成像方法研究

地震资料品质及复杂构造成像技术是复杂地区油气勘探的瓶颈，随着叠前偏移技术的推广与应用，为复杂构造成像以及特殊地质体的落实提供技术保障。

天环坳陷地区位于贺兰海槽与鄂尔多斯台地的过渡部位，构造较复杂，近期地质研究认为天环坳陷北段奥陶系克里摩里组存在有利的台地边缘礁滩相带发育台地边缘礁滩相沉积，经云化改造形成白云岩储集体，并与灰质围岩构成有效的岩性圈闭，如图 5.3.1 所示。因

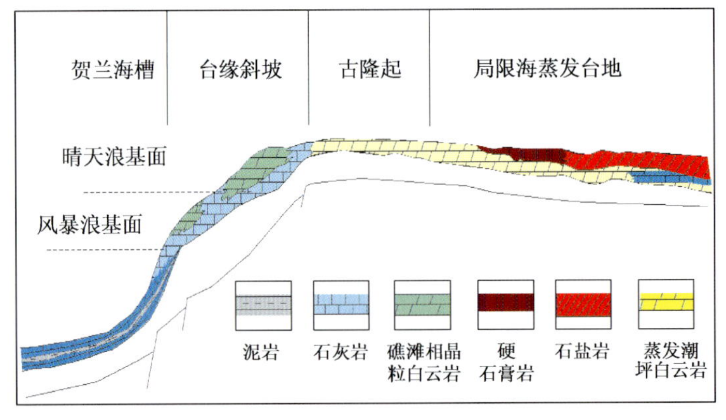

图 5.3.1 盆地北部奥陶系沉积模式图

此，针对目标区存在的问题，开展叠前深度偏移技术研究，进一步落实古生界构造形态和特殊地质现象。为了落实台地边缘相带白云岩异常反射体的分布，及叠前反演的需要，我们开展了反射角叠前深度偏移方法研究和技术攻关为该区天然气成藏潜力综合评价提供依据。

无论是那一种叠前时间偏移方法都无法完全适应速度的纵横向变化，针对这种情况在天环北段地区开展了叠前深度偏移方法研究和对比。首先消除各测线交点处的闭合差（常规处理中已解决），并确保在深度域中不产生新的闭合差。采用二维测线采取连片处理的思路和方法，较好地解决了测线交点处的闭合问题，取得了较好的处理效果。同时开展共反射角叠前深度偏移方法研究，通过对基于模型的共反射角成像方法及速度模型建立的研究，得到了一种真正的角度域道集。从本文的数值试验及实际资料反射角偏移处理中可以看出，以目标为导向的共反射角成像方法对复杂速度模型及地质模式有很强的适应性。特别是在宽反射角、甚至具有多波至复杂构造区，反射同相轴的振幅和相位得到有效的保护。在陡角成像上比 Kirchhoff 偏移更有优势。更重要的是共反射角的道集（CIG）能克服共偏移距道集的缺陷，更有利于速度建模及地质层岩性的研究，为基于角度域的 AVA 分析提供新的方向。

5.3.1 二维连片地震速度建模研究

叠前偏移处理技术具有对复杂构造以及小幅度构造准确成像的能力。针对天环北段地区二维地震资料特点，通过连片叠前偏移处理提高地震资料信噪比及横向分辨率，为叠前地震描述与油气藏预测技术攻关提供高质量的 CRP 道集。

我们的思路是通过处理解释相结合，建立二维连片时间速度模型，借助于偏移后反动校的 CRP 道集进行偏移速度分析确定偏移速度模型，利用垂向剩余延迟分析进一步优化模型，采用基于用起伏地表叠前时间偏移（弯曲射线）算法进行叠前时间偏移，提供高质量的 CRP 道集，满足进一步开展叠前地震属性描述的要求。

5.3.1.1 二维连片 RMS 速度建模方法

5.3.1.1.1 CRP 反动校偏移速度分析方法

地层倾斜和速度的横向变化会导致 CMP 道集的共中心点发散，使求取准确速度困难。叠前时间偏移可以消除地层倾角变化的影响，得到的 CRP 道集反映地下同一反射点的信息，消除 CMP 道集的弥散现象，如图 5.3.2 所示。叠前时间偏移对速度的敏感度要比叠后时间偏移大的多。因此，通过叠前时间偏移的循环迭代来获取偏移速度场。具体的方法是借助叠前时间偏移后的 CRP 道集，对其进行反动校后做速度分析。借助叠前时间偏移，通过迭代修正偏移速度，无疑相对叠加速度乘以百分比更直观、更准确地分析偏移速度，可以更好地建立垂向时间偏移速度模型。但这种方法对于二维多线不利于速度的闭合，对于二维多线来讲，最主要的还是速度的闭合问题。因此，我们在此基础上研究了基于沿层的连片速度模型

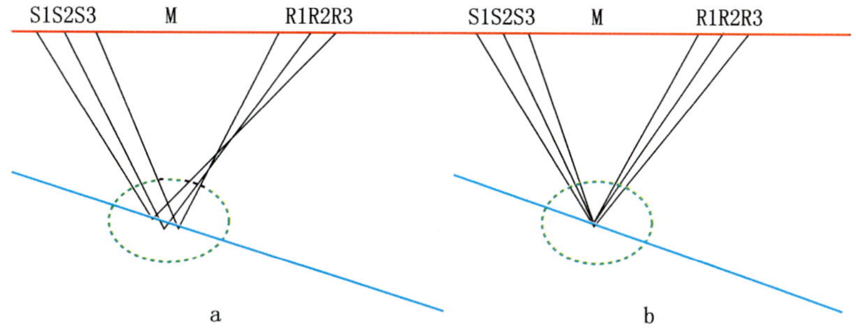

图 5.3.2 地层倾斜时 CMP 点弥散（a）和共反射点消除了弥散（b）

建立方法[5]。

5.3.1.1.2 沿层偏移速度分析方法

纵向RMS速度谱是按一定的CMP间隔求取的，横向分辨率低，不能精确反映谱点之间的速度横向变化，不能直观地反映速度的闭合。特别是中深层的反射波能量团发散，纵向RMS速度曲线存在较大误差。

沿层横向RMS速度反演是沿时间偏移域的解释层位 T_0 时间值反演逐个CMP点对应的RMS速度。只要反演速度时速度步长小于某一阈值，此时RMS速度谱能反映RMS速度的横向变化细节，如图5.3.3所示，沿层横向RMS速度谱剖面使目的层界面上的速度信息量增加，极大地提高了速度的横向分辨率，沿层RMS速度的横向变化规律直观明了。

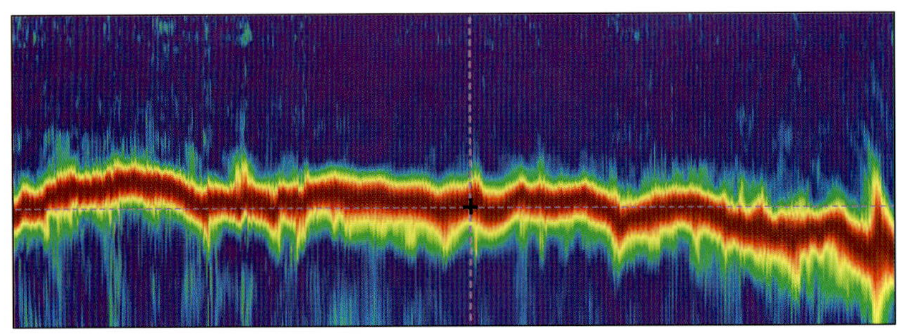

图5.3.3 反演出的沿层横向RMS速度谱

5.3.1.1.3 速度模型优化

模型优化与处理迭代是获得准确成像的主要手段。为求得准确的速度，我们通过剩余延迟分析进一步优化速度模型。最有效的模型优化方法之一就是利用速度模型做目标线叠前时间偏移，利用叠前CRP道集的同相轴弯曲度来判断速度模型的正确性，如图5.3.4所示。

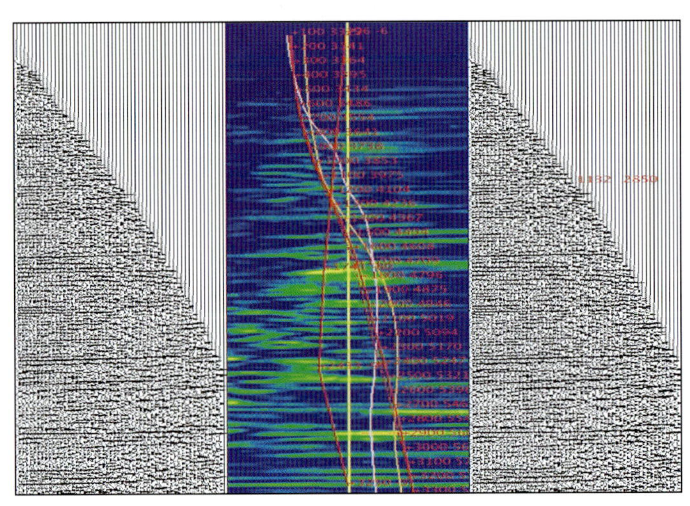

图5.3.4 CRP道集剩余速度分析对比

为了保证从浅层到深层都能获得准确的偏移速度，我们采取了垂向剩余速度分析与沿层速度闭合相结合的方法，即在求取速度模型以后，建立偏移速度场，对测线进行叠前时间偏移，得到共反射点CRP道集。根据CRP道集的弯曲度做剩余延迟分析，在此基础上利用剩余延迟修正来达到优化速度模型的目的。同时将主测线和联络测线的速度模型在层面上进行闭合，直到速度模型使 CRP 道集拉平、延迟为零、闭合量基本趋于零（图 5.3.5）。

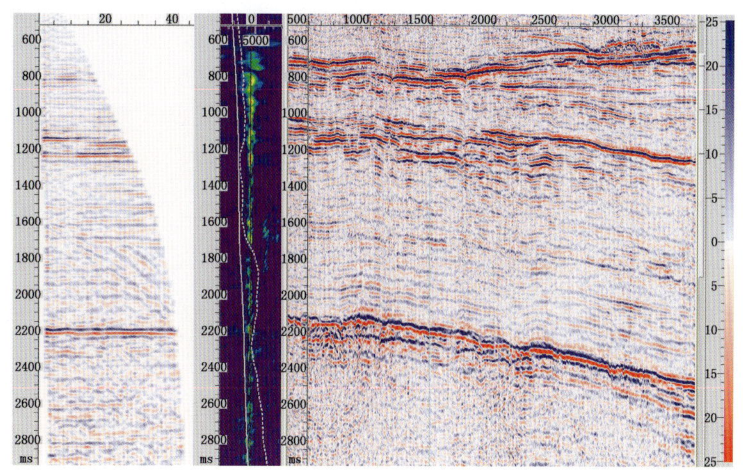

图 5.3.5　07719X 测线 CRP1582 道集

5.3.1.2　*层速度反演与连片速度模型建立*

有关层速度反演与连片速度模型建立参见第 3 章 3.2.2 部分的内容。为了建立精确的速度模型，我们采用多种速度反演方法相互验证的办法确定速度模型。在浅层和中层我们采用 CMP 相干反演层速度与叠加速度反演层速度相互结合的办法建立速度模型。对每个 CMP 道集按相干反演方法逐一求取速度得到时间层的横向变化的速度谱、速度曲线及速度体，如图 5.3.6、图 5.3.7 所示。

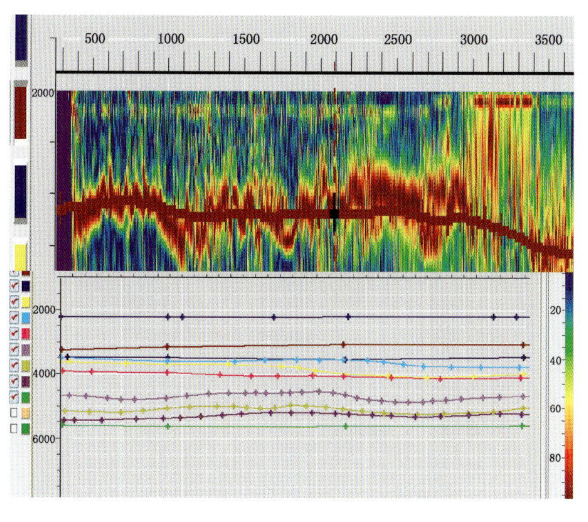

图 5.3.6　层速度谱及曲线

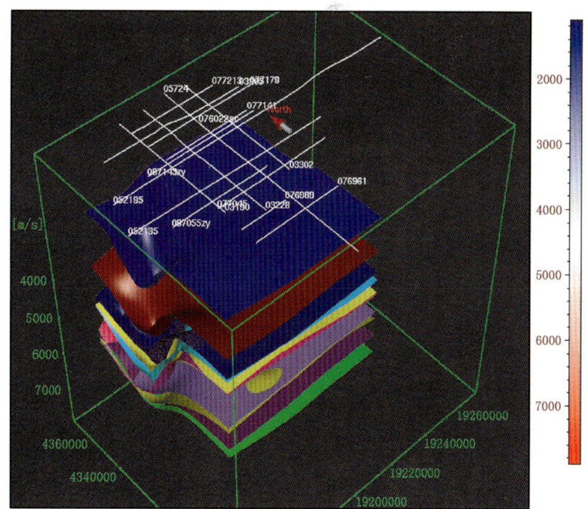

图 5.3.7　层速度立体图

5.3.2　波动方程模型正演技术

模型正演技术是在对地质模型进行适当抽象简化的基础上，采用解程函方程或波动方程等数学方法计算地震响应的过程。由于在数学计算方法中所解方程的不同，模型正演主要分为解程函方程的射线追踪法和解波动方程的数值模拟法。因为波动方程数值模拟包含了丰富的波场信息，为研究地震波的传播机理和复杂地层的解释提供了更多的资料。

5.3.2.1　地质模型的建立

根据天环工区岩性特征、地质分层，利用纵波速度、横波速度和密度等资料，建立一个礁体均匀层状介质模型，图5.3.8。在该模型中，自下而上依次是二叠系石盒子组砂泥岩、太原组煤层和奥陶系中奥陶统及下奥陶统灰岩地层。

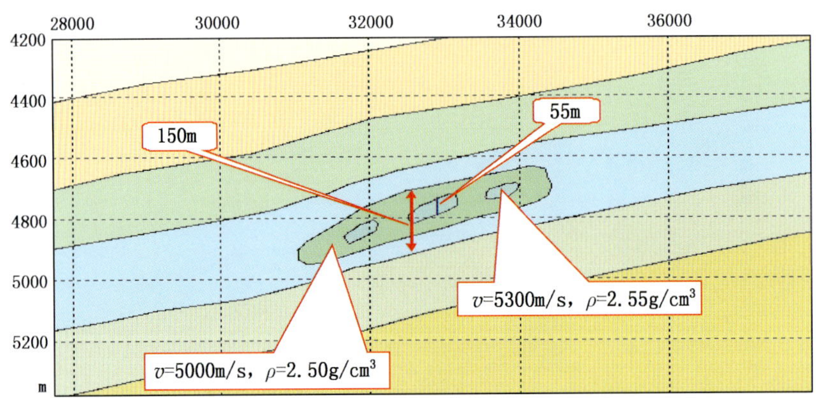

图5.3.8　礁体模型及参数图

在观测系统设计时参考了天环工区野外地震采集时的实际观测系统。震源子波为零相位的Ricker子波，子波主频35Hz。观测系统炮间距为40m，道间距为20m。

5.3.2.2　模型的地震响应特征

利用设计的礁体模型研究礁滩相地层的地震响应特征。利用弹性波波动方程的方法模拟野外放炮，选择零相位子波，子波的主频是35Hz（稍高于该区目的层段地震记录的主频30Hz左右）。图5.3.9、图5.3.10为正演的零偏移距剖面及叠前深度偏移剖面。在叠前偏移剖面上，太原组煤层底界对应波峰的下零点，相应的反射特征为一强波峰。礁体的顶界对应波峰的上零点，底界对应波峰的下零点，相应的反射特征为两峰夹一谷。在礁体内部出现量点反射，且礁体具有明显的丘状反射特征。

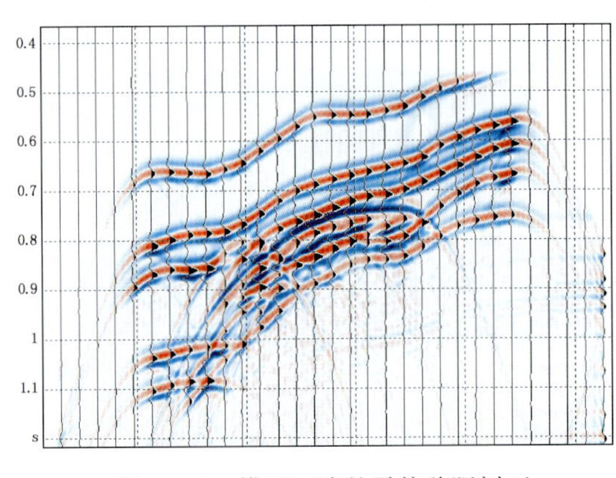

图5.3.9　模型正演的零偏移距剖面

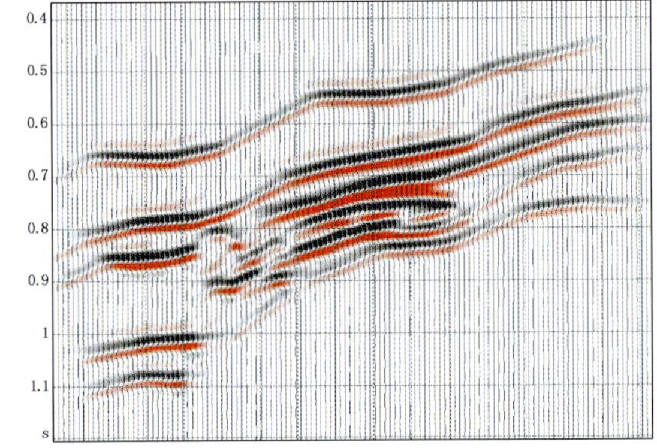

图5.3.10　角度域偏移剖面

5.3.3　反射角叠前深度偏移方法研究

叠前偏移后的地震数据较叠后数据更能真实地反映地下构造形态及地下反射面的位置及岩性变化[6]。但在横向速度变化剧烈的复杂区使用共偏移距或共炮集Kirchhoff偏移时，会产生一些意想不到的运动学与动力学假象（Ten kroade，1994 和 Nolan 及 Symes，1996）。为了克服偏移过程中存在的假象，提高精确成像的质量，需要在共反射角域对成像道集进行重建[7]。

1997 年，Break Hout 提出了利用平面波道集偏移成像得到平面波参数域成渠道集，2002 年陈生昌在国内实现了该方法，但这种共成像道集只能适用于中低复杂区。1999 年，Prucha 等人在炮域和偏移距域证明多波至的运动学问题，并提出了通过波动方程偏移重构获得共成像角道集的方法。2003 年，Sava 和 Fomel 利用单程波偏数成像中的双平方根方程并结合倾斜叠加，提出了一种波动方程角度域共成像道集。在国内，陈生昌、马在田老师及陈凌博士等人对角度域成像进行了研究，并在理论模型和实际数据中取得较好的效果[8]。

共反射角道集包含有能反映地下速度和岩性变化的信息，更有利于速度模型优化、地震振幅属性分析及地下岩性研究。以前，共偏移距道集已被广泛地应用于速度建模及振幅随偏移距变化（AVO）的研究中[9]，但在构造复杂及射线多路径情况下，共偏移距道集的缺陷给以此为基础的 AVO 研究带来很大的困难。我们通过研究基于目标的共反射角偏移方法，及反射角道集构建方法，获得精确共反射角道集[10]，克服了偏移距域道集在复杂介质中遇到的困难，更能有效地反映波场和地质结构方面的信息，应用于速度分析、AVA 及保幅偏移成像研究中[11]。

5.3.3.1 基础理论与方法原理

在深度域，我们对地震成像点进行逐点运算。在每个成像点 o^* 激发后可得到一个扇形状的上行射线束，且这簇射线束具有均匀的临界角增量 D_γ，原理如图 5.3.11。旅行时、几何扩散以及相位旋转因子可根据每个射线束片段计算获得[12]（Chapman，1985）。

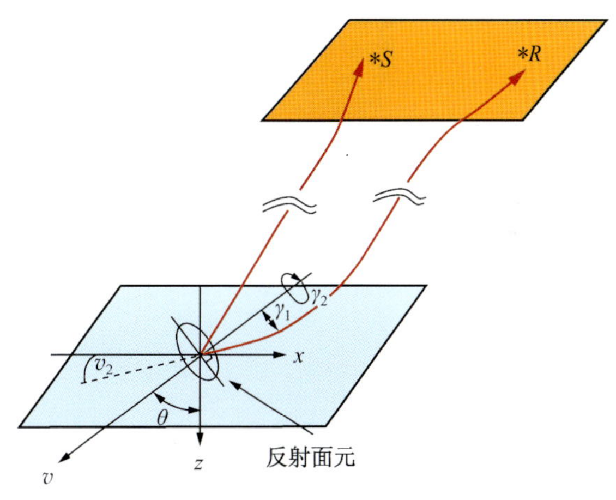

图 5.3.11　反射角偏移示意图

根据共反射角道集（CIG）内给定的地震道，对所有地震成像点进行逐点求和后，可获得角落度域成像数据。这些射线对都来源于地下成像点 o^*，但是这些射线是来自于共成像点不同的方向（地层倾角用 θ 表示），它们都具有相同的反射角 γ（开角的一半）。偏移成像用如下公式（5.3.1）表示（Miller et al，1987，应用广义拉东变换）[13]。

$$R(\gamma,o^*)=\int \mathrm{d}v W(\theta,\gamma,o^*)\mathrm{H}^{(1-n)}\{F[U(s,r,\tau_d)]\} \tag{5.3.1}$$

式中，s（θ，γ，o^*）与 r（θ，γ，o^*），表示炮点与检波点的位置，即当射线到达地面时，波至点附近炮检点位置；τ_d（θ，γ，o^*）为反射线对程旅行；H 为希伯特变换；n 为指数[14]（Chapman，1985）；W（θ，γ，o^*）为振幅加数因子，公式表示为

$$W(\theta,\gamma,o^*)=\frac{\cos\gamma}{A(s,o^*)A(o^*,r)}s \tag{5.3.2}$$

其中

$$A(s,o^*)=\sqrt{\frac{c(o^*)}{8\pi|J(s,o^*)|}} \tag{5.3.3}$$

式中，$c(o^*)$ 代表成像点速度；$J(s, o^*)$ 表示几何扩散。

一般情况下，对于给定反射角的射线，在波至附近，与其偏移距对应的所有地震数据对偏移道集有贡献。对于每个成像点的偏移孔径可根据反射层法线矢量的方向获取。根据旁轴射线理论（Schleicher，et al，1997），所获取的量小偏移孔径，作为第一菲涅尔带的空间投影，并且此菲涅尔带是成像目标到数据空间的距离[9]。该方法在地震成像点上方进行偏移求和。在这些成像点上，炮点位置、检波点位置及双程旅行时都是地层倾角与反射角出发，且在成像点处的倾角和反射角都是均匀的[15]。

5.3.3.2 理论模型数据试算

我们通过二维理论模型数据对此偏移方法及偏移的主要特征进行了试算和验证。根据地震速度模型建立及共反射角成像计算精度的要求设计理论模型，图 5.3.12，对反射角偏移计算的稳定性、精度及对速度模型纵横向变化的适应性等方面进行验证。理论模型在空间内由三层组成，其每一层的速度及深度如下。

第一层：$v_1 = 3000\text{m/s}$，$H_1 = 0 \sim 2000\text{m}$；

第二层：$v_2 = 4700\text{km/s}$，$H_2 = 2000 \sim 3000\text{m}$（楔状模型 $v_P = 4000\text{km/s}$，$H_P = 2400 \sim 2600\text{m}$）；

第三层：$v_3 = 4500\text{km/s}$，$H_3 = 3000 \sim 4000\text{m}$。

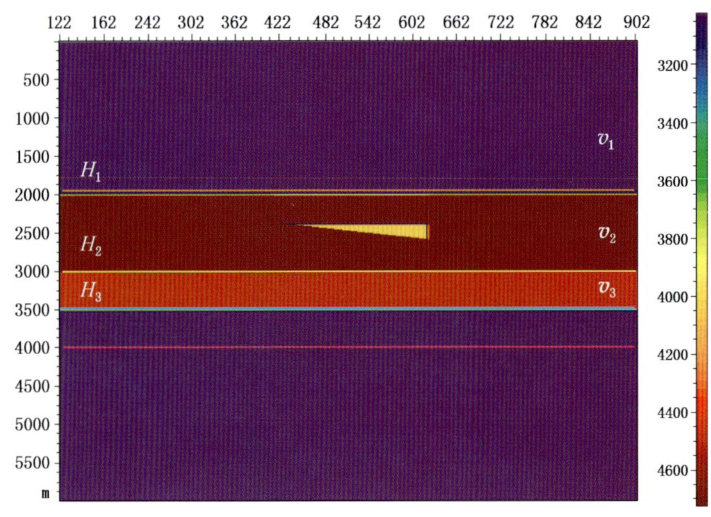

图 5.3.12 理论模型

通过理论模型试算结果，图 5.3.13 可以看出，特殊地质体及下覆地层均能准确归位成像。应用相位转换因子前，低速楔状模型下覆地层发生畸变。主要原因是特殊地质体侧向与垂向速度变化剧烈，会导致出现多波至及曲面散射[16]，通过正确应用相位旋转因子才能解决问题。通过图 5.3.14 可以得出，对应异常地质体，角度偏移能准确反映地质体内幕特征。

5.3.3.3 工区实际资料应用效果

对该工区的 0521XW 测线用上述方法做了试验，该测线共 850 炮，每炮 960 道，道间距为 12.5m，记录长度 5s，采样率 2ms。设测线对应地下构造比较复杂。在速度模型建立中我们采用相干反演法建立初始速度模型[17,18]。并通过 Kirchhoff 积分法在共偏移距道集上对速度模型进行了迭代，最后借助共角度道集上对速度模型进行剩余延迟分析及速度模型优

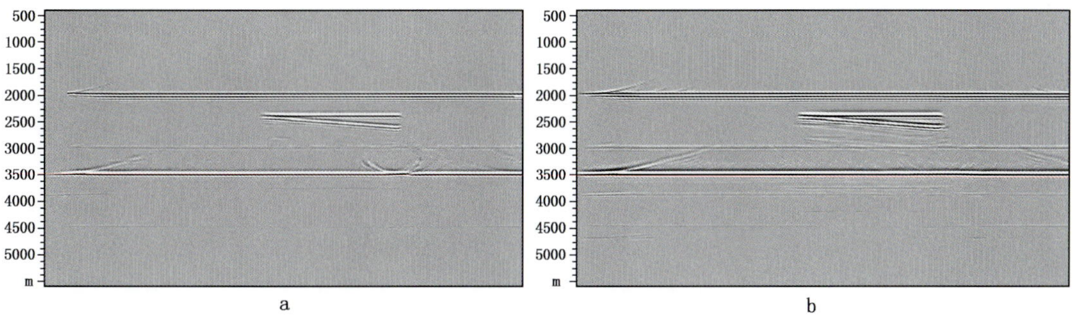

图 5.3.13　共反射角叠前偏移（a 未应用相位旋转因子校正；b 应用了相位旋转因子校正）

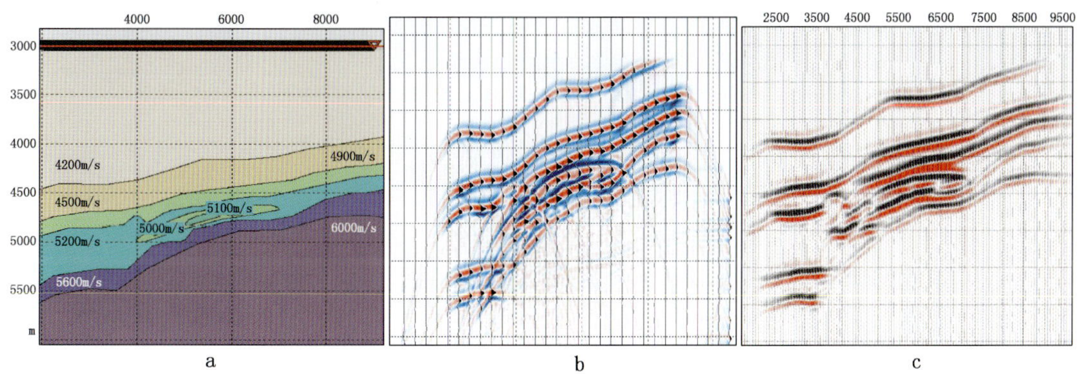

图 5.3.14　地质模型（a）、零偏移距剖面（b）和角度域偏移剖面（c）

化，建立最终速度模型。如图 5.3.15 所示。

图 5.3.16 和图 5.3.17 为 Kirchhoff 偏移与共反射角偏移结果对比图，通过分析可以看出偏移成像的结果还是很不错的，向斜部位的成像、断点归位及一些构造细节得到了反映，特别是陡倾角成像方面共反射角偏移比 Kirchhoff 更有优势。

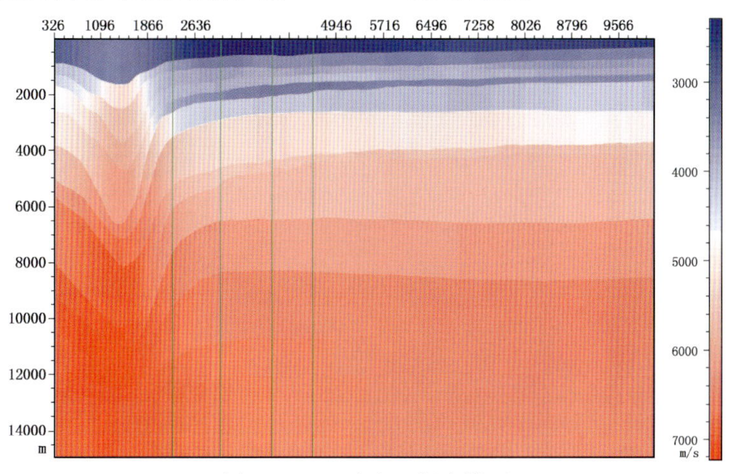

图 5.3.15　速度—深度模型

图 5.3.18 为共偏移距道集与共反射角道集对比，可以看出陡倾角部位共偏移距道集反射杂乱，但共反射角道集很清楚，主要是共反射角道集消除了多路径及曲面散射的结果。同时，共反射角道集 AVO 现象更加直观明显，如图 5.3.19、图 5.3.20 所示。更有利于 AVA 分析及叠前反演研究。

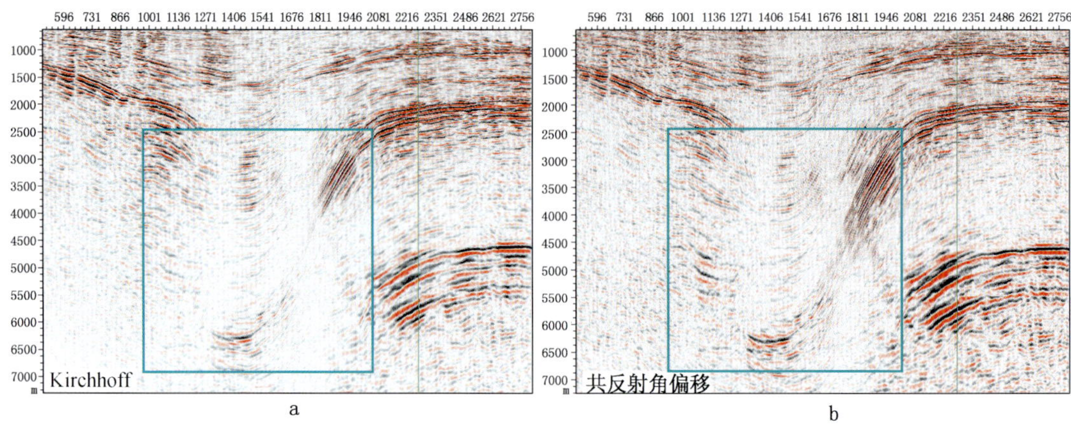

图 5.3.16 Kirchhoff 叠前偏移（a）与共反射角偏移（b）结果对比（052195 测线）

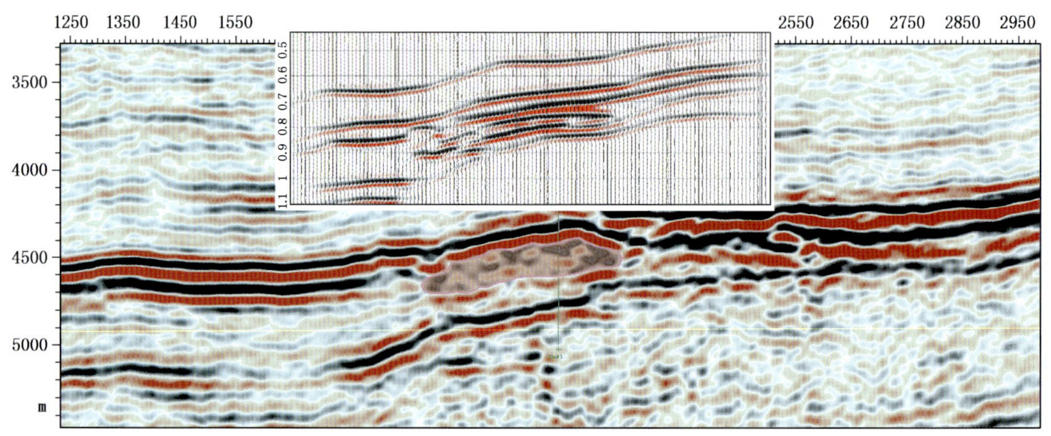

图 5.3.17 0087143 测线共反射角偏移结果

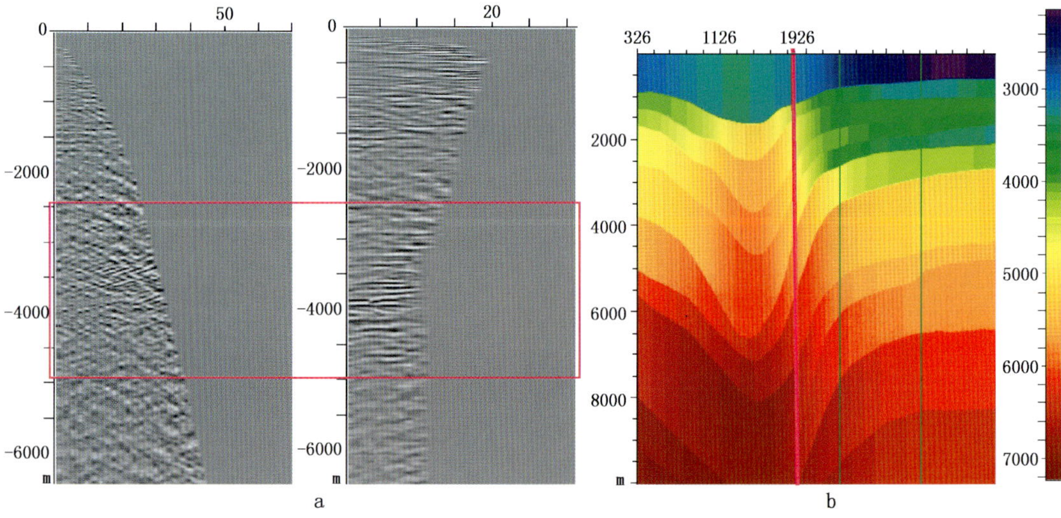

图 5.3.18 Kirchhoff 偏移 CRP（a）共反射角偏移 CIG（b）

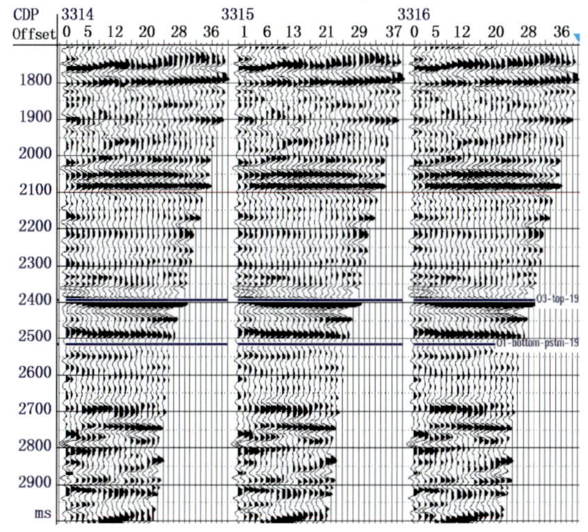

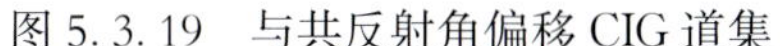
图 5.3.19 与共反射角偏移 CIG 道集

图 5.3.20 CRP 与共反射角偏移 CIG 道集 AVO 特征

通过对基于模型的共反射角成像方法及速度模型建立的研究，得到了一种真正的角度域道集。从数值试验及实际地震资料反射角偏移处理中可以看出，以目标为导向的共反射角成像方法对复杂速度模型及地质模式有很强的适应性。特别是在宽反射角、甚至具有多波至复杂构造区，反射同相轴的振幅和相位得到有效的保护。在陡角成像上比 Kirchhoff 偏移更有优势。更重要的是共反射角的道集（CIG）能克服共偏移距道集的缺陷，更有利于速度建模及地质层岩性的研究，共反射角道集所含有的反映地下速度和岩性变化的冗余信息有利于进行偏移速度修正和地震振幅分析、地下岩性研究，图 5.3.21 基于反射角道集叠前反演的泊松比更加准确合理。因此，反射角道集是地下成像点岩性分析的基础资料，更有利于 AVO 分析和 AVA 分析为基于角度域的 AVA 分析提供新的方向。

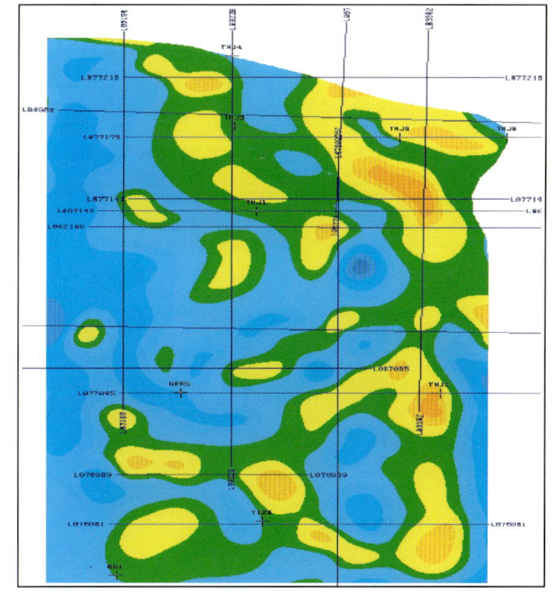
图 5.3.21 CIG 反演的伪泊松比平面图

5.3.3.4 结论

共偏移距道集在复杂介质中因地震波传播的多路径而存在地下反射体位置不准确的问题。共反射角道集（CIG）由于克服了上述缺陷而逐步成为复杂区精确成像、AVA 分析及保幅偏移成像研究的主要手段。特别是在宽反射角、甚至具有多波至复杂构造区，反射同相轴的振幅和相位得到有效的保护。因此，我们攻关研究了基于目标的共反射角偏移方法，研究了共反射角道集构建、旅行时计算，几何扩散因子获取及偏移拉伸对 CIG 道集的影响。采用理论模型数据进行了试算，同时以该地区的二维实际地震数据进行了攻关验证，并在陡倾角成像方面取得较好效果。通过研究我们认为角度域 CIG 道集更有利于速度建模优化及 AVA 分析，为今后叠前反演及岩性预测提供新的方向。

5.4 地震异常体识别技术研究

5.4.1 地震异常体识别技术

5.4.1.1 地震波形特征分析

地震地层学的观点认为，全部地震信息都是地下地质现象的真实反映，即地震信息（如振幅、频率、相位、层速度）的变化都在一定程度上反映地层或岩性的变化。由于不同的沉积环境具有不同的岩性组合，也就有不同的地震反射特征。因此，剖面上地震反射特征的纵、横向变化反映了地下地层介质的性质在纵、横向的变化，即地震反射特征的变化反映了地层岩性、物性和含油气性等变化[19]。

地震波形特征分析包括目标层段地震反射波外形几何形态与内部反射结构分析。其方法是在沉积相带和模型正演分析的基础上，对目标储层段反射同相轴的纵、横向变化进行分析，找出异常反射段，然后通过已知井标定确定出异常反射段所代表的地质意义。实际应用中，根据储层标定结果，利用储层附近的反射波形波组特征，归纳出典型井的反射模式，根据有利储层的反射模式在地震剖面上进行横向识别。这种方法能够较好地解决勘探区块大、完钻井少、以二维地震资料为主的储层预测难题。

针对天环工区的实际地震资料和波组特征我们确定了天环工区奥陶系地震异常体反射特征主要有两类（图 5.4.1 和图 5.4.2）。第一类反射特征在地震剖面上表现为整体外形具有一定的丘状反射特征，内部为杂乱反射，能量较弱。地震异常体位于构造的相对高部位。第二类反射特征在地震剖面上表现为整体外形具有一定的丘状反射特征，内部同相轴连续性相对较差，能量相对较弱。地震异常体位于构造的相对高部位。

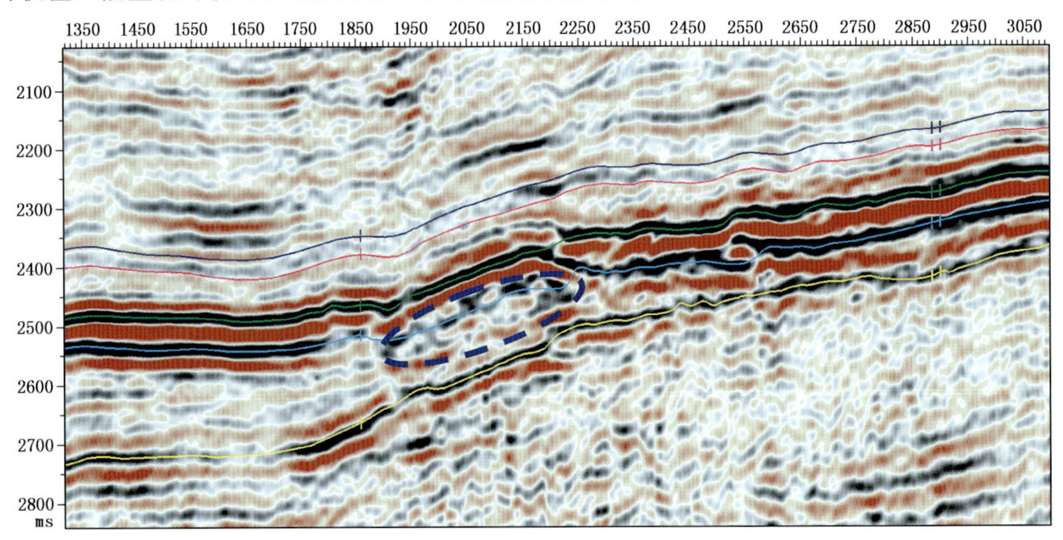

图 5.4.1 过 L0871X 测线地震异常体反射特征（第一类）

5.4.1.2 相对波阻抗技术

叠后地震剖面相当于零炮间距的自激自收记录。当 Zoeppritz 方程中的入射角等于零时，有

$$R_{PP}=\frac{\rho_2 v_{P2}-\rho_1 v_{P1}}{\rho_2 v_{P2}+\rho_1 v_{P1}} \tag{5.4.1}$$

这就是常见的法向入射条件下的反射系数和透射系数表达式，也是叠后地震反演的理论

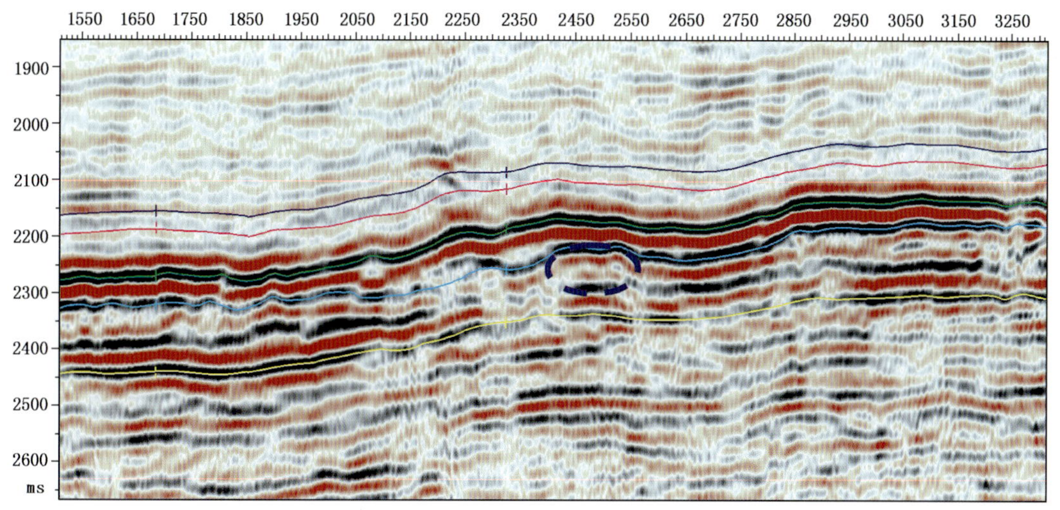

图 5.4.2 过 L0770X 测线地震异常体反射特征（第二类）

基础。利用式（5.4.1），可以由反射系数 R_{PP} 直接反演声阻抗 ρv。根据本次研究工区地震、测井资料的特点，选用了递推反演的方法计算相对波阻抗。

递推反演方法是根据反射系数进行递推计算地层波阻抗或层速度的方法，其关键在于由原始地震记录估算反射系数，得到能与已知钻井最佳吻合的波阻抗信息，测井资料不直接参与反演，只起到标定和质量控制的作用，因此又称为直接反演，或测井控制下的地震反演。

通过子波反褶积处理，可由地震记录求得反射系数，进而递推计算出地层波阻抗或层速度，即

$$Z_{j+1} = Z_0 \prod_{i=1}^{j} \frac{1+R_i}{1-R_i} \tag{5.4.2}$$

式（5.4.2）中，Z_0 为初始波阻抗；Z_{j+1} 为第 $j+1$ 层地层波阻抗。

递推反演是对地震资料的转换处理过程，其结果的分辨率、信噪比以及可靠程度主要依赖于地震资料本身的品质，因此用于反演得地震资料应具有较宽的频带、较低的噪声、相对振幅保持和准确成像。测井资料，尤其是声波测井和密度测井资料，是储层地震预测的对比标准和解释依据，在反演处理之前应仔细校正，使其能够正确反映岩层的物理特征。

递推反演方法具有较宽的应用领域，在勘探初期只有很少钻井的条件下，通过反演资料进行岩相分析确定地层的沉积体系，根据钻井揭示的储层特征进行横向预测，确定评价井位；到开发前期，在储层较厚的条件下，递推反演资料可为地质建模提供较可靠的构造、厚度和物性信息，优化方案设计；在油藏监测阶段，通过时延地震反演速度差异分析，可帮助确定储集层压力、物性的空间变化，进而推断油气前缘。由于受地震频带宽度的限制，递推反演资料的分辨率相对较低，不能满足薄储集层研究的需要。鉴于该工区中钻井数量极少，只有两口，并且其中一口并未钻遇目的层，而另外一口因受井眼扩径影响严重，曲线质量非常差，不利于进行井约束反演。因此我们采用了相对波阻抗反演方法。图 5.4.3 为 L077045 线的相对波阻抗反演剖面，图中目的层奥陶系灰岩段异常体（红色）被清楚的刻画出来，主要特征是高阻抗背景下的相对低阻抗。

5.4.1.3 伪泊松比反演

Zoeppritz 方程的 Shuey 近似可以用下列简单公式表示，即

$$R(\theta) = R_P + G\sin^2\theta \tag{5.4.3}$$

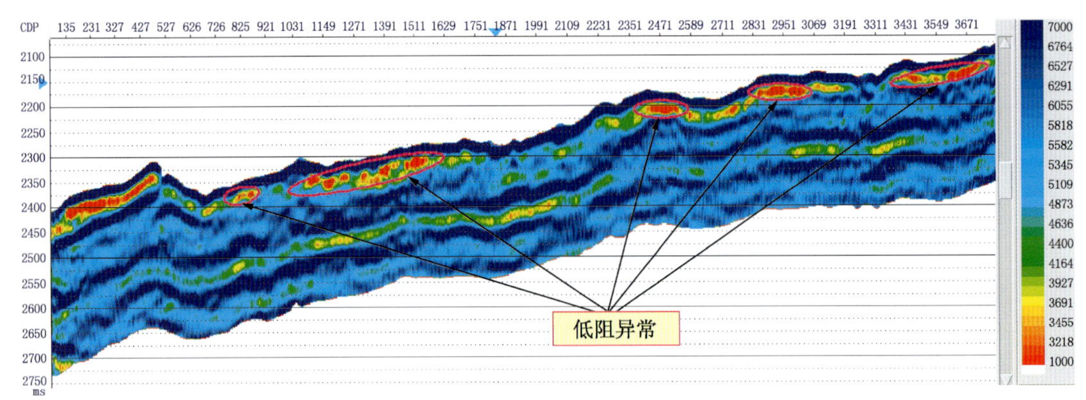

图 5.4.3　L0770X 测线奥陶系中奥陶统相对波阻抗剖面图

如果把 R 看作 $\sin^2\theta$ 的函数，这个方程是线性方程。为了估算截距 R_P 和梯度 G，可在地震振幅上进行线性分析。

$R_P = P$ 波截距或精确的 P 波反射率 $= \dfrac{1}{2}\left[\dfrac{\Delta\alpha}{\alpha}+\dfrac{\Delta\rho}{\rho}\right]$；$G=$ 梯度 $= R_P - 2R_S$；

$$R_S = \frac{1}{2}\left[\frac{\Delta\beta}{\beta}+\frac{\Delta\rho}{\beta}\right]$$

可从 R_P 和 G 导出伪泊松比反射率，即

$$\frac{\Delta\sigma}{\sigma} = \frac{\Delta\alpha}{\alpha} - \frac{\Delta\beta}{\beta} = \frac{8}{5}R_P - \left[\frac{3}{5}R_P - G\right] = R_P + G \tag{5.4.4}$$

根据 Domenico 的观测，孔隙介质在含气后可导致地震纵波速度的急剧下降，即使少量含气也会如此，而这时候横波速度并不发生变化。如果从含气后所引起的 AVO 属性参数变化来看，孔隙水被气所取代时，AVO 斜率和截距都会向减小的方向（从正值到负值方向）变化。且这种变化在斜率值较大时，截距值减小明显；在截距值较大时，梯度值减小明显。事实上，截距值和梯度值的同时减小意味着泊松比的下降，而泊松比的降低正是含气砂岩所具有的特性。

为了获取工区的含气性变化，我们反射角叠前偏移的共反射角道集资料，提取全剖面段的地震 AVO 属性参数，其中包括伪泊松比反射系数剖面。伪泊松比不仅含有泊松比的影响，还含有纵横波速度变化的信息以及密度变化信息等，对含气响应比较敏感。图 5.4.4 为 L077045 测线的伪泊松比剖面。其中异常体表现为负的极小伪泊松比反射率值（红色）。

5.4.1.4　地震动力学参数分析

储层含流体后产生复杂的地质和物理的不均匀性，使地震波场发生变化。因此，通过研究地震波场的动力学参数变化与含油气的关系，可达到直接或间接检测油气的目的。从地震资料中可以提取几十种动力学参数，根据各种参数的物理意义及多年的经验，选用有效带宽能量、加权平均频率、烃类指示因子和吸收系数四种参数对储层进行评价和复合，就可以有效地进行油气检测。计算公式如下。

有效带宽能量 E：
$$E = \int_{f_1}^{f_2} A(f)\mathrm{d}f \tag{5.4.5}$$

式中，$A(f)$ 为地震子波的振幅谱；f_1、f_2 为地震子波的频带范围。

加权平均频率 $\bar{f}$：
$$\bar{f} = \int_{f_1}^{f_2} A(f)f\mathrm{d}f \Big/ \int_{f_1}^{f_2} A(f)\mathrm{d}f \tag{5.4.6}$$

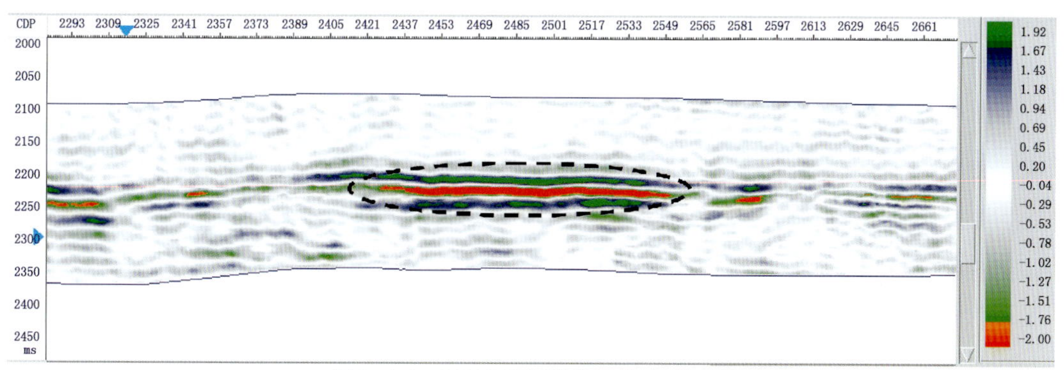

图 5.4.4 L0770X 测线伪泊松比剖面图

式中，$A(f)$ 为地震子波的振幅谱；f_1、f_2 为地震子波的频带范围。

烃类指示因子 hc：

$$hc=\frac{E}{\bar{f}} \tag{5.4.7}$$

式中，$\bar{f}$ 为加权平均频率；E 为有效带宽能量。

吸收系数 δ：

$$\delta=\int_{f_1}^{f_0}A(f)\mathrm{d}f\Big/\int_{f_1}^{f_2}A(f)\mathrm{d}f \tag{5.4.8}$$

式中，$A(f)$ 为地震子波的振幅谱；f_1、f_0、f_2 分别为地震子波的低截频、主频和高截频。

研究表明，当储层含有油气时，地震波的动力学特征会表现出现有效带宽能量增强，平均频率变低，烃类指示因子增大和吸收系数加大的现象，称这种现象为油气引起的“三高一低”特征。只有当这四种动力学参数同时出现上述特征时，才推测为可能的含油气区。

在地震资料高信噪比、高保真的基础上，我们针对目的层中奥陶系提取了上述四项动力学参数，图 5.4.5 为 L0770X 测线的动力学参数剖面，蓝色框中所圈出部分表现为高有限带宽能量、低加权频率、高加权频率及高吸收异常特征，是储层发育及含气可能性大的有利区。

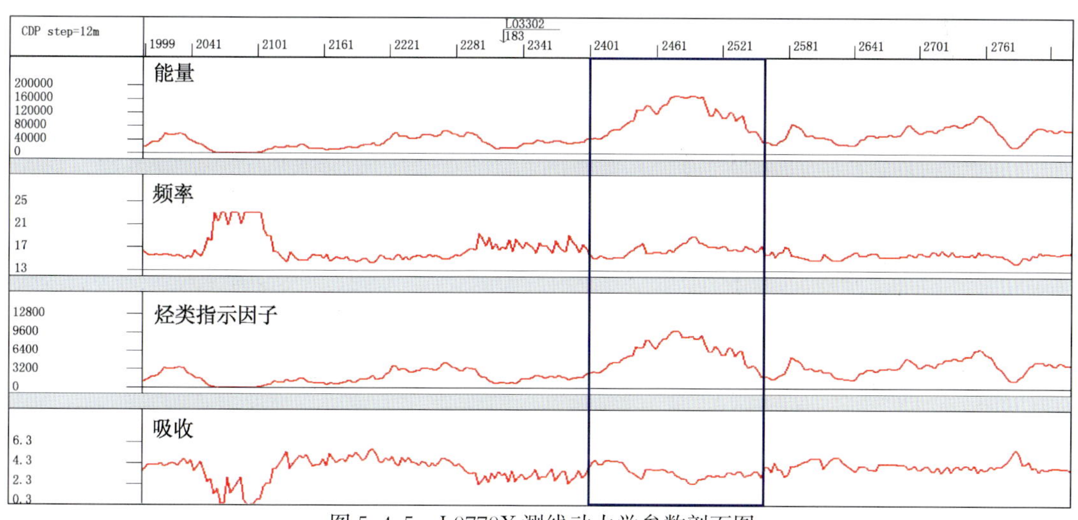

图 5.4.5 L0770X 测线动力学参数剖面图

5.4.1.5 吸收系数

地层含气后会导致品质因子显著下降，含气砂岩的品质因子通常在 5～30。气层衰减的微观机理目前还没有完全的定论，比较普遍的观点是孔隙流体的流动机制。在地震波的激发下，流体本身运动需要消耗能量，流体与骨架之间的摩擦也需要消耗能量，这些能量最终都要转化为热能。以Stanford大学Nur和UH的韩德华、CSM的Batzle等为代表的研究结果表明，在储层完全水饱和或完全气饱和的情况下，地震衰减量是非常小的。完全水饱和是较常见的，但完全气饱和在实际勘探中几乎很难见到，因为储层中或多或少都含有部分束缚水。

地震波在地下传播时，其振幅满足

$$A = A_0 e^{-\alpha r} \tag{5.4.9}$$

式中，A是地震波的振幅；A_0是地震波的初始振幅；α是介质的吸收系数；r是地震波的传播距离。通常地层中含有流体时，其吸收系数会增大，引起地震振幅的衰减，振幅衰减量一般随频率升高而增大。表现为当储层中含有流体时，地震波高频段能量衰减、低频段能量增强，即地层的吸收系数与地震波的频率成正比，即

$$\alpha = \alpha_e f \tag{5.4.10}$$

式中，α_e为有效吸收系数，它与地层性质及孔隙中充填流体的性质有关。

将式（5.4.9）两边取对数，并代入式（5.4.10）可得

$$y(A,r) = -\alpha_e f + b(r,R) \tag{5.4.11}$$

式中，y是地震振幅A、传播距离r的函数；f是频率；b是传播距离r与反射系数R的函数；α_e为有效吸收系数，是（5.4.11）式的斜率。

由此可利用地震资料，求出地层的有效吸收系数α_e，得到有效吸收系数剖面或数据体。利用有效吸收系数的强弱变化可以反映地震波在地层中传播时的衰减变化，从而进行含气性预测。一般情况下，当地层中含气时，地震波传播时的衰减增大，则有效吸收较大；但是泥岩和煤层等也会形成强吸收，造成利用有效吸收系数进行含气性检测的假象。图5.4.6在高构造部位出现高吸收异常，可以指示含气储层的存在。

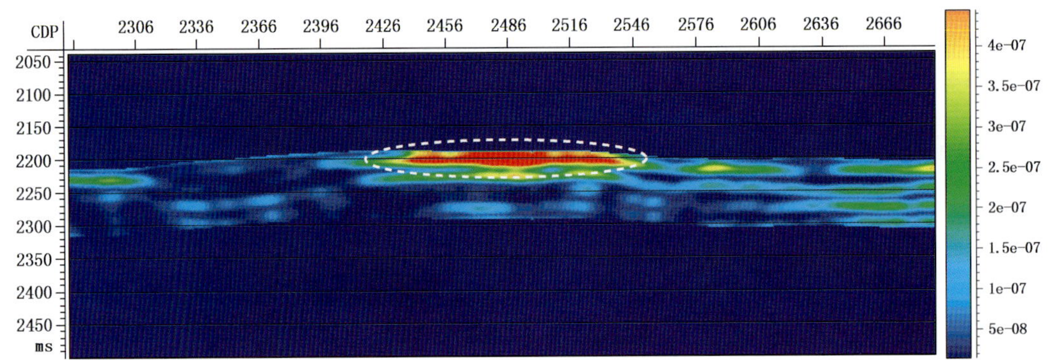

图5.4.6 L0770X测线吸收系数剖面图

5.4.2 综合地质评价

以前人研究的沉积相带分布为基础，首先对工区的奥陶系储层进行平面分布预测，然后进行含气性预测。最后在地震剖面波组特征、储层平面分布预测和含气性预测的基础上，对奥陶系中奥陶统储层进行综合预测与评价，预测有利异常体的分布范围。对于储层的平面分布预测主要采用能量半衰时和相对波阻抗属性（图5.4.7）。能量半衰时的横向变化指示着地层变化，或与流体、不整合、岩性变化有关的振幅异常。能量半衰时可以勾勒出油气藏的大致延伸范围。从能量半衰时属性平面预测图可见，有利异常体多分布在低能量半衰时区（红、黄色）。而从相对波阻抗平面预测图可见，有利异常体多分布在低相对波阻抗区（红、黄色）。对于含气性预测主要采用伪泊松比属性。从该工区伪泊松比平面预测图（图5.4.8）可见，有利异常体多分布在低伪泊松比区（红、黄色）。

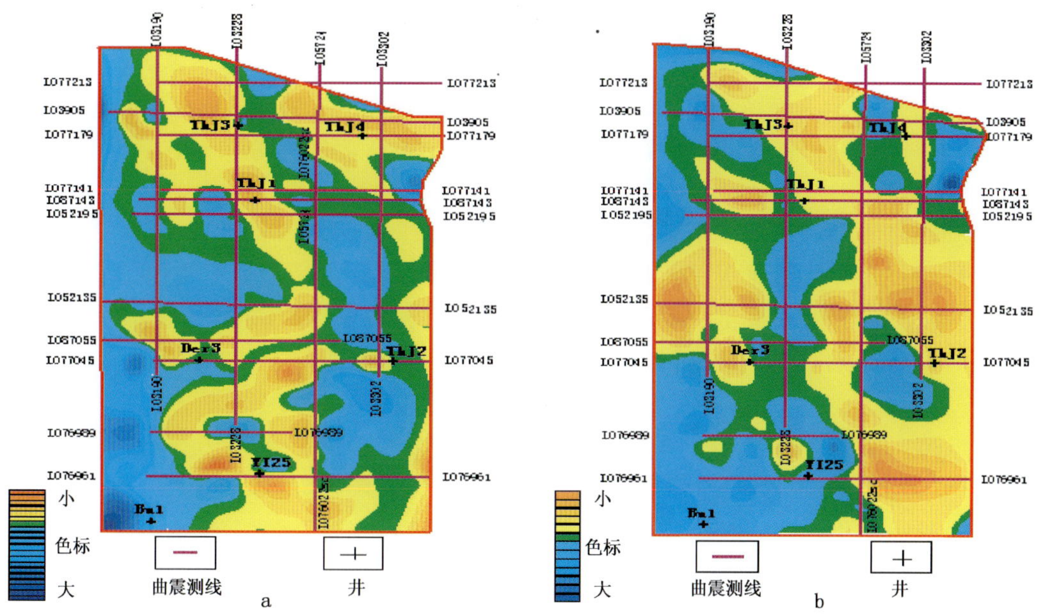

图 5.4.7 奥陶系中奥陶统能量半衰时平面图（a）和相对波阻抗平面图（b）

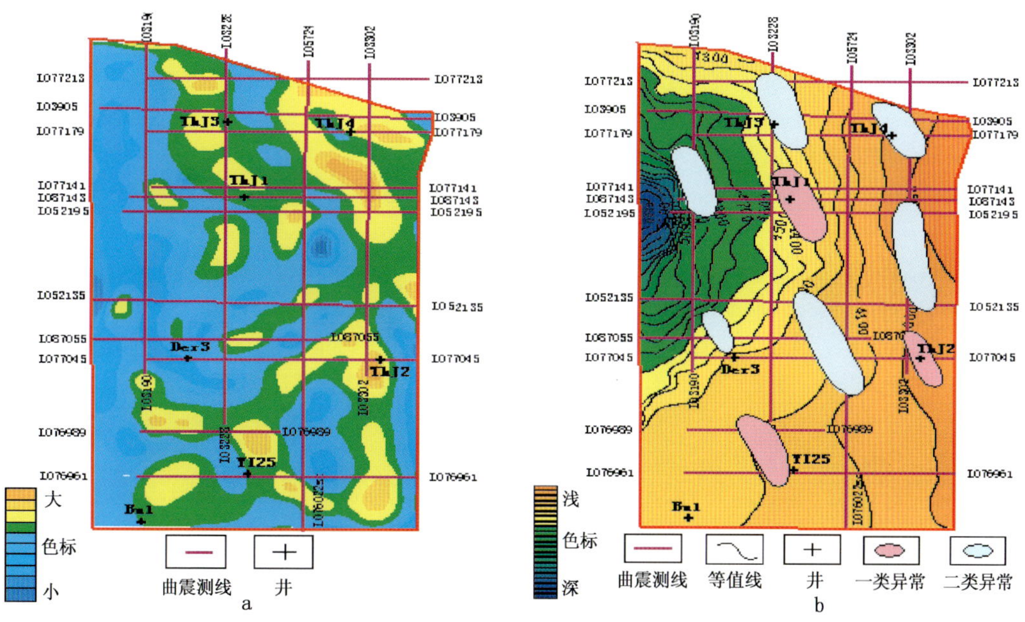

图 5.4.8 奥陶系中奥陶统伪泊松比平面图（a）和异常体平面分布图（b）

在储层平面分布预测和含气性预测的基础上，对奥陶系中奥陶统储层进行了综合评价，划分出了Ⅰ类和Ⅱ类有利异常体的分布范围（图 5.4.8）。其中Ⅰ类区的面积 126km^2；Ⅱ类区的面积 304km^2。

5.5 结论

通过对天环坳陷北段地区的研究，主要解决复杂构造成像、恢复地下真实构造形态。经过精细速度模型建立、速度精度论证，提出了更有利于叠前反演的共反射角叠前深度偏移方法，共偏移距道集在复杂介质中因地震波传播的多路径而存在地下反射体位置不准确的问题。在准确刻画天环北段地区古生界构造形态的同时，进一步改善了奥陶系内幕反射品质，落实台地边缘相带白云岩异常反射体的分布，为寻找礁滩相白云岩提供依据。对奥陶系中奥陶统储层进行了综合评价，划分出了Ⅰ类和Ⅱ类有利异常体的分布范围。工区面积为3565km^2，其中Ⅰ类区的面积126km^2；Ⅱ类区的面积304km^2。

共反射角道集克服上述缺陷而成为复杂区精确成像、AVA分析及保幅偏移成像研究的主要手段，为今后叠前反演及岩性预测提供新的方向。基于共反射角道集的AVO分析技术、叠后吸收衰减分析等关键技术，充分挖掘和利用了地震资料的角度域信息，能较好地识别储层和进行储层含气性预测。

参考文献

[1] 夏明军．鄂尔多斯盆地奥陶系生物礁及其天然气勘探前景．天然气地球科学，2008，19（2）：178～182

[2] 王西文．岩性油气藏的储层预测及评价技术研究．石油物探，2004，43（6）：511～517

[3] 胡天跃，王润秋等．地震资料处理中的聚束滤波方法．地球物理学报，2000，43（1）：105～113

[4] 洪菲，胡天跃，张文坡等．用优化聚束滤波方法消除低信噪比地震资料中的多次波．地球物理学报，2004，47（6）：1106～1110

[5] 刘文卿．提高地震速度场精度的一种方法．石油地球物理勘探，2002，37（专刊）：176～178

[6] 陈生昌，马在田等．波动方程角度域共成像道集．地球科学，2007，32（4）：569～573

[7] Xu S，Chauris H，Lambare G，and Noble M. Common angle image gather：a strategy for imaging complex media. SEG/EAGE，1998，X012

[8] Sava P，Fomel S. Angle domain common image gathers by wave field continuation methods. Geophysics，2003，68：1065～1074

[9] Castagna J P，Backus M M. Offset－dependent reflectivity－Theory and practice of AVO analysis. Tulsa：Soc. Expl. Geophysics，1993

[10] Xu S，Chauris H，Lambaré G，Noble M. Common angle migration：A strategy for imaging complex media. Geophysics，2001，66（6）：1877～1894

[11] 陈凌，吴如山，王伟君．基于Gabor 2D aubechies小波束叠前深度偏移的角度域共成像道集．地球物理学报，2004，47（5）：876～884

[12] Thomson C J and Chapman C H. An introduction to Maslov's asymptotic method. Geophys. J. R. Astr. Soc. 1985，83：143～68

[13] Miller D Oristaglio M and Beylkin G. A new slant on seismic imaging：migration and integral geometry. Geophysics，1987，52（7）：943～964

[14] Schleicher J，Hubral P Tygel M and Makky S J. Minimum apertures and Fresnel zones in migration and demigration. Geophysics，1997，62：183～194

[15] Koren Z and Kosloff D. Common reflection angle migration. A special issue of the JSE，Seismic True Amplitudes edited by Martin Tygel. 2001

[16] Prucha M，Biondi B and Symes W. Angel－domain common image gather by wave－equation migration. Soc. Expl. Geophys，In Extended Abstracts，2001，824～827

[17] 井西利，杨长春等．建立速度模型的层分析或成像方法研究．石油物探，2001，41：72～75

[18] 王西文等．多井约束下的速度建模方法和应用．石油地球物理勘探，2003，38（3）：263～267

[19] 蒲仁海．鄂尔多斯盆地奥陶系丘形反射的解释及其与礁的关系．地质评论，1998，44（5）：522～527

6 鄂尔多斯盆地苏里格气藏地震技术应用

6.1 概述

苏里格地区天然气勘探始于1999年，当年该区钻探的Su2井在上古生界石盒子组盒$_8$段试气获高产工业气流，拉开了苏里格地区天然气勘探的序幕。同年相继完钻的Tao2、Tao3井、Tao5井在山西组山$_1$段和盒$_8$段均钻遇气层，揭示该地区上古生界盒$_8$段与山$_1$段具有大面积复合含气的特征。2000年，在该地区继续实施了Su6井、Su5井的钻探，两口井均在盒$_8$段试气分别获得高产工业气流，显现出了苏里格大气田的轮廓。

多年来勘探开发研究证实，苏里格地区为陆相沉积，天然气成藏条件复杂，对该区有效储层的研究与预测有待进一步深化认识。要取得苏里格地区石盒子组盒$_8$段天然气勘探的更大突破，实现勘探开发效益最大化，地震储层预测方法是其中的关键，特别是地震叠前储层预测技术是关键中的关键。

6.1.1 地质概况

6.1.1.1 区域地质概况

6.1.1.1.1 地理位置

苏里格气田位于鄂尔多斯盆地北部的苏里格庙地区，区域构造属于鄂尔多斯盆地陕北斜坡北部，勘探范围西起内蒙古鄂托克前旗、东至乌审旗的桃利庙、南至陕西定边县的安边、北抵内蒙古鄂托克后旗的敖包加汗，勘探面积约20000km^2，见图6.1.1。苏里格气田勘探的目的层主要为下石盒子组底部的盒$_8$段，同时兼顾山西组的山$_1$段。气层由多个单砂体横向复合叠置而成，属于低孔、低渗、低产、低丰度的大型岩性圈闭气藏。地表为沙漠、碱滩和草地，地形相对高差20m左右，地面海拔一般为1330～1350m。

6.1.1.1.2 气藏地质特征

苏里格气田属于隐蔽性砂岩气藏，气藏主要受控于近南北向分布的大型河流、三角洲砂体带。由于隐蔽性气藏的复杂性，特别是储层物性及含气性纵横向变化相对较大，因此，寻找主砂带、预测储层物性及含气性是天然气勘探急需解决的问题，是预探阶段寻找有利目标的关键所在。勘探阶段的主要目标是提高钻井成功率，落实优质探明储量，实现稀井广探，提高勘探效益。

（1）构造特征。

苏里格气田上古气藏为一宽缓的由东北向西南方向倾斜的单斜构造。区内断层不发育；隆起构造也不太发育，仅在宽缓的斜坡上存在多排北东走向、西南倾覆的低缓鼻隆，幅度在10～20m左右。因此，苏里格气田上古气藏不具备形成构造气藏圈闭条件。同时，根据不同构造部位46口井的资料研究表明，苏里格气田气藏分布受构造影响不明显，主要受砂岩的横向展布和储集物性变化所控制，属于砂岩岩性气藏。

（2）地层划分。

上古生界地层自下而上发育着石炭系本溪组，二叠系山西组、下石盒子组、上石盒子组和石千峰组。下石盒子组为一套浅灰色含砾粗砂岩、灰白色中粗粒砂岩及灰绿色岩屑质石英

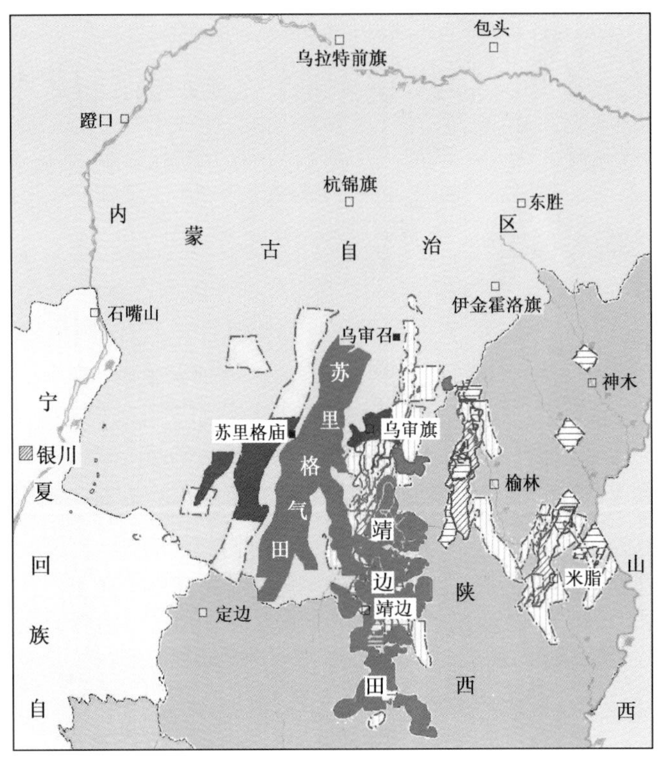

图 6.1.1　苏里格气田位置图

砂岩，砂岩发育大型交错层理，泥质含量少，几乎无可采煤层。根据沉积旋回，由下而上分为四个气层组，即盒$_8$、盒$_7$、盒$_6$、盒$_5$。在分流河道中心见中粗粒砂岩及含砾砂岩，分选较差。下石盒子组厚度一般 120～160m。苏里格气田含气目的层段是下石盒子组的盒$_8$ 段和山西组的山$_1$ 段。本区盒$_8$ 段主要为灰白色中—粗粒石英砂岩和岩屑质石英砂岩，地层厚度相对稳定，变化不大，约为 30～42m，可分为上下两个厚度大致相等的旋回。研究区的目的层盒$_8$ 划分为盒$_8^{上}$、盒$_8^{下}$ 段 6 个小层，其中盒$_8^{上}$ 2 个小层、盒$_8^{下}$ 4 个小层。

（3）河道砂体分布。

苏里格气田盒$_8$期砂体属辫状河沉积，整体呈南北向展布，砂体钻遇率高（多数大于 70%，其中大于 10m 的砂体钻遇率为 40%～60%；大于 20m 的砂体钻遇率约为 3%），连续性好，呈大面积连片分布。单砂层厚度一般为 5～15m，底部一般为河床滞留沉积细砾岩或砾状砂岩，底砾岩之上发育粗砂岩或中—粗粒砂岩，单砂体纵向相互叠置，横向复合连片，复合砂体总厚可达 48m 以上，砂体宽度一般在 15～20km[1,2]。

（4）有效砂体分布。

苏里格气田有效砂体分布的强非均质和复杂性是苏里格气田开发长期面临的问题。根据水动力的强弱和砂体内部结构的差异，将该区盒$_8$段辫状河分为高能水道和较低能的平流水道两种类型。高能水道是粗岩相带沉积的最主要位置，平流水道下部也可沉积部分粗岩相单元。高能水道的分布规律是控制苏里格气田有效储层分布的最主要因素。有效砂体为心滩主体和河道下部充填中的粗砂岩和含砾粗砂岩，多呈孤立状分布在致密砂岩中，钻遇率多数小于 50%，东西向延伸范围较小，南北向具有一定的连续性，总体来说规模小，连续性和连通性差。

（5）储层物性。

储层经受了强烈的成岩作用改造，储集空间以孔隙为主，裂缝仅占极少部分。有效储层以次生孔隙为主，具有低孔、特低渗特点。对区内取心井气层段（测井解释）的岩心分析进行统计，结果表明：孔隙度范围为3.0%～21.84%，平均值为8.95%，孔隙度主要的分布范围为5%～12%。渗透率范围为（0.0148～561）$\times 10^{-3}\mu m^2$，渗透率平均值为0.73$\times 10^{-3}\mu m^2$，渗透率的主要分布范围为（0.06～2.0）$\times 10^{-3}\mu m^2$。

6.1.1.1.3 气藏圈闭条件分析

苏里格庙地区上古生界石炭—二叠系下部煤岩与暗色泥岩属优质烃源岩。发育于气源岩之间及其上的冲积平原曲流河、辫状河、分流河道砂岩、海相滨岸砂岩及潮道砂岩等构成了主要储集岩体。晚二叠世早期沉积的河漫湖相泥岩构成了本区上古生界气藏的区域盖层；由于该区域具有多层系广覆型生烃、分流河道砂岩储集体大面积带状分布、河间泛滥平原泥质及致密砂岩复合遮挡，区域性成藏期盆地补偿沉降等诸多有利条件，从而为形成大型砂岩岩性气藏奠定了基础。

由于上古生界主要储集层砂岩经历了漫长而复杂的成岩后生作用改造，储集岩中的原生孔隙大部分被破坏，次生孔隙普遍发育，构成了上古生界低孔、低渗砂岩储集体系。而苏里格气田气藏的分布则严格地受这套砂岩的横向展布和储集物性变化所控制，属于岩性气藏。

盒$_8$段主砂带近南北走向，在区域西倾的背景上向东侧砂岩变薄，并尖灭相变为泛滥平原泥岩沉积，形成了气藏侧向岩性遮挡。分布在盒$_8$与盒$_7$储层之间的砂质泥岩、泥岩封盖能力强，构成了气藏的直接盖层，上石盒子分布稳定的泥岩形成区域盖层。

6.1.1.1.4 储层的地球物理参数特征

地层岩性不同，在测井曲线上表现出具有不同的测井响应特征。储层中所含流体不同，对测井响应的影响程度不同。砂岩储层主要电性特征为“三低、两高、一大”，即低自然伽马、低密度、低补偿中子；高电阻率、高时差；大幅度自然电位异常。储层速度特征表现为泥岩和致密砂岩有较明显的速度差异，但含气砂岩与泥岩速度相近或低于泥岩。砂岩含气后密度降低至与泥岩相近。砂岩具有高阻抗特征，泥岩阻抗值较低，砂岩含气后阻抗降低至与泥岩相近或更低。砂岩自然伽马值小于75API，含气砂岩自然伽马值小于40API。地层各岩性段的波阻抗与泥质含量呈负相关，即泥质含量越高，波阻抗越低。但对于砂岩集中段，砂岩孔隙度与波阻抗也呈负相关，即随着砂岩物性的变好，波阻抗明显降低。含气砂岩和砂质泥岩的地震波阻抗值较为接近[3]。

6.1.1.1.5 地震勘探概况

苏里格地区地震勘探始于1992—1993年，1998年开始进行了大规模的地震高分辨率勘探。目前，东部地区测网密度为（1～2）km×（4～6）km，北部和西部地区测网密度为（4～10）km×（10～24）km，东部地区的勘探程度高于西部地区，并在重点区块开展了三维纵波勘探，大多利用模拟检波器多道组合的方法接收信号，采集的地震资料的保真度较差，利用这些地震资料只能进行构造解释和叠后地震描述，因而可对砂岩厚度和空间展布进行较有效的预测，但对砂岩含气性无法进行较准确的预测。2000年开始陆续在苏里格地区进行了多条二维转换波勘探，2003—2004年采集、处理和解释了我国陆上第一块三维多波多分量地震资料。进行转换波勘探的目的就是想利用纵、横波所包含的丰富的岩性信息和流体信息，对含气砂岩的分布进行较准确的预测。但实际结果表明，多波勘探虽然取得了一些成果，但是利用多波勘探还是不能很好地解决含气砂岩预测的问题。加上多波勘探成本较高、处理及解释等技术还不成熟等因素的影响，放慢了多波勘探的步伐。近两年来，随着技术的进步和生产的需求，在野外采集时开始利用数字化、高灵敏度的单点检波器进行接收，野外观测系统设计时采用小道距、大偏移距和高覆盖次数，同时进行高密度空间采样。这些技术的应用，使得野外采集时能够获取最大限度的宽频地震信息，能够取全、取准叠前地震信息，因而地震资料品质得到很大的提高，利用数字检波器接收的地震信号具有更宽的频带，如图 6.1.2 所示。

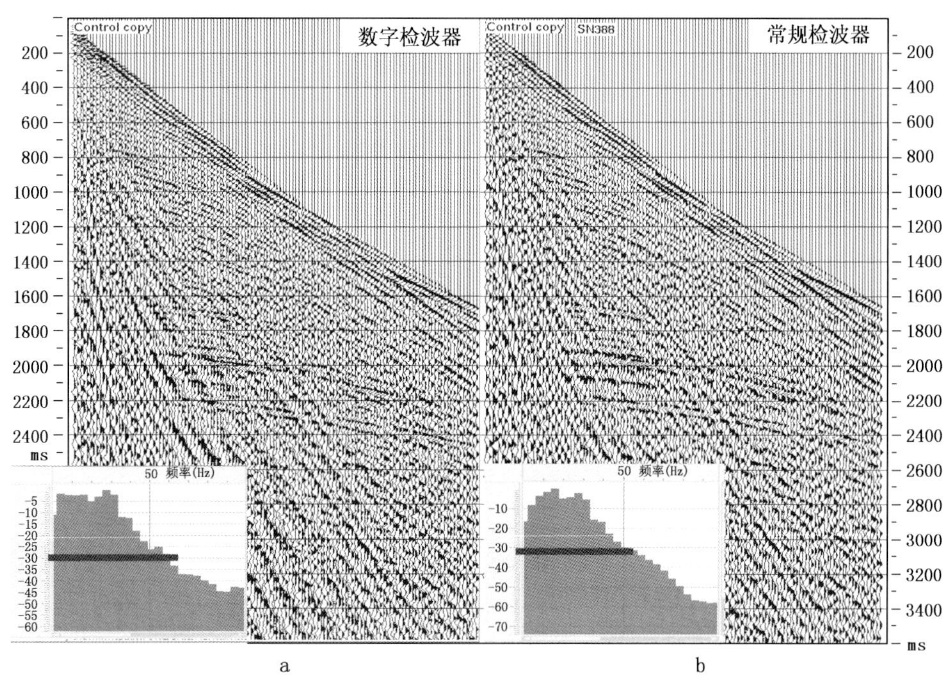

图 6.1.2 数字（a）与模拟（b）检波器采集数据比较

6.1.2 问题与对策

6.1.2.1 地质和地球物理问题

6.1.2.1.1 地质问题

上古生界二叠系底部盒$_8$砂层组中，气层的分布具有非常大的不确定性，不仅需要预测砂体、更重要的是需要预测含气砂体。因而，苏里格气藏存在如下地质问题：

（1）低孔、低渗、极强的非均质性。苏里格气田盒$_8$段储集层孔隙度为 3%～15%，渗透率为 0.025×10^{-3}～$15.6\times10^{-3}\mu m^2$，无阻流量小于 $10\times10^4 m^3$ 的气井大约占 73.6%。

（2）各单砂体纵向上相互叠置，为复合砂体（平均厚 28.36m）；各单砂体横向上相互搭接，复合连片。单砂体较小且分散，单井平均钻遇 8.7 个单砂体，单砂体平均厚 3.24m，厚度小于 5m 的含气单砂体占 81.5%。

（3）有效储层厚度小、横向变化大，富集程度差，有效厚度与砂层总厚基本无关，见表 6.1.1。

（4）含气砂岩识别困难。

表 6.1.1 苏里格气田砂岩总厚与有效厚度关系统计（80 口井）

段	盒$_8^{上}$段			盒$_8^{下}$段		
小层	1	2	3	4	5	6
砂岩钻遇率（%）	72.4	79.3	69	93.1	96.6	96.5
有效砂岩钻遇率（%）	3.4	27.6	13.8	44.8	58.6	55.2

由于这些地质问题的存在，给苏里格气田的勘探与开发带来了很大难度，影响了气田的勘探开发。

6.1.2.1.2 地球物理问题

虽然地震勘探在苏里格气田的勘探中发挥了非常重要的作用，但是从勘探的效果来看，目前，苏里格气藏还存在如下几个地球物理问题：

（1）叠后地震属性规律性差，难以刻画储层特征。地震属性与储集层参数的关系并非一一对应，利用地震属性预测储集层参数必然有多解性。

（2）含气砂岩的地球物理特征表现为明显的“三降低”特性，即砂岩含气后其速度、密度、波阻抗明显降低，呈现出相似于泥岩的特征，含气砂岩和泥岩的波阻抗重叠，无法用叠后波阻抗反演区分含气砂岩和泥岩。

（3）含气性识别难度大。

（4）基础研究薄弱，如地震岩石物理、储层地球物理特征、反射模式和 AVO 特征等。

6.1.2.1.3 气层预测的可行性分析

（1）测井资料计算表明：有效储层与围岩具有明显的泊松比差异，含气砂岩为 0.1～0.2，干砂层为 0.2～0.3，泥岩为 0.25～0.35。泊松比的差异体现在地震资料叠前动力学特征上，即在 CDP 道集上，反射振幅随入射角的变化而变化（AVO）。

（2）数字地震采集时，野外观测系统设计时采用小道距、大偏移距和高覆盖次数，同时进行高密度空间采样，能够取全、取准 AVO 信息。实际地震资料表明，当盒$_8$内部气层具有一定厚度时（约 5m 以上），在地震资料中有明显的 AVO 响应（如图 6.1.3）。从图中可以看出，数字检波器道集（图 6.1.3a）AVO 特征明显，而模拟检波器道集（图 6.1.3b）难以看到 AVO 现象。

根据以上的分析可知，在苏里格地区虽然仍存在复杂的地质和地球物理问题，但在地震资料方面已初步具备进行叠前地震描述的条件。因此充分利用好叠前地震资料，将是解决该区复杂岩性油气藏地震描述问题的一个重要途径。

6.1.2.2 研究思路与技术对策

6.1.2.2.1 研究思路

在叠前高保真处理的基础上，以地震岩石物理研究为基础，研究储层的弹性参数特征。以 AVO 分析和反演、弹性波阻抗反演及弹性参数反演等为主要手段，开展储层预测和含气预测；以综合地质和地球物理解释为核心，以突出储层和含气性为目标的叠前地震描述技术，强调多学科人员结合，多学科资料整合，多种地震方法结合，以提高储层预测和含气预测准确度，为油藏预探、评价井位优选提供技术依据。

6.1.2.2.2 技术对策

传统的叠后地震反演可以把界面型的地震资料转换成岩层型的岩性剖面，便于进行储层预测。但是，利用叠后地震反演结果进行储层预测要求储层在声波（或波阻抗）上有可以识

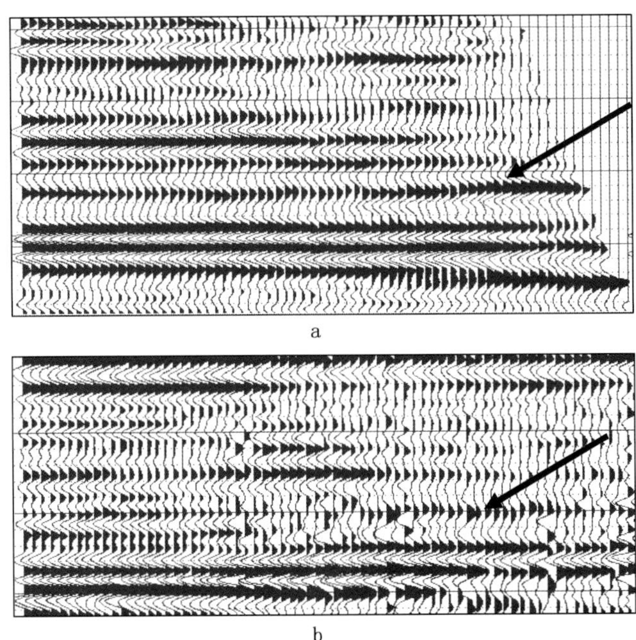

a

b

图 6.1.3　数字（a）与模拟（b）检波器道集的比较

别的特征。随着勘探开发程度的不断提高，储层性质越来越复杂，越来越多的储层在声波上没有明显的特征，在苏里格地区含气砂岩与泥岩的声阻抗差异小，叠后反演无法区分含气砂岩和泥岩。可见，传统叠后地震反演很显然不能满足该区有效储层识别的要求。

由于叠加损失了重要的地震原始信息，从而使得叠后地震反演解决地质问题的能力和精度受到限制。AVO 分析是利用叠前信息的一种有效途径，但是它仅能提供与相邻界面弹性参数差有关的信息，不能直接提供与岩石性质相关的信息。将 AVO 分析和叠后地震反演的思路有机结合的弹性波阻抗反演，既可以充分地利用叠前地震信息，又可以得到直接反映地下岩层信息的资料，是开展复杂储层描述最有潜力的工具。与叠后地震反演相比，弹性波阻抗反演可以提供更丰富的反演结果，除了纵波阻抗外，还有横波阻抗，纵横波速度和密度等，由此可以计算所有弹性参数，为岩性和流体识别与预测提供了广阔的空间。

要解决苏里格气藏存在的含气砂岩识别困难的问题，必须充分利用该区拥有的地震和测井资料优势，从井点出发，开展扎实的地震岩石物理研究，深入分析对含气砂岩敏感的岩石物理参数；开展 AVO 分析和反演、弹性波阻抗反演、弹性参数反演等方法研究，得到敏感岩石物理参数的空间展布，预测含气砂岩的空间分布范围。

6.2　地震资料精细处理

6.2.1　基础资料分析

6.2.1.1　地震地质条件

研究工区地形起伏较大，地表高程大多在 949～1550m，地表多覆盖较薄浮砂，低洼处形成碱滩，下伏白垩纪地层，局部老地层直接出露地表（图 6.2.1），地表条件复杂，低降速带厚度变化剧烈。巨厚的干砂层、疏松的风积砂土层对地震波吸收强烈，原始资料干扰波

图 6.2.1 工区地表地貌图

发育，信噪比较低。表层基本为三层速度结构模型，白垩系上部的砂岩为高速层，其上的第四系砂、泥、土为降速层。地层间的时代界面、沉积间断面及沉积旋回间的岩性差异均形成了良好的波阻抗差。

6.2.1.2 地震资料品质分析

6.2.1.2.1 干扰波分析

工区内测线大部分为数字地震测线，由于数字测线采用高灵敏度的数字检波器单点接收，因此压制噪声的能力较差，使得在采集到有效信号的同时，采集到更多的干扰信号。图 6.2.2 和图 6.2.3 是苏里格西区 052195、S076961 测线典型的原始单炮记录，从单炮的记录

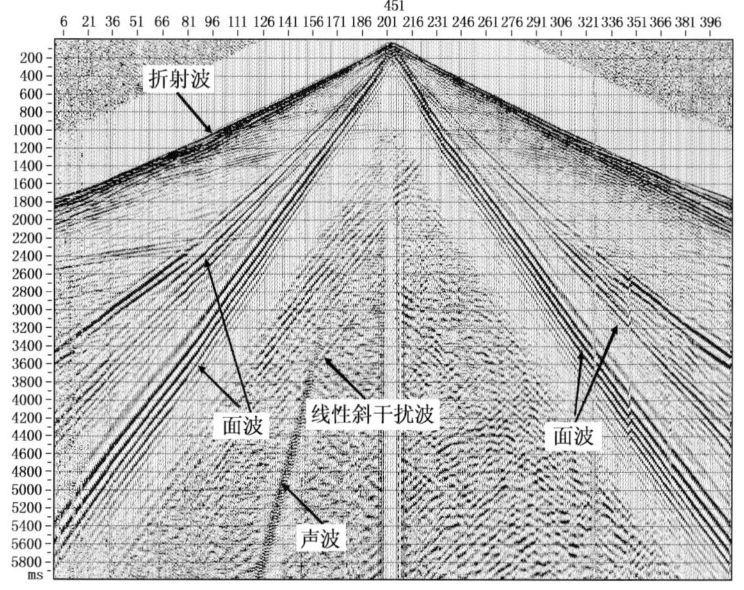

图 6.2.2 052195 测线典型原始单炮

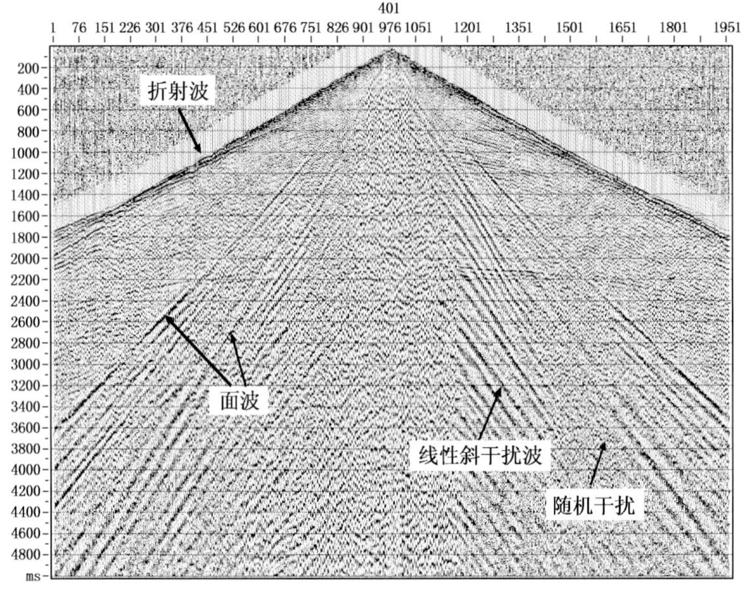

图 6.2.3　S076961 测线典型原始单炮

上看，研究区的干扰波主要是面波、低高速线性斜干扰、折射波、声波、类双曲线干扰以及随机干扰和环境干扰。工区内面波分布范围广、能量强、衰减慢、频散严重，其速度范围在500～1600m/s 之间，频率范围在 0～14Hz 之间；线性干扰波速度范围在 1000～2000m/s 之间，折射波速度在 2200～3000m/s 之间。目标区内干扰波十分发育，导致原始记录杂乱无章，有些地区甚至是既见不到线性干扰，也见不到有效反射。

6.2.1.2.2　频率分析

由于表层对高频能量吸收严重，低频干扰较强，目的层盒$_8$埋藏较深，导致目的层原始主频比较低。通过 S061028 测线原始单炮记录频谱分析（图 6.2.4），目的层反射波的原始视主频在 20Hz 左右，面波的主频在 8Hz 左右，有效波高频 70Hz，目的层频率范围集中在4～70Hz。

当然，对原始记录进行频谱分析，由于选择的炮记录、时窗不同，分析结果会有一定差别，有时差别很大，定量的分析只表示一个数量范围。

6.2.1.2.3　炮点激发能量分析

激发能量是衡量地震资料品质的主要因素之一。激发能量直接反映激发时的状态，它反映激发时的近地表岩性、激发深度和爆炸效果等因素的变化。激发能量的改变将影响地震子波振幅、子波频率、子波相位等。因此，在处理前有效分析数据的激发能量变化是十分重要的，它可以帮助预测最终可能获得的成像效果和储层反演精度；同时它也是地震资料保真处理监控的重要依据之一。

图 6.2.5 是 S076272 测线相近的两炮，激发方式一致，地下岩性变化不大。从图上可以看出单炮能量存在较大的差别，经过振幅能量分析，其能量级别都在 10^{-1}，主要因素在于激发能量差异。图 6.2.6 是不同测线不同位置的单炮，其能量级别相差很大，前者为 10^{10}，后者却为 10^{-2}，造成这种差异主要在于野外记录仪器不同，前者用的是 SN388，后者用的是 408UL－DSU3。因此，做好不同测线在时间、空间方向上的真振幅恢复，并将振幅能量归一化到同一水平，对地震属性分析和属性提取是非常重要的。

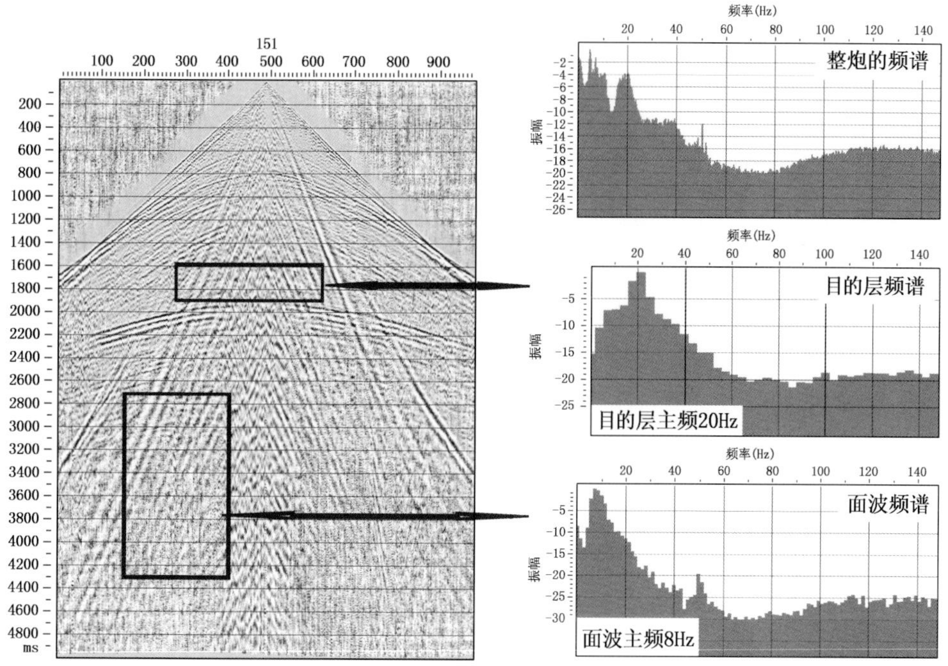

图 6.2.4　S061028 测线原始单炮频谱分析

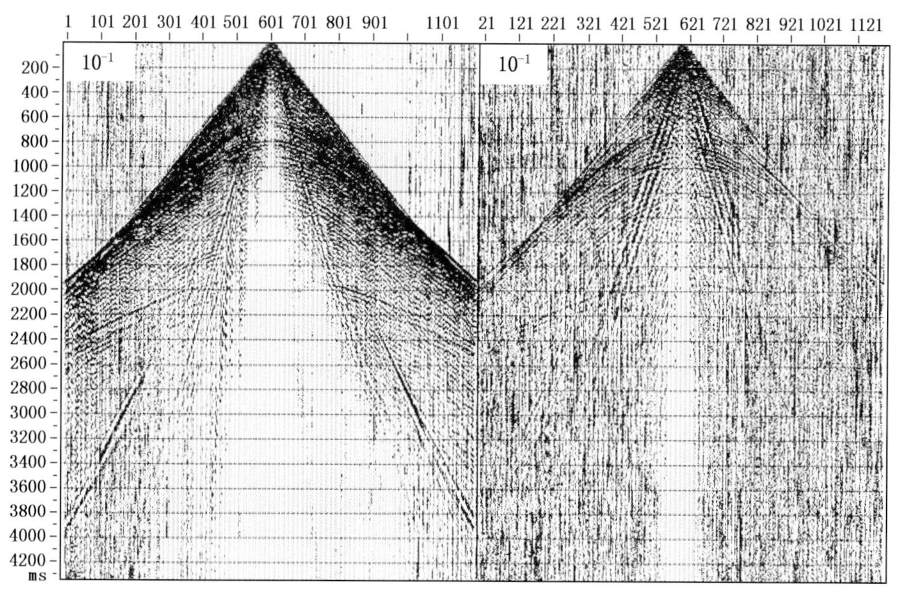

图 6.2.5　S076272 测线相近位置单炮能量分析

6.2.1.2.4　静校正分析

工区地表高程起伏不定，既有起伏剧烈，也有起伏较小的，高差变化较大。该区表层被第四系沙土所覆盖，地表条件复杂，低降速带厚度变化较大，造成了静校正问题非常突出。图 6.2.7 是该区某测线的原始单炮记录，可以看出：选择的单炮整个排列的高差不到 40m，但相邻检波点之间地表高程变化比较剧烈，这样就造成无论是初至波还是有效反射波都有明

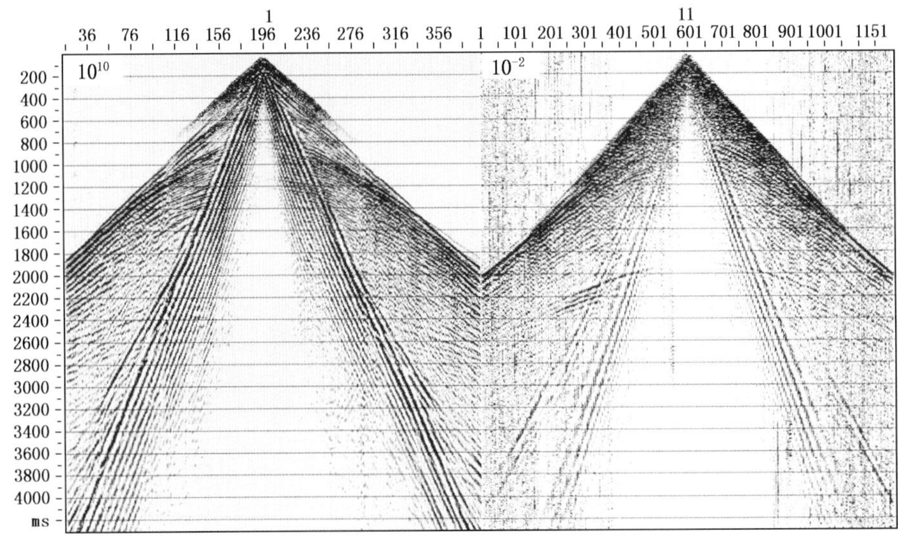

图 6.2.6　不同测线单炮能量分析

显的扭曲、跳跃现象，这说明静校正问题很严重；由于低降速带不稳定，造成初至波散乱、突变、间断，拾取追踪初至波难度大，因此对静校正的准确计算十分困难。图 6.2.8 为某测线未加静校正的叠加剖面段，可以看出，不加任何静校正的叠加剖面从浅到深，资料的信噪比低，同相轴连续性差，且存在串层现象。

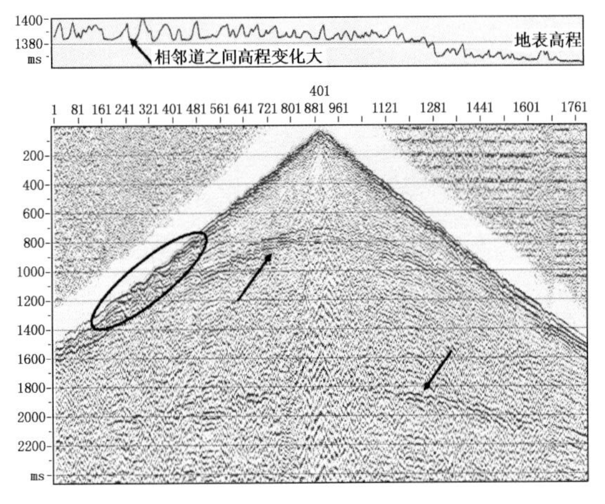

图 6.2.7　原始单炮静校正分析

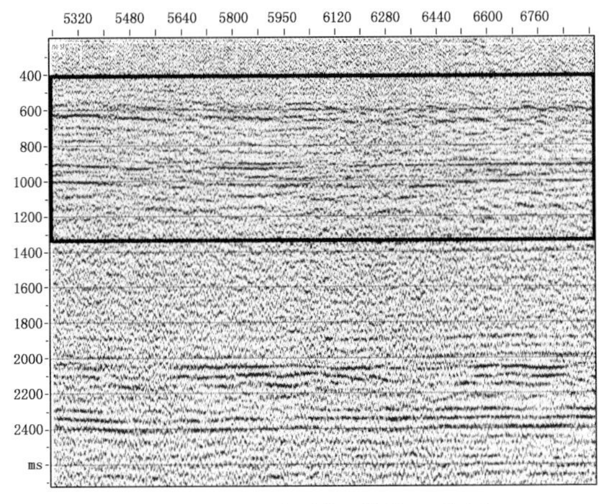

图 6.2.8　叠加剖面静校正分析

6.2.1.3　地震资料处理难点

通过对原始资料的资料品质、频率、信噪比、能量、静校正等方面的分析，工区存在以下处理难点：

（1）工区受地表起伏变化和低降速带影响，存在较大的静校正问题；

（2）工区内发育各种干扰波，叠前去噪难度大；

（3）由于地表吸收严重，目的层盒$_8$反射能量弱，信噪比低，对准确分析速度和评价处理效果带来很大影响；

（4）做好不同资料的地表一致性处理及反褶积处理有难度；

（5）由于地层视各向异性的影响，大偏移距（最大偏移距6000m）常规速度分析和常规动校正NMO存在动校过量问题；

（6）针对叠前道集的高保真、保幅、高信噪比处理难度大。

6.2.2　关键处理技术

6.2.2.1　地震资料处理思路

针对目的层段频率低、信噪比低的特点，采用相对保幅的高保真、高信噪比和适度提高分辨率的处理思路，强化地表一致性处理技术，注意保护低频，提高盒$_8$—山$_1$段内幕资料的信噪比，提高目的层段叠前道集的信噪比。同时采用处理、解释一体化的思路，结合工区已有的地质资料、钻井资料、测井资料，利用井旁合成地震记录、正演模型，约束和指导地震资料精细处理。

6.2.2.1.1　处理解释一体化思路

针对有利勘探区块，在地质目标和地质构造指导下进行目标精细处理。每一步关键处理环节，结合工区地质、钻井、测井资料，利用合成地震记录，对井旁地震道进行层位标定和对比，确保处理时振幅、频率、相位、波形的相对保持，严格控制处理质量，使地震资料的分辨率、信噪比逐步提高。然后在成果数据体上进行精细储层预测和资料解释，利用解释成果检测和评价地震资料的处理质量，对有利含油气区和有利储层，根据需要重新进行目标精细处理，包括处理模块、关键参数的合理性进行定量分析，优化处理流程，提供符合地质特征的高保真地震资料，为高精度叠前地震描述奠定良好基础。

6.2.2.1.2　振幅、波形保真处理

根据地质认识和地质成果，在关键处理环节，对有利目标区的地震反射特征和振幅信息进行定量分析，消除非地质因素（仪器、地表、低降速带、噪声、地震波的球面扩散、地层的吸收衰减等）引起的振幅、频率、相位变化，保留由于地质因素引起的振幅、频率、相位变化，突出地层岩性信息。选取处理模块和流程时，尽可能做到保幅处理和地表一致性处理，做好能量补偿、噪声干扰的适度去除、反褶积、子波整形和统一、高频信息补偿，提高资料信噪比和分辨率。

6.2.2.1.3　针对叠前CDP道集的精细处理

为叠前地震描述提供可靠的道集资料，CDP道集的质量直接影响叠前地震属性的提取和分析，做好叠前道集的精细处理，保留资料的叠前动力学特征，是后续工作的有利展开的非常关键的一步。

6.2.2.1.4　加强质量监控和数据定量分析

每个关键环节定量分析资料的信噪比、振幅能量关系、分辨率，有效频带范围，振幅随时间、炮检距、空间的变化关系，目的层段自相关分析子波的变化，为保持振幅相对关系和质量监控提供依据。

6.2.2.2　关键处理技术

6.2.2.2.1　高精度静校正

工区地表起伏大，静校正问题严重，为了较好的解决基础静校正问题，主要采取三种方法：初至折射波静校正方法、高程静校正方法、层析静校正方法。

相对于地震波在近地表的真实传播情况而言，所有的静校正方法都是近似的。一般情况下我们不知道也不可能准确的测量和计算出长波长的静校正，因此在现有的方法中只有通过对原始资料进行详尽的分析，对不同静校正方法的计算结果进行比较，才能得到一个比较合

理的结果。该区折射波拾取较为容易，而且通过不同静校正方法的对比，我们认为在该工区初至折射波静校正更为合理。通过实际资料成像效果对比，最终选用初至折射波静校正方法作为基础静校正，基准面1400m，充填速度3000m/s。在折射静校正处理过程中，采用近、中偏移距范围的初至波进行折射静校正计算效果最好。图6.2.9是不同分层结果计算的静校正量图，从图上看出，当选用近、中偏移距时，计算的静校正量相差不大，而选远偏移距计算的静校正量比前两者大得多，且趋势有很大的差别。分析认为，这主要是由于远偏移距资料的初至来自深层，计算的静校正量不准确，因此这种方法计算的静校正不考虑使用。

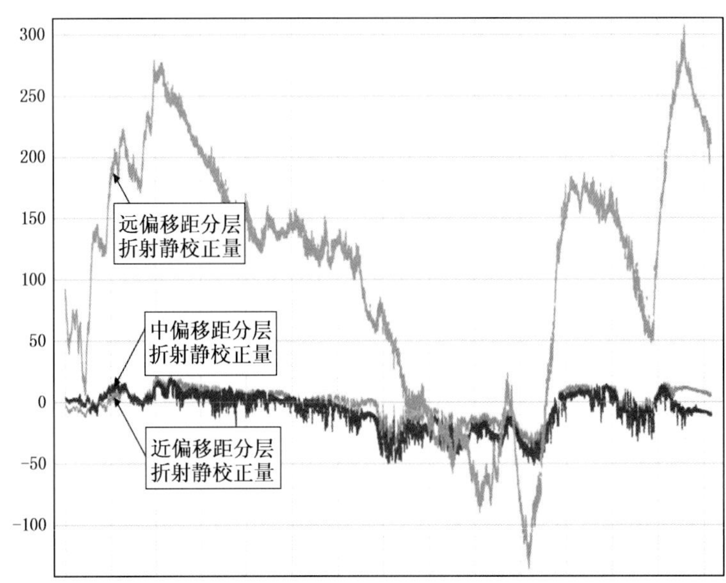

图6.2.9　不同折射分层计算的静校正量

图6.2.10为不同测线折射静校正前后的单炮对比图，可以看出应用折射波静校正后，折射波更为光滑，有效反射的双曲线特征更加清楚，静校正效果明显。

图6.2.11为折射静校正前后的共偏移距剖面对比图，可以看出应用折射波静校正前，共偏移距剖面上折射波明显为跳跃式，很不光滑，而应用折射波静校正之后，折射波非常光滑，有效反射的同相轴连续性好，静校正效果明显。图6.2.12为折射静校正前后叠加剖面对比图，可以看出应用折射静校正后，剖面成像好，同相轴连续性强，信噪比高，有效解决了该区的静校正问题。

6.2.2.2.2　振幅补偿

在利用叠前地震资料进行储层预测和油气检测中，地震资料的振幅信息是一个重要方面。但是，有多种因素影响地震信号的振幅信息，对于非地质因素引起的振幅变化必须消除掉。如在传播过程中能量损失引起的时间方向的衰减和由于激发、接收、仪器等引起的反射振幅空间上的差异，这种差异如果不经过准确的校正，很容易使解释陷入误区。采用几何扩散振幅补偿与地表一致性振幅补偿来实现时间和空间（道与道之间）的振幅归一化处理，从而达到相对保幅的目的。

（1）几何扩散振幅补偿，即球面扩散振幅补偿。

球面扩散振幅补偿技术考虑了地震波在时间方向的传播损失和不同射线路径引起的不同偏移距时差。该方法需要速度场，来确定地震波传播的射线路径。苏里格地区由于地层比较

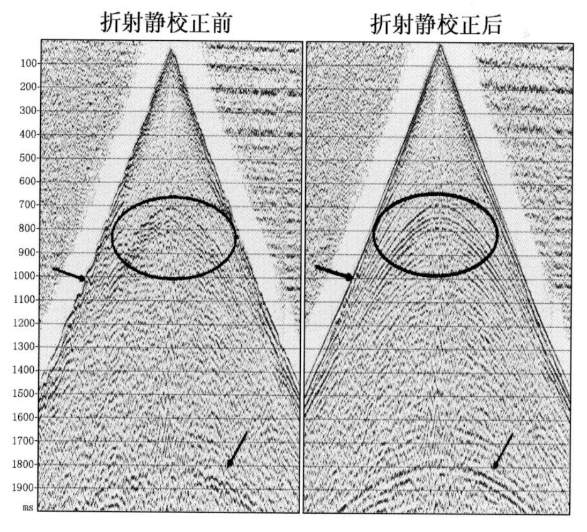

图 6.2.10　折射静校正前后单炮

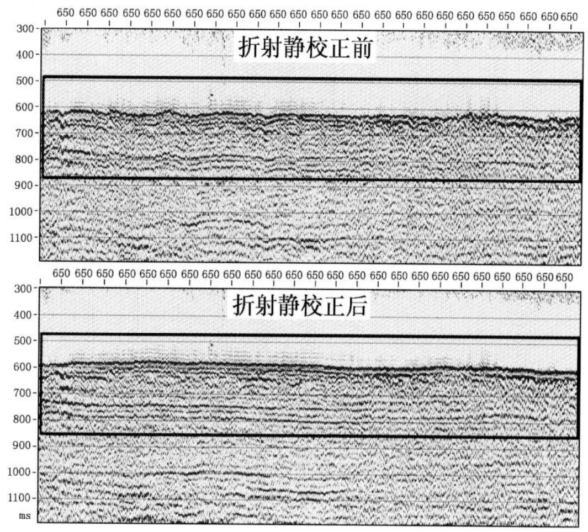

图 6.2.11　折射静校正前后共偏移距剖面图

平坦，基本符合水平层状介质的假设，地震波的速度在横向上比较稳定，在纵向上变化平缓且有规律。所以，通过速度分析，可以得到比较准确的速度场。根据速度分析得到的速度函数，沿偏移距和时间方向对炮集内各道能量进行振幅补偿。总体来说，与指数增益相比，补偿的效果差别不是很大（图 6.2.13）。但在偏移距方向，由于几何扩散振幅补偿考虑炮集内偏移距和时间的变化，相同的反射层振幅按照相同的参数补偿，使得道间能量较为均匀，得到较好的补偿效果。这种补偿比单纯的指数补偿更符合地下实际情况，精度也就更高。

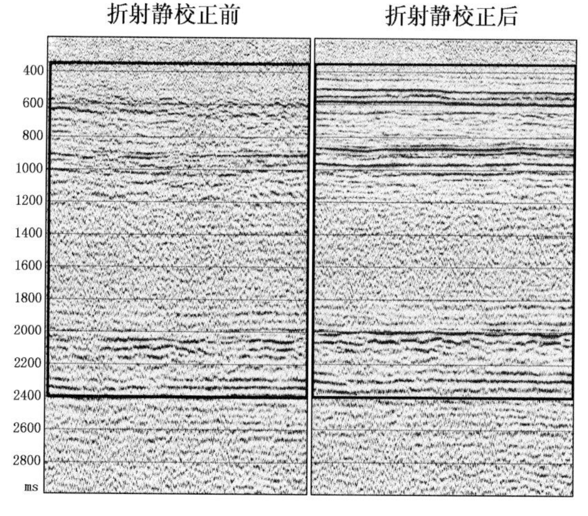

图 6.2.12　折射静校正前后叠加剖面图

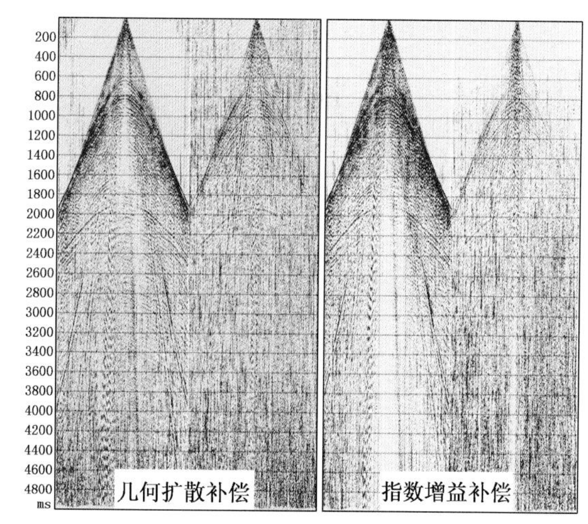

图 6.2.13　几何扩散补偿与指数增益补偿效果

（2）地表一致性振幅补偿。

为了消除强能量噪声对地表一致性振幅补偿的影响，在地表一致性振幅补偿前，通过区域异常振幅处理消除单炮区域异常振幅，减少异常强能量对有效信号振幅统计的影响。

为了加强质量控制，补偿前后，绘制单炮记录及振幅随时间的变化曲线（图 6.2.14、图 6.2.15），可以看出单炮地震波的能量得到了很好的补偿，能量比较均匀。从振幅曲线上可以看出补偿后不同时间的振幅能量级别也基本一致。

经过以上的振幅补偿处理，解决了球面扩散、地震透射、吸收等非地质因素造成的能量

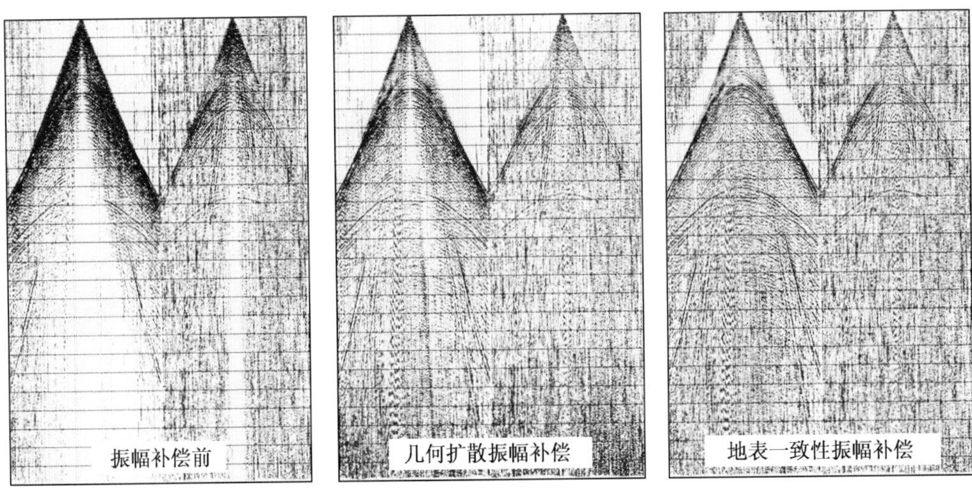

图 6.2.14　几何排列补偿与地表一致性振幅补偿单炮效果图

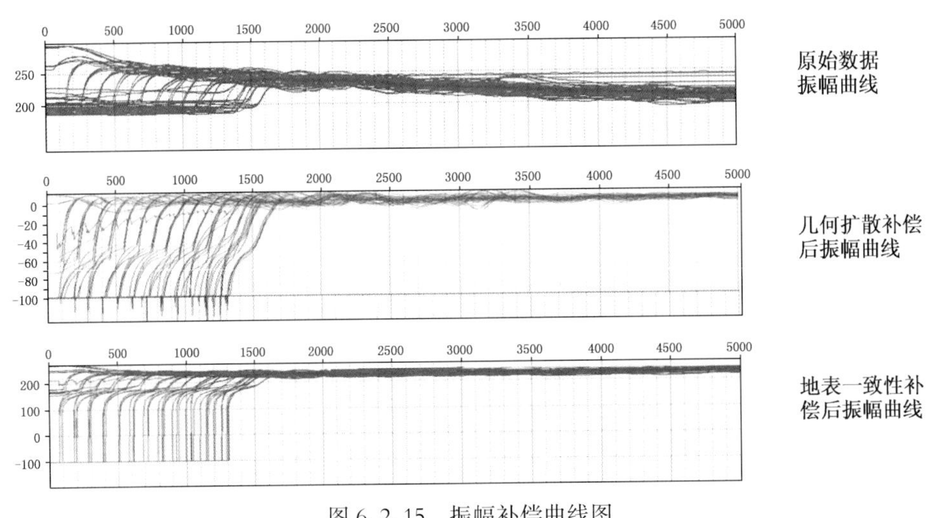

图 6.2.15　振幅补偿曲线图

损失，同时消除了由于激发、接收等地表条件不同而引起的横向能量差异。

6.2.2.2.3　叠前去噪

提高信噪比是地震资料处理过程中的一个关键环节。有效地提高地震资料的信噪比对于获得能够满足地质解释需要的高品质的处理成果具有重要的意义。通过对工区内原始资料干扰波的分析可知：工区内主要干扰波为面波、声波、低速和高速线性斜干扰、浅层折射波、类双曲线干扰、随机干扰和异常振幅干扰。针对不同类型的噪声，选择有针对性的合适的去噪方法，采用废道炮编辑、区域异常振幅处理、自适应噪声去除、$t-x$ 域减法去噪、常速动校正等去噪手段，逐步压制各种类型的噪声，提高资料信噪比。

（1）面波的压制。

工区最大的特点就是面波发育，压制面波主要采用两种方法：区域滤波法和自适应噪声衰减法。

①区域滤波法压制面波，根据面波的最大、最小速度来定义时窗，输入面波主频

(8Hz)，定义一个高通滤波器，滤波器只在定义的时窗范围内起作用，去掉了面波分布区域的低频成分，保留了中、高频有效信息，对面波区域外的资料不做任何处理。区域滤波能够在面波范围较好的去除面波，但这种方法会对面波分布的深层低频信息有一定的伤害。

②自适应噪声衰减法，根据地震资料和提取的初始噪声模型，计算噪声的滤波因子，使得滤波因子和初始噪声模型的褶积接近地震记录中的实际噪声，通过迭代，不断修改滤波因子，使褶积的结果逐步逼近实际噪声，然后从地震记录中减掉求取的噪声。对比以上两种方法，从叠加剖面来看（图 6.2.16），自适应噪声衰减法效果更好一些。图 6.2.17 为自适应噪声衰减前后单炮和压制掉的噪声，可以看出面波得到了较好的压制。

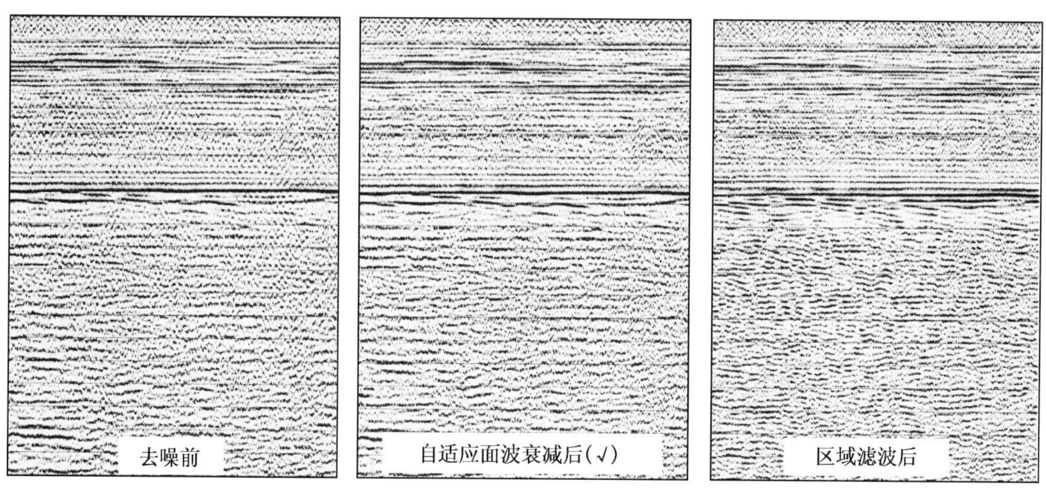

图 6.2.16　区域滤波与自适应噪声衰减叠加剖面对比图

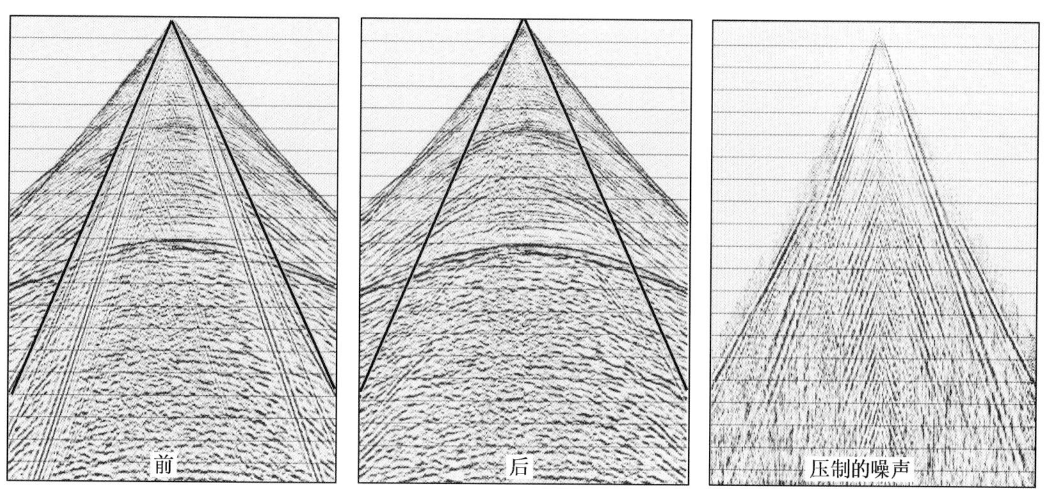

图 6.2.17　线自适应噪声衰减前后单炮及压制掉的噪声

（2）类双曲线噪声压制。

工区内资料在中浅层普遍发育有一到两组较低速度的噪声，该类噪声的时距曲线表现为双曲线。主要分布在中远偏移距范围，其速度在 1500～1650m/s 之间，在速度上与工区内的有效反射波有明显区别，而在频率上与有效波基本一致。对于这类噪声，如果采用线性去噪的办法来消除，由于这类噪声不具备线性特征，因此需要很多组的线性速度滤波器，而且去除的效果不理想，而采用常速动校正去噪方法时，只需要在单炮记录上求取双曲线的速度，然后对整个单炮记录进行常速动校正，这时，双曲噪声被动校拉平，而其他的有效反射则为动校过量，采用线性滤波的办法将拉平的噪声在其分布的偏移距时窗内进行去除，再将去噪后的单炮反动校回去，这样既有效去掉了记录中的噪声，又很好地保留了有效反射。图6.2.18是类双曲噪声的去除过程及去噪前后的效果对比。从图上可以看出，类双曲噪声得到很好压制。图6.2.19是类双曲线噪声去除前后叠加剖面对比。可以看出，噪声得到很好的去除，提高了剖面的信噪比。

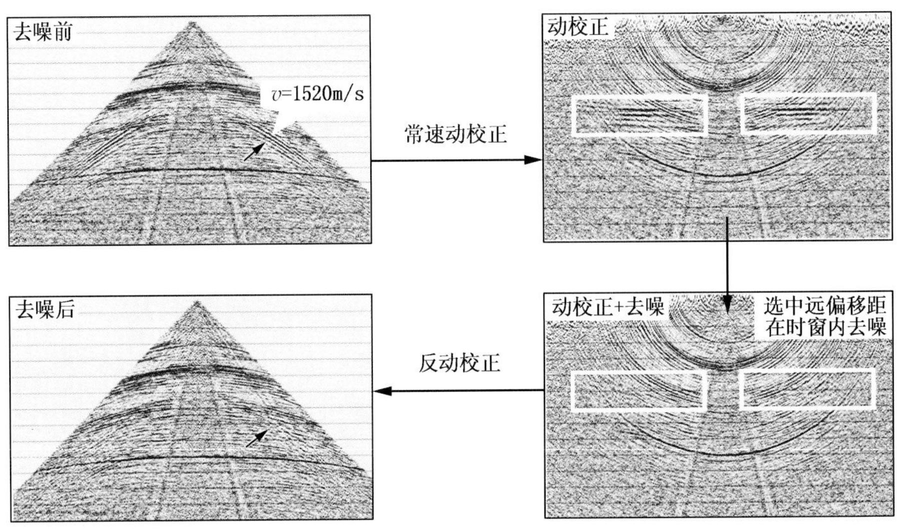

图6.2.18　非线性噪声去除过程及去噪前后的单炮对比图

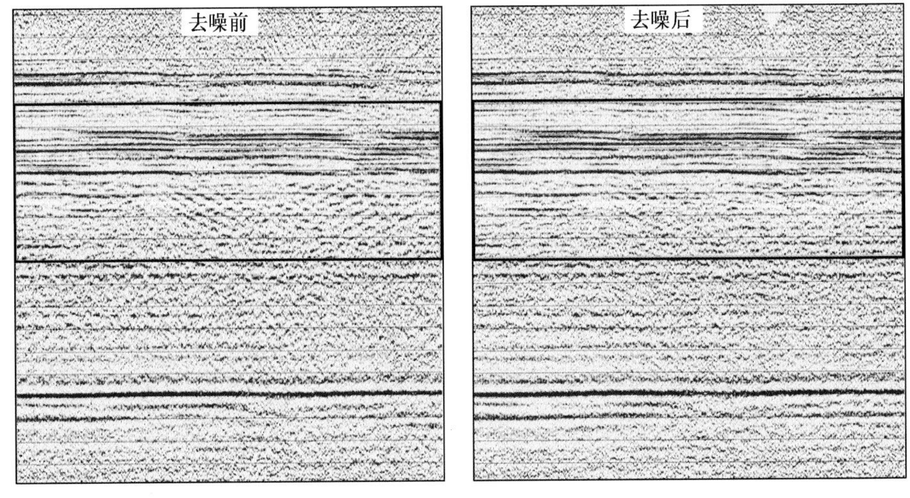

图6.2.19　类双曲噪声去除前后的剖面对比图

6.2.2.2.4 针对道集处理技术

（1）高阶项动校正。

常规动校正中动校正量的计算是利用Dix双曲线公式求取反射子波各点相对于自激自收道反射的延迟时间，但Dix双曲线公式对大炮检距地震资料进行常规动校正处理时不能校平同相轴，原因在于Dix公式实际上是忽略了高次项的时距关系函数的泰勒展开式，为解决大偏移距资料动校正时由于速度各向异性而引起的校正量过量的问题，必须考虑高次项。

图6.2.20是常规NMO校正与高阶项动校正的道集对比。从图上可以看出，常规NMO动校正过量，而在高阶项动校正后，有效波的同相轴平直，消除了大偏移距资料的校正过量和拉伸畸变，为叠前属性提取保留了更多的有效信号。

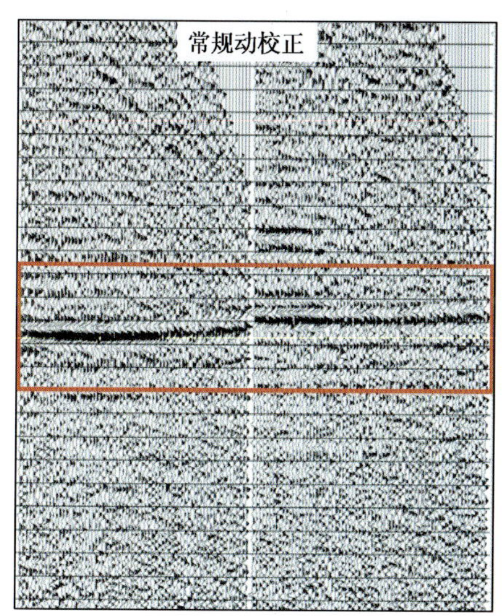

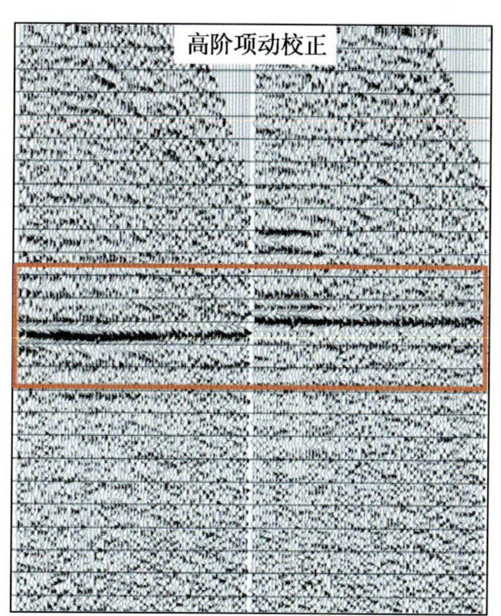

图6.2.20 常规动校正与高阶项动校正动校道集对比图

（2）CDP道集的去噪。

CDP道集上还存在部分噪声，仍不能满足叠前属性描述和储层预测的要求，因此必须进一步提高CDP道集的信噪比。经过试验对比，在CDP道集上进行分时剩余静校正处理，可以克服常规剩余静校正在一道上单一值的缺点，消除道集内由于剩余静校正的存在而造成的同相轴时差，同时对道集进行相位校正，再分别在时间域、频率域对CDP道集进行去噪处理，进一步提高CDP道集的信噪比。图6.2.21是针对CDP道集处理所采取的技术流程图，图6.2.22是CDP道集处理从前到后处理的效果对比，可以看出，经过针对性道集处理后，CDP道集信噪比有了明显提高，处理效果理想，为叠前属性分析和储层预测奠定了坚实的基础。

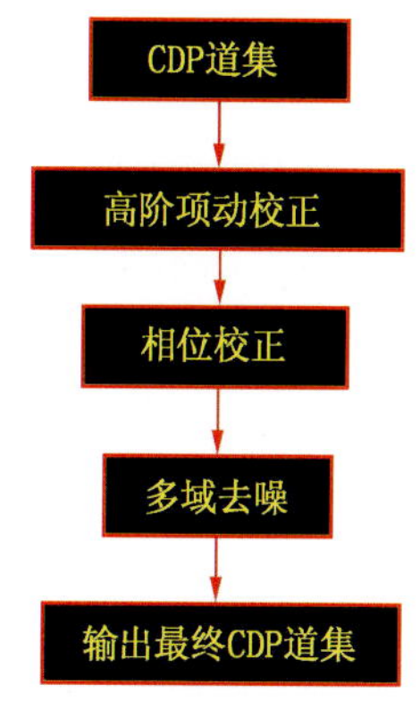

图6.2.21 CDP道集处理流程图

6.2.2.3 处理效果分析

图6.2.23测线的CDP成果道集，可以看出CDP道集目的层段信噪比高，AVO特征明显，有利于叠前属性的提取。

图6.2.24是051909测线的最终叠加剖面段，从成果剖面上看，目的层段波组特征清晰，地质信息丰富，信噪比高。

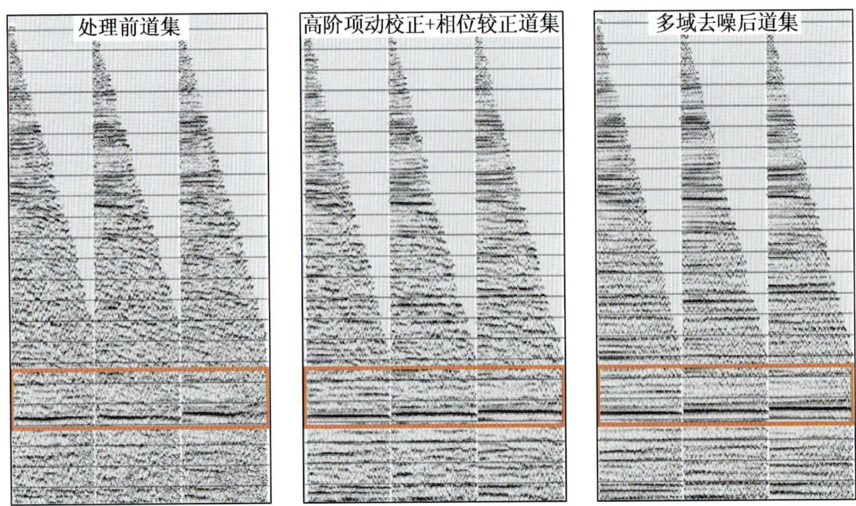

图 6.2.22　S062043 测线处理前后道集对比

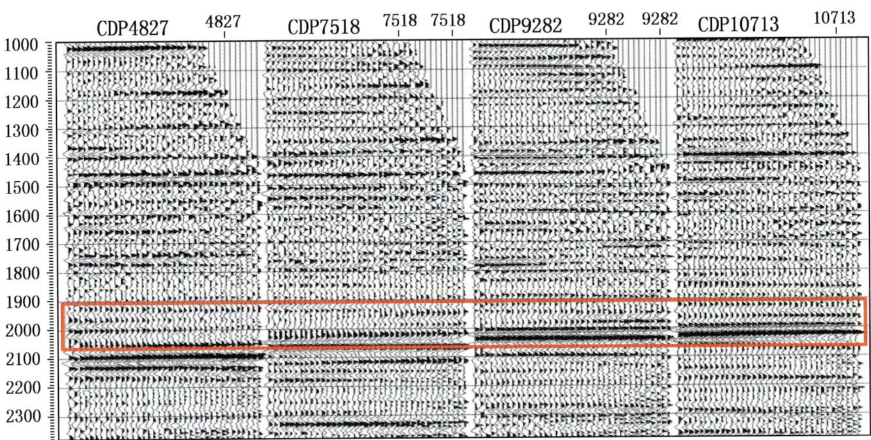

图 6.2.23　CDP 道集

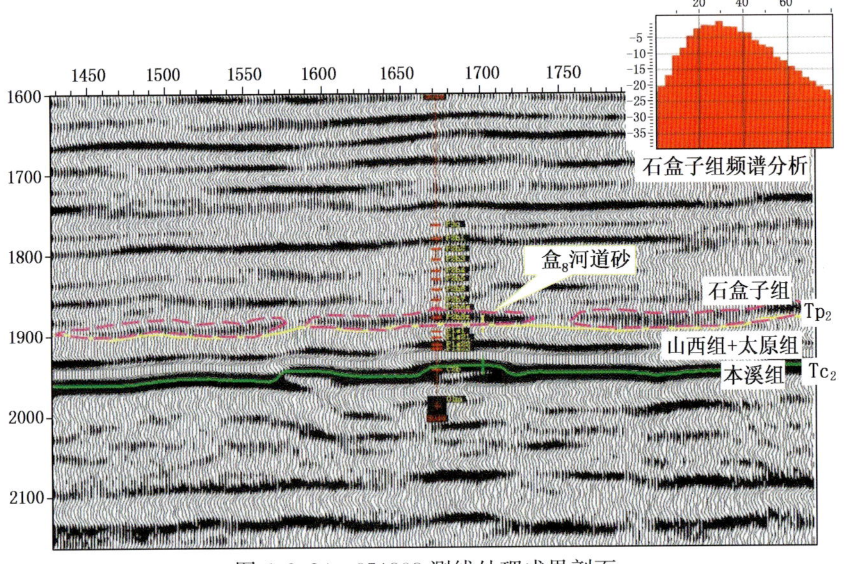

图 6.2.24　051909 测线处理成果剖面

6.3　叠后储层预测技术

6.3.1　叠后地震属性

地震属性是指由叠前或叠后地震数据经过数学变换而导出的有关地震波几何学、运动学、动力学和统计学特征。它是地震资料中可描述并可量化的特征，同时能用和原始资料相同的比例进行显示，它代表原始地震资料中包含的总信息的子集。

6.3.1.1　时窗的选择

一般情况下，在提取地震属性时，时窗的长度为一个子波的长度，因为只有一个子波的长度才能包含完整的地震信息，准确地表示地下的地质信息。当时窗长度小于一个子波长度时，由于受噪声的影响，提取的地震属性不稳定；当时窗长度大于一个子波长度时，包含了相邻地层的信息，提取的地震属性将会掩盖一些微小的细节。从目的层段地震资料的频谱分析可知，针对苏里格地区盒$_8$地层，地震资料的主频在30Hz左右，因此，一个地震子波的长度也大概在30ms左右。从井震标定可知，砂岩的时间厚度大概在10～20ms左右。综合考虑地震子波的长度和岩性体的厚度，故选择提取地震属性的时窗长度为30ms。

6.3.1.2　层位的选择

苏里格地区重点描述盒$_8$储层的特征，因此在提取地震属性时，优先考虑利用盒$_8$储层顶、底界的两个地震反射层位作为参考层位进行地震属性的提取。但是由于盒$_8$储层顶、底界的反射相对较弱，连续性较差，难以追踪；而太原组的煤层反射为强的反射波峰，连续性好，全工区比较稳定，易于追踪，故追踪的地震层位可信度很高。从井上对盒$_8$储层的时间位置统计可知，盒$_8$储层分布在太原组煤层之上30～70ms之间。因此在提取地震属性时，将太原组煤层的地震层位向上移动30ms作为标准层，选取标准层到标准层以上30ms的时窗进行地震属性的提取。

6.3.1.3　地震属性的提取

利用叠后地震资料提取的地震属性种类很多，针对苏里格地区盒$_8$段储层，首先利用全偏移距叠加的地震资料，提取了20多种地震属性。但这些地震属性之间具有很大的相关性，这些地震属性总体上可以分为振幅、频率、相位和波形等几大类。对提取的20几种地震属性进行分析，认为均方根振幅和弧长等地震属性能够反演盒$_8$储层的分布特征。

6.3.1.3.1　均方根振幅

振幅属性能直接反映反射系数（波阻抗界面）的变化，振幅属性是十分重要的，可以用于直接描述岩性变化的地震属性之一。因此，人们经常通过振幅属性发现油气田。

在叠后提取的振幅属性种类很多，其中有均方根振幅、平均振幅、绝对振幅、峰值振幅、反射能量等等。这些振幅属性宏观上讲基本相同，但在实际应用中它们存在一定差异。

通过计算地震道分析时窗内各采样点振幅的均方根值得到均方根振幅，即

$$A_{rms}=1/N\sqrt{\sum_{i=1}^{N}A_i^2} \tag{6.3.1}$$

式中，N为采样点个数；A_i为第i个采样点的振幅值。

由于均方根振幅是在平均之前先平方，所以它对振幅的变化是非常敏感的。均方根振幅对于油气流体的聚集、岩性、孔隙度、三角洲与河道砂的展布；不整合、调谐效应以及层序

变迁等地质现象的识别都有利。图 6.3.1 是盒$_8$ 段均方根振幅平面图。

从图 6.3.1 可以看出，在研究区的砂、泥岩环境中，砂岩的地震响应为强振幅（红色、黄色）或较强振幅（绿色），泥岩的地震响应反应为弱振幅（蓝色）。强振幅（红色、黄色）、较强振幅（绿色）基本代表了砂岩的分布、弱振幅（蓝色）代表了泥岩的分布。均方根振幅强弱不同的变化，反映了盒$_8$ 储层内部存在的非均质性。

6.3.1.3.2　弧长

弧长是指计算时窗内地震波形的总长度。其计算公式为

$$L_{ARC}=\frac{1}{NT}\sum_{i=1}^{N}\sqrt{[\alpha(i+1)-\alpha(i)]^2+T^2} \tag{6.3.2}$$

式中，$\alpha(i)$ 为第 i 个采样点的振幅；T 为时窗长度；N 为采样点数。

弧长通常用于区分不同频率和振幅的同相轴。具体来说，在相同的时窗范围内，强振幅、高频率对应的弧长值大；而弱振幅、低频率对应的弧长值小。由于工区内是砂泥岩地层，砂岩对应的振幅强、频率高，而泥岩对应的振幅弱、频率低，故可以用弧长来区分砂泥岩。图 6.3.2 是盒$_8$ 段弧长平面图。

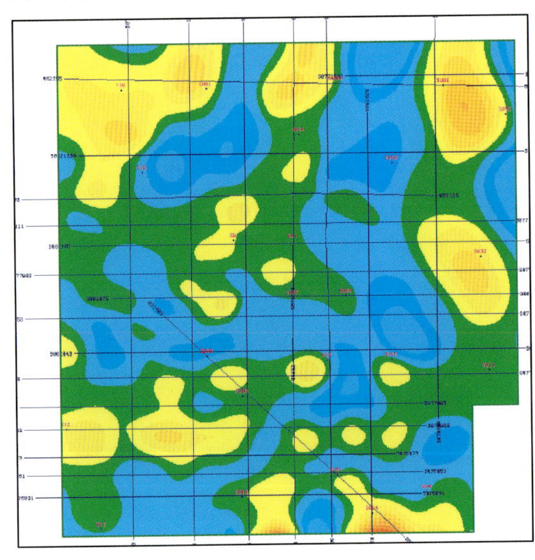

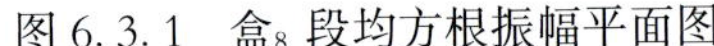

图 6.3.1　盒$_8$ 段均方根振幅平面图

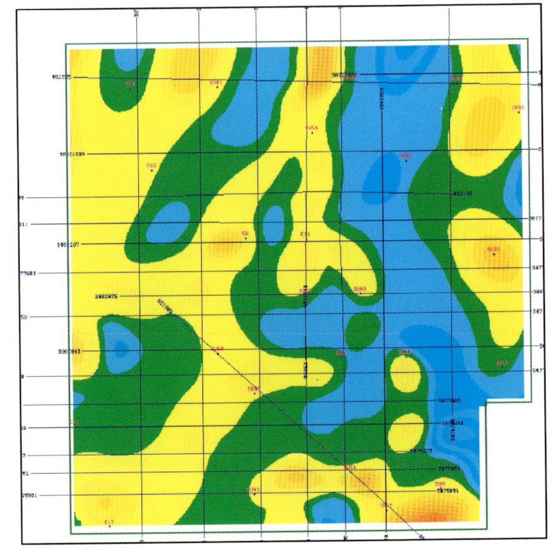

图 6.3.2　盒$_8$ 段弧长平面图

从图 6.3.2 可以看出，弧长属性能较好的区分砂泥岩。弧长值大的区域（红色、黄色、绿色）反映了砂岩环境；弧长值小的区域（蓝色）反映了泥岩的环境。

6.3.2　叠后油气检测

6.3.2.1　地震资料检测油气的理论基础

利用地震资料找油气的理论基础是双相介质理论，目前主要有有效介质理论、波动方程和自适应理论以及接触理论等 3 种[4]。本次主要从波动方程的角度研究叠后地震油气检测，其理论基础如下。

地震波的速度与岩石的成分和孔隙度有关。Wyllie 时间平均方程可以描述速度与孔隙度之间的关系，即

$$\frac{1}{v}=\frac{1-\phi}{v_m}+\frac{\phi}{v_f} \tag{6.3.3}$$

式中，ϕ 为孔隙度；v 为岩石速度；v_m 为岩石骨架速度；v_f 为孔隙中充填介质速度。由式（6.3.3）可知，当岩石骨架不变岩石孔隙中含有不同介质时，地震波速度会发生变化。当砂岩含油气后，地震波速度降低，地震剖面上出现同相轴下拉现象。因此，可利用地震波速度进行油气检测。实验证明，当孔隙中的水被油气取代并饱和时，地震波速度可降低15%～20%。但由于很难得到精确的地震波速度，因此，直接利用地震波速度进行油气检测存在很大的困难。

地震波在地下均匀介质中传播时，满足如下波动方程，即

$$\frac{\partial^2 u}{\partial^2 t} - v^2 \nabla^2 u = \varphi(t) \tag{6.3.4}$$

式中，$\varphi(t)$ 为震源力函数；u 为波场；v 为地震波速度。根据爆炸源的基本原理，叠后地震资料相当于激发深度为0时接收到的地震波场。在波动理论中，地震波波场 u 可以用振幅、频率、相位和衰减等动力学参数来描述。

由式（6.3.4）可知，地震波场与震源函数和速度有关，随着地震波传播距离的增大，地震波速度成为影响波场的主要因素。由式（6.3.4）可知，当地震波在含有油气的地层中传播时，地震波速度 v 会发生变化，从而引起地震波场 u 的动力学特征发生变化，反映在地震数据上为各种异常现象，如振幅增强（亮点）、频率降低、极性反转、吸收系数增大等。如果能从地震数据中识别出这些异常来，就可以直接利用地震资料进行油气检测。

在实验室内，测量了不同孔隙度的岩样，当含水饱和度不同时的纵波衰减值（Q），如图6.3.3。从图6.3.3可以看到，随着孔隙度增大，纵波的 Q 值变小；随着含水饱和度的增大，纵波的 Q 值也在变小，但变化的幅度较小。因而，该岩石声波参数试验表明有效储层对地震波的吸收衰减明显。孔隙度越高，物性越好，纵波 Q 值越小，吸收越大[5]。由此可见，可以通过研究叠后纵波地震资料的衰减现象，进行油气检测。

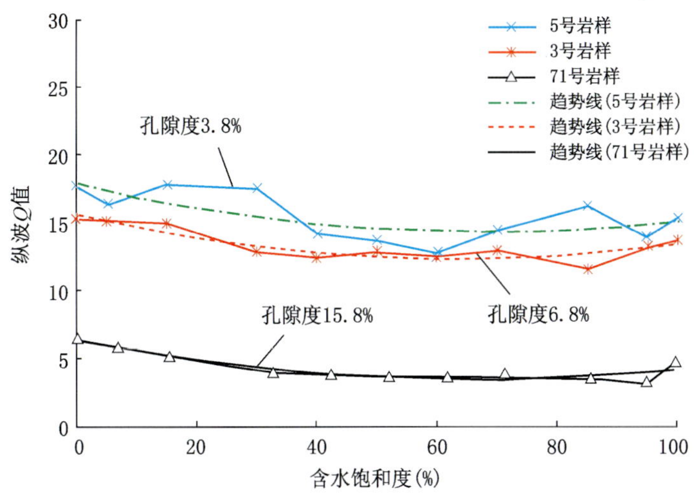

图6.3.3 实验室测定的纵波 Q 值与孔隙度、饱和度的关系

6.3.2.2 有效吸收系数的应用

6.3.2.2.1 盒8地层有效吸收系数异常类型划分

根据盒8储层有效吸收系数的分析结果，通过对完钻井盒8储层有效吸收系数标定后，认为在一定范围内有效吸收系数的相对高低可以反映储层段的含气性特征。含气层越厚，含

气饱和度越高，地震资料的频率吸收越明显，反之亦然。同时，有效吸收系数的相对高低变化及其在剖面上分布的连续程度也能够反映盒$_8$储层的连续性及非均质特点。

根据对已知井盒$_8$储层有效吸收系数的分析结果，将盒$_8$储层有效吸收系数异常特征划分为以下三类。

Ⅰ类（强吸收型）：高吸收异常值，横向变化小，连续性好，边界明显。反映砂体厚度大，储层分布稳定，储层物性及含气性好。

Ⅱ类（中等吸收型）：中—高吸收异常值，横向有变化，连续性较好。反映砂体厚度较大，储层分布较稳定，储层物性及含气性较好。

Ⅲ类（弱吸收型）：较低吸收异常值，横向变化大，连续性较差。反映砂体厚度较小，储层横向变化大，储层物性及含气性较差，有效厚度小。

6.3.2.2.2　盒$_8$储层有效吸收系数异常分析与解释

盒$_8$地层有效吸收系数异常主要受地层岩性、厚度和含气性影响。在河流相沉积的心滩、河道部位，砂岩厚度大，储层物性、含气性较好，有效吸收系数表现为Ⅰ、Ⅱ类中—强吸收异常特征。在河道间、废弃河道部位，砂岩厚度较小且致密，或呈薄互层分布，储层物性、含气性较差，有效吸收系数表现为Ⅲ类弱吸收异常特征，甚至没有吸收响应。

（1）剖面特征分析。

L051909测线上有三口井，从西北到东南依次是Su58、Su46和Su66井；其中Su58井在盒$_8$段测井解释了6.6m的气水同层；Su46井在盒$_8$段测井解释了5.5m的气层；而Su66井在盒$_8$段测井解释了4.4m的气层和3.9m的气水同层。从L051909测线的有效吸收系数剖面（如图6.3.4）可以看到，在这三口井附近的盒$_8$段地层，有效吸收系数均表现为强吸收（红色）的特征，并且Su46井和Su66井位于强吸收的主体部位，而Su58井位于强吸收异常的边界。在Su58到Su46井之间，强吸收异常比较发育，且强吸收异常变化比较快；而在Su46到Su66井之间，强吸收异常不发育，反映Su46井以北的储层含气性好于Su46井以南，且异常段的分布表现出盒$_8$储层强烈的非均质特征。

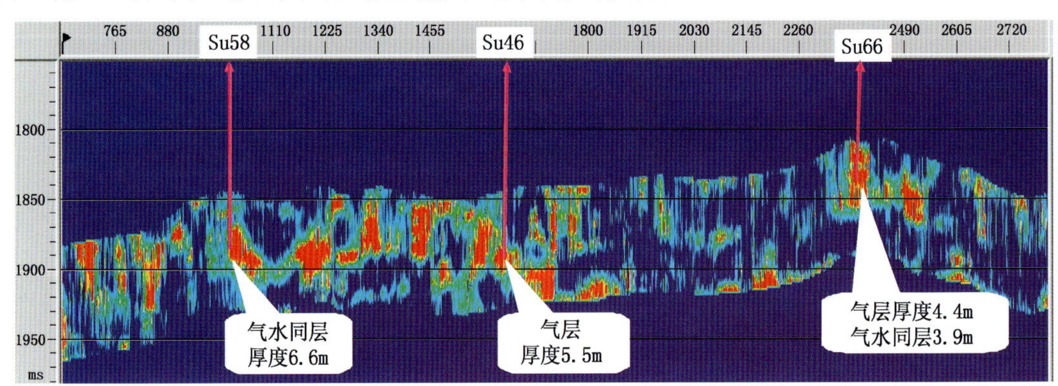

图6.3.4　L051909测线有效吸收系数剖面

（2）平面特征分析。

计算了工区内所有二维测线的有效吸收系数数据体，在此基础上，提取盒$_8$段的有效吸收系数，制作盒$_8$段有效吸收系数平面图（如图6.3.5）。

在图6.3.5中，红色、黄色代表强吸收、绿色代表较强吸收、蓝色代表弱吸收。因此图中红色、黄色为Ⅰ类吸收系数区，基本分布在河道的主体部位；绿色为Ⅱ类吸收系数区，分布在河道的边缘部位；蓝色为Ⅲ类吸收系数区，分布在河道洞。

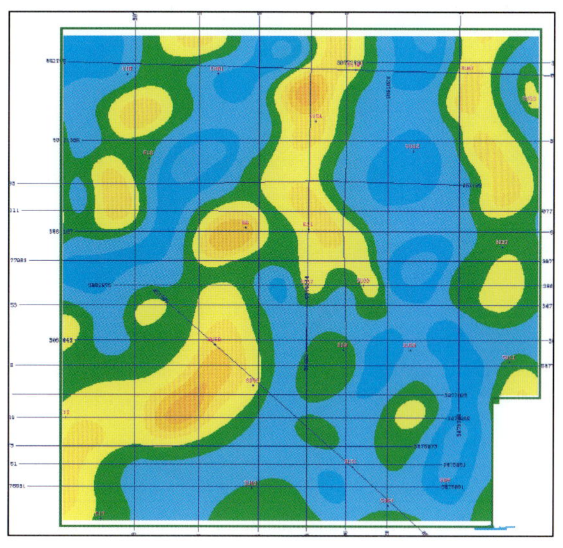

图 6.3.5 盒$_8$段有效吸收系数平面图

由以上的分析可知，有效吸收系数是叠后储层含气性预测较为有效的方法，分析过程中无需井数据的参与，使用方便快捷，是气田开发、有利区块筛选和井位优选的常用方法。但是在使用有效吸收系数进行含气性检测时，需要考虑影响有效吸收系数的因素。具体为：在薄互层发育区，由于微屈多次波（在薄互层顶底界面之间多次连续反射）效应导致的振幅损失与由于含气吸收产生的振幅衰减具有相同的数量级。这时，有效吸收系数异常具有多解性。要取得较可靠的储层含气性预测结果，必须将有效吸收系数与其他方法的预测结果进行对照分析，进行综合解释。

6.3.2.3 *动力学参数应用*

当地震波由地表震源向下传播过程中，由于受到弹性介质，如裂缝、孔隙及其所含油气水等的影响，高频成分被逐步吸收，而低频成分继续向下传播，地层越深，所保留高频成分越少，并存在如下规律：

（1）岩石的吸收性从地表到地下变化范围很大，并对纵波和横波各不相同，横波的吸收性高于纵波的吸收。

（2）各种波的吸收与频率有关，随频率增加而增大，接近于线性关系。

（3）吸收系数与地震波速度存在明显的对比关系，高速的岩石吸收系数低，而低速的岩石吸收系数高。

（4）地层岩石的吸收性质首先决定于岩石保存状态及内部结构，矿物颗粒等。由于地层静压力随深度增加而变大，使岩石压紧，结构致密，引起吸收系数降低，受到破坏后的岩石结构，将使它的吸收系数提高，如裂缝、破碎带等。

在地震资料高信噪比、高保真的基础上，针对目的层提取了四种动力学参数，分别是平均能量、加权频率、能量/频率、层间吸收系数。平均能量反映层间能量变化，确定孤立的极值和振幅异常，可以用来追踪砂体、含油气砂体等岩性变化；加权频率是相位随时间的变化率，或者说是相位的导数，在计算瞬时频率道的基础上，计算时窗内的平均值。由于含油气砂体常引起高频成分衰减，产生低频异常，因此低加权频率，强振幅中的弱振幅是我们寻找含油气砂体的标志；吸收系数是分析子波振幅谱高频相对于低频的衰减以提取岩石吸收信息，它在储层发育区及含油气区表现为高异常。概括起来，即高平均能量、低加权频率、高能量/频率、高吸收异常是储层发育区及含油气区的识别特征。

图 6.3.6 是过 Su194 井的地震动力学参数油气检测剖面，井旁表现为高能量、低频率、高能量/频率、强吸收异常特征，是典型的储层发育区及含油气区表现。该预测结果与实钻结果相符（实钻结果为含气层 2.8m，气水层 13m）。

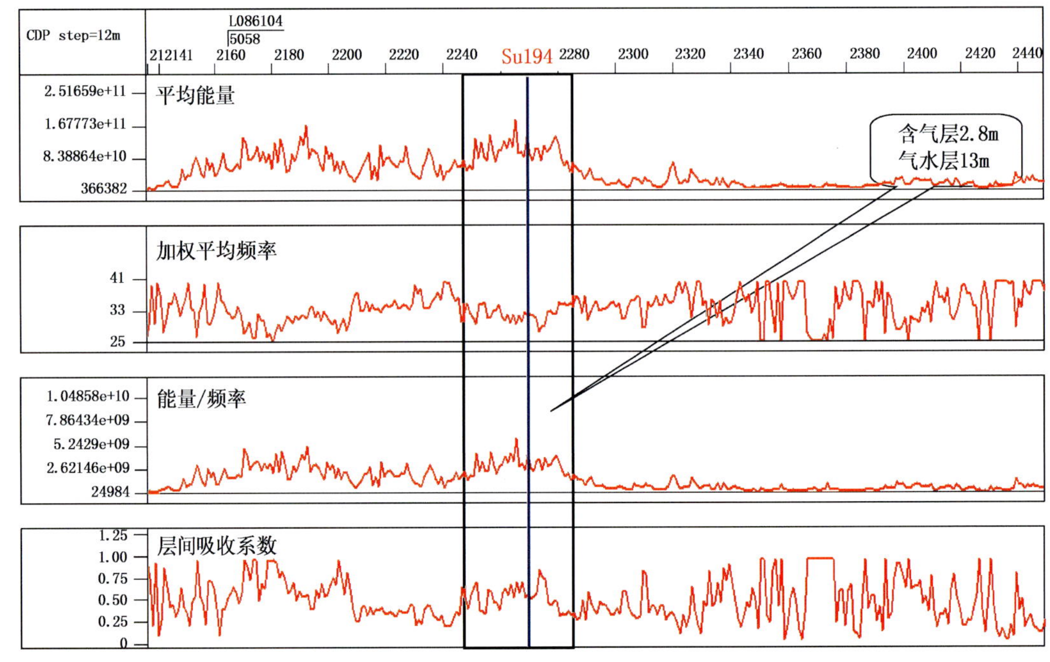

图 6.3.6 地震动力学参数油气检测剖面

6.4 叠前地震描述技术

6.4.1 地震岩石物理技术

地震岩石物理学是岩石物理学的一个分支。虽然它目前还没有一个严格的定义，但其内涵是非常明确的，即地震岩石物理学是研究与地震波特性有关的岩石物理性质以及这些物理性质与地震响应之间关系的一门学科。

描述弹性体的弹性特征常用以下 5 个弹性参数。

拉梅常数：

$$\lambda = \rho(v_P^2 - 2v_S^2) \tag{6.4.1}$$

式中，v_P 是纵波速度；v_S 是横波速度；ρ 是密度。

它是阻止横向压缩所需的拉应力的一个度量。阻止横向压缩的拉应力愈大，λ 值也愈大。

切变模量：

$$\mu = \rho v_S^2 \tag{6.4.2}$$

它是切应力与切应变的比，是阻止剪切应变的一个度量。流体无剪切模量，即 $\mu = 0$。

体变模量：

$$K = \lambda + \frac{2}{3}\mu \tag{6.4.3}$$

它表示物体的抗压缩性质，说明岩石的耐压程度。

杨氏模量：

$$E = \frac{\mu(3\lambda + 2\mu)}{\lambda + \mu} \tag{6.4.4}$$

它是物质对受拉力的阻力的度量。固体介质对拉伸力的阻力愈大，弹性愈好，杨氏模量就愈大。其物理意义是单位截面积的杆件伸长一倍的应力值。

泊松比：

$$\sigma = \frac{\lambda}{2(\lambda + \mu)} \tag{6.4.5}$$

它表示杆件受载荷作用的相对缩短量（或伸长量）与它的截面尺寸相对增大量（缩小

量）之比。天然产出的物质的泊松比介于 0～0.5 之间。岩石越坚硬，σ 越小；岩石越疏松，σ 越大，尤其是压裂破碎和含流体后的岩石，泊松比会明显增高。

6.4.1.1 弹性参数的计算

在苏里格气田，主要目的层是上古生界下石盒子组盒$_8$ 段的砂岩储层，为低孔、低渗储层。该研究区多口井有全波列测井资料，首先我们使用这些测井资料，对不同岩性的纵波速度、密度、声阻抗和自然伽马等参数的分布范围进行了统计分析（如表 6.4.1 所示）。由该表可以看出含气砂岩、致密砂岩、泥岩的速度和密度比较接近，特别是泥岩和致密砂岩存在较大范围的重叠，含气砂岩与泥岩和致密砂岩也有部分重叠。自然伽马可以较好的区分开泥岩和砂岩，但是不能区分致密砂岩和含气砂岩；利用波阻抗难区分泥岩和致密砂岩，也不能区分含气砂岩，也就是说在苏里格气田采用叠后波阻抗反演进行盒$_8$ 段储层的预测时，存在严重的多解性。

表 6.4.1 苏里格西部砂带储层参数统计表

类别 / 岩性	纵波速度 (m/s)	横波速度 (m/s)	密度 (g/cm³)	声波阻抗 (g/cm³·m/s)	自然伽马 (API)
泥岩	2800～5300	1600～3100	1.60～2.70	5500～14000	50～250
致密砂岩	4000～5600	2300～3400	2.40～2.80	9900～15000	25～100
含气砂岩	3900～5100	2550～3200	2.44～2.60	9700～13100	15～60

不同的岩石物理参数所反映的岩石物理特性是不同的，它们反映储层或含流体特征的灵敏度也是不同的。只有全面地系统地分析不同岩石物理参数的特征，才能充分理解和把握储层段的岩石物理特征，建立岩石物理参数和储层特征的关系，指导储层和油气检测。为此我们利用 Su46、Su11 和 Su64 三口井的纵波速度、横波速度和密度等测井资料，分别计算了拉梅系数、切变模量、泊松比、体积模量、杨氏模量等 10 多个常用的岩石物理参数（如图 6.4.1）。从图 6.4.1 中可以看出，不同弹性参数曲线的基本形态是相同的，但泊松比、纵横波速度比、剪切模量、拉梅常数和 λ/μ 等参数在有利储层段有明显的异常特征。

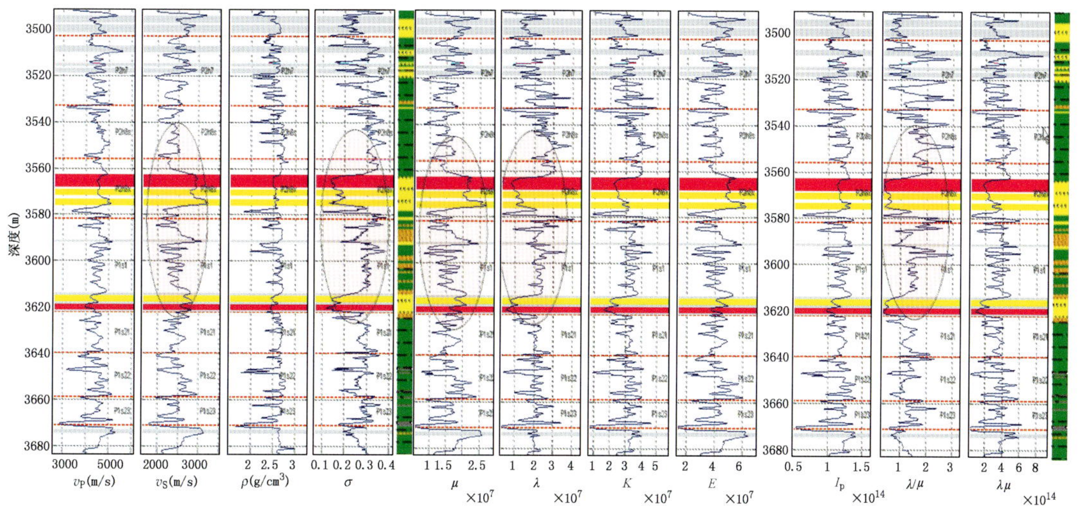

图 6.4.1 Su46 井弹性参数曲线

6.4.1.2 地球物理参数的交会分析

综合了多口井储层段及其邻层（盒$_7$—山$_2$）的岩石物理参数进行交会分析，划定了交会图上的异常值，把这些异常值反投到岩石物理参数曲线上，从而可以非常清楚地研究交会图上的异常值所对应于测井曲线中的深度段，研究哪些异常值是由储层段或含气所引起的，进而指导我们建立岩石物理参数和储层特征的关系，指导储层和油气检测。

图6.4.2是纵波阻抗和自然伽马的交会分析图，从图中可以看出，自然伽马可以较好的区分开泥岩和砂岩，但是不能区分致密砂岩和含气砂岩；而泥岩和砂岩的波阻抗值范围基本上是重叠的，因而利用波阻抗很难区分泥岩和砂岩，也不能区分含气砂岩，也就是说在苏里格气田采用叠后波阻抗反演进行盒$_8$段储层的预测时，存在严重的多解性。同时，从图6.4.2中还可以得到另外一个有用的信息，就是含气砂岩的波阻抗相对干砂岩的波阻抗有所降低。

图6.4.3是泊松比和自然伽马的交会分析图，从图6.4.3中可以看出，砂岩和泥岩的泊

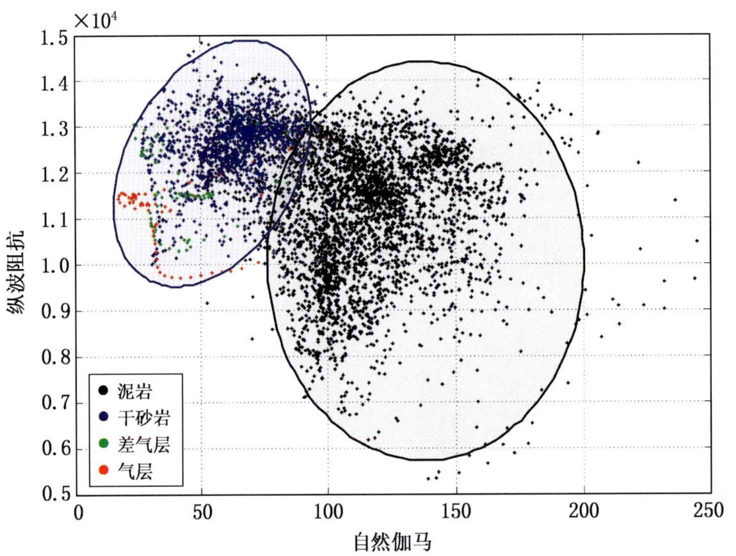

图6.4.2 纵波阻抗和自然伽马交会图

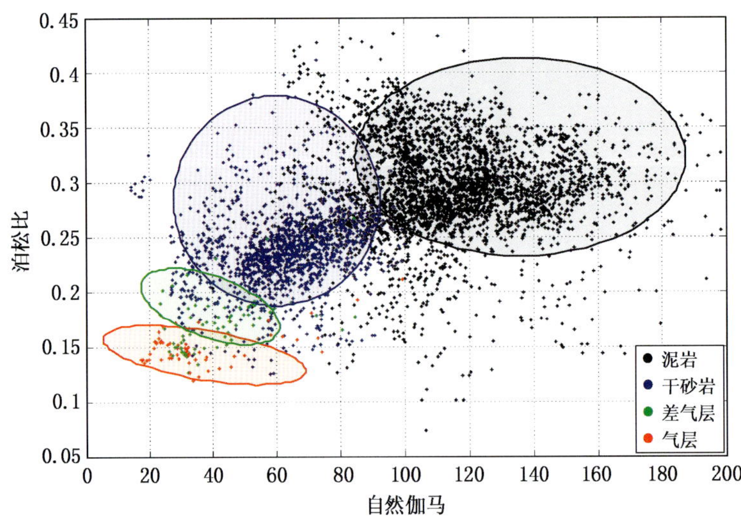

图6.4.3 泊松比和自然伽马交会图

松比有很大的差异，并且随着含气性的增加这种差异变得愈发明显。盒$_8$段含气砂岩（气层和差气层）的泊松比小于0.2，泥岩的泊松比的平均值为0.3，致密砂岩的泊松比在0.2～0.3。含气砂岩与泥岩的泊松比差值为0.1，与致密砂岩的差值为0.05～0.1。气层的泊松比与泥岩的泊松比相对值低达30%，气层与致密砂岩的泊松比相对值低达15%～30%，而泥岩与致密砂岩的泊松比相对值和绝对值都较小。由此可知，在苏里格地区，利用泊松比不仅可以识别岩性，还可以预测含气性。

同样进行各种弹性参数两两之间的交会分析，各种弹性参数的交会分析都从不同程度和角度显示了其区分岩性，预测含气性的能力。图6.4.4是剪切模量和拉梅系数的交会分析，图6.4.5是剪切模量×拉梅系数和拉梅系数交会，显示出拉梅系数、剪切模量等参数也能有效地区分有效储层。

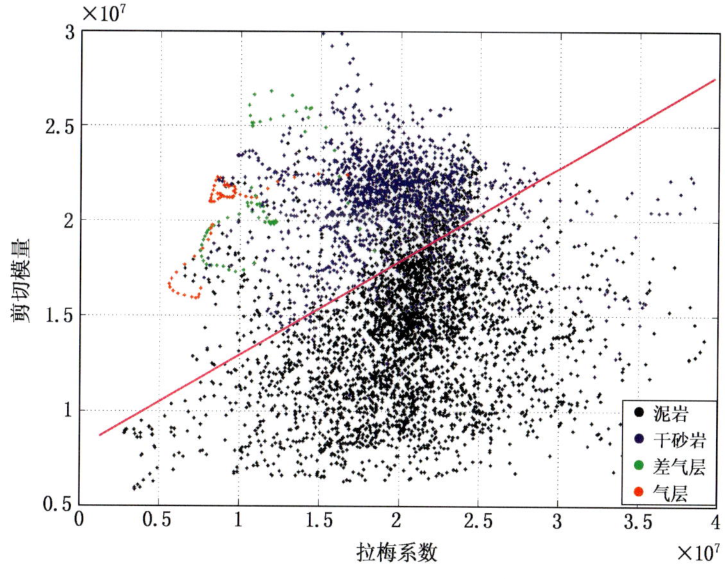

图6.4.4 剪切模量和拉梅系数交会图

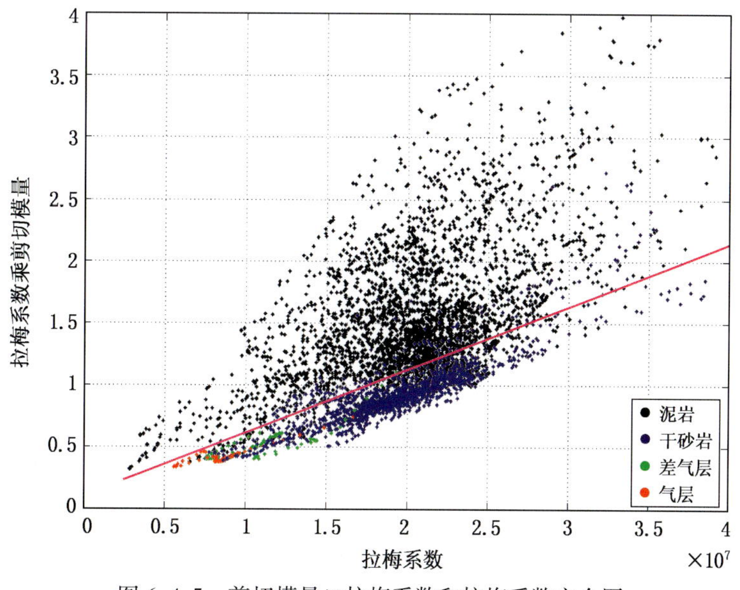

图6.4.5 剪切模量×拉梅系数和拉梅系数交会图

6.4.1.3 弹性参数敏感性分析

各种地震属性信息反映储层或含油气特征的灵敏程度具有很大的不确定性。在不同的地区、不同层位，对油气类别或某种储层特征最有代表性的地震属性组合存在较大的差异。为此必须从众多的地震属性中优选出那些有用的敏感的属性。

通过测井资料，分析了该区储层段各参数变化的敏感性，由此确定该区反映储层或含油气特征的敏感参数，从而指导我们优选地震属性信息，指导储层预测和油气检测。

图 6.4.6 是对不同参数区分砂岩和泥岩能力的敏感性分析，图 6.4.6 中 a 是相对变化量，图 6.4.6 中 b 是绝对变化量。由图 6.4.6 可知，该区储层段岩石的弹性参数较常规参数（密度、纵横波速度和波阻抗等）变化大，敏感性强。其中区分砂岩和泥岩敏感性较好的参数有横波速度、横波波阻抗、泊松比、剪切模量、杨氏模量、拉梅系数/剪切模量等参数，砂岩和泥岩的这些参数的差异都超过了 15%。

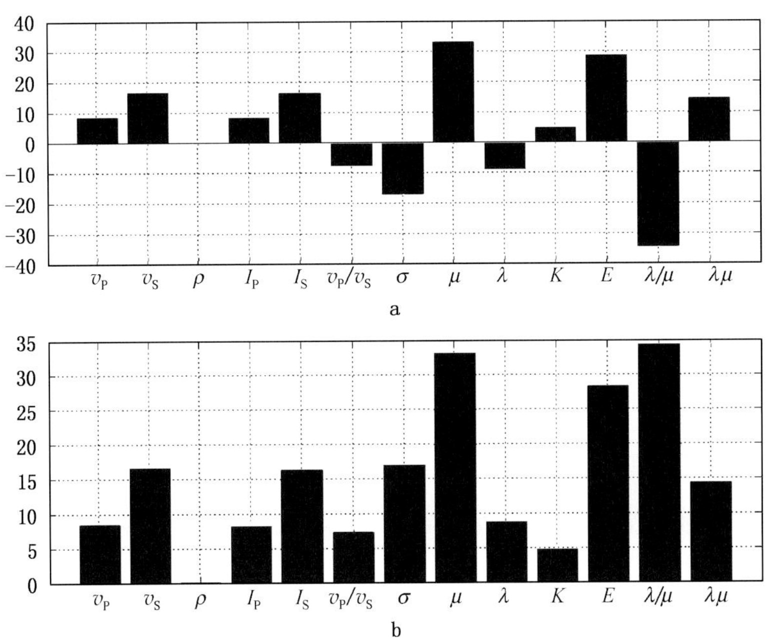

图 6.4.6 Su46 井弹性参数区分砂岩和泥岩的敏感性分析

a—砂岩相对泥岩的变化量；b—变化的绝对值

图 6.4.7 是对不同参数区分含气砂岩和泥岩能力的敏感性分析，图 6.4.8 是对不同参数区分含气砂岩和砂岩能力的敏感性分析。

从图 6.4.6 至图 6.4.8 可以看出，不同的弹性参数对岩性和流体预测的敏感性不同，针对苏里格气田的盒$_8$段储层，得到的结论参见表 6.4.2。

6.4.2 AVO 含气检测技术

6.4.2.1 AVO 技术的基本原理

AVO 是英文 Amplitude Various with Offset 的简写，早先称之为 Amplitude Versus Offset。AVO 技术与波阻抗反演等技术的区别是：它是非零炮检距数据模型反演，即利用地震反射资料的叠前振幅信息，属地震属性范畴。地震振幅、波形特征随炮检距的变化关系很复杂，主要原因就在于不同炮检距的地震波经过的地层结构、弹性性质、岩性组合等许多方面都是不同的。因此，AVO 技术是通过分析叠前地震信息随炮检距的变化特征，建立储

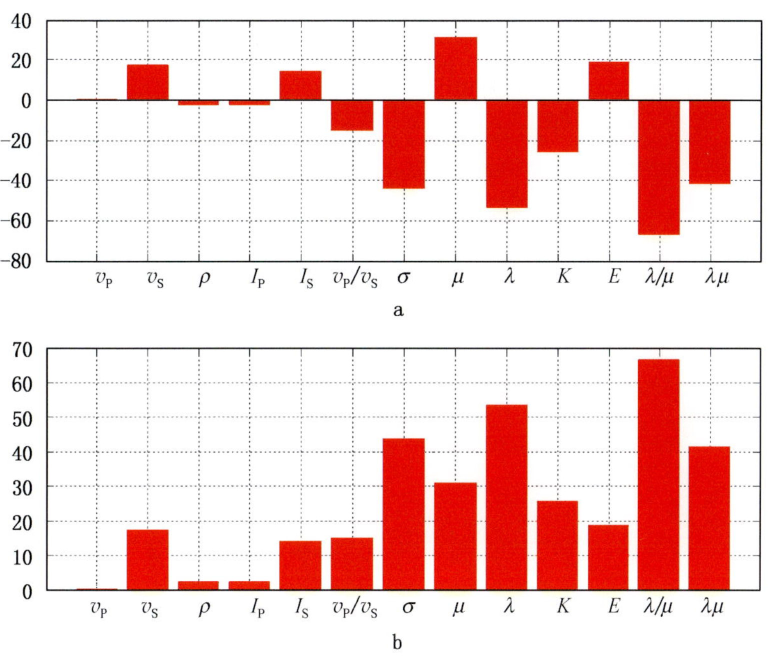

图 6.4.7　Su46 井各参数区分含气砂岩和泥岩的敏感性分析

a—含气砂岩相对泥岩的变化量；b—变化的绝对值

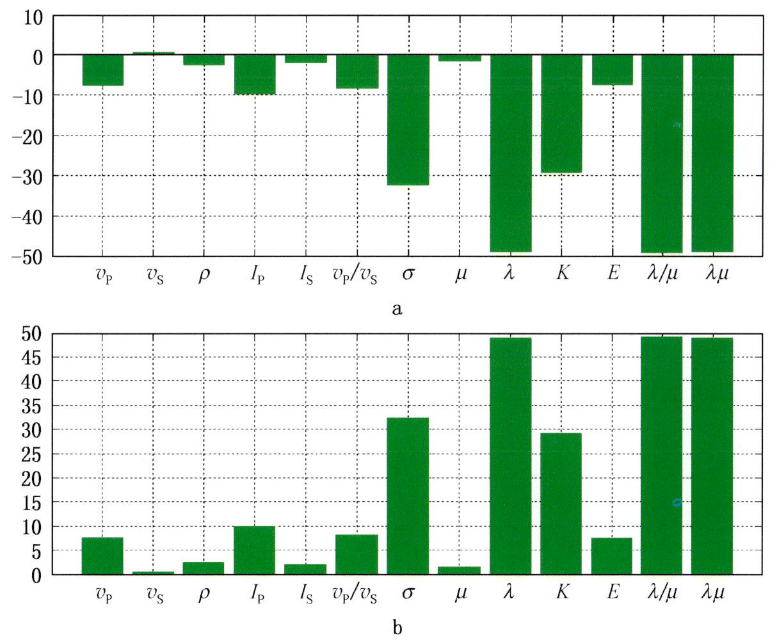

图 6.4.8　苏里格西部弹性参数区分含气砂岩和砂岩的敏感性分析

a—含气砂岩相对砂岩的变化量；b—变化的绝对值

层含流体性质与 AVO 的关系，应用 AVO 的属性参数来对储层的含流体性质进行检测。

在实际应用中，就是利用地震反射的 CDP 道集资料，分析储层界面上的反射波振幅随炮检距的变化规律，或通过计算反射波振幅随其入射角 θ 的变化参数，估算界面上的 AVO

表 6.4.2 苏里格地区弹性参数交会对岩性和含气性的识别能力

	纵波速度	横波速度	泊松比	纵波阻抗	横波阻抗	弹性阻抗	拉梅系数	剪切模量	杨氏模量
纵波速度		岩性							
横波速度	岩性	岩性							
泊松比			岩性/含气性	岩性/含气性					
纵波阻抗			岩性/含气性		岩性				
横波阻抗				岩性	岩性				
弹性阻抗						岩性/含气性			
拉梅系数							岩性/含气性	岩性/含气性	
剪切模量							岩性/含气性	岩性	
杨氏模量									岩性

属性参数和泊松比差，进一步推断储层的岩性和含油气性质。AVO 应用的基础是泊松比的变化，而泊松比的变化是不同岩性和不同孔隙流体介质之间存在差异的客观事实。基于这种事实，使我们应用 AVO 技术进行储层识别和储层孔隙流体性质检测成为可能。

6.4.2.2 AVO 技术的应用

根据 AVO 技术的基本原理，按照 AVO 分析与反演软件的特点，结合工区的具体特点，制定了 AVO 分析与反演的技术流程（如图 6.4.9）。在该技术流程中，测井信息用来进行 AVO 的正演分析，确定 AVO 的异常类型与特点；地震信息用来提取 AVO 属性，划分 AVO 异常区，确定有利储层的空间展布特征。

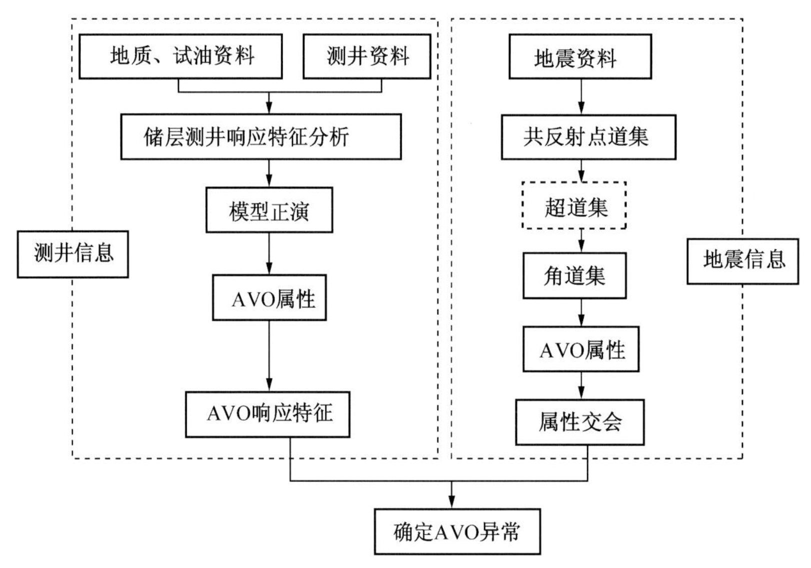

图 6.4.9 AVO 分析与反演技术流程

6.4.2.2.1 工区AVO响应特征

（1）储层的测井响应特征。

①不同岩性的测井响应特征。

地层岩性不同，在测井曲线上表现出具有不同的测井响应特征，盒$_8$段主要包括的岩性及测井响应特征表现为以下方面。

石英砂岩的测井响应特征为：自然伽马小于35API，骨架密度值小于2.65g/cm^3，井径正常或缩径。

岩屑砂岩的测井响应特征为：自然伽马值大于40API，骨架密度值大于2.7g/cm^3，常扩径。

泥岩的测井响应特征为：较高的GR，大于120API；较大的AC，大于230μs/m；较大的CNL，大于25%；较大的ρ，大于2.6g/cm^3；扩井。

煤层的测井响应特征为：较低的GR，小于75API；较大的AC，大于385μs/m；大的CNL，大于58%；较小的ρ，小于1.75g/cm^3；有时扩井。

储层中所含流体不同，对测井响应的影响程度不同，天然气含氢指数低并存在“挖掘”效应，使得密度测井响应变小，对声波能量的吸收较强，与相同岩性及储层条件的水层相比，储层含气可引起补偿中子、密度测井值的降低，声波时差值的增大。储层中含气时声波时差、密度、补偿中子测井响应的不同变化，是识别气层的基础。

②储层的测井响应特征。

盒$_8$段砂岩储层主要电性特征为“三低、两高、一大”即低自然伽马、低密度、低补偿中子；高电阻率、高时差、大幅度自然电位异常。储层速度特征表现为泥岩和致密砂岩有较明显的速度差异，但含气砂岩与泥岩速度相近或低于泥岩。砂岩含气后密度降低至与泥岩相近。砂岩具高阻抗特征，泥岩阻抗值较低，砂岩含气后阻抗降低至与泥岩相近或更低。砂岩自然伽马值小于75API，含气砂岩自然伽马值小于40API。盒$_8$地层各岩性段的波阻抗与泥质含量呈负相关，即泥质含量越高，波阻抗越低。但对于砂岩集中段，砂岩孔隙度与波阻抗也呈负相关，即随着砂岩物性的变好，波阻抗明显降低。含气砂岩和砂质泥岩的地震波阻抗值较为接近。

岩石物理参数测量和全波列测井计算盒$_8$段含气砂岩的泊松比为0.2，泥岩为0.3，致密砂岩为0.25～0.3。含气砂岩与泥岩的差值为0.1，与致密砂岩的差值为0.05～0.1。

6.4.2.2.2 角道集的抽取与分析

Zoeppritz方程及其近似方程等都依赖于地震波传播到达目的层的入射角，可是，常规地震资料处理得到的动校正记录中，记录的地震数据是炮检距的函数。另外为了便于观测和分析地震反射振幅随入射角的变化，往往需要把固定炮间距道的记录转换成固定入射角的道集记录。而炮检距和角度大致的相似，它们之间有一个非线性关系，首先，必须在处理和分析过程解决用炮检距代替角度的问题。如图6.4.10所示，a为共中心点道集，不同地震道，反射点相同，对于同一地震道，地震信息来自相同的激发和接收点；b为共角度道集，不同地震道的入射角相同，对于同一地震道，地震信息来自不同的激发和接收点。

角道集是AVO分析的最基本记录。在一个CMP（CRP）道集中，不同炮间距的记录经过动校正后构成一个普通的动校正道集，经角度道转换后形成了不同角度道的集合，构成一个角道集。这两种道集对AVO分析来说是一致的，即在同一时刻近炮检距对应小角度道，远炮检距对应大角度道。

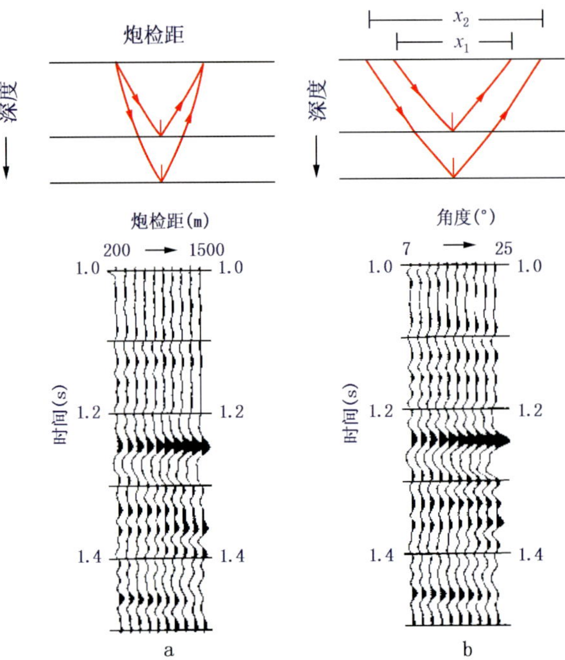

图 6.4.10　共中心点道集和共角度道集示意图

将 CMP（CRP）道集转换成角道集的方法很多。为了提高资料的信噪比，首先将 CMP（CRP）道集转化成超道集，然后再将超道集转化成角道集。超道集处理时将一个 CMP（CRP）道集在一定偏移距范围内进行地震道的叠加，形成新的 CMP（CRP）道集，提高了资料的信噪比。在转化中，利用射线追踪的方法进行了入射角的计算，即

$$\sin^2\theta = \frac{x^2 v_i^2}{v_r^2(v_r^2 t_0^2 + x^2)} \tag{6.4.6}$$

式中，θ 为入射角；x 为偏移距；t_0 为零偏移距的双程旅行时；v_i 为层速度；v_r 为均方根速度。

计算出不同偏移距每个反射层的入射角后，利用切除（内切和外切）的方法就可以将 CMP（CRP）道集转换成角道集。

利用上述方法，首先将地震数据的 CMP 道集转换成超道集，再将超道集转成角道集。图 6.4.11 展示了抽取的 Su46 井附近的超道集和角道集剖面。

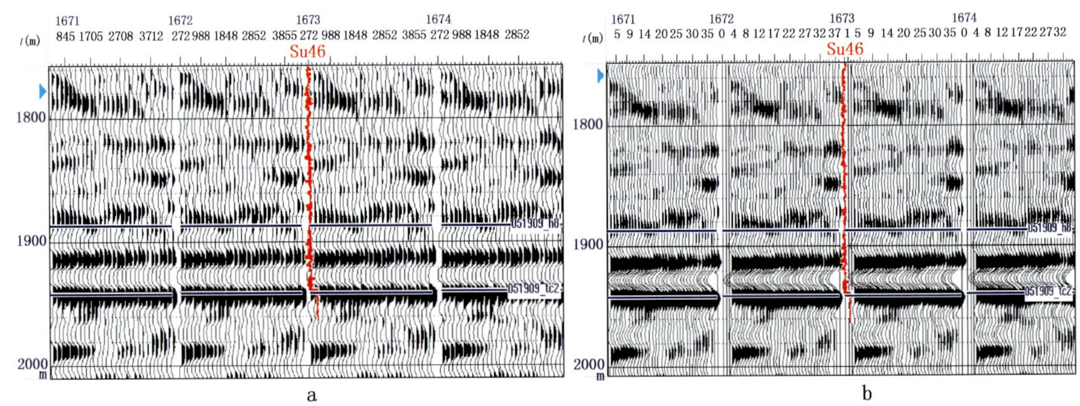

图 6.4.11　过 Su46 井的井旁超道集（a）和角道集（b）

6.4.2.2.3　AVO 模型正演

正演模型研究是利用 AVO 技术进行储层预测和烃类检测的基础。选择合适的井，在用合成地震记录对层位标定的基础上，研究储层在含气时的地震反射振幅随炮检距的变化关系和各种 AVO 属性参数的特征，以及含气砂岩与非含气砂岩在各项特征上的差异和变化，可以指导利用实际地震道集的 AVO 反演结果进行可靠的砂岩含气性解释。

用射线追踪的方法来计算入射角和旅行时，用 Zoeppritz 方程计算不同入射角的反射系数，将井旁地震道提取的子波与每一个角度的反射系数进行褶积，就可以得到正演的 CMP（共中心点）道集记录。

针对测井数据的目的层段，进行流体替换，根据 Gassmann 公式进行模拟[6]，产生含油气储层与含水储层的正演 CMP 道集，从正演的 CMP 道集上，利用 Shuey 近似公式，获得梯度和截距属性。

选取苏里格地区的不同类型的井，针对盒$_{8}$ 储层段，进行 AVO 模型正演。从 Su46（高产井）的模型正演（图 6.4.12）上可以看出，盒$_{8}$ 底界地震反射为波峰，振幅随偏移距的增大而增大，AVO 现象明显。根据 Castagna（1998）等对含气砂岩的分类标准[7]，苏里格地区盒$_{8}$ 段有效储层为第Ⅲ类含气砂岩。

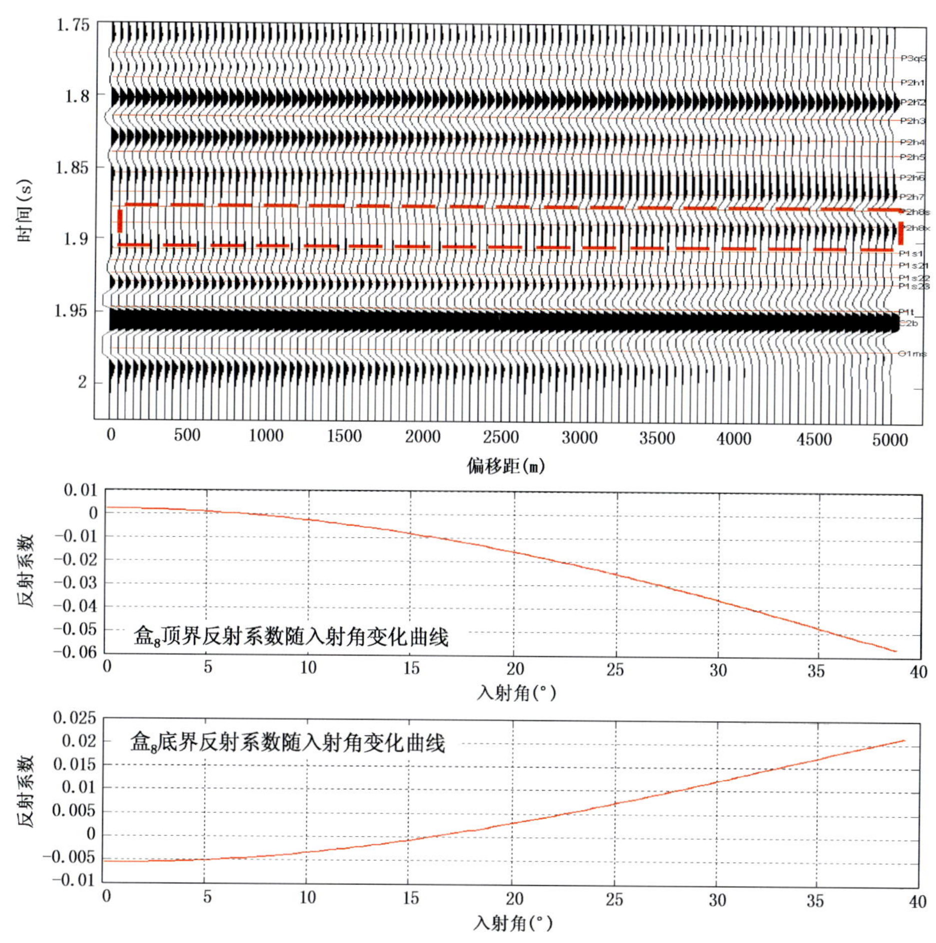

图 6.4.12　Su46 井模型正演

从 Su64（低产井）的模型正演（图 6.4.13）上可以看出，振幅随偏移距发生变化的现象不明显，不产生 AVO 现象。

对 Su46 井的含气层段，进行流体替换，分别计算含气和含水时的合成道集记录（图 6.4.14），从图中可以看出，含气时，振幅随入射角的增大而增大，AVO 现象明显；含水时，

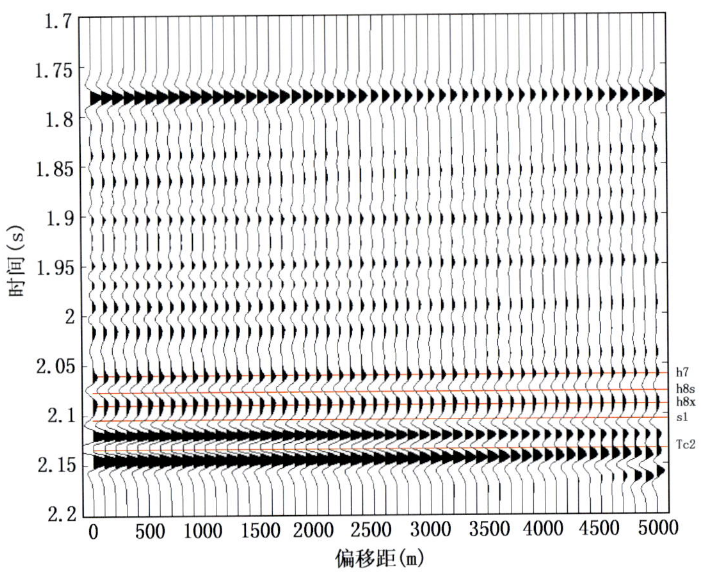

图 6.4.13　Su64 井合成的 CMP 道集

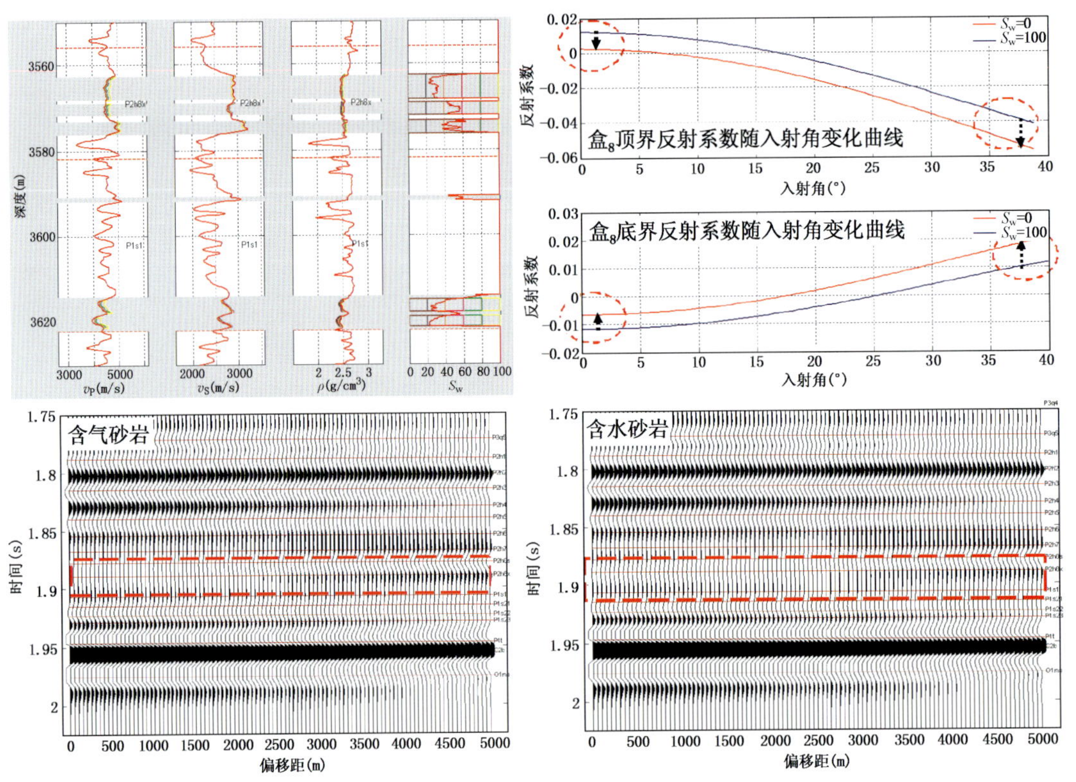

图 6.4.14　Su46 井流体替换及模型正演

振幅不随入射角发生变化，AVO 现象不明显。比较含气和含水时，盒$_8$底界的反射系数曲线，可以发现，在小入射角两者的差异小，大入射角两者的差异大。

利用模型正演的数据，提取盒$_8$段含气层的顶界和底界 AVO 属性数据，从截距（P）和梯度（G）的交会图（图 6.4.15）上可以看出：

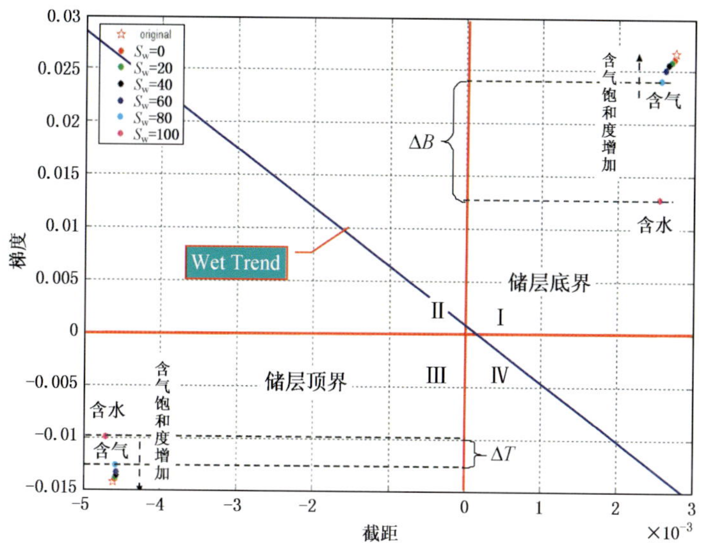

图 6.4.15　Su46 井模型数据 AVO 属性分析

（1）气层顶界位于第三象限，气层底界位于第一象限，根据 Castagna 等（1998）对含气砂岩 AVO 响应的分类标准，苏里格地区盒$_8$段的含气砂岩表现为第Ⅲ类 AVO 现象。

（2）当孔隙水被气所取代时，气层顶界的截距（P）和梯度（G）都会向减小的方向变化（负值减小），气层底界的截距（P）和梯度（G）都会向增大的方向变化，并且储层底界面的 AVO 属性差异大于顶界面，因而在进行 AVO 分析时，应选取储层的底界面。

（3）含气或含水时，AVO 属性的差异大；但含气饱和度发生变化时，AVO 属性的变化不明显，因此利用 AVO 属性可以预测盒$_8$砂岩是否含气，但不能预测该气层是否具有工业价值。

6.4.2.2.4　CDP 道集特征分析

高品质的 CDP 道集资料，是利用叠前地震资料进行含气性预测的基础。因此需要在地震资料进行保幅处理的基础上，针对 CDP 道集进行提高信噪比、远偏移距地震资料的保真度和高频信息补偿等处理，为含气性砂岩的预测提供高品质的叠前地震资料（图 6.4.16）。

从图 6.4.16 可以看出，经过高阶项动校正后，消除了远偏移距的拉伸畸变问题，在此基础上在进行多域去噪，CDP 道集的信噪比得到明显的改善。

振幅随炮检距变化是 AVO 研究中最基本的分析方法。分析已知的不同类型井井旁 CDP 道集特征，图 6.4.17 是过 Su58 井（含气）的井旁 CDP 道集，可以看到振幅随偏移距增大而增大，AVO 现象明显；图 6.4.18 是过 Su54 井（干井）的井旁 CDP 道集，井旁道集的振幅不随偏移距发生变化，无 AVO 现象。这一变化特征与模型正演的特征是相同。因此可以利用 AVO 道集的特征可以识别苏里格地区盒$_8$砂岩的含气性。

6.4.2.2.5　远、近道叠加剖面分析

当盒$_8$段砂岩中含气后，其相应的地震道集特征表现为气层顶部地震反射振幅随偏移距

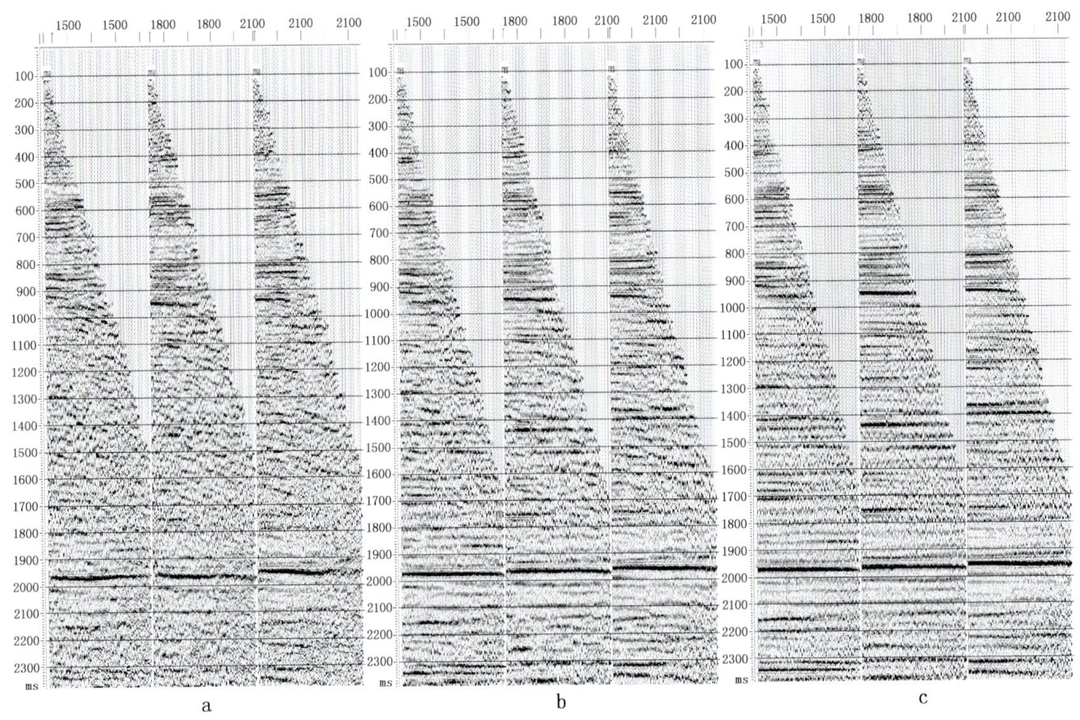

图 6.4.16　针对 CDP 道集处理的效果图

a—保幅处理；b—高阶项动校正；c—多域去噪

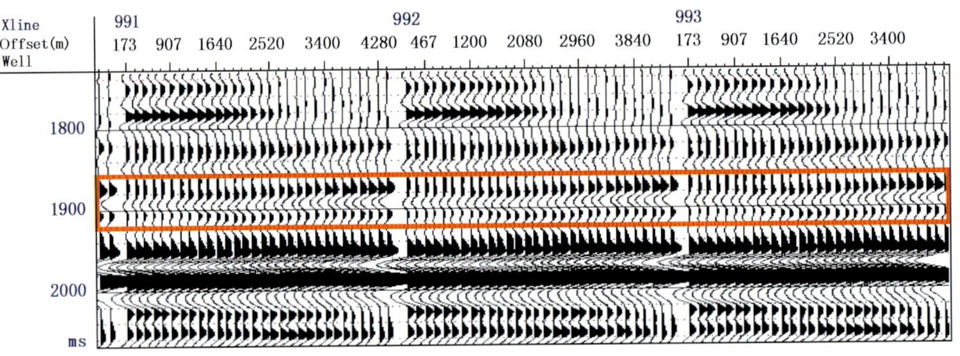

图 6.4.17　过 Su58 井（含气）的井旁 CDP 道集

的增大而显著增强，即在小偏移距反射振幅弱，为“暗点”，而在大偏移距反射振幅强，为“亮点”，因此可以分别对大、小偏移距进行叠加处理，形成远道（大偏移距）和近道（小偏移距）叠加剖面，通过两个剖面振幅的对比分析，可直接进行盒$_8$段储层 AVO 特征识别，预测储层的含气性。图 6.4.19，显示了过 Su46 井（气井）的 L051909 测线，远、近道叠加剖面对比图。从图 6.4.19 可以看出，盒$_8$段的地震反射，在 Su46 井附近，近道叠加剖面的振幅较弱、远道叠加剖面的振幅较强。

6.4.2.2.6　AVO 属性

为了从不同的方面进行 AVO 的定性分析乃至定量分析，并通过对地震资料的处理获得更丰富的地下信息用于储层预测和碳烃检测，AVO 属性反演是 AVO 处理和分析技术中最重要的内容之一。

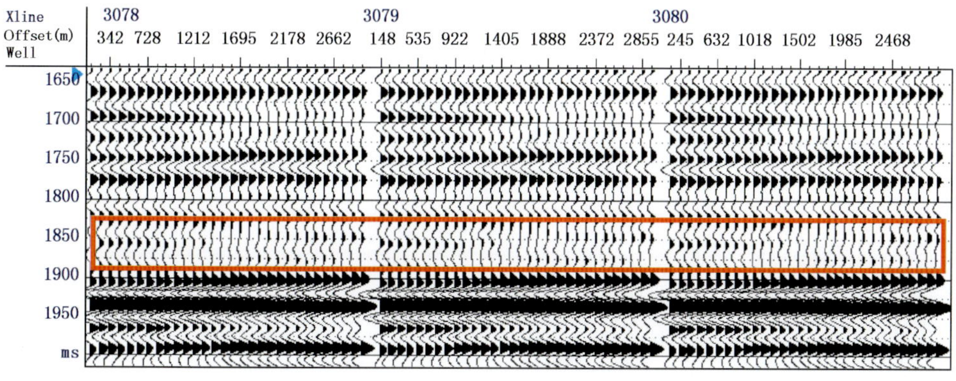

图 6.4.18 Su54 井（干井）的井旁 CDP 道集

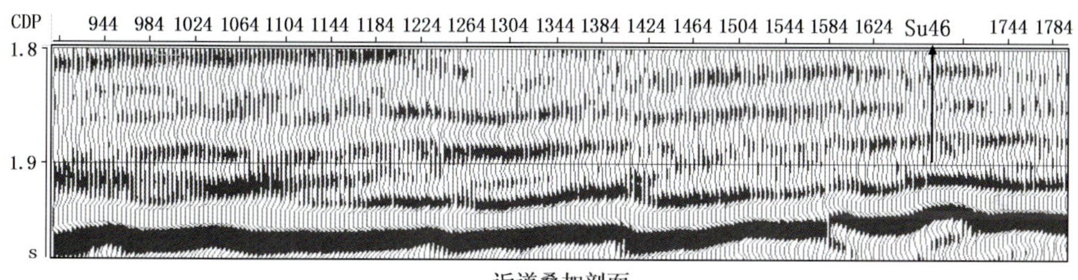

近道叠加剖面

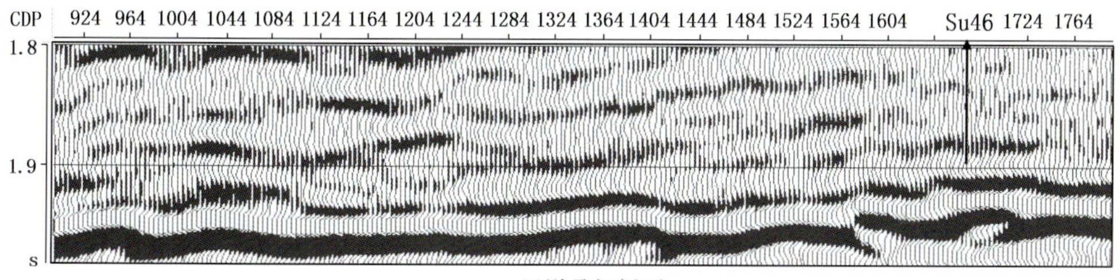

远道叠加剖面

图 6.4.19 L051909 测线远、近道叠加剖面比较图

AVO 反演是基于 Zoeppritz 方程的近似。在本次 AVO 反演研究中，选用 Shuey 近似进行 AVO 反演，即

$$R(\theta) = R_P + G\sin^2\theta \tag{6.4.7}$$

式中，如果把 R 看作 $\sin^2\theta$ 的函数，这个方程是线性的。R_P 为该直线方程的截距；G 为该方程的斜率或梯度。R_P 为纵波反射系数，这是一个真正的法线入射零炮检距剖面。G 为纵波反射系数与横波反射系数的差。它反映了反射振幅随入射角的变化率以及变化趋势。根据这两个基本的 AVO 属性参数，可以得到其他的 AVO 属性参数。

从 Su46、Su64 井的盒$_8$ 段储层 AVO 正演模型研究结果表明，AVO 属性参数对储层岩性和含气性较敏感，通过 AVO 属性参数反演能够对储层岩性及含气性进行综合预测。经过分析：$P+G$（视泊松比）、$P\times G$（碳氢指示）和 ΔF（流体因子）对储层含气性较敏感，可以用来识别含气砂岩。对于含气性较好的盒$_8$ 段砂岩，$P+G$ 和 ΔF 表现为较大的负异常值，$P\times G$ 表现为较大的正异常值，$P-G$（横波反射系数）对储层岩性较敏感。盒$_8$ 段砂岩较发育的储层，$P-G$ 表现为较大的正异常值。盒$_8$ 段砂岩不发育的储层，$P-G$ 表现为较大的负异常值。

图 6.4.20 是过 Su46 井的碳氢指示（$P\times G$）属性剖面，可以看出，盒$_8$段储层在 Su46 井附近，碳氢指示表现为较大的正异常（红色）。

图 6.4.21 是过 Su46 井的视泊松比（$P+G$）属性剖面，从图 6.4.21 上可以看出，盒$_8$段储层在 Su46 井附近，视泊松比表现为较大的负异常（红色）。

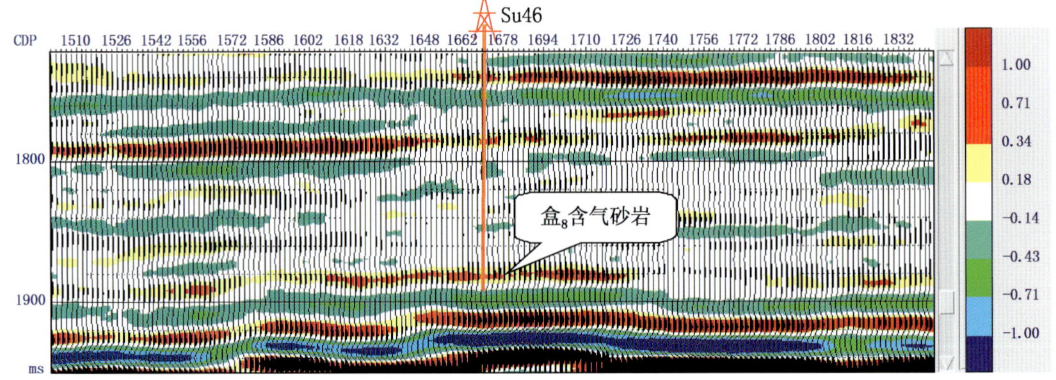

图 6.4.20　过 Su46 井的碳氢指示（$P\times G$）属性剖面

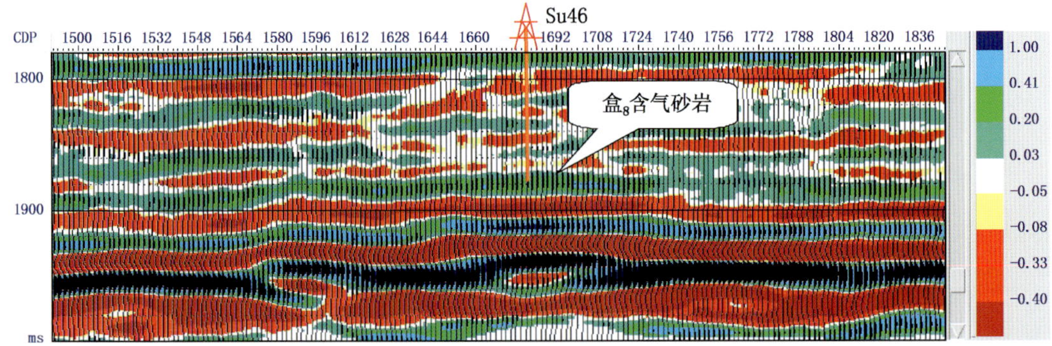

图 6.4.21　过 Su46 井的视泊松比（$P+G$）属性剖面

图 6.4.22 是盒$_8$段梯度属性平面图。在图 6.4.22 上，红色代表梯度最大，表示含气的可能性也最大；蓝色代表梯度最小，表示含气的可能性也最小。绿色代表的梯度值介于红色值和蓝色值之间。

6.4.3　弹性阻抗技术

目前，地震数据通常进行部分偏移距（或入射角）叠加，得到不同偏移距（或入射角）叠加的数据体，从这些不同偏移距（或入射角）叠加的数据体上来发现 AVO（AVA）异常现象。然而，针对不同偏移距叠加的地震数据，进行井震标定和反演时，存在着很大的差别。近偏移距叠加数据的振幅变化与声阻抗有关，可以用基于声阻抗的合成地震记录进行井震标定，在一定程度上，可以用叠后反演的算法进行反演。但是，对中、远偏移距叠加的地震数据，就不能利用声阻抗、叠后反演的方法进行井震标定和反演。

利用基于对 Zoeppritz 方程简单的线性近似公式，提出了弹性波波阻抗 EI（Elastic Impedance）的概念[8]，它是在不同入射角的广义的声阻抗。

$$EI(\theta)=v_{P}^{(1+\tan^2\theta)}v_{S}^{(-8K\sin^2\theta)}\rho^{(1-4K\sin^2\theta)}=v_{P}\left(v_{P}^{(\tan^2\theta)}\right)v_{S}^{(-8K\sin^2\theta)}\rho^{(1-4K\sin^2\theta)} \tag{6.4.8}$$

式中，EI 表示弹性阻抗；v_P 表示纵波速度；v_S 表示横波速度，ρ 表示岩石密度，θ 为入射角；K 为纵横波速度比。

由式（6.4.8）可知，如果 $\theta=0°$，EI 弹性阻抗就还原为声阻抗 AI，由式（6.4.8）可得

$$EI(0°)=AI=v_P\rho \quad (6.4.9)$$

通常可以用叠前不同角度的地震资料，利用模型约束来得到不同角度的多个 EI 阻抗体。利用这些 EI 阻抗体来解释储层厚度和含油气性，也可根据不同的 EI 阻抗计算出岩石的弹性参数，并识别油气储层。但对于 EI 阻抗体的解释，要首先根据已知井进行弹性阻抗的正演模拟，分析 EI 随不同的入射角的变化规律，确定出不同入射角下的 EI 所代表的地质意义。另外，在 EI 反演过程中，要根据测井资料的 EI 正演结果，并结合实际资料的入射角度的情况，合理地划分入射角度，然后再进行弹性阻抗的反演。

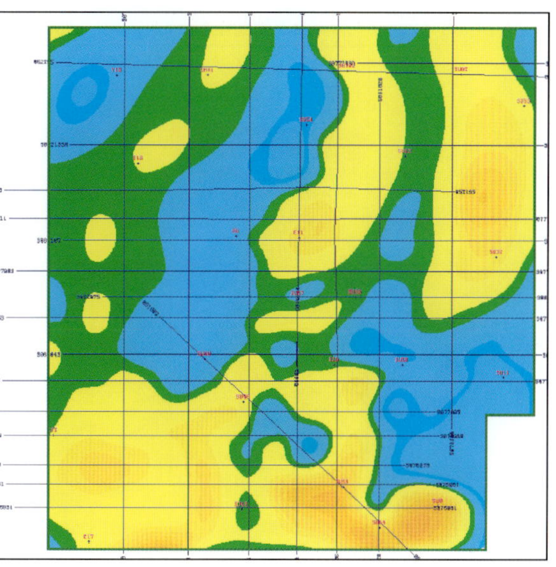

图 6.4.22　盒$_8$ 段梯度属性平面图

从弹性阻抗反演与常规零偏移距的波阻抗比较来看，弹性阻抗反演将零偏移距的波阻抗外推到非零偏移距，充分考虑了储层的 AVO 效应，不但考虑了纵波的速度，还考虑了横波的速度，比常规纵波波阻抗反演来说，得到的地下信息更加丰富。目前从弹性抗阻反演（EI）的理论来看，还不能考虑地下岩性的纵横波速度比随深度的变化，这也是弹性阻抗反演最大的缺点。

根据弹性阻抗的计算公式可知，只要已知纵波速度、横波速度和密度这三个参数，就可以计算出不同入射角对应的弹性波阻抗。利用收集到的偶极横波测井资料，计算了单井的弹性波阻抗。图 6.4.23 是 Su46 井计算的不同角度的弹性阻抗与声阻抗的比较图，从左到右依次是 0°～10°、10°～20°、20°～30°的弹性阻抗（红色）与声阻抗（蓝色）。从图中可以看出，不同入射角的弹性阻抗的基本形态是相同的，随着入射角的增大，声阻抗与弹性阻抗的差别在逐渐增大，在气层和差气层段，声阻抗与弹性阻抗的差别最大，因而可知，利用弹性阻抗可以预测有利储层段。

针对盒$_8$ 段砂岩，进行了声阻抗与不同入射角的弹性阻抗的交会分析。图 6.4.24 是声阻抗与不同入射角的弹性阻抗的交会图。图 6.4.24 中黑色是泥岩、蓝色是干砂岩、绿色是差气层和红色是气层。从图中可以看出，当入射角较小时，声阻抗与弹性阻抗基本是相同的，随着入射角的增大，弹性阻抗与声阻抗出现了差别，且差别随入射角的增大而增大。同时可以看到，随着入射角的增大，差气层和气层的声波阻抗与弹性阻抗的差异明显大于干砂岩和泥岩。这就说明利用弹性阻抗可以发现一些声阻抗不能发现的异常。

6.4.4 叠前同时反演技术

6.4.4.1 基本原理

利用叠后波阻抗反演，只能得到波阻抗的信息，不能直接求取纵波速度、横波速度和密度这 3 个基本的弹性参数。从角道集和多个部分角度叠加出发，综合利用所有入射角的地震数据，进行同时反演，就可以直接得到纵波速度、横波速度和密度这 3 个基本的弹性参数，从

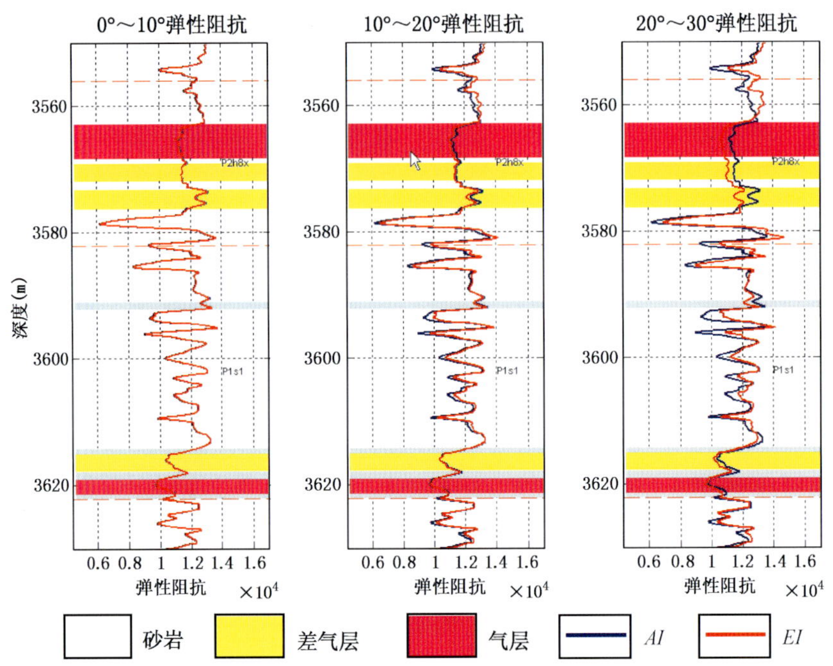

图 6.4.23　Su46 井的声阻抗与不同入射角弹性阻抗的比较图

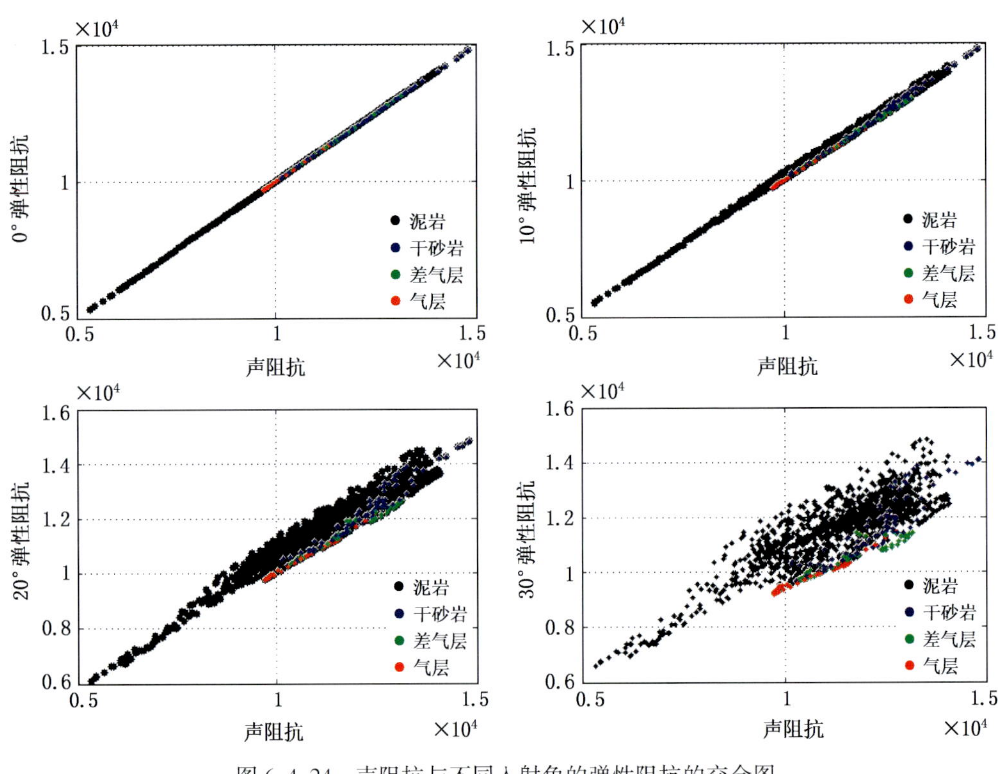

图 6.4.24　声阻抗与不同入射角的弹性阻抗的交会图

这 3 个基本参数出发，进而可以得到许多的弹性参数（泊松比、拉梅系数、杨氏模量、剪切模量、体积模型等），综合利用这些弹性参数，进行地层的岩性预测和储层的含流体性质检测。

叠前同时反演的目标函数：

$$F(v_P, v_S, \rho, \tau) = \sum_i \sum_i (F_{\text{reflectvity}_{ij}} + F_{\text{seismic}_{ij}} + F_{\text{trend}_{ij}} + F_{\text{spatial}_{ij}} + F_{\text{constrast}_{ij}} + F_{\text{Gardner}_{ij}} + F_{\text{Mud}_{ij}} + F_{\text{time}_{ij}}) \tag{6.4.10}$$

式中，$F_{\text{reflectivity}}$是反射系数目标函数；$F_{\text{constrast}}$是弹性阻抗目标函数；F_{seismic}是地震数据目标函数；F_{trend}是低频变化趋势目标函数；F_{spatial}是空间变化趋势目标函数；F_{Gardner}是 Gardner 约束目标函数；F_{mudrock}是纵横波速度关系式目标函数。

在目标函数的优化过程中，需要加入约束条件：

$$\begin{aligned} &v_{P_{\text{lower}_{ij}}} < v_{P_{ij}} < v_{P_{\text{upper}_{ij}}} \\ &v_{S_{\text{lower}_{ij}}} < v_{S_{ij}} < v_{S_{\text{upper}_{ij}}} \\ &\rho_{\text{lower}_{ij}} < \rho_{ij} < \rho_{\text{upper}_{ij}} \end{aligned} \tag{6.4.11}$$

式中，$v_{P_{\text{lower}}}$为纵波速度的下界；$v_{P_{\text{upper}}}$为纵波速度的上界；$v_{S_{\text{lower}}}$为横波速度的下界；ρ_{upper}为横波速度的上界；ρ_{lower}为密度的下界；ρ_{upper}为密度的上界。

角道集地震数据，可以用褶积模型来表示，即

$$S(\theta) = R(\theta) * W(\theta) \tag{6.4.12}$$

式中，$S(\theta)$是入射角θ时的地震数据；$R(\theta)$是入射角θ时的反射系数，可以用 Zoeppritz 方程或其近似式来计算，$W(\theta)$是入射角θ时的地震子波。

在进行叠前同时反演时，选择合适的部分角度叠加数据体非常重要。从理论上讲叠加数据体角度划分精细程度直接关系到叠前同步反演的精度，但在实际应用中要考虑实际数据的信噪比、计算机的内存、磁盘空间等因素，因此，一般将角道集数据叠加成 3～5 个角度叠加数据体。

地震子波的提取是叠前同时反演的一个关键环节。在叠前同时反演中，针对不同的部分角度叠加数据体，从测井曲线的纵波速度、横波速度和密度出发，利用 Zoeppritz 方程，分别求取其对应角度的测井反射系数，根据测井曲线的反射系数计算的合成记录与地震记录的相关系数最大原则，来优化地震子波的参数，提取其对应的地震子波。

总之，描述叠前同时反演效果好坏取决于道集优选、部分角度叠加、体对齐、子波提取、井震标定、反演参数优选和反演结果质控等关键环节。

6.4.4.2　叠前同时反演技术的应用

叠前同时反演是利用多个部分角度叠加数据来反演纵波速度、横波速度和密度这三个基本参数，利用这三个基本参数，得到多个弹性参数。综合利用这些弹性参数，进行储层预测和流体检测。在研究目的的指导下，根据研究区的地质、地震、测井等资料的情况，结合所使用软件的技术特点，制定了叠前同时反演的技术流程（图 6.4.25）。

6.4.4.2.1　井震标定和子波选取

合成地震记录标定是叠前和叠后地震反演的关键。需要对地质资料、测井资料、地震剖面进行综合分析和合理利用，建立一套真实可信的波阻抗和地质层位模型。标定是利用地质分层资料对地震剖面所在的井进行深时转换，通过制作合成记录将测井资料与地震资料有机结合在一起，达到利用测井资料标定地震资料的目的。标定可把岩性单元和特定的地震响应联系起来，也可根据岩性和流体含量分析地震振幅特征。

层位标定的好坏直接影响到反演结果，而子波的正确性又对井震的准确标定具有重大影响，正因为它们之间的相互制约，只有通过子波反演和层位标定交互迭代获取最佳标定和最

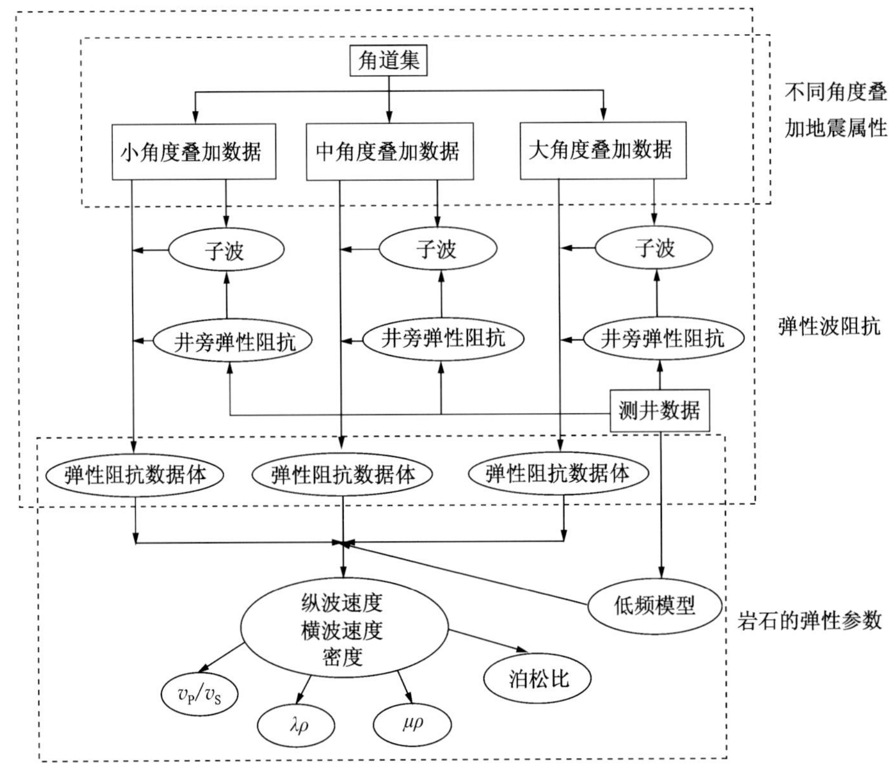

图 6.4.25　叠前同时反演的技术流程

佳子波。

地震层位的精细标定一般利用叠后地震数据来完成，利用不同的部分角度叠加数据进行标定的主要目的是提取不同部分角度叠加数据的地震子波。根据本区野外观测系统的特点，将 CDP 道集按入射角的大小分为小（5°～15°）、中（15°～25°）、大（25°～35°）角度三个范围，对不同的角度范围进行分别叠加，得到了小、中和大角度叠加数据体。利用这三个部分角度叠加数据体，进行叠前同步反演。图 6.4.26 是 Su46 井在 L051909 测线分别从三个部分角度叠加数据体上提取的地震子波，可以看到，小角度叠加的地震子波分辨率最高，而大角度叠加的地震子波分辨率最低。利用提取的不同角度的地震子波进行叠前同步反演。

6.4.4.2.2　角度叠加

在进行弹性阻抗反演时，角度叠加是非常重要的一个环节。在进行角度叠加时，需知道入射角和偏移距、入射角和振幅之间的关系。这些关系通常是很复杂的，但如果利用一阶线性近似，只需对常规叠加的方法稍做修改就可以进行角度叠加。

假定介质是各向同性的、地震资料是经过保幅处理的。在层状地层、埋深小于最大偏移距、入射角小于 30°～35°的条件下，两阶项动校正、Dix 公式是成立的，振幅与 $\sin^2\theta$ 有比例关系。

在上述假设条件下，入射角和偏移距的关系为

$$\sin^2\theta = \frac{X^2 V_i^2}{V_r^2 (V_r^2 t_0^2 + X^2)} \tag{6.4.13}$$

式中，θ 是入射角；X 是偏移距；t_0 是零偏移距的双程旅行时；V_i 为层速度；V_r 为均方根速度。

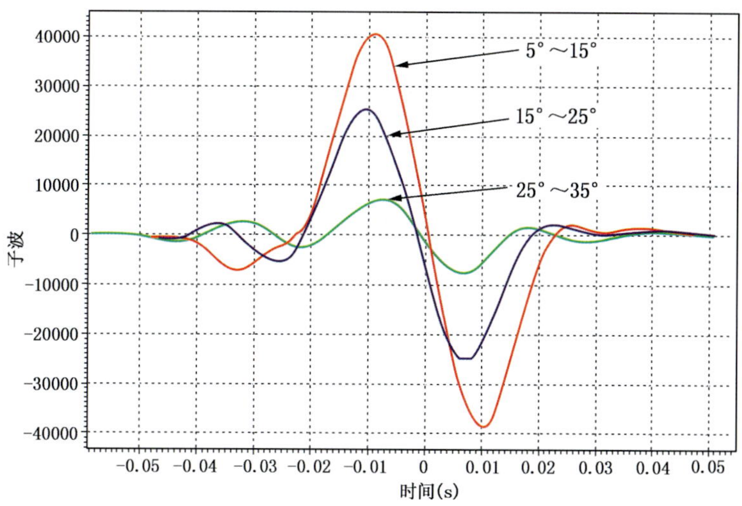

图 6.4.26　不同角度地震数据上提取的子波

可以用两种方法进行角度叠加，一种是利用截距和梯度的线性关系，该种方法称作加权叠加法；另一种是不同的切除函数，该种方法称作切除法。

（1）加权叠加。

截距和梯度的简单线性回归关系可用加权函数来描述，即

$$A=\sum\left\{Y\left[\frac{\sum X^2-X\sum X}{N\sum X^2-\left(\sum X\right)^2}\right]\right\}$$

$$B=\sum\left\{Y\left[\frac{NX-\sum X}{N\sum X^2-\left(\sum X^2\right)^2}\right]\right\} \tag{6.4.14}$$

根据式（6.4.14），可以得到一个加权叠加函数，即

$$A=\sum\left\{Y\left[\frac{\sum X^2-X\sum X}{N\sum X^2-\left(\sum X\right)^2}+\sin^2\theta\frac{NX-\sum X}{N\sum X^2-\left(\sum X\right)^2}\right]\right\} \tag{6.4.15}$$

（2）切除法。

设计一个切除函数，即

$$\overline{\sin^2\theta}=\frac{1}{(X_2-X_1)}\frac{V_i^2}{V_r^2}\int_{X_1}^{X_2}\frac{X^2}{V_r^2t_0^2+X^2}\mathrm{d}x \tag{6.4.16}$$

对式（6.4.14）进行离散处理，可得

$$\overline{\sin^2\theta}=\frac{1}{(X_2-X_1)}\frac{V_i^2}{V_r^2}\left[X-V_rt_0\tan^{-1}\left(\frac{X}{V_t}\right)\right]^{X_2} \tag{6.4.17}$$

6.4.4.2.3　弹性参数反演

利用图 6.4.25 的叠前同时反演技术流程，进行弹性参数反演。在进行叠前同时反演时，为了保证反演效果，在反演过程中需要采取多种叠前反演质量控制手段，包括反演参数优选、检验井试验。从而保证参数选择的合理性、反演过程的稳定性和有效性，以及反演结果的可靠性。针对苏里格地区的储层，反演得到了纵波阻抗、横波阻抗、密度、泊松比和拉梅

系数等多个弹性参数。

由上述的流体替换可知，随着含油饱和度的增加，纵波速度降低、密度减小，但横波速度变化很小。由此可知，单纯利用纵波速度和密度资料进行储层预测时，要受到流体饱和度的影响，预测的岩性精度不高；而横波速度不受含流体饱和度的影响，可以较好地预测岩性。且于纵波速度有密切联系的量，如拉梅系数等精度都不高；但与横波速度有关量，如纵横波速度比、杨氏模量、拉梅系数/剪切模量、剪切模量等可以较好地预测岩性。

由纵波和横波波阻抗反演剖面（图 6.4.27 ）看出：盒$_8$ 储层纵波波阻抗总体为中高值（红色和黄色），其中含气砂岩为中低值（浅黄色）；盒$_8$ 储层横波波阻抗总体为中高值（红色和黄色），其中含气砂岩以高值（黄色）为主。对比分析认为，盒$_8$ 储层的纵波波阻抗受物性和含气性影响较大，而横波波阻抗受物性和含气性影响较小，其主要反映地层岩性变化。

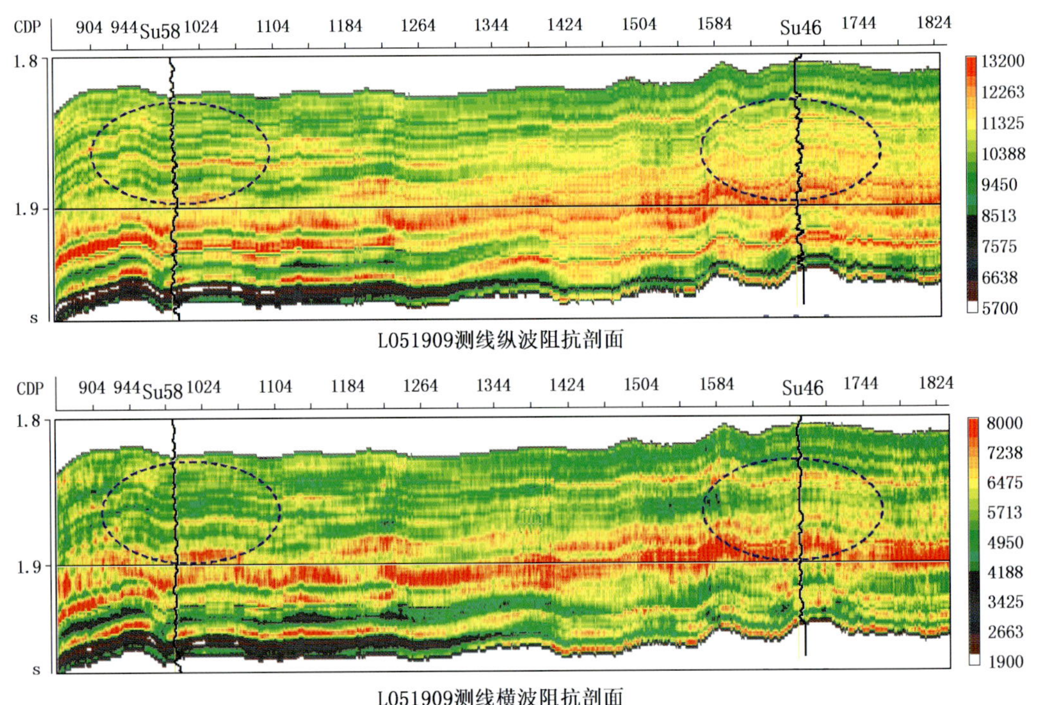

图 6.4.27　线纵波阻抗和横波阻抗剖面

由反演的泊松比剖面（图 6.4.28）看出：盒$_8$ 地层泊松比总体为中低值（绿色、红色和黄色），其中含气砂岩为较低值（红色），气砂岩为低值（黄色），砂岩含气性越好，泊松比越小。同时，可以看出含气性较好的砂岩在横向上分布非常零散，表现出高度的非均质特征。

从盒$_8$ 段横波波阻抗平面图（图 6.4.29）可见，盒$_8$ 储层砂岩横波波阻抗总体为中高值（红色和黄色），泥岩横波波阻抗总体为低值（绿色、蓝色）。横波阻抗基本反映了地层岩性的变化。

从盒$_8$ 段泊松比平面图（图 6.4.30）可见，盒$_8$ 储层砂岩泊松比为中低值（绿色、红色和黄色），泥岩泊松比为高值（蓝色）。

从以上对反演结果的分析表明，叠前同步反演有效地保持了地震原有的中频信息，其横向变化与地震反射振幅变化匹配交好，并有效地弥补了低、高频信息。

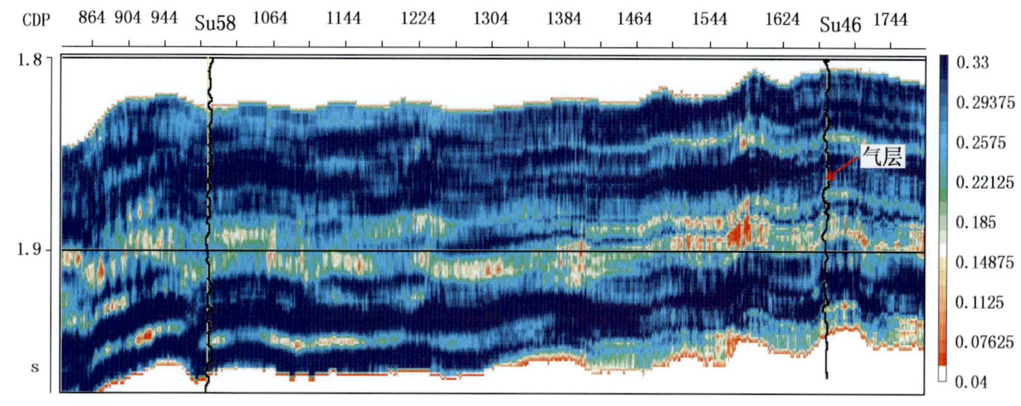

图 6.4.28 L051909 测线泊松比剖面

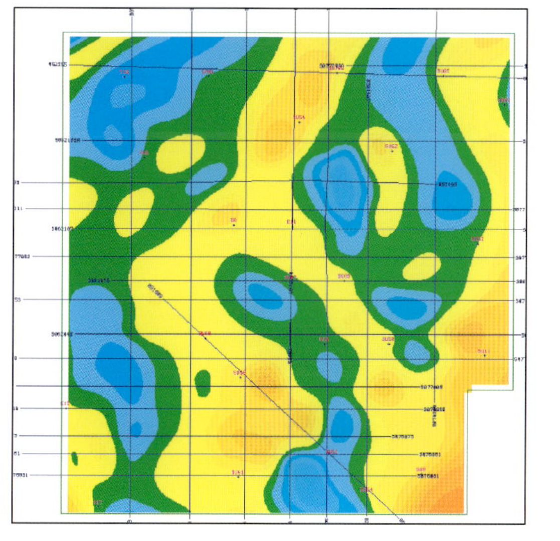

图 6.4.29 盒$_8$ 段横波阻抗平面图

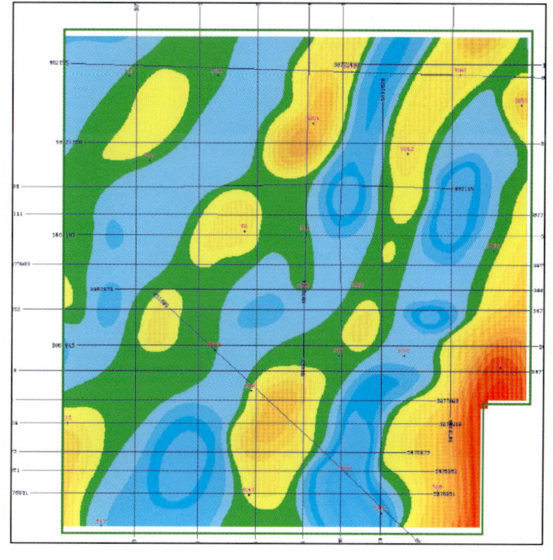

图 6.4.30 盒$_8$ 段泊松比平面图

6.5 应用效果分析

6.5.1 储层控制因素

根据苏里格盒$_8$ 底部反射的构造图表明，苏里格气田气藏分布受构造影响不明显，主要受砂岩的纵向叠置、横向展布和储集物性变化所控制，属于砂岩岩性气藏[9]，因而沉积相对储层的控制作用较明显。

沉积相带为储集空间的形成提供了岩性基础。苏里格气田盒$_8$ 段储层整体为处于潮湿沼泽背景下、距物源有一定距离的砂质辫状河沉积体系，下部河道的限制性相对较强，上部向较干旱气候转化，河道摆动性增强。根据水动力的强弱和砂体内部结构的差异，将该区辫状河分为高能水道和较低能的平流水道两种类型。高能水道是粗岩相带沉积的最主要位置，平流水道下部也可沉积部分粗岩相单元。高能水道的分布规律是控制苏里格气田有效储层分布的最主要因素。

6.5.2 综合评价

考虑到盒$_8$段储层的特点，在进行综合评价时，以前人研究的沉积相带分布为基础、以含气性检测的结果为主要因素，同时考虑储层的厚度等因素。

（1）Ⅰ类区块。

沉积相带位于盒$_8$期叠置主河道或河道交汇区，处于盒$_8$段含气性预测好、储层相对较厚的区块。

（2）Ⅱ类区块。

沉积相带位于盒$_8$期叠置主河道或河道交汇区，处于盒$_8$段含气性预测较好、储层相对较厚区块。

（3）Ⅲ区块。

沉积相带不在盒$_8$期叠置主河道或河道交汇区，位于盒$_8$段含气性预测较差、储层相对较薄的区域。

在含气性预测和砂岩厚度预测的基础，根据上述综合评价的原则，对苏里格西部地区盒$_8$段储层进行了综合评价，划分出了Ⅰ类、Ⅱ类和Ⅲ类有利区的分布范围（图6.5.1）。工区面记为5507km^2，其中Ⅰ类区的面积451km^2，主要分布在主河道水动力较强的部位，如边滩等；Ⅱ类区的面积2581km^2，主要在河道上水动力较弱的部位；Ⅲ类区的面积2475km^2，主要分布在河道间。

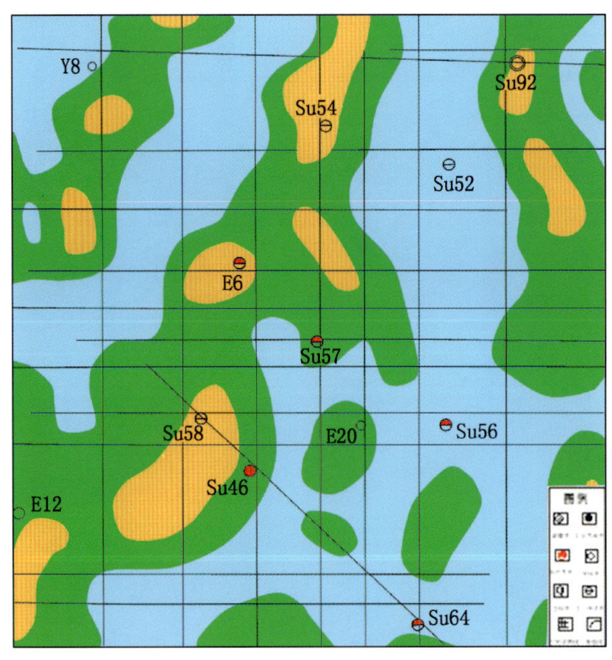

图6.5.1　盒$_8$段储层综合评价平面图

6.5.3 井位建议

根据苏里格地区盒$_8$段有效储层的特征和二维地震资料的特点，在进行井位优选时，在盒$_8$段沉积相带分布的基础上，主要依据井点处的剖面特征，进行井位的选择。井位优选的原则：

（1）叠加地震剖面上有异常；

（2）叠后地震油气检测表现为强吸收系数；

(3) 共中心点 (CDP) 道集上 AVO 异常;

(4) 不同偏移距叠加剖面上振幅有变化;

(5) 叠前地震反演异常明显。

根据上述原则，在苏里格地区提供了 36 口建议井位。

Su58 井位于 051909 测线 993CDP，主要钻探的目的层是盒$_8$段。从叠后地震剖面上 (图 6.5.2) 可以看出，盒$_8$段河道砂的丘状反射特征比较明显；在吸收系数剖面上 (图 6.5.3)，Su58 井位于一个强吸收的边缘；在 Su58 井的井旁 CDP 道集 (图 6.5.4) 可以看出，

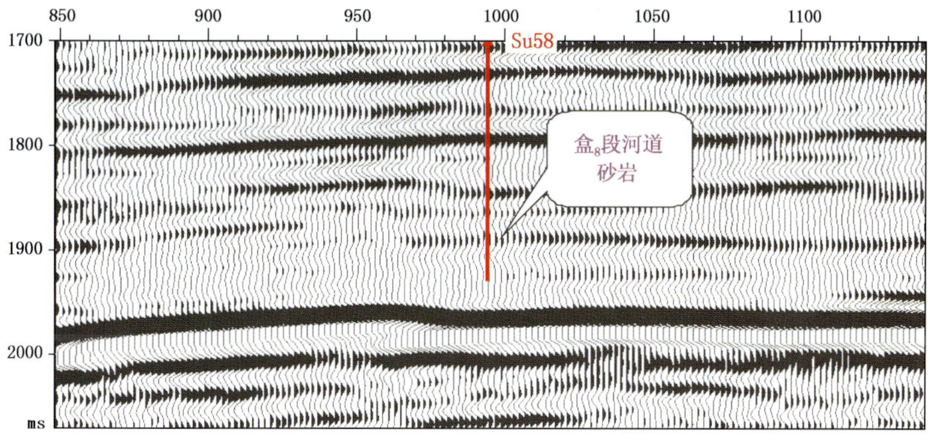

图 6.5.2 过 Su58 井叠加地震剖面

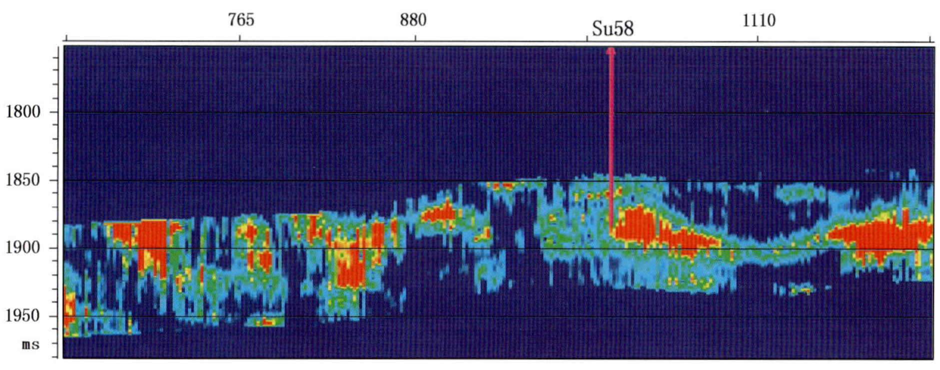

图 6.5.3 过 Su58 井吸收系数剖面

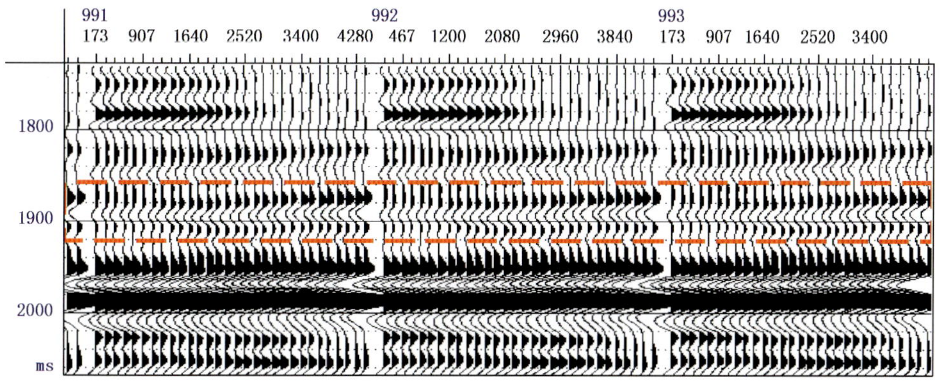

图 6.5.4 过 Su58 井 CDP 道集

振幅随偏移距增大而增大，AVO 现象明显；在泊松比剖面（图 6.5.5）上，Su58 井在盒$_8$段的泊松比较小。综合上述因素，将 Su58 井钻前预测为Ⅰ类井，实际钻探结果表明，该井为Ⅱ类井。

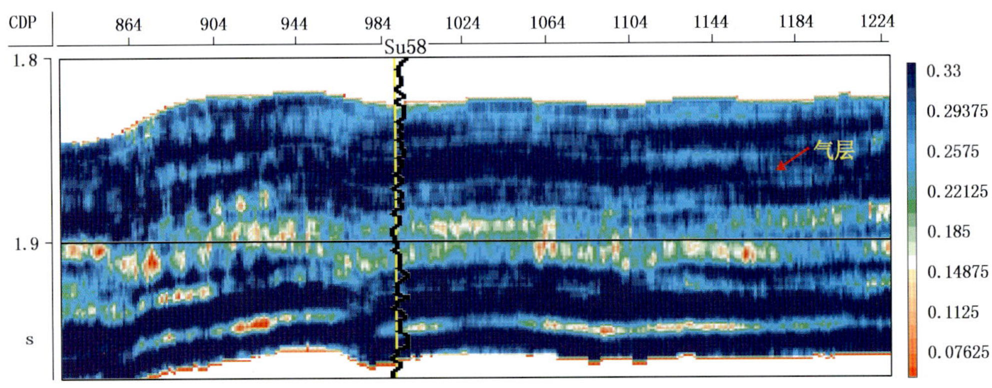

图 6.5.5　过 Su58 井泊松比剖面

参 考 文 献

[1] 何自新，付金华，席胜利等．苏里格大气田成藏地质特征．石油学报，2003，24（2）：6～12

[2] 杨华，席胜利等．苏里格地区天然气勘探潜力分析．天然气工业，2006，26（12）：45～48

[3] 史松群，赵玉华．苏里格气田低阻砂岩储层的含气性预测研究．石油地球物理勘探，2003，28（1）：77～83

[4] 黄绪德．油气预测与油气藏描述——地震勘探直接找油气．江苏科学技术出版社，2003

[5] 王大兴，辛可锋等．地层条件下砂岩含水饱和度对波速及衰减影响的实验研究．地球物理学报，2006，49（3）：908～914

[6] Gassmann F. Elastic waves through a packing of spheres. Geophysics，1951，16（4）：673～685

[7] Castagna J P，Swan H W and Foster D J. Framework for AVO gradient and intercept interpretation：Geophysics，1998，63：948～956

[8] Connolly P. Elastic impedance：The Leading Edge，1999，18（4），438～452

[9] 李宏伟，范军侠，袁士义等．苏里格气田下石盒子组层序地层学与天然气高产富集区分布规律．石油勘探与开发，2006，33（3）：340～344